サロベツ湿原と
稚咲内砂丘林帯湖沼群
その構造と変化

冨士田裕子＊編著

北海道大学出版会

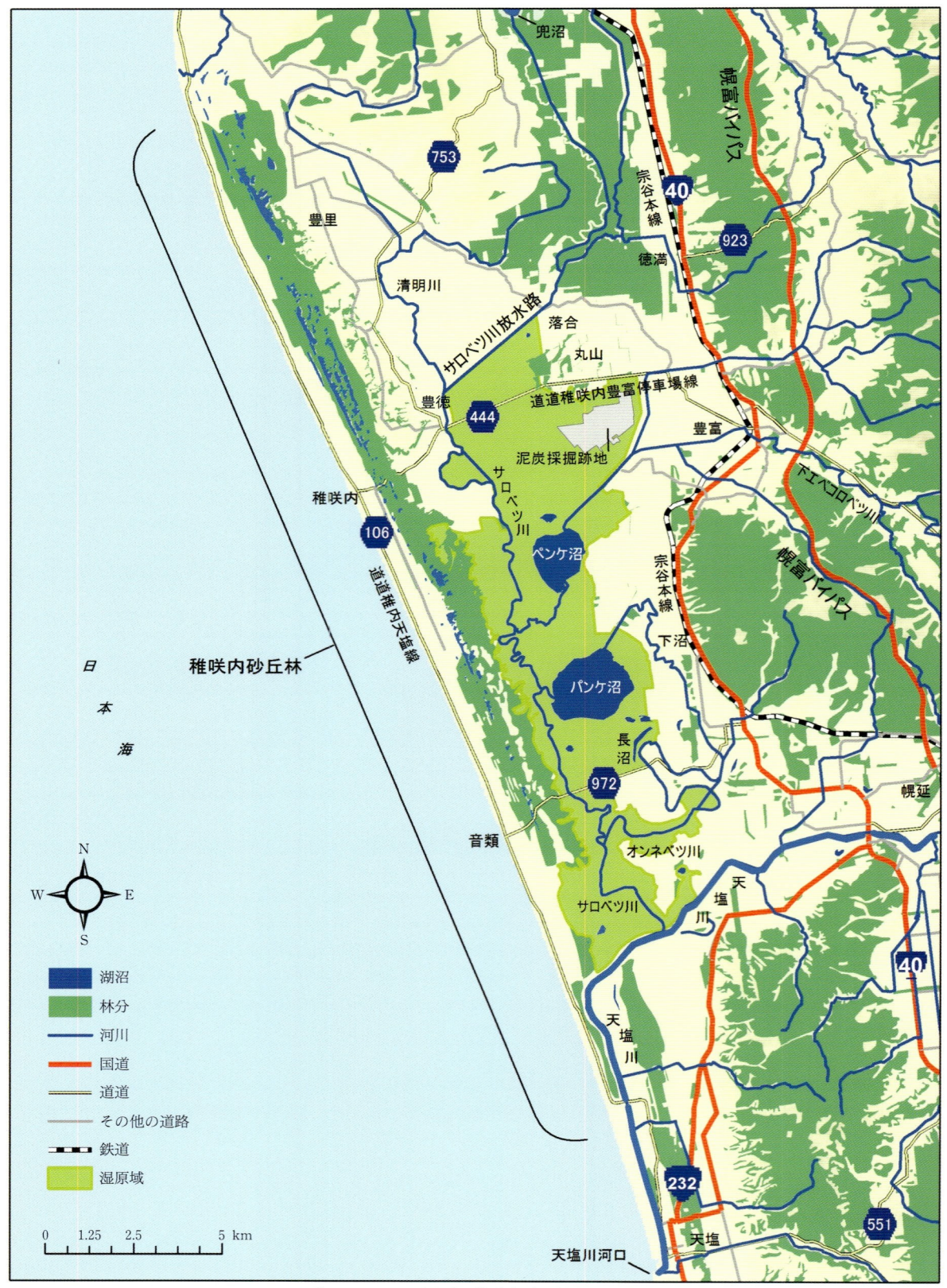

口絵1 サロベツ湿原・稚咲内砂丘林帯の全域図

口絵2　稚咲内湖沼群全域図

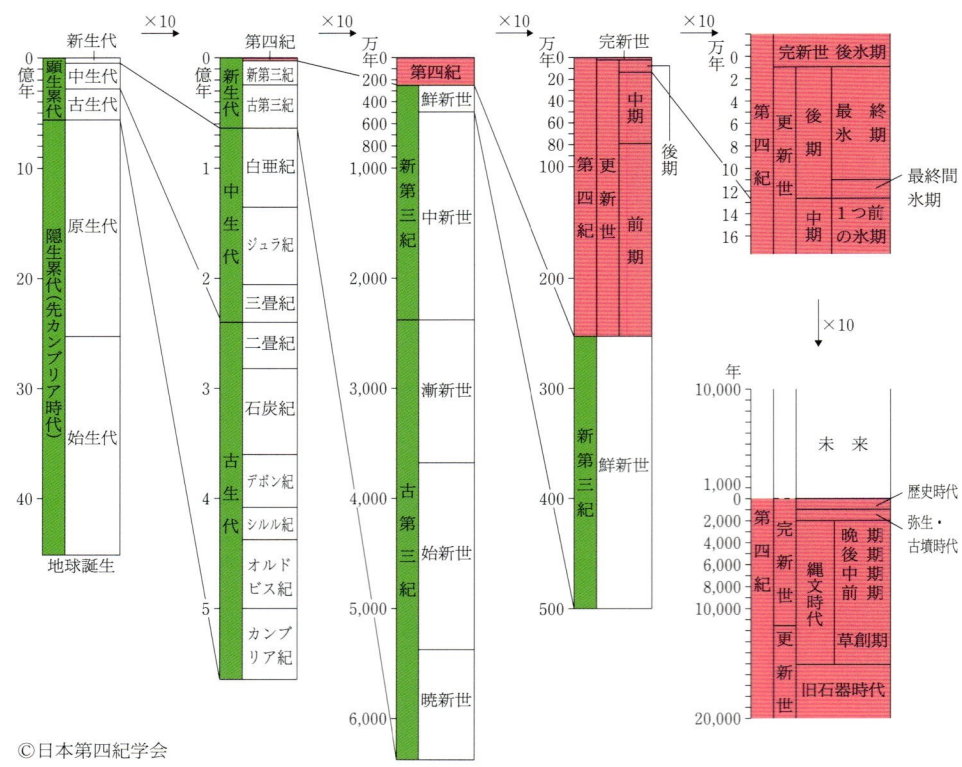

口絵3 地質時代の編年(貝塚, 1987を一部修正)。目盛の間隔を10倍ずつ5段階に切替えて新しい時代を拡大して示す。

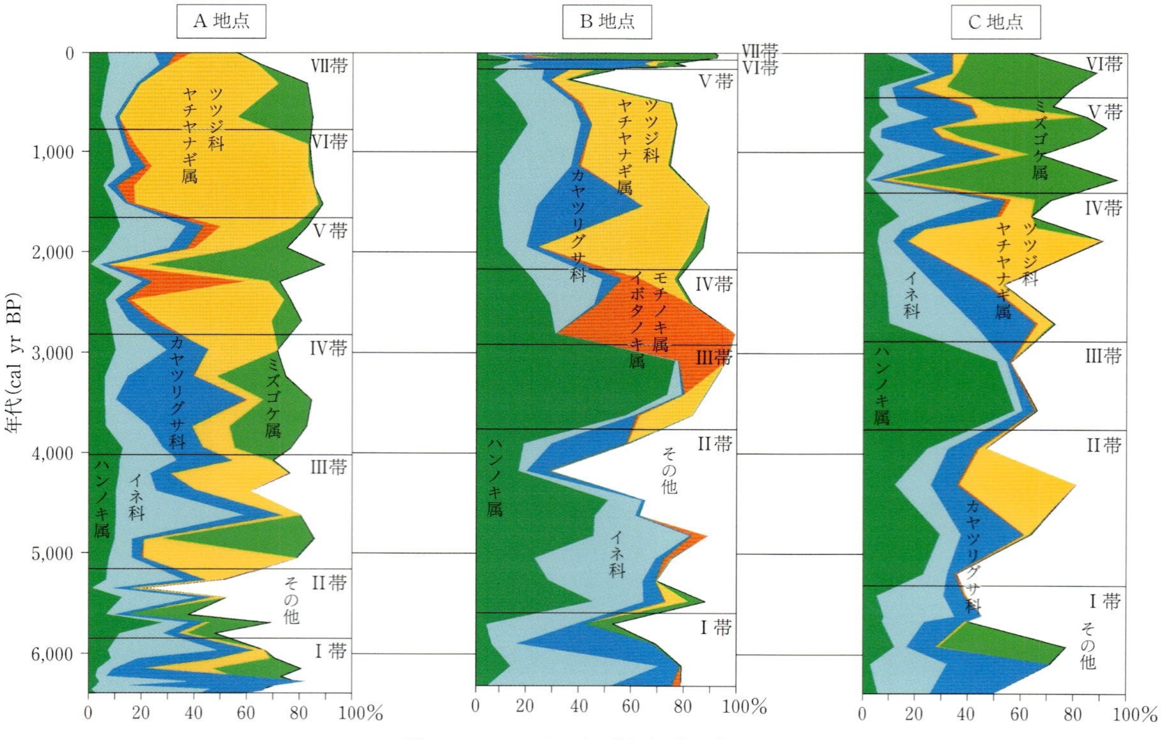

©日本第四紀学会

口絵4 サロベツ湿原の花粉組成の変化
A・B・C地点の位置は図 I-1-4 を参照。

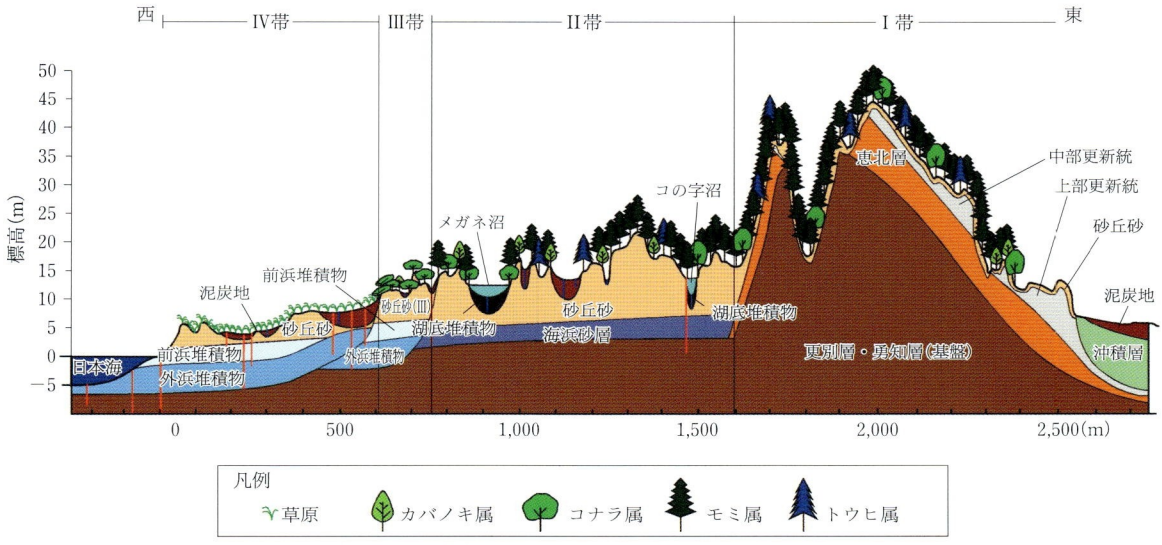

口絵5 砂丘帯断面および植生の概念図
地下断面図は産業技術研究所(2006)を参考にした。

口絵6 上サロベツの高層湿原ローン植生(冨士田裕子撮影)。イボミズゴケ,ムラサキミズゴケのマット上にホロムイスゲ,ツルコケモモ,ヒメシャクナゲ,カラフトイソツツジ,ガンコウランなど湿原特有の小型の植物が生育。
2012年8月8日

口絵7　サロベツ湿原・原生花園地区(豊富町)W地点の定点写真(井上京撮影)
　上：1994年10月29日，下：2014年4月25日。ササの侵入が一部で進んでいることがわかる。W点は地下水位を長期観測している定点の1つであり，ササ群落の前線部に位置するよう，1983年に設定された。

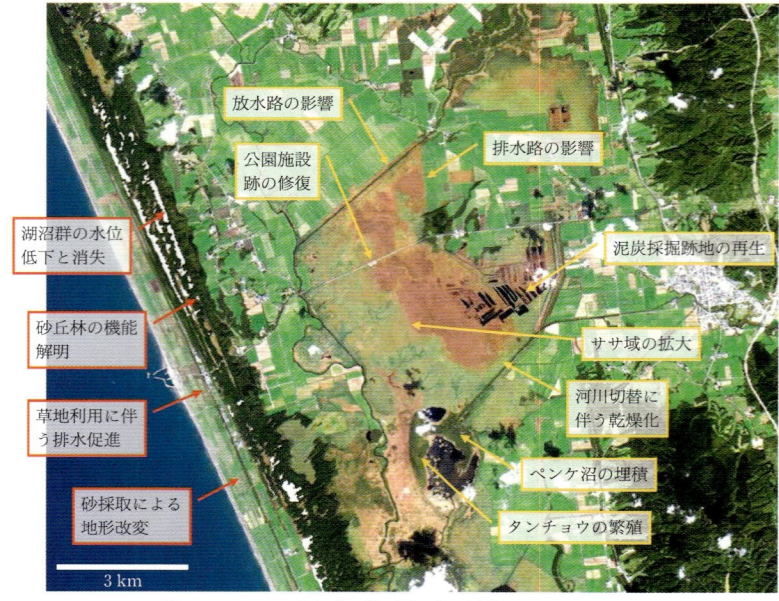

口絵8　サロベツ湿原と稚咲内砂丘林帯湖沼群の問題点

口絵 9　砂丘のカシワモドキ林(NPO法人サロベツ・エコ・ネットワーク提供)。砂丘林の前面(海に面した部分)には，カシワモドキ林が帯状に広がる。2014年6月18日

口絵 10　砂丘のカシワモドキ林(冨士田裕子撮影)。海からの強風の影響で，カシワモドキの樹高は低く複雑な樹形となる。風衝樹形と呼ばれている。2008年10月8日

口絵 11　サロベツ湿原を代表する花，ゼンテイカ(エゾカンゾウ)と利尻岳(高橋英紀撮影) 2004年6月25日

口絵 12 砂丘林帯湖沼群の No.61 湖沼（冨士田裕子撮影）。湖面はコウホネなどの水草で覆われ，湖岸にはヨシやムジナスゲが繁茂。2009 年 6 月 23 日

口絵 13 トドマツの砂丘林に囲まれた No.67 湖沼の北側に広がるヨシが優占する低層湿原（冨士田裕子撮影）。2009 年 6 月 23 日

はじめに
──湿原や湖沼をめぐる現状と課題──

サロベツ湿原と稚咲内砂丘林帯湖沼群とは

　北海道の北端に近い，日本海に面するサロベツ川の下流域には広大な湿原が，南北約 27 km，東西に 5〜8 km にもわたり広がっていた。サロベツ湿原である（口絵1）。かつてその面積は1万4,600 ha にものぼり，北海道の泥炭地総面積20万642 ha のうち，石狩川流域5万5,000 ha，釧路川流域2万2,600 ha に続く，第3の面積を誇り，この3か所で北海道の泥炭地の約半分を占めるほどであった（北海道開発庁，1963）。「サロベツ」とは，アイヌ語の「サル・オ・ベツ（葦原を流れる川）」に由来するといわれ，湿原のなかを滔々と蛇行して流れるサロベツ川とその周辺のヨシ原を表現したものと推測される。しかし，この湿原を代表する植生相観は葦原（ヨシ群落）というよりは，カーペット状に広がるミズゴケマット上にホロムイスゲ，ツルコケモモ，ヒメシャクナゲ，カラフトイソツツジ，ホロムイツツジ，ホロムイイチゴといった湿原特有の小型の植物が生育する高層湿原の植生である（口絵6）。高層湿原の面積は，昭和初期には1,700 ha と石狩川流域以外では格段に広かった（北海道開発庁，1963）。

　坂口（1955，1958），大平（1995）らによって，この湿原の起源は天塩川河口に形成された砂丘帯によって成立した潟湖（古サロベツ湖）で，7,000〜6,000 年ほど前に局部的に湿原の発達が始まったと推定し，全面的な湿原化は約4,500〜4,000 年前から進んだことが明らかになっている。湿原化が進み高層湿原となった部分は，広大な湿原内に数か所存在し，実は湿原の発達は広い湿原内で一様に進んだわけではなかった。

　平坦に見える湿原ではあるが，湿原のなかを歩いてみると，凹凸があり，やや盛り上がった部分には，ヌマガヤやハイイヌツゲ，ホロムイスゲ，カラフトイソツツジなどが生え，凹地であるホロー（シュレンケ）には，ミカヅキグサやコタヌキモ，ナガバノモウセンゴケなどが見られる。また，湿原の下流部には，湿地溝と呼ばれる水路のような樹状の溝が発達し，膨大な湿原をたたえる水の自然の排水路になっている。この湿地溝に向かい湿原は緩やかに傾斜しており，このような場所ではササ（チシマザサ節のチマキザサやクマイザサ）が優占している。

　一方，湿原と日本海の間には，砂丘の海浜植生に続き，ほかでは類を見ない数列にわたる砂丘林と砂丘間湿地・湖沼群が，天塩川河口付近から稚内市夕来まで長さ約 30 km，幅約 2 km にもわたり続く（口絵2）。砂丘林は海に面した部分はカシワモドキ（滝田，2001）の林になっており，強風のため，高木にはならず曲がった複雑な樹形をしている（口絵9，10）。このカシワモドキ帯は砂丘の高さや大きさによって，1〜数列続く。さらに後方の砂丘林は多くが高木のトドマツからなる林で，広葉樹林，あるいは針広混交林も見られる森閑とした森となっている（口絵13）。ここには，ヒグマのほか，エゾシカ，エゾモモンガなどの野生動物や野

鳥が生息し，原生の景観が保たれている。砂丘林のほとんどは国有林となっており，トドマツの植林地もあるが，国立公園の特別保護地区も含む砂丘林帯を自然林として北海道森林管理局が管理している。砂丘間の湖沼は180個余りで，名前のつけられた湖はごく稀で，ほとんどのものが名もなく，大がかりな調査もなされてこなかった未知の地域である。

湿原と砂丘林をめぐる課題

このサロベツ湿原を含め，北海道には開拓以前，総面積20万haもの湿原(北海道開発庁，1963)が，河口付近や沖積平野内の大小さまざまな河川の後背湿地，湖沼の周辺，そして山岳地域に広がっていた。北海道は，まさに湿原王国であった。当然，これらのさまざまな湿原は，特有の動植物が生息・生育する生きものの楽園であったが，生物多様性といった概念すらなかった当時の開拓者にとっては，開拓を阻む役に立たない土地として忌み嫌われる存在であった。嫌われものの湿原も，北海道の開拓の進展とともに，急激に農地などに変えられ，現在は開拓以前の3割程度が残存するのみとなった(冨士田，1997)。

札幌を中心とした石狩地方の湿原は，開拓の進展とともに他地域に先駆けて開発されたため，1916(大正5)年の時点で7割以上が排水され農地などに変えられていた(宮地・神山，1997)。一方，石狩泥炭地以外の多くの湿原は，戦後になってから急激に開発が進展した。サロベツ湿原も例外ではない。サロベツ地域には，1896(明治29)年から入植が始まっているが(北海道開発局，1972)，その広大さ，道北の冷涼な気候とたび重なる冷害などさまざまな困難によって，入植が進まず昭和30(1955)年代までに開発されたのは全体の約2割ほどであった(冨士田，1997)。それが，戦後，国策として北海道開発庁が創られ，国家プロジェクトとして開発が始まり，サロベツ川放水路の完成(1966年)を境に急激に開発が進んで行った。開拓の進展と湿原の消失については，第III部でくわしく述べる。

1974(昭和49)年，利尻礼文国定公園にサロベツ湿原が加わり，利尻礼文国立公園が誕生した。しかし，国立公園指定後も湿原の開発は継続され，サロベツ川放水路北側の高層湿原，下サロベツのオンネベツ川北側の高層湿原も草地開発がなされた。湿原内で三井東圧が実施していた泥炭の採掘は，国立公園指定前の1970(昭和45)年から2002(平成14)年まで続けられた。その後，サロベツ川放水路と道道稚咲内豊富停車場線の間に広がる残存湿原地域や泥炭採掘跡地などが国立公園に加えられ，現在のサロベツ地域(稚内市，豊富町，幌延町の区域でサロベツ湿原，砂丘林，海岸草原などを含む)の公園面積は11,409haとなっている。

このようなさまざまな経緯を経て，サロベツ湿原は，かつての面積の3割ほどに縮小してしまったが，低地に広がる高層湿原としては日本一の規模を誇る。日本最大の湿原である釧路湿原内にも高層湿原が広がっているが，サロベツ湿原とは様相が異なる。釧路湿原の高層湿原は，チャミズゴケを中心とする大きなハンモック(凸部)が連続して出現する凸凹の激しい微地形であるが，日本海側の多雪地域に位置するサロベツ湿原の高層湿原は，イボミズゴケやムラサキミズゴケを中心とするミズゴケがマット状に広がるローン植生である点が異なる。

口絵8はサロベツ湿原と稚咲内砂丘林帯湖沼群をめぐる，諸問題のうち主なものを示したものである。湿原面積の減少に加え，地下水位の低下，ササ優占群落の拡大，ペンケ沼の埋積などは人と自然の軋轢が引き起こした問題で，人為の影

響はこの原生的な生態系の直接的な劣化にとどまらず，本来緩やかであった湿原の変化のスピードを加速させている．また，稚咲内砂丘林帯湖沼群では，砂丘林の前面の民有地部分での砂採取による地形改変や，湖沼群の水位低下や湖沼の消失が問題視されてきたが，その実態は一部の把握に留まっていた．2005年1月，これらの諸問題に対処すべく，上サロベツ湿原地域が自然再生推進法に基づく自然再生対象地域となり，「上サロベツ自然再生協議会」が発足した．個人のほか，NPO法人サロベツ・エコ・ネットワーク，豊富町商工会青年部，環境省北海道地方環境事務所，北海道開発局稚内開発建設部，林野庁北海道森林管理局，豊富町，北海道宗谷支庁，豊富町商工会，豊富長農業協同組合，北るもい漁業協同組合などが構成員として参加している．2006年2月には「上サロベツ自然再生全体構想」が公表されたが，当時，再生事業実施のための基礎調査や再生手法の検討は，決して十分な状況ではなかった．

科学者の役割と本書のねらい

　サロベツ湿原と稚咲内砂丘林帯湖沼群の保全や再生事業実施に必要不可欠なのは，生態系の構造やメカニズム，生物情報などの最新の科学データである．サロベツ湿原に関しては，開発プロジェクトが始まった1961年から，北海道開発局が中心となり「サロベツ総合調査」としてさまざまな分野の学術調査が実施された．その調査は，1970年まで10年間継続し，年次報告や総括の報告書が発行された．その後1975～1977年に開発にともなう自然環境の変遷などの追跡調査が，さらに1980～1982年には第3次の環境変化追跡調査が実施された．以降は，大がかりな学術調査は実施されず，それまでの総合調査で中心的な役割を果たしてきた先生方とその関係者が実質，手弁当状態で調査を引き継いできた．だが，顕在化する諸問題に対応するには，最新の手法を用い，新たな分野の先生方に参画していただく大がかりな学術調査が必要で，調査研究のための資金を調達するプロジェクトの立ち上げが課題となっていた．2005年3月の日本生態学会大阪大会での「保全生態学研究会自由集会〜科学研究と自然再生—北海道サロベツ湿原を例として—」の際に，東京大学の鷲谷いづみ先生が環境省の競争的資金「環境技術開発推進費」への応募を進めてくださった．仲間ですぐ集まり，募集前に申請の下準備を行なった．審査を経て，2006年度より3年間「サロベツ湿原の保全再生にむけた泥炭地構造の解明と湿原変遷モデルの構築」のご助成をいただき，さらに環境研究総合推進費として「サロベツ湿原と稚咲内湖沼群をモデルにした湿原・湖沼生態系総合監視システムの構築」に3年間，計6年間，環境省からのご支援をいただいた．調査は，参加した研究者の皆さんの弛みない探究心とサロベツ湿原と稚咲内砂丘林帯湖沼群に対する深い愛情(約50年もの間サロベツ湿原で調査を継続されてきた先生もいらっしゃる)によって，多くの成果を得ることができた．このプロジェクトによって，社会人2名が論文博士の学位を取得されたことも，研究にかけるメンバーの並々ならぬ意気込みの表れである．

　本書は，この環境省助成による2つのプロジェクトの成果を中心に，北海道大学の科学研究費チーム「環境変動下における泥炭湿原の炭素動態」の成果，環境省の地球環境保全等試験研究費(公害防止等試験研究費)として1998年度から2002年度までの5年間，独立行政法人農業・生物系特定産業技術研究機構北海道農業研究センター(旧：農林水産省北海道農業試験場)を中心に行われた「湿原生態系及び

生物多様性保全のための湿原環境の管理及び評価システムの開発に関する研究」で実施された湿原植生に関する課題の成果，さらには，当時，環境省自然環境局西北海道地区自然保護事務所次長の出江俊夫氏(前北海道地方環境事務所長)のご好意とご理解により実施された 2004 年からの 3 年間のサロベツ湿原と稚咲内砂丘林帯でのフロラ調査の結果(2007 年度も研究室で追加調査を実施)をまとめたものである。

　本書は大きく 3 つのパートで構成される。第 I 部ではサロベツ湿原の生態系の構造と機能について，地形と形成史と植生史，湿原のフロラ，湿原植生とその変化，水文環境，微気象とフラックス，そして湿原を形成している泥炭の堆積状況やその理化学性，新しい技術である GIS を用いて明らかになった湿原の広域特性について解説した。これらの内容や研究結果は，サロベツ以外の各地の泥炭地湿原の構造と機能を理解するのに，大いに役立つであろう。

　第 II 部はこれまで総合的に研究がなされず，その実態が不明であった稚咲内砂丘林帯湖沼群が，いつ，どのようにして形成されたのか，本書を読んでいただくことで，砂丘と湖沼群の形成が第四紀の寒暖の繰り返しや海退といった環境変動のなかで，形成されるべくして形成されたことがご理解いただけるであろう。さらに，砂丘間湿地や湖沼群に広がる植物群落の様子とそれらの分布状況がどのような環境要因と関係して決まってくるのか，湖沼群も含む砂丘林帯の水文循環は周辺の河川や地下水とどのように関連し保たれているのか，これまで明らかにされていなかったこれらの知見が示される。これらの未知を明らかにすることは，わが国屈指の自然景観を有する砂丘林と砂丘間湖沼群・湿原群を，今後どのように保護・保全していくのかを検討する重要な基礎データとなった。

　そして，最後の第 III 部で湿原と砂丘林・湖沼群をめぐる開発とそれにともなう環境変化，劣化しつつあるこれらの生態系をどのように保全していくのか，あるいは荒廃してしまった場所をどのように自然再生するか，今後のモニタリングに関する課題，未来について述べる。

　本書は，サロベツ湿原と稚咲内砂丘林帯湖沼群・湿原群を対象地としたものであるが，その研究手法や成果は，現地調査を基本としているものの，新しい手法や機器を利用し，生態系の構造と変化をとらえたもので，生態学，植生学，水文学，環境科学などの研究者，あるいは研究を進める大学生や大学院生，さらには自然再生を進める行政機関の皆さまや NPO の方々のお役に立つものと考える。

　最後に，今後，さらに湿原や湖沼生態系に関する研究が発展することを心から祈り，「はじめに」とさせていただく。

　　2014 年 7 月 11 日

　　　　　　　　　　　　　　　　　　　　執筆者を代表して　冨士田裕子

目　次

口　絵　i
はじめに　ix

I　サロベツ湿原

第1章　湿原の地形と湿原形成　3

1. 広域地質　3
2. 湿原の地形と湿原形成　5
   湿原の形成　5
3. 湿原植生の変遷と古環境　7
   植生変遷の要因　8
4. 湿原の微地形　9
   湿原の微地形　9/サロベツ湿原で見られる微地形　10/地形図に表された微地形　12

第2章　湿原植生　15

1. サロベツ湿原域の植物相　15
   植物相の概要　15/植物相の変遷　16/ほかの湿原植物相との比較　17
2. 湿原植生とその変化　44
   サロベツの湿原植生の特徴　44/サロベツ湿原の植物群落　45/群落の変遷　47
3. 湿原におけるササの分布　52
   フェノロジー　53/サイズと立地環境　53/ササの分布拡大　54

第3章　湿原の水文　55

1. 湿地溝と埋没河川　55
   湿地溝　55/埋没河川　56
2. 湿原の水収支　59
   水収支に関係する要因　59/サロベツ湿原の水収支の推定　61/土壌水分と地下水位変動からの蒸発散量の推定　63
3. 高位泥炭地の水流動モデル　64
   観測サイトと使用データ　65/泥炭の性質　66/泥炭の性質に配慮した水流動モデル　69
4. 湿原地下水の水質　71
   湿原域の地下水質　71/ハンノキ域の拡大と水質環境　74

第4章　湿原の微気象とフラックス　75

1. 地表のエネルギー収支と蒸発散　75
   地表のエネルギー収支 75／気象と熱フラックスの観測 75／エネルギー収支の特徴 76／蒸発散を制限する要因 78／ミズゴケ区とササ区における蒸発散の比較 79
2. 湿原の微気象特性　80
   湿原の温度環境 80／乾燥化が助長する低温 80／ゼンテイカ花芽の霜害 81
3. 温室効果ガスと炭素循環　83
   泥炭土壌から排出されるメタンフラックス 83／湿原生態系と大気との間のCO_2交換 85／地下水の浸透にともなって流出する溶存有機態炭素 87
4. 光合成有効放射　88

第5章　泥　　炭　91

1. 泥炭の層厚分布　91
   泥炭層圧分布の地図化 91／泥炭層厚分布図と現地実測値との比較 91
2. 泥炭の性質と堆積構造　93
   泥炭の理化学的性質 93／泥炭の乾燥密度から見た堆積特性 95／植物遺体および粘土から見た堆積特性 97
3. 泥炭の間隙構造と水分保持　97
   土壌の3相と泥炭の特異性 97／泥炭の有効間隙率と排水路の影響 98
4. 高位泥炭地形成モデル（*Carex* モデル）　100
   微地形の変化 100／高位泥炭地形成モデルの概要 100／湿原植生の生長関数 101／モデルの適用例 102／カレックスモデルの可能性 104
5. サロベツ湿原の湿地溝　106
   高位泥炭地の湿地溝 106／湿地溝の分布と形状 107／湿地溝の成因 108／カレックスモデルによる成因の検証 109／サロベツ湿原の湿地溝の成因 110
6. 瞳沼の浮島　111
   浮島の移動 111／浮島の浮沈 113

第6章　湿原の広域特性　117

1. 地形と流路　117
   地形の分布特性 117／広域的な水文環境 118
2. 植生分布　119
   衛星画像を使った植生区分 119／サロベツの植生分布 120
3. 土壌の分布　120
   衛星画像を使ってどのように推定するか 121／後方散乱係数と泥炭土壌との関係 121／サロベツ湿原における土壌分布 122
4. 植物群落のフェノロジー　124
   デジタルカメラによる自動撮影 124／サロベツ湿原の植生フェノロジー 125
5. 炭素蓄積量　125
   形成過程の類型区分 126／湿原全体の炭素蓄積量の推定 126／炭素蓄積速度の推定 126

第7章　湿原のエゾシカ　129

1. エゾシカの分布拡大　129
   ニホンジカと湿原 129／上サロベツ湿原におけるシカ道の分布 129／サロベツ湿原におけるエゾシカの影響 130

II　稚咲内砂丘林帯湖沼群

第1章　砂丘林帯の地形と形成　137

1. 砂丘林帯の地形と形成　137
   砂丘列の地形と植生 137
2. 地質層序と砂丘列の形成　138
   砂丘堆積物 138／堤間湿地堆積物 140／湖沼堆積物 140／砂丘帯の形成 141
3. 砂丘林帯の植生形成　141

第2章　砂丘林帯の植物　145

1. 砂丘林帯の植物相　145
   植物相の概要 145／ほかの調査との比較 145
2. 砂丘間湿地・湖沼群の植物群落　160
   砂丘間湿地・湖沼群の植物群落 160／砂丘間湿地・湖沼群の植生の特徴 161

第3章　砂丘林帯の水文　165

1. 砂丘林帯の水文循環　165
   湖沼群への地下水流入の有無 165／水素・酸素安定同位体比から見た湖沼における蒸発の影響 166／湖沼の形状と蒸発の関係 167／地下水流動系における湖沼群の位置づけ 168
2. 湖沼群における熱収支と水収支　170
   熱収支法による水収支の推定 170／熱収支 170／水収支 175／まとめ 176
3. 湖沼群の形状と水位変動　177
   空中写真から読み取れる湖沼群の特徴 177／湖岸地形と水位の推測 178／湖岸地形からわかること 179
4. 砂丘林帯の湖沼群と湿原群の水質　180
   稚咲内砂丘林帯の湖沼水および湿原地下水の水質と周囲環境 180／水質から見た稚咲内湖沼の生態的特徴 181／湖沼群への人為的影響 182

第4章　砂丘林帯の動物　185

1. 大型動物　185
   稚咲内砂丘林帯を利用するヒグマ 185／稚咲内砂丘林帯におけるエゾシカ 185／増えすぎたエゾシカの影響と今後の対策 189

III　開発，環境変化と自然再生

第1章　地域の開発と環境変化　193

1. 土地利用の変化　193
  湿原面積の減少 193/湿原の開発の経緯 194/サロベツ地域の土地利用の変遷 195
2. 河川改修と排水路の開削　197
  戦前の排水改良 197/戦後の事業 198/天塩川下流区間の改修 200
3. 瞳沼の形成史　200
  地域概要と瞳沼調査 202/瞳沼と浮島の形状 202/瞳沼と浮島の形成史 204/形成史のまとめ 207
4. 泥炭地盤沈下　207
  地下水位と地盤高の相互作用 207/広域的な地盤沈下の状況 208/地盤沈下と地下水位の関係 209
5. 湿原におけるササ群落の拡大　210
  地下水位の連続測定による解析 210/広域的視点からの拡大要因推定 212
6. 稚咲内砂丘林帯湖沼群の変化　214
  各撮影年代から読み取れる湖沼の特徴 214/水位変化の地域的特徴 215/湖沼の形状の特徴 215/湖沼群の経年変化から考えられること 219

第2章　上サロベツ自然再生事業　221

1. 自然再生事業の経緯　221
  自然再生推進法の施行 221/上サロベツ自然再生協議会の発足 222
2. 事業の目標　222
  上サロベツ湿原の自然再生の課題と目標 223/農業と地域振興に係る目標と課題 224
3. 事業の内容と実施状況　225
  緩衝帯の設置 225/落合沼の再生 226

第3章　モニタリング　229

1. モニタリングの重要性　229
  モニタリングとは 229/モニタリングのあり方 229
2. サロベツでの今後のモニタリング　230
  サロベツにおけるモニタリングの重要性 230/地下水位の変動評価 231/高分解能衛星画像による植生変化追跡 232/モニタリングシステムのあり方 232

参考・引用文献　235
おわりに　243
事項索引　245
地名索引　250
植物名・群集名・群落名索引　251

I

サロベツ湿原

第1章
湿原の地形と湿原形成

1. 広域地質

　サロベツ湿原が位置する北海道の北部は，日高山脈から稚内へ連なる山地の西部で，この南北に連なる山地は北海道中軸帯と呼ばれている。この山地は，北はサハリンにまで連続し，地質構造において北海道とサハリンが一体となっていることを示している。
　北海道南部で急峻な地形を形成している中軸帯は，北部においては標高も低くなり比較的穏やかな山容を示す。それは，北部においては山地の隆起量が南部に比べて小さく，また，地質もより軟らかい岩石から構成されていることによる。
　サロベツ湿原周辺の地形は，僅かに西にふれた南北方向の山地を河川が浸食した比較的穏やかな地形で，最高峰(幌尻山)も427 mとそれほど高くはない。オホーツク海側との分水嶺は，北に突き出た北海道のほぼ中央を南北に通り抜ける。
　湿原周辺を構成する地層は，大局的にいえば，オホーツク海側との分水嶺付近に最も古い地層(白亜紀層)が露出し，断層・褶曲をともないながら日本海側に向かって順次新しい地層が露出する。湿原に近いところでは，中期中新世の宗谷層・鬼志別層・増幌層を不整合に覆って，中〜後期中新世の稚内層，声問層，鮮新・更新世の勇知層，第四紀層の恵北層・更別層，沼川層，段丘堆積物，完新世の湿原や河川の堆積物からなる(図I-1-1，口絵3参照)。
　中〜後期中新世(1,200〜500万年前)の稚内層は海成の堆積物で，比較的水深の深い海域に，珪藻の遺骸を多く含む泥岩が堆積したものである。この上位に整合に重なる声問層も同様に珪藻質の泥岩からな

るが，稚内層は珪藻質泥岩が長い地質学的時間を経て硬質頁岩と呼ばれる固い岩石となったものであり，声問層はその作用を受けていない比較的軟質な泥岩である。サロベツ湿原を含めた宗谷地方は，なだらかな丘陵上の地形が連続する典型的な周氷河地形を示す地域として有名であるが，その成因の一端は軟質な新第三紀層が広く露出しており，氷期の凍結・融解作用の影響を受けやすかったことによるものである。
　勇知層は，声問層を整合に覆い，主として細流砂岩から構成される地層である。浅海性の貝化石を産出し，陸棚から外浜の堆積物と推定されている。地層の厚さは最大で650 m，年代は，鮮新世から更新世で，400〜130万年前の地層である(岡ほか，2006)。
　更別層は，勇知層を整合に覆い，砂岩や礫岩，泥岩などから構成され，亜炭層を挟在する。海性および汽水性の貝化石を産出し，浅海から汽水域，湿原などの陸成堆積物である。厚さは650 m以上である。年代は，130〜70万年前(前期〜中期更新世)と推定されている。
　湿原の周辺には，海岸段丘が分布し，このうち最終間氷期に堆積した地層は各地に認められ恵北層と呼ばれている。未固結の砂礫層を主とし，豊徳台地や丸山も本層からなる。厚さは10〜15 m程度。年代は20万年前前後(酸素同位体ステージ7)とされているが，より新しい地層も含まれている可能性がある(小疇ほか，2003)。
　サロベツ湿原の北西側の日本海に浮かぶ利尻島は火山島で，第四紀には活発に活動していた。サロベツ湿原周辺に認められる最も古い噴出物は約10万年前のものが知られ，最新のものは更新世末期(約

I サロベツ湿原

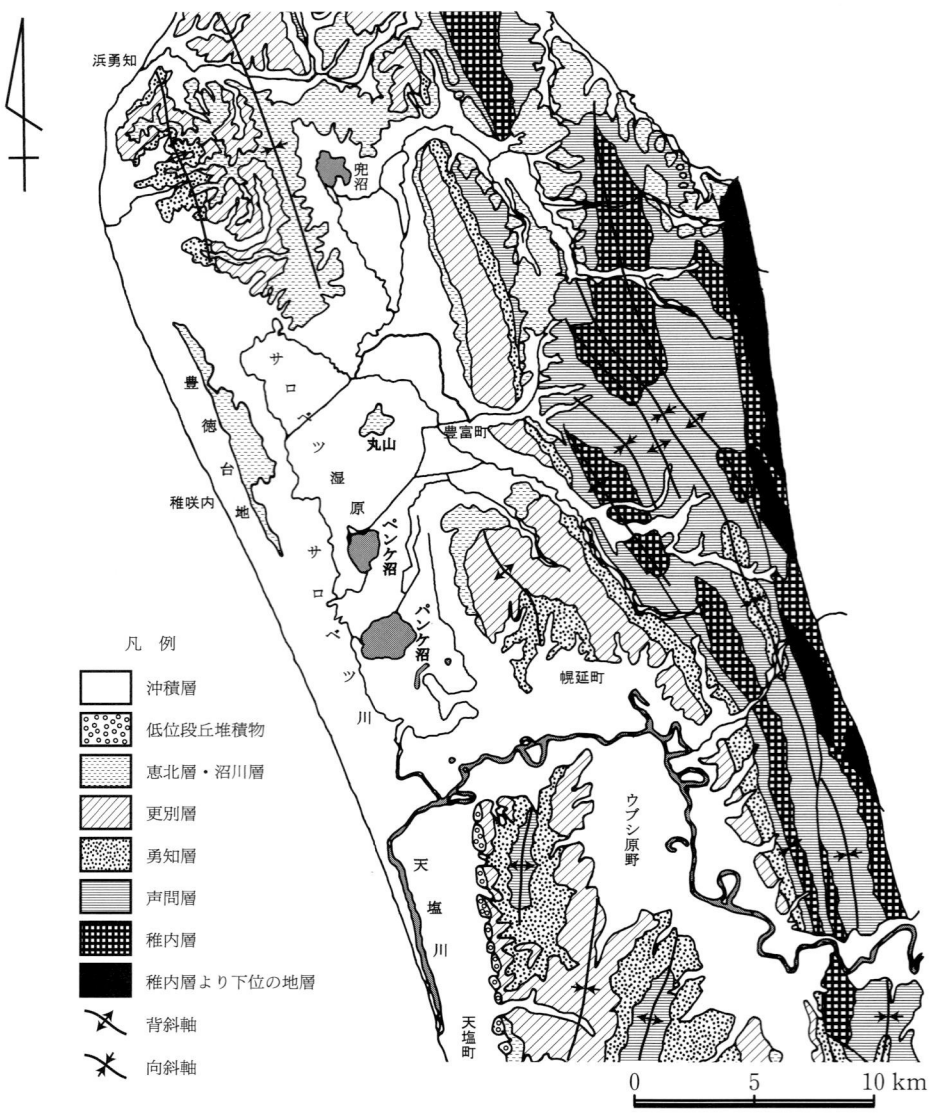

図 I-1-1　サロベツ原野周辺の地質略図（秦ほか，1968 を一部修正）

9,000 年前）のものがあるが，それ以降の活動は知られていない。湿原の形成は約 6,500 年前から始まるので，利尻火山の噴出物は，湿原には影響を与えていない。

　第四紀に繰り返された氷期・間氷期の気候変動は，現在の地形に大きな影響を与えたが，サロベツ湿原の器となった凹地の形成は，このような気候の変化のなかで，海水準が低下した氷期に河川が浸食した結果，形成されたものと考えられる。サロベツ湿原は，最終氷期最寒冷期以降の海水準の上昇にともなって，内陸に侵入してきた海が徐々に凹地を埋積しながら，海側に砂州が形成されて海跡湖となり，陸化した地域から湿原化したものである。

　この地域は，第四紀から続く現在まで，地殻変動が継続している地域で，南北方向の褶曲や活断層が見られる。サロベツ湿原の形成された地域は，天塩川やサロベツ川の浸食による凹地の形成だけでなく，地殻変動による下方へのたわみも影響していると推定されている。

（紀藤典夫）

2. 湿原の地形と湿原形成

2-1. 湿原の形成

2-1-1. 海跡湖の形成

サロベツ湿原の堆積物は，地表から厚いところで5m程度までは泥炭層からなり，その下位には広い範囲にわたってシルト・粘土層が堆積していることが明らかにされている（北海道開発庁，1963）。このことから，サロベツ湿原の原形は，現在のサロベツ湿原の広がりにほぼ相当する広大な凹地に始まると考えられている（阪口，1974）。今から約2万年前の最終氷期最寒冷期には，約120mも海面が下がっていたと考えられており，サロベツ湿原の原形としての凹地は，この時期までにサロベツ川・天塩川などの河川がそれ以前の長い年月の間に周辺を侵食して形成されたと考えられる。今から約2万年前の最終氷期最寒冷期の後，上昇を開始した海面は，内陸側の凹地に侵入し，入り江（サロベツ湾）（阪口，1974）を形成した。

上昇した海面は，完新世の中期，今から7,000～6,000年前には現在よりも僅かに高い水準にまで達し，この時期サロベツ湾は最も拡大したと思われる（図 I-1-2）。縄文海進期といわれる時代である。現在は海岸線からはるかに遠い兜沼やサロベツ川・下エベコロベツ川・天塩川の流域にそって，内陸まで入江が侵入していたに違いない。上サロベツ湿原の中央には丸山と呼ばれる小高い丘があるが，この時期には島として海面上に顔を出していたはずである。サロベツ湿原の日本海側（西側）には，豊徳台地やそれに連続する地形的な高まりが，海岸線と平行して連続している。この台地は，当時すでにサロベツ湾と日本海を部分的に隔てていたと考えられ，当時日本海とつながっていた地域は，標高の低い南部の天塩川河口付近と北部の夕来付近であっただろう。海岸を洗う沿岸流は，徐々にサロベツ湾の開口部を狭め，最終的には天塩川河口付近を除いて，海と連絡が絶たれることとなった。泥炭層の下位に横たわるシルト・粘土層からは，ヤマトシジミの貝殻が見いだされており，ある時期以降汽水をたたえた海跡湖を形成していた。

図 I-1-2 約7,000年前のサロベツ湾

2-1-2. 海退と湿原形成

完新世の海面の変化は，大まかには知られているが，正確には明らかになっていない。日本列島は地殻変動の大きな地域であるので，過去の海面を示す指標もその後の地殻変動で標高が変わっている可能性があるからである。

縄文海進期最盛期の海面の高さの推定には諸説あり，地域によっても異なるが，北海道北部における研究からは，現在よりも3～4m程度高かったと推定されている（海津，1994）。その後，海面の低下にともなって，サロベツ湿原の原形となった海跡湖においては，地域により多少の違いはあるが，約6,400年前（以下，すべて較正年代）ごろには泥炭層の堆積が始まる。図 I-1-3 にこれまでに年代測定された泥炭層基底の年代（大平，1995；三橋ほか，2005；産業技術総合研究所，2006）および本研究において測定された泥炭層基底の年代を地図上に示した。岡ほか（2006）は，下サロベツ湿原における古い年代（6,660年前）と上サロベツ湿原における比較的新しい年代の傾向から，湿原の形成は下サロベツ湿原から進行したと推定した。しかし，図 I-1-3 に示す通り，上サロベツ湿原においても6,400～6,300年前に湿原が形成され始めた箇所が存在し，一概に上サロベツ湿原の形成が新しいとはいえない。

6　I　サロベツ湿原

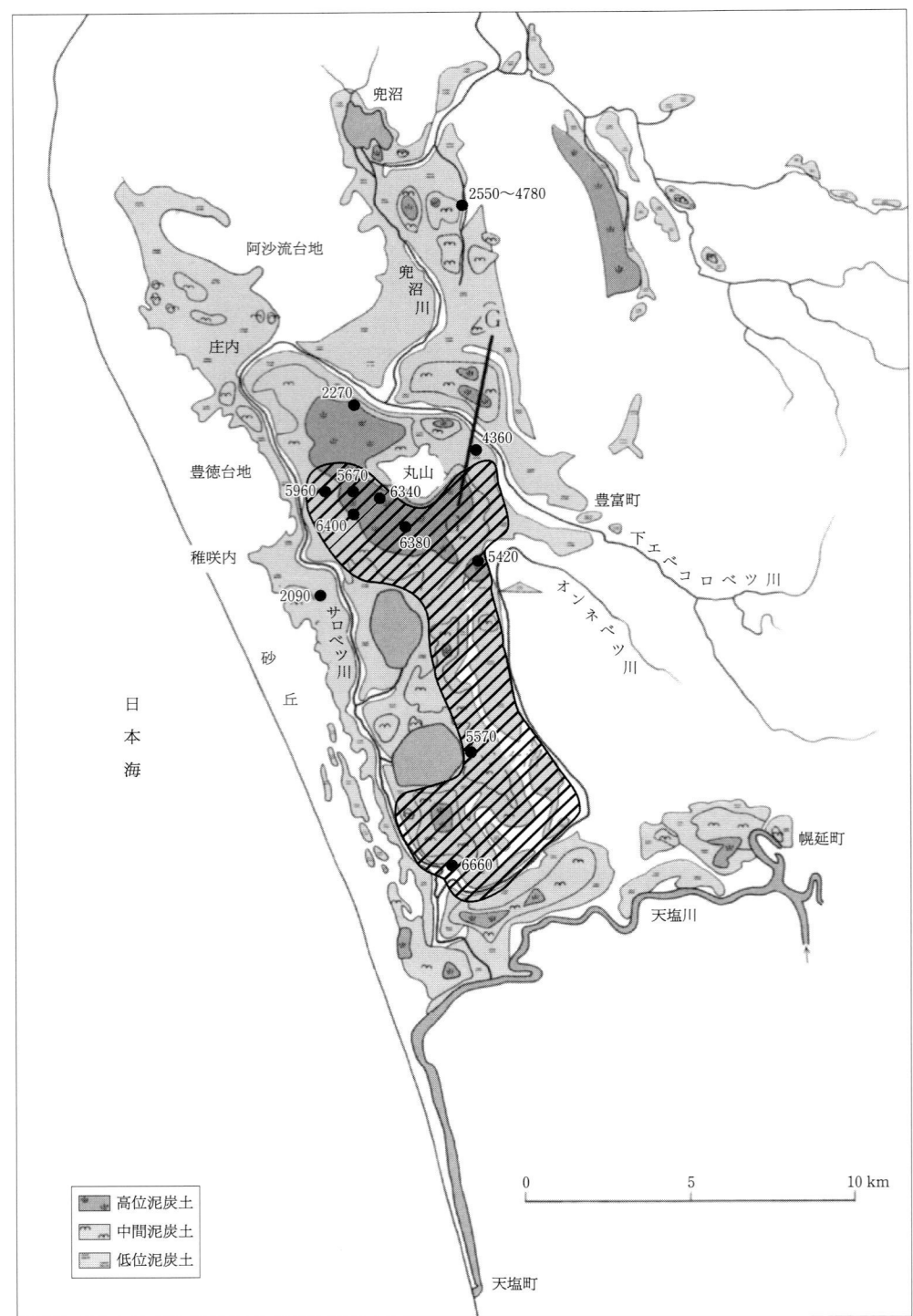

図 I-1-3　泥炭堆積開始の年代（年前：cal yr BP）（福田・佐久間，1994 に加筆）
　　　　斜線の部分は，約 5,000 年前に泥炭地が形成されていたと推定される地域
　　　　●：泥炭層基底年代の測定箇所

現在知られている限り，湿原の形成開始は6,600年前ごろを遡ることはなく，縄文海進期の最盛期（約7,000年前）以降の海面の低下にともなって，湿原形成が進行したと思われる。湿原の中央に近い地域でも，5,000年前には泥炭層の堆積が始まる地点が多い。このように，広い範囲で泥炭層の堆積開始時期がほぼ同時であることは，古サロベツ湖の湖底がかなり平坦であったこと，また海面の僅かな低下により広い範囲が陸化したことによって湿原への移行が引き起こされたと考えられる。阪口（1974）は，湿原形成前の地形の起伏について論じているが，多少の起伏を除けば，大局的には平坦な地形であったのではないだろうか。

サロベツ湿原の泥炭層の厚さは，上サロベツ湿原（標高6m）で6m，豊富市街周辺（標高6～7m）で5mほどで，標高と泥炭の厚さを比べると，泥炭層の基底は現在の海水面と同程度の高さのところが多い。一方，下サロベツ湿原（標高2.5～5m）においては，泥炭層（厚さ6m）の堆積が現海面より低い位置から始まることが知られており，このことはサロベツ湿原が過去数千年の間に緩やかに南に傾斜した証拠と考えられている（阪口，1955）。

湿原形成後のサロベツ湿原の堆積物は，河川付近に分布する粘土層を除くと，ほとんどが湿原の植物が堆積した泥炭層からなり，一貫して湿原であり続けてきたことを示している。泥炭の堆積速度は，平均すると1mm/年以下であるが，湿原形成時から比べるとその地表面は4～5mも高くなったことになる。丸山や湿原の縁辺部では，この湿原堆積物の堆積によって湿原面積が拡大しているはずである。湿原の成長過程で，取り残された水域は現在，ペンケ沼，パンケ沼として残されている。

（紀藤典夫）

3. 湿原植生の変遷と古環境

サロベツ湿原の植生は，橘・伊藤（1980）により詳細な植物社会学的な研究が行われ，さまざまな植物群集・群落が識別されているだけでなく，低層湿原から高層湿原に至る植生遷移の過程も推定されている。これは，それぞれの植物群集の組成的な類似性や空間配置から推定されたものと思われるが，植生の遷移の研究には植物化石や花粉分析による研究方法もある。サロベツ湿原の花粉分析の研究はこれまでも行われているが，いずれも周辺の森林植生の変化により強い関心が注がれていたため，湿原そのものの植生変遷は十分に明らかにされてこなかった。ここでは，上サロベツ湿原の3本のボーリング試料の花粉分析の結果から，湿原植生の変遷について推定する。

分析を行ったボーリング試料を採取した地点を図I-1-4に示す。A地点は，最も西に位置する地点で，湿原に侵入しつつあるササに覆われた地点である。B地点は，高層湿原の分布域で，最も丸山に近い地点である。また，C地点は最も南の地点で，現在，ミズゴケ植生の最もよく発達した地点である。採取されたボーリングコアより得られた放射性炭素の年代と深度の関係を図I-1-5に示した。3地点とも泥炭層の基底は，地表から4.9～5.5mの深さで，ほぼ同じ厚さである。また，その年代も，6,400～6,350年前で，3地点の平均堆積速度は，0.77～0.86mm/年である。

分析した3地点の花粉分析の結果の概略を口絵4に示した。また，図I-1-6は，植生と花粉組成の対応関係から推定したそれぞれの地点の湿原植生の変化である。約6,400年前に始まる湿原植生は，いずれの地点においてもイネ科花粉が高い割合を占め，ヨシ湿原（低層湿原）が成立していたと考えられる。泥炭層の最下部は，粘土質でA地点ではヒツジグサ属の花粉をともなうなど，浅い水域から湿原に移行した。また，ミズバショウ属の花粉をともなうのも特徴である。

BおよびC地点では，その後ハンノキ属の花粉が増加し，いずれの地点でも3,800～2,900年前は高い割合を占める。ハンノキ林（低層湿原）が形成されていたと考えられる。同じ時期に，A地点では中間湿原からミズゴケ湿原への変化が見られる。

BおよびC地点では，ハンノキ林が急速に衰退すると共に，B地点ではハイイヌツゲやイボタを主とする低木林が形成され，C地点では中間湿原が形成された。A地点では，ツツジ科やヤチヤナギ属，モチノキ属の増加が見られ，これらの低木がミズゴケ湿原の上を覆い，現在に至る。

C地点によく発達するミズゴケ湿原は，1,450年前から形成されたもので，中間湿原から移行したものである。堆積物から見ると，この地点では深度

I サロベツ湿原

図 I-1-4 サロベツ湿原の旧河道とボーリングコアの採取地点
（梅田・清水, 2003 に加筆）

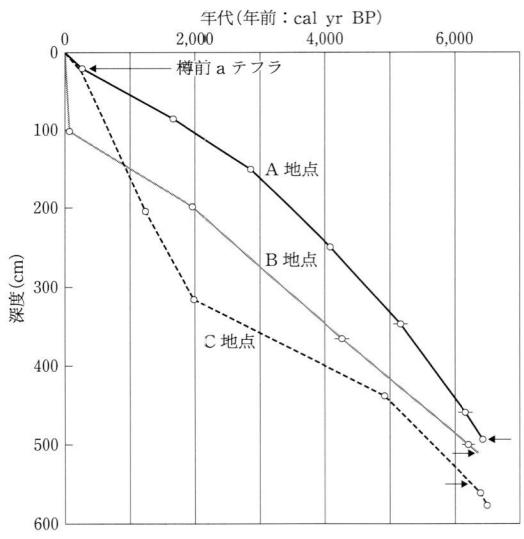

図 I-1-5 泥炭の深度と年代の関係。グラフ上の丸印が年代測定された地層の深さと年代値を示す。深度500cm付近の矢印は泥炭の基底の深度

26cmからミズゴケ泥炭となっており，210年前から本格的にミズゴケが繁茂した。B地点も現在はミズゴケ湿原からなるが，こちらの湿原の形成は150

年前からで，歴史ははるかに新しいものである。

3-1. 植生変遷の要因

　湿原植生の変遷は，一般に，低層湿原から中間湿原を経て高層湿原に至ると考えられている。サロベツ湿原の植生の形成過程は，本研究で分析したいずれの地点においても，イネ科，カヤツリグサ科が高い割合を占める低層湿原の植生から始まっている（口絵4）。その後，表層に向かってミズゴケ属が増加する傾向はいずれの地点でも同様であるが，それに至る道筋はそれぞれの地点で異なっている。

　3地点とも低層湿原から始まるが，ヨシ湿原と推定される植生はA地点においては6,400〜5,100年前までの約1,300年間，B・C地点では6,400年前または6,350〜3,800年前の約2,600年間継続した。ハンノキ林の成立は，3,800〜2,900年前の900年間で，B・C地点ともに急速にハンノキ林が衰退する。一方，A地点ではハンノキ林が成立することなく中間湿原に移行する。

　ハンノキ林の成立は，B地点のように丸山丘陵に

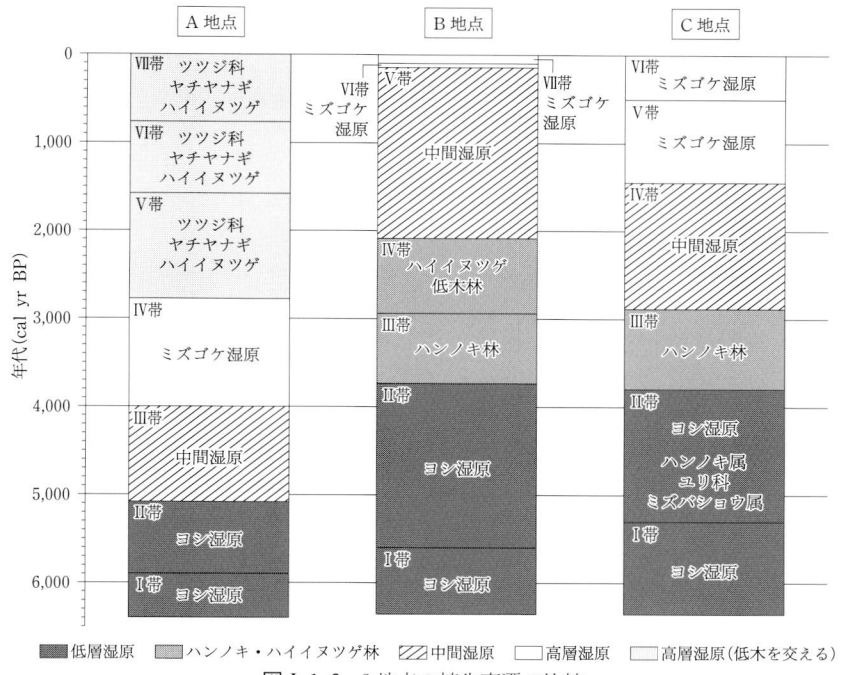

図 I-1-6　3地点の植生変遷の比較

近い地点では，丘陵の土壌成分の影響や，C地点のように旧河道に近い地点では（図 I-1-4），河道の影響によりハンノキ林が成立する条件が整った可能性がある。急速なハンノキ林の衰退は，湿原の発達にともなう貧栄養化の影響とも考えられるが，3地点とも 2,900 年前前後に低木類の増加が認められることから，地下水位の低下などの共通の要因が関与しているのかもしれない。

これらの結果から見ると，サロベツ湿原の植生の変化時期は，部分的にほぼ同時に起こっていると見られる場合もあるが，それ以外についてはそれぞれの地点によって異なり，気候変化や地下水位の変化などの広域的に影響を与える要因が契機となって植生の変化が進んだとは考えにくい。それぞれの地点における立地が個別に作用し，植生変遷の過程として自生的（autogenetic）な結果として形成されたと推定される。

産業技術総合研究所（2006）によると，豊徳台地に位置する豊富撓曲は，縄文海進期最盛期と 4,970～4,270 年前に隆起活動し，1回の隆起量は 3.3 m に達したという。日本海とサロベツ湿原を隔てる豊徳台地の隆起は，水位の上昇など湿原の水理環境を変化させた可能性があるが，花粉組成の変化からはこの時期に顕著な植生変化は認められない。

また，湿原植生の変化の筋道も地点によって異なり，僅かな環境の違いや植生の違いを生じ，その植生の違いがまた引き続く植生の違いを生み出すのかもしれない。イギリスにおいて 20 地点の花粉分析のデータから，71 の湿原植生変遷を検出し，その変化パターンを調べた研究（Walker, 1970）によると，全体の 46% は沈水植物から浮葉植物，ヨシ湿原，草本からなる低層湿原，低木を混じえた低層湿原，ミズゴケ湿原へ順次変化するが，残りの 54% は遷移の多様性を示すという。イギリスにおける例と同様に，サロベツ湿原における植生の遷移も変化に富み，可変的であるといえるだろう。

（紀藤典夫・ホーテス・シュテファン）

4．湿原の微地形

4-1．湿原の微地形

微地形（microtopography）とは，5万分の1～2.5万分の1の地形図には表現されないような地表面の微細な凹凸を指し，大きさについて厳密な定義はないが，一般には比高 1～2 m 以下か，1 m² 程度以下

の広がりをもつ小規模な地形的特徴を指す(門村，1981)。自然堤防，構造土，階状土，泥炭地のブルテ，アリ塚など，形成環境や営力，構成物質などに対応していろいろな微地形が存在する(門村，1981)。湿原においても，地勢的制約，形成の経緯，現在の水理環境・気候条件などによって現れる微地形は異なり，同じ湿原内でも微地形自体の形は微妙に異なる。同じ名で呼ばれ，同じ範疇に入れられる微地形でも，湿原ごとに異なるといっても過言でない。

したがって，湿原に現れる微地形を表す言葉は，各国の気候が異なるのと同様に，各国の歴史や文化，地域性が影響して千差万別である。例えば高位泥炭地に見られる凸凹のうち，出っ張りをドイツでは「ブルテ」，イギリスでは「ハンモック」，フィンランドでは「ケルミ」，ロシアでは「グリャーダー」という具合に，各国ともオリジナルな言葉で呼んでいる(阪口，1989)。窪みに対してドイツ語で「シュレンケ」，英語で「ホロー」，フィンランド語で「クリュー」，スウェーデン語では「フラルク」，ロシア語で「モチャージナ」という。各国の気候環境が異なれば，対象のイメージも微妙にずれるだろうし，研究者ごとに使う言葉のニュアンスも異なる。

日本語で湿原内の微地形を表す言葉は多くはない。北海道に住んでいる人間なら，「ヤチボウズ」と「ヤチマナコ」という言葉は一度か二度は聞いたことがあろう。「浮島」も湿原と関係のない場面で見聞しているかもしれない。ほかにはほとんど耳慣れない「池溏」，「湿地溝」，「湿地裂」，「潮汐溝」などの名称が挙げられるが，サロベツ湿原ですべての微地形が見られる訳ではない。

4-2. サロベツ湿原で見られる微地形

降雨涵養性の高位泥炭地で，凹凸が組み合わさった微地形をドイツで「ブルテ・シュレンケ複合体」というのに対して，フィンランドでは「ケルミ・クリュー複合体」となる。わが国ではこの両者から一語ずつ借用して，「ケルミ・シュレンケ複合体」と呼び慣わされている(岡田，2010a)。海外で単に「パターン」といったらこの「ケルミ・シュレンケ複合体」を指すほど，典型的で美しい微地形だが，サロベツ湿原には初期の発達段階のものしか存在しない。サロベツ湿原にある微地形としては以下のようなのが挙げられよう。

4-2-1. 湿地溝

高位泥炭地の緩やかな斜面で樹枝状の平面形状に形成される水路系(岡田，2009)。自然にできたものであるが実質的に排水路として機能しており，サロベツ湿原の乾燥化を促進している。乾燥化した湿地溝の近くにはチマキザサがいち早く侵入し，溝の輪郭をいっそう明瞭にしている(第Ⅰ部第5章第5節を参照)。

4-2-2. ヤチボウズ

カヤツリグサ科スゲ属植物の一部の種が形づくる株の塊。その形は坊主頭，あるいは仏具の払子に例えられる。微地形の一種のように分類されるが，生育環境への植物の形態的適応と見なすこともできよう。サロベツ湿原では「ヤチボウズ」が一部で見られるが，大規模に集中しているところはない。

4-2-3. ヤチマナコ

低層湿原の池沼が埋積していく過程で，富栄養の水域の表面に植物が進出繁茂して，水面が見えないほどの状態になっているところをいう。ところどころに水面を残しつつ，大半は支持力や浮力に乏しい植物に覆われている。事実上は沼の上なのだが，水面が見えないことから，不用意に踏み込むと極めて危険である。サロベツ湿原では容易に入れるようなところにはないが，湿地溝の末端とか，低地帯には規模の大きな「ヤチマナコ地帯」がある。図Ⅰ-1-7に写った範囲は大半が水に浮いている。泥炭や植物の生きた根が絡みあって浮いているが，それらに濃淡がある。淡いところは浮力も支持力も乏しく乗れば踏み抜いてしまう。

4-2-4. 池溏

高位泥炭地で植物遺体が堆積して泥炭に変化していく過程で生じることがある。泥炭の堆積量はもととなる植物の一次生産量の多寡に左右される。植物の成長は同じ場所でも水理条件や栄養塩の供給，日当たりなどさまざまな条件から影響を受ける。隣り合った泥炭堆積がこのように微妙に相違する条件下で偏っていって，一方が小高く，隣が窪んで水が溜まったような場合，植物の一次生産量は水溜まりよ

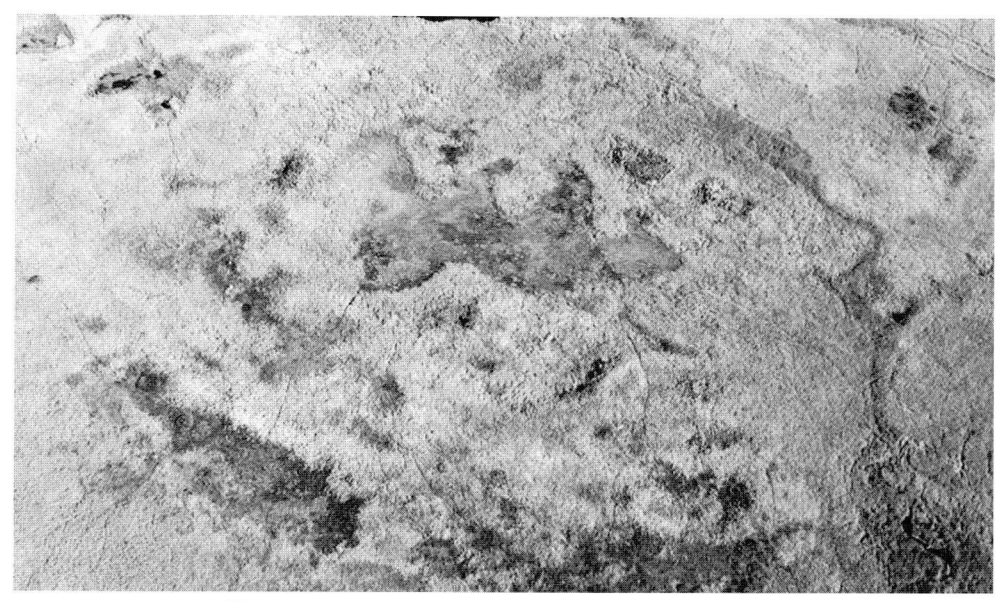

図 I-1-7　サロベツ湿原の瞳沼低地帯にあるヤチマナコ地帯

りも陸上部の方が一般的に大きいので，水が溜まる状態は徐々に顕著になっていく。このようなプロセスでできてくる高層湿原の池沼を特に「池溏」と呼び慣わしている。

4-2-5. 湿地裂

粘土層など，基盤になっている部分と，その上の泥炭層の間にすべり現象が生じて，泥炭層に亀裂が入ったものである。場合によってはこれに水が溜まる場合もある。その外観から「割れ目池溏」とか「雁行池溏」といわれることもある（阪口，1989）。山地湿原として傾斜の大きな原始ヶ原湿原のものが知られている。サロベツ湿原では人が滅多に入らない下サロベツ原野の中央部に規模の大きいものがある（図 I-1-8）。またサロベツ川放水路を掘削する際に，バランスを失った泥炭が，新しく掘った水路に滑り落ちる現象が生じ，亀裂が入った。これは現在でも三筋の痕跡として残っている。さらに，梅田・清水（1985）が上サロベツ湿原から円弧状湿地溝（第Ⅰ部第3章第1節図 I-3-2参照）という名称で報告しているものも，粘土層と泥炭層の間で起こった滑りに起因する亀裂とされているので，これも湿地裂の範疇に入るものと思われる。サロベツ湿原には3か所に，それぞれ形成プロセスの異なる「湿地裂」が存在している。

4-2-6. ケルミ・シュレンケ複合体

この複合体パターンは緩やかな傾斜をもった斜面に形成され，棚田のような外観をもつ。棚田の畦道に相当するのがケルミと称すると凸部で，田代にあたるのがシュレンケと称する凹部である。複合体パターンの発達段階を類型化すると，4つに分類され（岡田，2010a），サロベツ湿原では，下サロベツの図 I-1-8の湿地裂付近で見られるが，第二から第三の段階に分類されるものである。終末形状ではないので普通の分類ではケルミ・シュレンケ複合体には分類されにくい。斜面を流れる雨水が枯れた植物遺体を選択的に堆積させるという作用で，シュレンケという窪みが形成され，複合体パターンができ始めている。この地域では粘土層などの滑りやすい地層の上に泥炭が堆積していたため，その後泥炭が斜面にそって滑り，亀裂を生じた。同じ場所に形成プロセスがまったく異なる2種類の微地形が見られるということは，かなり稀なことといえよう。「ケルミ・シュレンケ複合体」の第三段階程度まで発達してきた微地形は，今後，後発の「湿地裂」の影響を受けて通常とは異なる発達を遂げてゆくことになるであろう。

4-2-7. 浮島

湿原内でさまざまな経緯で形成された泥炭の塊が，

I　サロベツ湿原

図 I-1-8　下サロベツ原野にある大規模な湿地裂。割れ目池溏とか雁行池溏という呼び方もある。湿地裂の周囲にはケルミ・シュレンケ複合体の若い発達段階のパターンが見られる。

何らかのきっかけで湖岸から切り離されて水に浮いて漂うようになったものである(岡田, 2010b)。浮沈を繰り返すだけで, 動かないものも「浮島」と呼ばれることがある。サロベツ湿原で存在が確実なのは瞳沼の浮島である。これは水平方向に動きまわる浮島としては, その面積が国内最大級である(第I部第5章第6節と第III部第1章第3節参照)。

4-3. 地形図に表された微地形

最初のところで, 微地形とは地形図には表しにくいものとしたが, なかには地形図に表されている例がある。ここではサロベツ湿原以外の例も含めて紹介する。

サロベツ湿原にある国内最大級の動く「浮島」は接岸した輪郭を, 湖岸の延長として描かれており, 地形図からだけでは「浮島」であることはわからない。水平方向に動く「浮島」が実際に存在する湿原のうち浮島湿原(上川町), うぐい沼(せたな町), 大沼(山形県朝日町), 郡 殿ノ池(新潟県小千谷市), 八島ヶ原湿原(長野県下諏訪町)では動くか動かないかの問題以前に「浮島」そのものが描かれていない。一方水位変動にともなって上下には動くが, 水平方向に

は動かない泥炭の塊りを「浮島」と呼んでいるところもある。そのような大峰沼(群馬県みなかみ町), 深泥池(京都市北区), 蘭沢浮島(和歌山県新宮市)では動くことのない浮島がその形に描かれている。

「湿地溝」というかなり大きな微地形は, サロベツ湿原の地形図にはっきりと表現されており, これに湛水している場合には開水面まで描かれている(図I-1-9)。サロベツ湿原ではこの「湿地溝」が泥炭中の水を排除し, 乾燥化を促しているため, 周辺にササが侵入して問題となっている。そのササに覆われた部分には湿地記号が施されておらず, 暗に湿原植物が繁茂する湿地ではないことが表現され, 事情を知った人にはササの侵入範囲であることもわかる。ところが尾瀬ケ原湿原では, ここにも存在するはずの「湿地溝」はまったく描かれていない。

海岸近くの塩性湿地には「潮汐溝」という地形が見られる場合がある。これは数m規模のものから海外には10 kmを超えるものまであるから, こうなるともはや微地形とはいえないかもしれない。その名のとおり潮汐を営力として形成されるから, 日本では干満差の小さい日本海ぞいには少なく, もっぱら太平洋・オホーツク海・東シナ海に面したラグーンや河口にできる。

図 I-1-9　湛水した湿地溝。図の上部に見える排水路の掘削残土によって流路が遮断され，湛水するようになった。

　十勝地方の長節湖・湧洞沼・生花苗沼には流入河川の延長上に「潮汐溝」が描かれている。根室地方の野付半島付け根にある当幌川河口や，サロマ湖内のキムアネップや鶴沼にある「潮汐溝」も表されているが，さらに小さいものは省かれている場合も多い。根室半島は地盤の隆起と沈降が激しい地域であるので，風蓮湖や厚岸湖の「潮汐溝」では海面下に連続する溝まで描かれていて，地質学的事象の履歴をも彷彿とさせてくれる。

（岡田　操）

第 2 章
湿原植生

1. サロベツ湿原域の植物相

　北海道北部に位置するサロベツ地域の中央部には，広大な高層湿原をもつサロベツ湿原が広がり，日本海に並行する数列の砂丘帯のうえには砂丘林が成立する。その砂丘林に挟まれた砂丘間低地には，200余りの湖沼と砂丘間湿地が存在し原始的で特異的な景観が広がる。残存する湿原や砂丘林帯は，開発により湿原や砂丘から転換された農地に囲まれ，サロベツ地域は人間活動と自然が共存するという特色をもつ。これらの異なった個々の立地には，それぞれに適した植物が生育し，総じてサロベツ地域の豊かな植物相を構成している。

　サロベツ湿原での植物に関する調査は，湿原の開発にともなって起きる植生の変化を追跡することを目的に実施されてきた。例えば，サロベツ川放水路やサロベツ川下流拡幅工事などの泥炭地開発事業に関わる自然環境調査の一環として行われた北海道開発局の報告(北海道開発局，1972；1978；1999)や，国立公園の現状を把握し自然再生を行うための保全策の策定を目的とした調査報告(北海道開発局稚内開発建設部・北海道開発コンサルタント株式会社，1990；北海道自然保護協会，1986；地域環境計画，2007など)が挙げられる。学術研究としては湿原を構成する植物群落を明らかにするための植生に関するもの(宮脇ほか，1977；橘・伊藤，1980)が中心であった。このように本地域では植物相の解明を主眼とした調査は実施されていない。

　生態系の保全においては，対象地域に生育する植物相の把握は，生態系の現状，特異性，今後の生態系の変化にともなう生物多様性への影響などを判断するうえでも必要不可欠な基礎データである。そこで我々は，サロベツ湿原の維管束植物の植物相調査を2004〜2007年の4年間にわたって実施した。サロベツ地域は異なる立地環境の複数の生態系から構成されているので，広大な高層湿原が広がる上サロベツ湿原地区，砂丘林および砂丘間湿地からなる稚咲内地区，ペンケ沼とパンケ沼の存在する下サロベツ湿原地区，開発の進む環境で残存湿地を含む落合地区の4つに分け，調査を行った(川床，2006；川角，2007；深草，2008)。調査は季節を変えて各年6〜7回実施し，原則，花や果実または胞子の生殖器官がついている植物個体を採取して同定を行った。採取した植物はさく葉標本にしてラベルと共に台紙に貼り，証拠標本として北海道大学北方生物圏フィールド科学センター植物園の標本庫に納めた。

　サロベツ地域全域を対象に調査したこの植物相データを用い，本節ではサロベツ湿原とその周辺における植物相とその特徴を概説する。そのうえで，これまでにサロベツ湿原で実施された調査と比較して考察を行った。なお，砂丘林および砂丘間湿地からなる稚咲内地区については第II部第2章第1節「砂丘林帯の植物相」で述べる。

1-1. 植物相の概要

　サロベツ湿原とその周辺域を立地条件から，上サロベツ湿原2地区(高層湿原，丸山周辺。ただし泥炭採掘跡地は除く)，下サロベツ湿原2地区(ペンケ沼周辺，パンケ沼周辺)，落合地区3地区(落合南部，落合北部，落合西部)の計7地区に分けた(図I-2-1)。さらに，

舗装道路周辺は人為的な影響が強く作用する環境であるため，そこに生育する植物は「道路わき」に区分した。

サロベツ湿原とその周辺域で生育が確認された植物は，357種2亜種1変種，計360分類群にのぼる（表I-2-1）。

上サロベツ湿原，パンケ沼の南側，落合南部には広大な高層湿原が広がり，それを取り囲むようにヌマガヤが優占する中間湿原が見られる。高層湿原にはホロムイソウ，トマリスゲ，ワタスゲ，ミカヅキグサ，ホロムイイチゴ，ツマトリソウ，ヒメシャクナゲ，ガンコウラン，ツルコケモモ，コタヌキモなど湿地に生育する植物が数多く出現し，これらの地域の植物相を特徴づけている。調査地内の湖沼で最大の面積を有するパンケ沼では，コウホネ，アオウキクサ，ウキクサ，センニンモ，オヒルムシロ，ホソバミズヒキモ，ヒロハノエビモ，フトイ，ヨシ，マコモ，マツモ，ホザキノフサモ，ヒシ，エゾノミズタデの計14種の水生植物が採集された。パンケ沼の北方に位置するペンケ沼は，パンケ沼に比べて水深が浅く，エゾノミズタデを欠くものの，上記の種に加えサジオモダカ，オモダカ，クロモ，セキショウモ，エゾヤナギモ，リュウノヒゲモ，オオヌマハリイ，ミズハコベの計21種の水生植物が採取された。

一方，丸山周辺や落合北部・西部ではエゾフユノハナワラビ，マイヅルソウ，エゾイラクサ，オニグルミ，ヤマハハコ，エゾニワトコなど低地や山地の森林に生育する種が見られる。丸山周辺では，このほかにホオノキ，ヤマブドウ，ヤマグワ，エゾイタヤ，キハダ，ハリギリなども見られた。

環境省(2012)および北海道環境生活部環境室自然環境課(2001)のレッドデータブックに記載のある種は，サロベツ湿原とその周辺域全体で21種が生育していた。このうちエゾゴゼンタチバナは上サロベツの高層湿原，リュウノヒゲモはペンケ沼，ネムロコウホネ，エゾベニヒツジグサ，ミクリ，ホソバオゼヌマスゲ，ハイドジョウツナギ，ゴキヅル，ノウルシ，エゾノミズタデはパンケ沼とその周辺，ヒメカイウ，ナガバノモウセンゴケは上サロベツおよびパンケ沼周辺の高層湿原の限られたところでそれぞれ生育が確認されている。一方，サワラン，トキソウ，シロミノハリイ，ヤチツツジ，エゾナミキは上サロベツの高層湿原およびパンケ沼周辺に加え，国立公園範囲外の落合地区においても生育が確認され，クロユリ，オオバタチツボスミレは牧草地に囲まれた丸山周辺の湿地においても生育が確認されている。

帰化・逸出種は道路わきや人の影響の大きい丸山周辺，落合地区を中心に確認され，サロベツ湿原とその周辺域においてキク科(14種)やイネ科(11種)，マメ科(5種)，ナデシコ科(4種)など計49種が確認された。

1-2. 植物相の変遷

表I-2-2にサロベツ湿原で行われた植物調査報告に記載された植物と本調査で確認された植物の一覧を示した。過去の報告と比較すると，サロベツ湿原とその周辺域では本調査で86種が新たに確認された(表I-2-2)。このうち帰化・逸出種はオオスズメノテッポウ，ムラサキウマゴヤシ，ソバカズラ，マツヨイセンノウ，ヒメオドリコソウ，アメリカオニアザミなど計28種で，近年において帰化種の侵入が著しいことを示している。

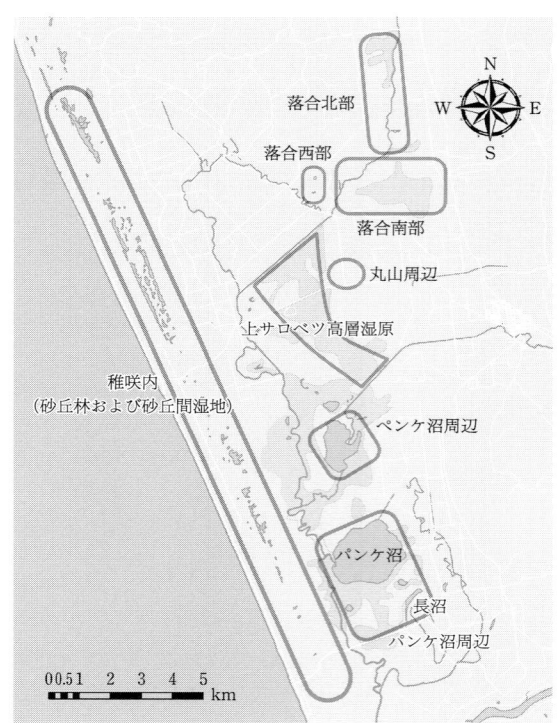

図I-2-1 植物相の調査範囲。国土地理院の電子データを基に作成

在来種に関しては，オオバタケシマラン，ツユクサ，ヤマブキショウマ，オオツリバナ，エゾタチカタバミ，ミツバフウロ，ウシハコベ，コハコベ，サルナシ，ミヤママタタビ，ギンリョウソウ，イケマ，イヌホオズキ，レンプクソウの14種が丸山周辺のみで，アオチドリ，ハガクレスゲ，ホソバオゼヌマスゲ，アキメヒシバ，キンエノコロ，シロバナノヘビイチゴ，ホザキシモツケ，イワアカバナ，ネバリタデ，ヒルガオ，エゾオオバコ，エゾノコンギク，オオチドメの13種がパンケ沼周辺のみで，コウキクサ，オニノヤガラ，ミツバベンケイソウ，エゾワサビ，イヌガラシ，ノミノフスマ，シカギク，ハマボウフウの8種が落合北部・西部のみで新たに記録された。全7地区のうち上記の4地区で新たに記録された在来種は44種にのぼり，サロベツ湿原とその周辺域のなかでも特にこれら4地区の植物相の解明が進んだといえよう。また，本調査では踏査できなかったが，近年，新しいビジターセンター木道付近の泥炭採掘跡地においてコアニチドリの生育が確認されている。

一方でこれまでに記録のあった植物種のうち，141種については本調査でサロベツ湿原とその周辺域で生育が確認されなかった(表I-2-2)。このうちサイハイラン，テガタチドリ，オゼノサワトンボ，エゾミクリ，エゾホソイ，タガネソウ，シカクイ，イヌノハナヒゲ，ヒメノガリヤス，タチイチゴツナギ，イワオトギリ，シシウドについては近年の調査(北海道開発局，1999；地域環境計画，2007など)でも確認されておらず，現在のサロベツ湿原とその周辺域においては絶滅したか，少なくとも個体数が非常に少なくなっていると考えられる。

1-3．ほかの湿原植物相との比較

北海道の湿原に関しては，これまで静狩湿原(Tatewaki, 1924)，幌向泥炭地(舘脇，1931)，釧路湿原(前田一歩園財団，1993)，別寒辺牛湿原(高橋ほか，2002)，汐見・フイハップ湿地(笈田，2002)，雨竜沼湿原(高橋・佐々木，2002)，羅臼湖湿原(高橋・岩崎，2007)などで植物目録が作成されている。これらの文献に記載された出現種と，本調査地での出現種を比較すると，ミズドクサ，ミズバショウ，タチギボウシ，イグサ，ヤラメスゲ，ナガボノワレモコウ，モウセンゴケ，ノリウツギ，ホソバノヨツバムグラ，エゾシロネ，サワギキョウ，エゾゴマナ，エゾノサワアザミ，オオバセンキュウなど湿原に生育する種は共通するものが多い。

一方で，ハイドジョウツナギは上記の文献では記録がなく，標本記録では本調査地のほかに宗谷郡猿払村(滝田，2001)など限られた地域でしか見られない。またナガバノモウセンゴケは，北海道では本調査地のほかでは幌向泥炭地，標本記録では大雪山沼ノ原湿原(滝田，2001)など，極く限られた場所でのみ記録され，幌向泥炭地が開発のために失われてしまった現在では，サロベツ湿原は低地の自生地として重要である。そのほか，本調査地で確認されたミゾイチゴツナギも北海道内に散生するものの，上記の文献には記録がなかった。さらに，北海道での分布が南西部から北部に偏るシオデ，ズミも本調査地で確認されたが，上記の文献には記録がなかった。

(東　隆行・冨士田裕子・川角法子・深草祐二)

表 I-2-1 サロベツ湿原

EN：絶滅危惧Ｉb類，En：絶滅危惧種，VU：絶滅危惧II類，Vu：絶滅危急種，NT：準絶滅危惧，R：希少種。科の配列はAPGIII

科　名	種　名	学　名
ヒカゲノカズラ科	ヒカゲノカズラ	*Lycopodium clavatum* L.
	マンネンスギ	*Lycopodium dendroideum* Michx.
	ヤチスギラン	*Lycopodium inundatum* L.
ハナヤスリ科	エゾフユノハナワラビ	*Botrychium multifidum* (S. G. Gmel.) Rupr. var. *robustum* (Rupr. ex Milde) C. Chr.
トクサ科	スギナ	*Equisetum arvense* L.
	ミズドクサ	*Equisetum fluviatile* L.
	イヌスギナ	*Equisetum palustre* L.
ゼンマイ科	ヤマドリゼンマイ	*Osmunda cinnamomea* L.
コバノイシカグマ科	ワラビ	*Pteridium aquilinum* (L.) Kuhn
ヒメシダ科	ニッコウシダ	*Thelypteris nipponica* (Franch. et Sav.) Ching
	ヒメシダ	*Thelypteris palustris* (Salisb.) Schott
コウヤワラビ科	クサソテツ	*Matteuccia struthiopteris* (L.) Tod.
	コウヤワラビ	*Onoclea sensibilis* L.
メシダ科	エゾメシダ	*Athyrium brevifrons* Nakai ex Tagawa
オシダ科	オシダ	*Dryopteris crassirhizoma* Nakai
マツ科	トドマツ	*Abies sachalinensis* (F. Schmidt) Mast.
	カラマツ（植栽，逸出）	*Larix kaempferi* (Lamb.) Carriére
	アカエゾマツ	*Picea glehnii* (F. Schmidt) Mast.
ジュンサイ科	ジュンサイ	*Brasenia schreberi* J. F. Gmel.
スイレン科	コウホネ	*Nuphar japonica* DC.
	ネムロコウホネ	*Nuphar pumila* (Timm) DC.
	エゾベニヒツジグサ	*Nymphaea tetragona* Georgi var. *erythrostigmatica* Koji Ito
モクレン科	ホオノキ	*Magnolia obovata* Thunb.
サトイモ科	マムシグサ	*Arisaema japonicum* Blume
	ヒメカイウ	*Calla palustris* L.
	アオウキクサ	*Lemna aoukikusa* Beppu et Murata
	コウキクサ	*Lemna minor* L.
	ミズバショウ	*Lysichiton camtschatcense* (L.) Schott
	ウキクサ	*Spirodela polyrhiza* (L.) Schleid.
	ザゼンソウ	*Symplocarpus foetidus* Salisb. ex W. P. C. Barton
オモダカ科	サジオモダカ	*Alisma plantago-aquatica* L.
	オモダカ	*Sagittaria trifolia* L.
トチカガミ科	クロモ	*Hydrilla verticillata* (L. f.) Royle
	セキショウモ	*Vallisneria natans* (Lour.) H. Hara
ホロムイソウ科	ホロムイソウ	*Scheuchzeria palustris* L.
ヒルムシロ科	エゾヤナギモ	*Potamogeton compressus* L.
	センニンモ	*Potamogeton maackianus* A. Benn.
	オヒルムシロ	*Potamogeton natans* L.
	ホソバミズヒキモ	*Potamogeton octandrus* Poir.
	リュウノヒゲモ	*Potamogeton pectinatus* L.
	ヒロハノエビモ	*Potamogeton perfoliatus* L.
シュロソウ科	ショウジョウバカマ	*Helonias orientalis* (Thunb.) N. Tanaka
	オオバナノエンレイソウ	*Trillium camschatcense* Ker Gawl.
	バイケイソウ	*Veratrum album* L. subsp. *oxysepalum* (Turcz.) Hultén
	コバイケイソウ	*Veratrum stamineum* Maxim.
イヌサフラン科	ホウチャクソウ	*Disporum sessile* D. Don ex J. A. et J. H. Schult.
サルトリイバラ科	シオデ	*Smilax riparia* A. DC.
ユリ科	オオウバユリ	*Cardiocrinum cordatum* (Thunb.) Makino var. *glehnii* (F. Schmidt) H. Hara
	ツバメオモト	*Clintonia udensis* Trautv. et C. A. Mey.
	クロユリ	*Fritillaria camtschatcensis* (L.) Ker Gawl.
	エゾスカシユリ	*Lilium maculatum* Thunb. subsp. *dauricum* (Ker Gawl.) H. Hara
	オオバタケシマラン	*Streptopus amplexifolius* (L.) DC.
ラン科	アオチドリ	*Coeloglossum viride* (L.) Hartm.
	ハクサンチドリ	*Dactylorhiza aristata* (Fisch. ex Lindl.) Soó
	サワラン	*Eleorchis japonica* (A. Gray) F. Maek.
	カキラン	*Epipactis thunbergii* A. Gray
	オニノヤガラ	*Gastrodia elata* Blume
	コケイラン	*Oreorchis patens* (Lindl.) Lindl.
	ミズチドリ	*Platanthera hologlottis* Maxim.

第 2 章　湿 原 植 生

とその周辺域の植物目録
体系(邑田・米倉，2013)，学名はYlist(米倉・梶田，2003)によった。ただし，種内分類群の学名が種小名と同じものは種名のみを記載した。

上サロベツ湿原		下サロベツ湿原		落合地区			道路わき	レッドデータ
高層湿原	丸山周辺	ペンケ沼周辺	パンケ沼周辺	落合南部	落合北部	落合西部		

科　名	種　名	学　名
	オオヤマサギソウ	*Platanthera sachalinensis* F. Schmidt
	ホソバノキソチドリ	*Platanthera tipuloides* (L. f.) Lindl.
	コバノトンボソウ	*Platanthera tipuloides* (L. f.) Lindl. subsp. *nipponica* (Makino) Murata
	トキソウ	*Pogonia japonica* Rchb. f.
	ネジバナ	*Spiranthes sinensis* (Pers.) Ames
アヤメ科	ノハナショウブ	*Iris ensata* Thunb.
	カキツバタ	*Iris laevigata* Fisch.
	ヒオウギアヤメ	*Iris setosa* Pall. ex Link
ススキノキ科	ゼンテイカ	*Hemerocallis dumortieri* C. Morren var. *esculenta* (Koidz.) Kitam. ex M. Matsuoka et M. Hotta
ヒガンバナ科	ギョウジャニンニク	*Allium victorialis* L.
キジカクシ科	タチギボウシ	*Hosta sieboldii* (Paxton) J. W. Ingram var. *rectifolia* (Nakai) H. Hara
	マイヅルソウ	*Maianthemum dilatatum* (A. W. Wood) A. Nelson et J. F. Macbr.
	オオアマドコロ	*Polygonatum odoratum* (Mill.) Druce var. *maximowiczii* (F. Schmidt) Koidz.
ツユクサ科	ツユクサ	*Commelina communis* L.
ガマ科	ミクリ	*Sparganium erectum* L.
	ガマ	*Typha latifolia* L.
ホシクサ科	エゾホシクサ	*Eriocaulon monococcon* Nakai
イグサ科	イグサ	*Juncus decipiens* (Buchenau) Nakai
	イヌイ	*Juncus fauriei* H. Lév. et Vaniot
	タチコウガイゼキショウ	*Juncus krameri* Franch. et Sav.
	クサイ	*Juncus tenuis* Willd.
	ヤマスズメノヒエ	*Luzula multiflora* (Ehrh.) Lejeune
カヤツリグサ科	ハクサンスゲ	*Carex canescens* L.
	ハリガネスゲ	*Carex capillacea* Boott
	カブスゲ	*Carex cespitosa* L.
	ハガクレスゲ	*Carex jacens* C. B. Clarke
	ムジナスゲ	*Carex lasiocarpa* Ehrh. subsp. *occultans* (Franch.) Hultén
	イトアオスゲ	*Carex leucochlora* Bunge var. *filiculmis* (Franch. et Sav.) Kitag.
	ヤチスゲ	*Carex limosa* L.
	ヤラメスゲ	*Carex lyngbyei* Hornem.
	ゴウソ	*Carex maximowiczii* Miq.
	ミタケスゲ	*Carex michauxiana* Boeck. subsp. *asiatica* Hultén
	トマリスゲ	*Carex middendorffii* F. Schmidt
	ビロードスゲ	*Carex miyabei* Franch.
	ホソバオゼヌマスゲ	*Carex nemurensis* Franch.
	ヤチカワズスゲ	*Carex omiana* Franch. et Sav.
	グレーンスゲ	*Carex parciflora* Boott
	ツルスゲ	*Carex pseudocuraica* F. Schmidt
	オオカサスゲ	*Carex rhynchophysa* C. A. Mey.
	オオカワズスゲ	*Carex stipata* Muhl. ex Willd.
	オニナルコスゲ	*Carex vesicaria* L.
	クロハリイ	*Eleocharis kamtschatica* (C. A. Mey.) Kom.
	オオヌマハリイ	*Eleocharis mamillata* H. Lindb.
	シロミノハリイ	*Eleocharis margaritacea* (Hultén) Miyabe et Kudô
	サギスゲ	*Eriophorum gracile* K. Koch
	ワタスゲ	*Eriophorum vaginatum* L.
	ミカヅキグサ	*Rhynchospora alba* (L.) Vahl
	オオイヌノハナヒゲ	*Rhynchospora fauriei* Franch.
	フトイ	*Schoenoplectus tabernaemontani* (C. C. Gmel.) Palla
	ツルアブラガヤ	*Scirpus radicans* Schk.
	アブラガヤ	*Scirpus wichurae* Boeck.
イネ科	コヌカグサ(帰化)	*Agrostis gigantea* Roth
	エゾヌカボ	*Agrostis scabra* Willd.
	オオスズメノテッポウ(帰化)	*Alopecurus pratensis* L.
	コウボウ	*Anthoxanthum glabrum* (Trin.) Veldkamp
	ハルガヤ(帰化)	*Anthoxanthum odoratum* L.
	チシマガリヤス	*Calamagrostis neglecta* (Ehrh.) Gaertn., B. Mey. et Scherb. subsp. *inexpansa* (A. Gray) Tzvelev
	イワノガリヤス	*Calamagrostis purpurea* (Trin.) Trin. subsp. *langsdorfii* (Link) Tzvelev
	カモガヤ(帰化)	*Dactylis glomerata* L.
	アキメヒシバ	*Digitaria violascens* Link
	イヌビエ	*Echinochloa crus-galli* (L.) P. Beauv.

	上サロベツ湿原		下サロベツ湿原		落合地区			道路わき	レッドデータ
	高層湿原	丸山周辺	ペンケ沼周辺	パンケ沼周辺	落合南部	落合北部	落合西部		
	●								
	●			●					
	●			●	●				環境省 NT
	●	●		●	●				
	●	●		●	●	●	●		環境省 NT
	●			●	●				
		●		●		●	●		
		●				●	●	●	環境省 NT, R
	●			●			●		
	●	●		●		●			
	●			●					
	●								
	●								
			●	●					
	●			●		●	●		
	●			●	●	●	●		
	●			●	●	●		●	
		●		●	●	●			環境省 NT
					●				
		●		●					
	●			●			●		
	●		●	●					
			●	●					
	●			●	●		●		環境省 VU, 北海道 Vu
	●			●	●				
	●	●		●		●			
	●			●		●			
	●		●	●		●			
	●			●		●			
				●				●	
								●	
	●	●						●	
	●	●						●	
		●		●				●	
		●						●	

科　名	種　名	学　名
	シバムギ(帰化)	*Elytrigia repens* (L.) Desv. ex B. D. Jackson
	ヒロハノウシノケグサ(帰化)	*Festuca pratensis* Huds.
	ドジョウツナギ	*Glyceria ischyroneura* Steud.
	ホソムギ(帰化)	*Lolium perenne* L.
	ススキ	*Miscanthus sinensis* Andersson
	ヌマガヤ	*Moliniopsis japonica* (Hack.) Hayata
	クサヨシ	*Phalaris arundinacea* L.
	オオアワガエリ(帰化)	*Phleum pratense* L.
	ヨシ	*Phragmites australis* (Cav.) Trin. ex Steud.
	ミゾイチゴツナギ	*Poa acroleuca* Steud.
	スズメノカタビラ	*Poa annua* L.
	ヌマイチゴツナギ(帰化)	*Poa palustris* L.
	ナガハグサ(帰化)	*Poa pratensis* L.
	オオスズメノカタビラ(帰化)	*Poa trivialis* L.
	チシマザサ	*Sasa kurilensis* (Rupr.) Makino et Shibata
	チマキザサ	*Sasa palmata* (Lat.-Marl. ex Burb.) E. G. Camus
	クマイザサ	*Sasa senanensis* (Franch. et Sav.) Rehder
	キンエノコロ	*Setaria pumila* (Poir.) Roem. et Schult.
	ハイドジョウツナギ	*Torreyochloa viridis* (Honda) Church
	マコモ	*Zizania latifolia* (Griseb.) Turcz. ex Stapf
マツモ科	マツモ	*Ceratophyllum demersum* L.
ケシ科	エゾエンゴサク	*Corydalis fumariifolia* Maxim. subsp. *azurea* Lidén et Zetterlund
キンポウゲ科	ヒメイチゲ	*Anemone debilis* Fisch. ex Turcz.
	ニリンソウ	*Anemone flaccida* F. Schmidt
	エゾノリュウキンカ	*Caltha fistulosa* Schipcz.
	エンコウソウ	*Caltha palustris* L.
	ミツバオウレン	*Coptis trifolia* (L.) Salisb.
	エゾキンポウゲ	*Ranunculus franchetii* H. Boissieu
	ハイキンポウゲ	*Ranunculus repens* L.
	カラマツソウ	*Thalictrum aquilegiifolium* L.
	アキカラマツ	*Thalictrum minus* L. var. *hypoleucum* (Siebold et Zucc.) Miq.
ユキノシタ科	ネコノメソウ	*Chrysosplenium grayanum* Maxim.
ベンケイソウ科	ミツバベンケイソウ	*Hylotelephium verticillatum* (L.) H. Ohba
アリノトウグサ科	ホザキノフサモ	*Myriophyllum spicatum* L.
ブドウ科	ヤマブドウ	*Vitis coignetiae* Pulliat ex Planch.
マメ科	エゾノレンリソウ	*Lathyrus palustris* L. var. *pilosus* (Cham.) Ledeb.
	ムラサキウマゴヤシ(帰化)	*Medicago sativa* L.
	センダイハギ	*Thermopsis lupinoides* (L.) Link
	タチオランダゲンゲ(帰化)	*Trifolium hybridum* L.
	ムラサキツメクサ(帰化)	*Trifolium pratense* L.
	シロツメクサ(帰化)	*Trifolium repens* L.
	クサフジ	*Vicia cracca* L.
	ヒロハクサフジ	*Vicia japonica* A. Gray
	ビロードクサフジ(帰化)	*Vicia villosa* Roth
バラ科	キンミズヒキ	*Agrimonia pilosa* Ledeb.
	ヤマブキショウマ	*Aruncus dioicus* (Walter) Fernald
	オオヤマザクラ	*Cerasus sargentii* (Rehder) H. Ohba
	クロバナロウゲ	*Comarum palustre* L.
	オニシモツケ	*Filipendula camtschatica* (Pall.) Maxim.
	シロバナノヘビイチゴ	*Fragaria nipponica* Makino
	オオダイコンソウ	*Geum aleppicum* Jacq.
	カラフトダイコンソウ	*Geum macrophyllum* Willd.
	エゾノコリンゴ	*Malus baccata* (L.) Borkh.
	ズミ	*Malus toringo* (Siebold) Siebold ex de Vriese
	エゾノミツモトソウ(帰化)	*Potentilla norvegica* L.
	ホロムイイチゴ	*Rubus chamaemorus* L.
	エゾイチゴ	*Rubus idaeus* L. subsp. *melanolasius* Focke
	ナワシロイチゴ	*Rubus parvifolius* L.
	ナガボノワレモコウ	*Sanguisorba tenuifolia* Fisch. ex Link
	ナナカマド	*Sorbus commixta* Hedl.
	ホザキシモツケ	*Spiraea salicifolia* L.

第 2 章　湿原植生　　23

上サロベツ湿原		下サロベツ湿原			落合地区			道路わき	レッドデータ
高層湿原	丸山周辺	ペンケ沼周辺	パンケ沼周辺	落合南部	落合北部	落合西部			

北海道 R

科　名	種　名	学　名
クワ科	ヤマグワ	*Morus australis* Poir.
イラクサ科	エゾイラクサ	*Urtica platyphylla* Wedd.
ブナ科	ミズナラ	*Quercus crispula* Blume
ヤマモモ科	ヤチヤナギ	*Myrica gale* L. var. *tomentosa* C. DC.
クルミ科	オニグルミ	*Juglans mandshurica* Maxim. var. *sachalinensis* (Komatsu) Kitam.
カバノキ科	ケヤマハンノキ	*Alnus hirsuta* (Spach) Turcz. ex Rupr.
	ハンノキ	*Alnus japonica* (Thunb.) Steud.
	ダケカンバ	*Betula ermanii* Cham.
	シラカンバ	*Betula platyphylla* Sukaczev
ウリ科	ゴキヅル	*Actinostemma tenerum* Griff.
ニシキギ科	オオツリバナ	*Euonymus planipes* (Koehne) Koehne
	マユミ	*Euonymus sieboldianus* Blume
	ウメバチソウ	*Parnassia palustris* L.
カタバミ科	エゾタチカタバミ	*Oxalis stricta* L.
トウダイグサ科	ノウルシ	*Euphorbia adenochlora* C. Morren et Decne.
ヤナギ科	ドロノキ	*Populus suaveolens* Fisch.
	バッコヤナギ	*Salix caprea* L.
	エゾノカワヤナギ	*Salix miyabeana* Seemen
	エゾノキヌヤナギ	*Salix schwerinii* E. L. Wolf
	タチヤナギ	*Salix triandra* L.
	オノエヤナギ	*Salix udensis* Trautv. et C. A. Mey.
スミレ科	マキバスミレ (帰化)	*Viola arvensis* L.
	オオタチツボスミレ	*Viola kusanoana* Makino
	オオバタチツボスミレ	*Viola langsdorfii* Fisch. ex DC. subsp. *sachalinensis* W. Becker
	ツボスミレ	*Viola verecunda* A. Gray
オトギリソウ科	オトギリソウ	*Hypericum erectum* Thunb.
	ミズオトギリ	*Triadenum japonicum* (Blume) Makino
フウロソウ科	ゲンノショウコ	*Geranium thunbergii* Siebold ex Lindl. et Paxton
	ミツバフウロ	*Geranium wilfordii* Maxim.
ミソハギ科	エゾミソハギ	*Lythrum salicaria* L.
	ヒシ	*Trapa japonica* Flerow
アカバナ科	ヤナギラン	*Chamerion angustifolium* (L.) Holub
	イワアカバナ	*Epilobium amurense* Hausskn. subsp. *cephalostigma* (Hausskn.) C. J. Chen, Hoch et Raven
	ホソバアカバナ	*Epilobium palustre* L.
	アカバナ	*Epilobium pyrricholophum* Franch. et Sav.
	メマツヨイグサ (帰化)	*Oenothera biennis* L.
ウルシ科	ツタウルシ	*Toxicodendron radicans* (L.) Kuntze subsp. *orientale* (Greene) Gillis
	ヤマウルシ	*Toxicodendron trichocarpum* (Miq.) Kuntze
ムクロジ科	アカイタヤ	*Acer pictum* Thunb. subsp. *mayrii* (Schwer.) H. Ohashi
	エゾイタヤ	*Acer pictum* Thunb. subsp. *mono* (Maxim.) H. Ohashi
ミカン科	キハダ	*Phellodendron amurense* Rupr.
アブラナ科	ハルザキヤマガラシ (帰化)	*Barbarea vulgaris* R. Br.
	セイヨウアブラナ (帰化)	*Brassica napus* L.
	ナズナ	*Capsella bursa-pastoris* (L.) Medik.
	コンロンソウ	*Cardamine leucantha* (Tausch) O. E. Schulz
	タネツケバナ	*Cardamine scutata* Thunb.
	エゾワサビ	*Cardamine yezoensis* Maxim.
	エゾスズシロ (帰化)	*Erysimum cheiranthoides* L.
	イヌガラシ	*Rorippa indica* (L.) Hiern
	スカシタゴボウ	*Rorippa palustris* (L.) Besser
	キレハイヌガラシ (帰化)	*Rorippa sylvestris* (L.) Besser
	アブラナ科の一種	Cruciferae sp.
タデ科	ソバカズラ (帰化)	*Fallopia convolvulus* (L.) A. Löve
	オオイタドリ	*Fallopia sachalinensis* (F. Schmidt) Ronse Decr.
	エゾノミズタデ	*Persicaria amphibia* (L.) Delarbre
	ヤナギタデ	*Persicaria hydropiper* (L.) Delarbre
	オオイヌタデ	*Persicaria lapathifolia* (L.) Delarbre
	イヌタデ	*Persicaria longiseta* (Bruijn) Kitag.
	イシミカワ	*Persicaria perfoliata* (L.) H. Gross
	ウナギツカミ	*Persicaria sagittata* (L.) H. Gross
	ミゾソバ	*Persicaria thunbergii* (Siebold et Zucc.) H. Gross

上サロベツ湿原		下サロベツ湿原			落合地区			
高層湿原	丸山周辺	ペンケ沼周辺	パンケ沼周辺	落合南部	落合北部	落合西部	道路わき	レッドデータ
	●		●					
	●		●	●	●	●	●	
	●		●			●	●	環境省 VU
●	●		●	●	●			環境省 VU，北海道 En
	●		●					
	●		●				●	
	●		●				●	
●	●	●	●			●		
●	●		●	●	●			環境省 NT，北海道 R
●	●		●			●		
●	●	●	●	●	●	●		
●	●		●	●	●			環境省 EN
●	●		●		●	●		
	●	●	●				●	
●	●		●			●		
	●		●	●				
	●	●	●			●		
	●		●	●				
●	●		●		●	●		
●	●	●	●				●	
●	●		●				●	
						●		
			●			●		
						●		
						●		
●	●	●	●	●		●		

科　名	種　名	学　名
	エゾシロネ	*Lycopus uniflorus* Michx.
	ハッカ	*Mentha canadensis* L.
	エゾナミキ	*Scutellaria yezoensis* Kudô
	エゾイヌゴマ	*Stachys aspera* Michx.
タヌキモ科	コタヌキモ	*Utricularia intermedia* Heyne
モチノキ科	ハイイヌツゲ	*Ilex crenata* Thunb. var. *radicans* (Nakai) Murai
	ツルツゲ	*Ilex rugosa* F. Schmidt
キキョウ科	ツルニンジン	*Codonopsis lanceolata* (Siebold et Zucc.) Trautv.
	サワギキョウ	*Lobelia sessilifolia* Lamb.
ミツガシワ科	ミツガシワ	*Menyanthes trifoliata* L.
キク科	ヤマハハコ	*Anaphalis margaritacea* (L.) Benth. et Hook. f.
	ゴボウ(帰化)	*Arctium lappa* L.
	オオヨモギ	*Artemisia montana* (Nakai) Pamp.
	エゾゴマナ	*Aster glehnii* F. Schmidt
	エゾノコンギク	*Aster microcephalus* (Miq.) Franch. et Sav. var. *yezoensis* (Kitam. et H. Hara) Soejima et Mot. Ito
	ユウゼンギク(帰化)	*Aster novi-belgii* L.
	アメリカセンダングサ(帰化)	*Bidens frondosa* L.
	エゾノタウコギ	*Bidens maximowicziana* Oett.
	コバナアザミ	*Cirsium kamtschaticum* Ledeb. ex DC. var. *boreale* (Kitam.) Tatew.
	エゾノサワアザミ	*Cirsium pectinellum* A. Gray
	アメリカオニアザミ(帰化)	*Cirsium vulgare* (Savi) Ten.
	ヒメムカシヨモギ(帰化)	*Conyza canadensis* (L.) Cronquist
	ヒメジョオン(帰化)	*Erigeron annuus* (L.) Pers.
	ヨツバヒヨドリ	*Eupatorium glehnii* F. Schmidt ex Trautv.
	ヤナギタンポポ	*Hieracium umbellatum* L.
	ブタナ(帰化)	*Hypochaeris radicata* L.
	ヤマニガナ	*Lactuca raddeana* Maxim. var. *elata* (Hemsl.) Kitam.
	フランスギク(帰化)	*Leucanthemum vulgare* Lam.
	コシカギク(帰化)	*Matricaria matricarioides* (Less.) Ced. Porter ex Britton
	エダウチチチコグサ(帰化)	*Omalotheca sylvatica* (L.) Sch. Bip. et F. W. Schultz
	ヨブスマソウ	*Parasenecio hastatus* (L.) H. Koyama subsp. *orientalis* (Kitam.) H. Koyama
	ミミコウモリ	*Parasenecio kamtschaticus* (Maxim.) Kadota
	アキタブキ	*Petasites japonicus* (Siebold et Zucc.) Maxim. subsp. *giganteus* (G. Nicholson) Kitam.
	コウゾリナ	*Picris hieracioides* L. subsp. *japonica* (Thunb.) Krylov
	コウリンタンポポ(帰化)	*Pilosella aurantiaca* (L.) F. Schultz et Sch. Bip.
	オオハンゴンソウ(帰化)	*Rudbeckia laciniata* L.
	ハンゴンソウ	*Senecio cannabifolius* Less.
	ミヤマアキノキリンソウ	*Solidago virgaurea* L. subsp. *leiocarpa* (Benth.) Hultén
	オニノゲシ(帰化)	*Sonchus asper* (L.) Hill
	セイヨウタンポポ(帰化)	*Taraxacum officinale* Weber ex F. H. Wigg.
	シカギク	*Tripleurospermum tetragonospermum* (F. Schmidt) Poped.
レンプクソウ科	レンプクソウ	*Adoxa moschatellina* L.
	エゾニワトコ	*Sambucus racemosa* L. subsp. *kamtschatica* (E. L. Wolf) Hultén
	カンボク	*Viburnum opulus* L. var. *sargentii* (Koehne) Takeda
ウコギ科	ウド	*Aralia cordata* Thunb.
	タラノキ	*Aralia elata* (Miq.) Seem.
	オオチドメ	*Hydrocotyle ramiflora* Maxim.
	ハリギリ	*Kalopanax septemlobus* (Thunb.) Koidz.
セリ科	オオバセンキュウ	*Angelica genuflexa* Nutt.
	エゾニュウ	*Angelica ursina* (Rupr.) Maxim.
	シャク	*Anthriscus sylvestris* (L.) Hoffm.
	ドクゼリ	*Cicuta virosa* L.
	ハマボウフウ	*Glehnia littoralis* F. Schmidt ex Miq.
	オオハナウド	*Heracleum lanatum* Michx.
	セリ	*Oenanthe javanica* (Blume) DC.
	ウマノミツバ	*Sanicula chinensis* Bunge
	トウヌマゼリ	*Sium suave* Walter
計		

上サロベツ湿原		下サロベツ湿原		落合地区			道路わき	レッドデータ
高層湿原	丸山周辺	ペンケ沼周辺	パンケ沼周辺	落合南部	落合北部	落合西部		
98	154	46	230	82	136	86	45	

表 I-2-2 サロベツ湿原とその周辺区域で行われた植物調査報告に記載された植物と本調査で確認された植物の一覧。灰色の箇所は本調査で確認されなかった種を示す。科の配列は APGIII 体系（邑田・米倉 2013）による。
◎は本調査で初めて記録された種、●は記載された種を示す。
文献 1：北海道開発局 (1972)，文献 2：宮脇ほか (1977)，文献 3：北海道開発局 (1978)，文献 4：橘・伊藤 (1980)，文献 5：北海道自然保護協会 (1986)，文献 6：北海道開発局稚内開発建設部・北海道開発コンサルタント株式会社 (1990)，文献 7：北海道開発局 (1999)，文献 8：地域環境計画 (2007)

科　名	種　名	文献 1	文献 2	文献 3	文献 4	文献 5	文献 6	文献 7	文献 8	本調査
ヒカゲノカズラ科	トウゲシバ（ホソバトウゲシバを含む）							●		
	ヒカゲノカズラ	●						●	●	●
	マンネンスギ（タチマンネンスギを含む）	●		●				●	●	●
	ヤチスギラン							●	●	●
ハナヤスリ科	エゾフユノハナワラビ				●					
	ナツノハナワラビ									●
トクサ科	スギナ	●		●	●	●	●	●	●	●
	ミズドクサ（ミズスギナ）		●			●		●		
	トクサ		●	●	●		●	●	●	●
	イヌスギナ		●					●		●
ゼンマイ科	ヤマドリゼンマイ	●			●	●		●	●	●
コバノイシカグマ科	ワラビ			●	●			●	●	●
ヒメシダ科	ミゾシダ									
	ニッコウシダ							●	●	●
	ヒメシダ			●	●	●	●	●	●	●
コウヤワラビ科	クサソテツ		●				●	●	●	●
	コウヤワラビ	●			●	●	●	●	●	●
	エゾメシダ									
メシダ科	ミヤマシケシダ									
オシダ科	オオヤマシダ				●			●	●	●
	オシダ									
	シラネワラビ							●	●	●
	タニヘゴ							●	●	●
マツ科	トドマツ	●	●	●	●	●	●	●	●	●
	カラマツ（植栽，逸出）							●	●	◎
	エゾマツ							●	●	●
	アカエゾマツ				●	●		●	●	●
イチイ科	イチイ									
ジュンサイ科	ジュンサイ				●			●	●	●
スイレン科	コウホネ				●			●	●	●
	ネムロコウホネ				●			●	●	●
	ヒツジグサ（エゾベニヒツジグサを含む）							●	●	●
マツブサ科	チョウセンゴミシ				●			●	●	
モクレン科	ホオノキ									●

科　名	種　名	文献 1	文献 2	文献 3	文献 4	文献 5	文献 6	文献 7	文献 8	本調査
サトイモ科	マムシグサ（コウライテンナンショウを含む）							●		●
	ヒメカイウ							●	●	◎
	アオウキクサ									◎
	コウキクサ		●				●	●	●	●
	ミズバショウ		●	●	●	●	●	●	●	●
	ウキクサ							●	●	●
	ザゼンソウ		●	●	●	●	●	●	●	●
オモダカ科	サジオモダカ							●	●	●
	オモダカ		●	●	●	●	●	●	●	●
トチカガミ科	クロモ									●
	セキショウモ							●	●	●
ホロムイソウ科	ホロムイソウ		●	●	●	●	●	●	●	●
シバナ科	ホソバノシバナ							●	●	
ヒルムシロ科	ホソバヒルムシロ									◎
	エゾヤナギモ									◎
	ヒルムシロ	●						●		●
	センニンモ									
	オヒルムシロ									●
	ホソバミズヒキモ								●	●
	リュウノヒゲモ									●
	ヒロハノエビモ									●
シュロソウ科	ショウジョウバカマ		●	●		●	●	●		●
	クルマバツクバネソウ		●				●	●	●	●
	エンレイソウ							●	●	●
	オオバナノエンレイソウ		●		●	●	●		●	
	バイケイソウ									●
	コバイケイソウ							●		●
	ホウチャクソウ							●	●	●
イヌサフラン科	チゴユリ				●					●
サルトリイバラ科	シオデ									●
ユリ科	オオウバユリ						●	●	●	●
	ツバメオモト									◎
	クロユリ									◎
	エゾスカシユリ									◎
	オオバタケシマラン									◎
	アオチドリ									◎
ラン科	サイハイラン		●		●			●		
	ハクサンチドリ							●		●

科　名	種　名	文献1	文献2	文献3	文献4	文献5	文献6	文献7	文献8	本調査
	サワラン		●		●				●	●
	エゾスズラン									◎
	カキラン						●	●	●	●
	オニノヤガラ			●						
	テガタチドリ				●				●	●
	オゼノサワトンボ（ヒメミズトンボ）									
	コケイラン				●			●	●	●
	ミズチドリ				●		●	●	●	●
	エゾチドリ									●
	オオヤマサギソウ		●	●	●		●	●	●	●
	ホソバノキソチドリ（コバノトンボソウを含む）		●	●	●	●	●	●	●	●
	トキソウ		●	●	●	●	●	●	●	●
	ネジバナ									●
アヤメ科	ノハナショウブ		●	●	●		●	●	●	●
	カキツバタ		●	●	●	●	●	●	●	●
	キショウブ（帰化）									◎
	ヒオウギアヤメ	●	●	●	●	●	●	●	●	●
スキキノキ科	ゼンテイカ（エゾカンゾウ）	●	●	●	●	●	●	●	●	●
ヒガンバナ科	ギョウジャニンニク									
キジカクシ科	タチギボウシ								●	●
	マイヅルソウ							●	●	●
	オオアマドコロ									
ツユクサ科	ツユクサ									
ガマ科	エゾミクリ				●					◎
	ミクリ									
	タマミクリ									
ガマ										
ホシクサ科	エゾホシクサ		●		●		●	●	●	●
イグサ科	ヒメコウガイゼキショウ				●		●	●	●	●
	イグサ（イ）									
	イヌイ									◎
	エゾホソイ			●					●	
	タチコウガイゼキショウ						●	●	●	◎
	アオコウガイゼキショウ				●		●	●	●	◎
	クサイ		●							
	ハリコウガイゼキショウ								●	
	スズメノヤリ									
	ヤマスズメノヒエ							●	●	●

科 名	種 名	文献1	文献2	文献3	文献4	文献5	文献6	文献7	文献8	本調査
カヤツリグサ科	ヒラギシスゲ					●		●		●●
	ハクサンスゲ				●		●	●		
	ハリガネスゲ									◎
	カブスゲ									
	クシロヤガミスゲ(帰化)						●	●●	●	●●●
	クリイロスゲ							●●	●	
	カサスゲ				●					
	ハゴクレスゲ		●		●	●	●	●	●	●●●●
	ムジナスゲ		●		●		●	●	●	●●
	アオスゲ(イトアオスゲを含む)			●	●	●	●	●	●	●●
	ヤチスゲ							●		●
	ヒエスゲ				●		●	●	●	●●●●●
	ヤラメスゲ				●		●	●	●	●
	ゴウソ							●		●
	ミタケスゲ			●	●		●	●	●	◎
	トマリスゲ(ホロムイスゲ)	●								●
	ビロードスゲ							●		●
	ホソバオゼヌマスゲ									
	ヤチカワズスゲ(カワズスゲを含む)		●		●		●	●	●	●●
	グレーンスゲ									
	ミガエリスゲ(タカネハリスゲ)				●		●	●	●	●
	サッポロスゲ		●					●		
	ツルスゲ									●
	コウボウシバ				●		●	●	●	
	オオカサスゲ									●
	タガネソウ		●				●		●	
	オオカワズスゲ									
	アゼスゲ									●
	ヒロハオゼヌマスゲ									
	オニナルコスゲ				●		●	●	●	
	チャガヤツリ									
	マツバイ							●	●	
	エゾハリイ				●●			●	●	
	クロハリイ(ヒメハリイを含む)									●●
	オオヌマハリイ(ヌマハリイ)									
	シロミノハリイ									
	クロヌマハリイ		●							
	シカクイ									

科名	種名	文献1	文献2	文献3	文献4	文献5	文献6	文献7	文献8	本調査
	サギスゲ	●	●	●	●		●	●	●	●
	ワタスゲ	●	●	●	●		●	●	●	●
	ミカヅキグサ	●								
	オオイヌノハナヒゲ	●					●	●	●	●
	イヌノハナヒゲ							●		●
	イヌホタルイ									
	フトイ		●		●		●	●	●	
	ツルアブラガヤ	●								
	クロアブラガヤ							●		●
	アブラガヤ（エゾアブラガヤを含む）									◎
	ヒメワタスゲ	●	●	●	●		●	●	●	●
イネ科	コヌカグサ（帰化）									
	エゾヌカボ									
	オオスズメノテッポウ（帰化）									
	コウボウ									
	ハルガヤ（帰化）									
	ミノゴメ（カズノコグサ）		●				●	●	●	●
	ヤマカモジグサ									●
	ヤマアワ					●		●		●
	ヒメノガリヤス		●	●	●			●	●	◎
	チシマガリヤス							●	●	◎
	イワノガリヤス			●	●			●	●	●
	カモガヤ（帰化）									
	アキメヒシバ									
	イヌビエ（ケイヌビエを含む）									
	シバムギ（帰化）									
	ヒロハノウシノケグサ（ヒロハウシノケグサ，帰化）									
	オオウシノケグサ（帰化）		●				●	●	●	●
	ウキガヤ				●					●
	ドジョウツナギ									
	カラフトドジョウツナギ		●		●	●	●	●	●	●
	エゾノサヤヌカグサ									
	ネズミムギ（帰化）									◎
	ホソムギ（帰化）					●				
	イブキヌカボ									
	ススキ		●	●	●		●	●	●	●
	ヌマガヤ									
	クサヨシ									

科 名	種 名	文献 1	文献 2	文献 3	文献 4	文献 5	文献 6	文献 7	文献 8	本調査
	オオアワガエリ(帰化)						●	●	●	●
	ヨシ		●	●		●	●	●	●	◎
	ミゾイチゴツナギ							●		
	スズメノカタビラ						●	●	●	●
	タチイチゴツナギ(帰化)				●					
	ヌマイチゴツナギ(帰化)						●	●	●	●
	ナガハグサ(帰化)		●				●	●	●	◎
	オオスズメノカタビラ(帰化)									◎
	チシマザサ							●		
	チマキザサ					●	●	●	●	●
	クマイザサ	●				●	●	●	●	◎
	キンエノコロ									
	ハイドジョウツナギ						●	●		
	チシマカニツリ							●		●
マツモ科	マツモ									◎
ケシ科	エゾエンゴサク						●	●	●	●
キンポウゲ科	エゾトリカブト(テリハブシ,コカラフトブシを含む)						●	●	●	●
	アカミノルイヨウショウマ			●	●		●	●	●	◎
	ヒメイチゲ		●			●	●	●		●
	フタマタイチゲ	●								
	ニリンソウ						●	●	●	◎
	エゾノリュウキンカ				●	●	●	●	●	◎
	エンコウソウ						●	●		◎
	サラシナショウマ				●		●	●	●	●
	ミツバオウレン							●		●
	エゾキンポウゲ					●	●		●	◎
	ハイキンポウゲ					●	●		●	●
	キツネノボタン		●		●		●	●	●	●
	カラマツソウ						●	●	●	●
	アキカラマツ									
	エゾカラマツ									◎
ユキノシタ科	ネコノメソウ						●	●	●	●
ベンケイソウ科	ミツバベンケイソウ							●	●	●
アリノトウグサ科	ホザキノフサモ									●
ブドウ科	ヤマブドウ						●	●	●	●
	エゾノレンリソウ									
マメ科	ムラサキウマゴヤシ(帰化)						●			◎

科名	種名	文献1	文献2	文献3	文献4	文献5	文献6	文献7	文献8	本調査
	センダイハギ							●		●
	タチオランダゲンゲ(帰化)						●			◎
	ムラサキツメクサ(帰化)			●			●	●		●
	シロツメクサ(帰化)	●						●		●
	クサフジ									●
	ヒロハクサフジ									◎
	ビロードクサフジ(帰化)									●
	キンミズヒキ									◎
バラ科	ヤマアキショウマ				●			●	●	●
	オオヤマザクラ		●		●		●	●	●	●
	クロバナロウゲ		●		●			●		◎
	オニシモツケ		●				●			●
	シロバナノヘビイチゴ				●					●
	オオダイコンソウ							●		◎
	カラフトダイコンソウ						●			●
	エゾノコリンゴ									●
	スモモ							●		
	シウリザクラ					●	●	●		●
	キジムシロ									●
	エゾノミツモトソウ(帰化)									◎
	ハマナス								●	●
	ホロムイイチゴ				●	●	●	●	●	●
	エゾイチゴ		●	●	●			●	●	●
	ナワシロイチゴ									●
	ナガボノワレモコウ(ナガボノシロワレモコウを含む)		●	●	●		●	●	●	●
	ナナカマド		●	●	●				●	●
	ホザキシモツケ									●
ニレ科	ハルニレ		●	●	●		●	●	●	●
クワ科	ヤマグワ	●	●	●	●	●	●	●		●
イラクサ科	ムカゴイラクサ									●
	エゾイラクサ		●		●		●	●	●	●
ブナ科	ミズナラ		●	●	●	●	●	●	●	●
ヤマモモ科	ヤチヤナギ									●
クルミ科	オニグルミ						●	●		●
カバノキ科	ケヤマハンノキ(ヤマハンノキを含む)	●	●	●	●	●	●	●	●	●
	ハンノキ									●
	ダケカンバ	●	●	●	●	●	●	●	●	●
	シラカンバ	●	●	●	●	●	●	●	●	●

科名	種名	文献1	文献2	文献3	文献4	文献5	文献6	文献7	文献8	本調査
ウリ科	ゴキヅル									●
ニシキギ科	アマチャヅル		●					●	●	
	ミヤマニガウリ		●					●	●	◎
	ツルウメモドキ							●	●	●
	ヒロハノツリバナ									◎
	オオツリバナ				●					●
	マユミ		●				●	●	●	●
カタバミ科	ウメバチソウ		●					●		●
トウダイグサ科	エゾノチカタバミ			●				●		●
	ノウルシ				●			●		●
ヤナギ科	ナツトウダイ							●	●	●
	ドロノキ(ドロヤナギ)									◎
	バッコヤナギ(エゾノバッコヤナギを含む)		●		●		●	●		●
	エゾノカワヤナギ		●				●	●	●	●
	エゾノキヌヤナギ		●					●		
	タチヤナギ				●			●	●	●
	オノエヤナギ(ナガバヤナギ)							●	●	●
スミレ科	エゾノタチツボスミレ							●		◎
	マキノスミレ(帰化)									
	タチツボスミレ	●								
	オオタチツボスミレ		●		●		●	●	●	●
	オオバタチツボスミレ		●		●		●	●		●
	ツボスミレ(アギスミレを含む)		●	●				●	●	●
オトギリソウ科	トモエソウ		●	●				●	●	●
	オトギリソウ				●			●	●	●
	イワオトギリ		●		●					
フウロソウ科	ミズオトギリ								●	○
	ゲンノショウコ								●	○
	ミツバフウロ				●		●	●	●	●
ミソハギ科	エゾミソハギ				●			●	●	●
	ヒシ									●
アカバナ科	ヤナギラン									
	ヤマタニタデ									◎
	イワアカバナ		●		●			●	●	
	カラフトアカバナ									
	ホソバアカバナ							●		●
	アカバナ							●	●	●
	メマツヨイグサ(帰化)							●	●	●

科名	種名	文献1	文献2	文献3	文献4	文献5	文献6	文献7	文献8	本調査
ウルシ科	ツタウルシ									●
	ヤマウルシ								●	●
ムクロジ科	カラコギカエデ				●		●	●	●	●
ミカン科	エゾイタヤ(アカイタヤを含む)		●		●		●	●	●	●
	キハダ		●				●		●	●
アオイ科	ツルシキミ						●	●		
ジンチョウゲ科	シナノキ						●	●		●
	ナニワズ						●			
アブラナ科	ハルザキヤマガラシ(ハルサキヤマガラシ, 帰化)			●						◎
	セイヨウアブラナ(帰化)				●					●
	ナズナ									
	コンロンソウ		●							●
	オオバネツケバナ(ヤマタネツケバナ)									
	タネツケバナ									◎
	エゾワサビ		●					●	●	●
	エゾスズシロ(帰化)									◎
	イヌガラシ		●		●		●		●	●
	スカシタゴボウ							●		◎
	キレハイヌガラシ(帰化)		●							◎
	アブラナ科の一種(逸出)									●
	ソバカズラ(帰化)								●	●
タデ科	ハナタデ								●	●
	オオイヌタデ								●	●
	エゾノミズタデ									●
	ヤナギタデ									●
	オオイヌタデ									
	イヌタデ									●
	イシミカワ									
	ウナギツカミ(アキノウナギツカミ)		●		●		●	●	●	●
	ミゾソバ			●						●
	ネバリタデ			●						●
	ミチヤナギ									
	ヒメスイバ(帰化)									●
	ナガバギシギシ(帰化)		●		●	●	●	●	●	◎
	ギシギシ									●
	ノダイオウ	●					●	●		●
	エゾノギシギシ(帰化)	●								●
モウセンゴケ科	ナガバノモウセンゴケ	●				●	●	●	●	●

科 名	種 名	文献1	文献2	文献3	文献4	文献5	文献6	文献7	文献8	本調査
ナデシコ科	モウセンゴケ	●	●	●	●	●	●	●●	●	●●
	ミミナグサ									◎
	オランダミミナグサ (帰化)							●●		●●
	オオヤマフスマ	●	●	●	●	●	●	●●		◎◎
	ナンバンハコベ									◎
	マツヨイセンノウ (帰化)									◎
	ウスベニツメクサ (帰化)									○
	ウシハコベ									○
	カラフトホソバハコベ (帰化)									
	ナガバツメクサ									◎
	コハコベ		●						●	●
	エゾオオヤマハコベ				●					○
	ノミノフスマ								●	
ヒユ科	ホソバノハマアカザ			●						◎
	シロザ (アカザを含む)					●	●		●	
ミズキ科	ゴゼンタチバナ	●	●	●	●	●	●	●	●	◎
アジサイ科	エゾゴゼンタチバナ									
	ノリウツギ				●		●	●		●
	ツルアジサイ		●	●	●●		●	●●	●	●
	イワガラミ				●		●	●		●
ツリフネソウ科	キツリフネ	●	●	●	●	●	●	●	●	●
	ツリフネソウ	●	●	●	●	●	●	●	●	●
サクラソウ科	ヤナギトラノオ									
	クサレダマ		●				●	●		●
	ツマトリソウ (コツマトリソウを含む)	●	●●	●	●	●	●	●●	●	●
マタタビ科	サルナシ	●								
ツツジ科	ミヤマタタビ									
	ヒメシャクナゲ	●●	●●	●	●	●●	●●	●●	●●	●●
	ヤチツツジ (ホロムイツツジ)	●	●	●	●	●	●	●	●	●
	ガンコウラン									
	イソツツジ (エゾイソツツジを含む)	●	●	●	●	●	●	●	●	○
	ギンリョウソウ									○
	ジンヨウイチヤクソウ	●	●		●	●	●	●●	●●	●
	ヒメツルコケモモ	●	●	●	●	●	●	●	●	●
	ツルコケモモ	●	●	●	●	●	●	●	●	●
	オオバスノキ									
	コケモモ									
アカネ科	トゲナシムグラ (帰化)									◎

科 名	種 名	文献1	文献2	文献3	文献4	文献5	文献6	文献7	文献8	本調査
	キクムグラ							●		
	クルマバソウ				●		●			
	ミヤマムグラ						●	●	●	
	オオバノヤエムグラ		●					●	●	●
	ホソバノヨツバムグラ		●		●			●	●	●●●
	オククルマムグラ		●		●			●	●	●●●●
	ツルアリドオシ		●					●		
	アカネムグラ		●					●		
リンドウ科	タデヤマリンドウ							●		◎
	エゾリンドウ(ホロムイリンドウを含む)	●								●
	フデリンドウ						●			
	ツルリンドウ					●		●		◎
キョウチクトウ科	イケマ							●	●	●●●
ヒルガオ科	シロバナカモメヅル		●					●		
	ヒルガオ						●			◎
	ヒロハヒルガオ		●		●			●	●	●
ナス科	ハマヒルガオ							●	●	●●
	オオマルバノホロシ				●		●	●		●●●
モクセイ科	イヌホオズキ							●		●
	ヤチダモ									◎
オオバコ科	イボタノキ		●	●						◎
	ミヤマイボタ(エゾイボタを含む)							●		●●●●●●
	オオバコ				●		●	●	●	●
	エゾオオバコ									◎
	ヘラオオバコ(帰化)							●		◎
	エゾノウワミズザクラ		●					●	●	●●
	タチイヌノフグリ(帰化)									●
	オオイヌノフグリ(帰化)				●			●	●	●●
	テングヌマガタ								●	●
	エゾノカガイソウ(クガイソウを含む)									◎
シソ科	ミヤマトウバナ		●		●			●	●	●●
	ナンマオドリコソウ(帰化)									
	オドリコソウ									
	ヒメオドリコソウ(帰化)		●							◎
	コシロネ		●							●
	シロネ									
	ヒメシロネ		●		●		●	●	●	●●

科　名	種　名	文献 1	文献 2	文献 3	文献 4	文献 5	文献 6	文献 7	文献 8	本調査
	エゾシロネ						●	●	●	●
	ハッカ							●		
	ヒメナミキ		●		●		●	●	●	●
	エゾタツナミソウ		●		●			●	●	
ハエドクソウ科	エゾナミキ									●
	エゾイヌゴマ（イヌゴマを含む）		●				●	●	●	●
	ツルニガクサ			●	●		●	●		
タヌキモ科	ミゾホオズキ			●						
	コタヌキモ						●	●	●	●
	タヌキモ				●				●	
モチノキ科	ヤチコタヌキモ									
	ハイイヌツゲ					●		●		●
キキョウ科	ツルツゲ									
	ツリガネニンジン				●	●	●	●	●	●
	ツルニンジン									●
ミツガシワ科	サワギキョウ		●		●	●	●	●	●	●
	ミツガシワ				●		●	●		
キク科	ノコギリソウ						●	●	●	
	ヤマハハコ									●
	ゴボウ（帰化）									◎
	オトコヨモギ									●
	オオヨモギ					●			●	●
	エゾゴマナ									●
	エゾノコンギク									●
	ユウゼンギク（帰化）									◎
	アメリカセンダングサ（帰化）									●
	エゾノタウコギ									◎
	タウコギ									●
	チシマアザミ（コバナアザミ、エゾノサワアザミを含む）									◎
	アメリカオニアザミ（帰化）									◎
	ヒメムカシヨモギ（帰化）									◎
	ヒメジョオン（帰化）									◎
	ヨツバヒヨドリ									◎
	タチチチコグサ（チチコグサモドキ）（帰化）							●	●	●
	キクイモ（帰化）									●
	ヤナギタンポポ				●					●
	ブタナ（帰化）									●
	ヤマニガナ									●

科 名	種 名	文献1	文献2	文献3	文献4	文献5	文献6	文献7	文献8	本調査
	フランスギク (帰化)									●
	コシカギク (帰化)									◎
	エダウチチチコグサ (帰化)									●
	ヨブスマソウ							●	●	●
	ミミコウモリ							●	●	●
	アキタブキ							●	●	●
	コウゾリナ									◎
	コウリンタンポポ (帰化)			●				●	●	●
	オオハンゴンソウ (帰化)								●	●
	ハンゴンソウ								●	●
	オオアワダチソウ (帰化)		●				●	●	●	
	アキノキリンソウ (ミヤマアキノキリンソウ、コガネギク含む)			●				●	●	◎
	オニノゲシ (帰化)			●	●			●	●	●
	セイヨウタンポポ (帰化)									◎
	エゾタンポポ						●	●	●	
	イヌカミツレ (帰化)		●					●	●	●
	シカギク									●
	イガオナモミ (帰化)				●				●	●
レンプクソウ科	レンプクソウ							●	●	●
	エゾニワトコ							●	●	●
	オオカメノキ						●	●	●	◎
	カンボク								●	
スイカズラ科	ミヤマガマズミ							●	●	●
	ベニバナヒョウタンボク							●	●	●
ウコギ科	ウド				●		●		●	●
	タラノキ		●						●	◎
セリ科	コシアブラ									●
	エゾウコギ									◎
	オオチドメ				●					●
	ハリギリ				●			●		●
	アマニュウ				●			●		●
	オオバセンキュウ		●					●	●	●
	シシウド							●	●	●
	エゾノヨロイグサ		●				●	●	●	●
	エゾニュウ									●
	シャク		●				●	●	●	●
	セントウソウ		●				●	●	●	●
	ドクゼリ						●	●	●	●

科 名	種 名	文献1	文献2	文献3	文献4	文献5	文献6	文献7	文献8	本調査
エゾノシシウド								●	●	◎
ミツバ										●
ハマボウフウ							●			●
オオハナウド			●				●	●	●	●
セリ								●	●	●
ウマノミツバ								●		●
トウヌマゼリ(サワゼリを含む)					●					
計		58	149	63	168	51	147	315	237	356*

*本調査で確認した種は357種(本文)だが、本表ではエゾノサワアザミとコバナアザミを1つにまとめたため356種となっている。

2. 湿原植生とその変化

サロベツ湿原の植物群落に関する報告は，泥炭地開発事業に関する自然環境調査の一環として行われた辻井(1963)，辻井ほか(1972)の報告があり，優占種と立地条件の指標種によって8つの群落型が記載されている。一方，植物群落を区分するための詳細な調査を初めて行ったのは北海道大学の伊藤らで，上サロベツ湿原を中心に調査がなされた(伊藤・遠山，1968；Ito et al., 1969)。さらに，橘・伊藤(1980)は下サロベツ湿原を含めて湿原全域の踏査と補完的植生調査を行って，サロベツ湿原とその周辺域に分布する植物群落の全体像を明らかにした。また，宮脇ほか(1977)は湿原全域の植物社会学による調査を行い，4群集10群落の群落単位の抽出と記載，さらに群団以上の高次レベルの植生図(縮尺1/25,000)を作成し，観光資源としての湿原の開発と利用および保護のあり方について提言している。

これらの植生に関する報告は，1960年代から1970年代前半までの泥炭地開発事業の進展中に記録されたものである。橘・伊藤(1980)の調査時には，現在は開発で失われたサロベツ川放水路北側の高層湿原と下サロベツ湿原音類道路の南側の天塩川までの高層湿原が現存し，それらを含むサロベツ湿原全域を対象に植生調査が実施された。

その後，湿原の環境は，1990年代まで続いた湿原の草地開発や，河川改修，泥炭採掘の進展などの影響で，サロベツ川ぞいの傾斜地に発達した湿地溝周辺や人工排水路周辺でのササ分布域の拡大が指摘され(辻井ほか，1986；梅田・清水，1985；北海道開発局，1997)，湿原保全のための対策も講じられてきた(梅田ほか，1988；環境庁自然保護局ほか，1993)。しかし，湿原植生全般の変化などに関する調査はなされなかった。そこで筆者らは，1998〜2001年にかけて湿原全域の植生の再調査を実施し，既存報告，特に橘・伊藤(1980)との比較により，1970年以降，約30年間の湿原植生の群落型や種組成の変化について報告した(橘ほか，2013)。本節では，橘・伊藤(1980)，橘ほか(2013)をベースにサロベツ湿原の植生の特徴，そして植生の30年間の変化について概説する。

2-1. サロベツの湿原植生の特徴

サロベツ湿原の植生の1つ目の特徴は，低地の高層湿原としては，日本一の規模を誇る群落が残存していることである。イボミズゴケやムラサキミズゴケを主体とするミズゴケがマット状に広がり，そのうえに湿原特有のスゲ属植物や小型のツツジ科植物，多年性草本植物が生育する高層湿原のローン植生(lawn：ミズゴケカーペットに覆われた平坦地)が，上サロベツ湿原の丸山の南側と北西側，下サロベツ湿原ではパンケ沼の南側中央部に広面積で分布している。ここには，大小の池溏も見られる。

2つ目の特徴は多彩な植物群落が湿原内に分布することである。高層湿原植生に加え，それらを取り囲むように，ヌマガヤが優占しホロムイスゲやゼンテイカ，ワタスゲなどが見られる中間湿原植生が分布している。ヨシやイワノガリヤスなどが優占する低層湿原植生は，ペンケ沼とサロベツ川の間およびサロベツ川右岸の低平地，パンケ沼北東部に広く展開している。ヤチダモ群落を主体とする高木林はパンケ沼南岸に，ヤナギ類を主体とする樹高5m前後の亜高木林は上サロベツ湿原第7号幹線排水路にそってペンケ沼北岸から西岸に至る土砂堆積地とナロベツ川放水路ぞいに分布している。ハンノキ群落を主体とする樹高3m前後の低木林は下サロベツ湿原のパンケ沼南側や長沼周辺，ペンケ沼北東岸一帯に広く展開している。このような多彩な植物群落の内訳は，橘ほか(2013)によれば，水生植物群落は浮葉植物群落3群集2群落，挺水植物群落2群集2群落，高層湿原シュレンケの植生1群集，高層湿原ローンおよびブルテの植生3群集，中間湿原植生1群集1群落，低層湿原植生1群集3群落，ササ群落2群落，大型多年生草本植物群落1群落，森林群落(湿地林)4群落にも及び，群集や群落によってはさらに細かい下位単位が存在する。

そして，3つ目の特徴は，近年，ササ群落への遷移が進行していることである。サロベツ湿原は，開発などにより1923年と比較すると1995年時点で湿原植生を保っている部分は約2割にまで激減し(冨士田，1997)，残存湿原は，隣接する農地排水路や，サロベツ川放水路，湿原内に敷設された道路側溝などの影響を受けている。ササ群落は上サロベツ湿原では，中間湿原域とサロベツ川との間，およびペン

ケ沼の北側に，下サロベツ湿原ではパンケ沼の北西部中間湿原域にかなりの面積で広がっており，さらにパンケ沼の東側では湿原と牧草地との間や長沼周辺，オンネベツ川ぞいに分布している。ササ群落は，開発の影響が及ぶ前から中間湿原とサロベツ川の間の湿地溝付近などに，広範囲に分布していたが，近年，その面積が拡大している (Fujimura et al., 2013；冨士田ほか，2003；Takada et al., 2012)（ササ群落の分布やその拡大の詳細については第Ⅰ部第2章第3節，第Ⅲ部第1章第5節参照）。

2-2. サロベツ湿原の植物群落

以下，橘ほか (2013) を基に，植生の概観について述べるが，植物群落の種組成などの詳細は，橘ほか (2013) をご参照願いたい。

2-2-1. 水生植物群落

湿原内の湖沼では，浮葉植物群落としてエゾヒツジグサ群集，ヒシ群集，フトヒルムシロ群集，ネムロコウホネ群落，ジュンサイ群落が見られる。挺水植物群落のコウホネ群落は上サロベツ湿原と稚咲内の小型の沼，マコモ-ヨシ群集は，下サロベツ湿原の小型の沼とペンケ沼の沼岸に，ミツガシワ-クロバナロウゲ群落は上サロベツ湿原と下サロベツ湿原の水深の浅い沼に分布している。ヒメカイウ-ミツガシワ群集は上サロベツ湿原の河道跡のリュレ (Rülle，湿地溝) に分布し，3 タイプの下位単位が認められた。

2-2-2. 高層湿原植生

高層湿原では，湿原内の微地形の違いに対応して出現する植物群落が異なる。高層湿原内には，凹地で浅い水面を通年あるいは一時的に有するような低い場所であるシュレンケ (ホロー)，ミズゴケに覆われたカーペット状の平らな微地形のローン，凸地であるブルテ (ハンモック) といった独特の微地形が見られる。北海道東部地域の高層湿原では，チャミズゴケが優占する大型のブルテが連続して出現するが，北海道南西部や北部日本海側の湿原では，北海道東部のような大型のブルテはあまり発達しない (橘，1993；1997；2002)。かわって，イボミズゴケやムラサキミズゴケがマット状に広がるローン植生がシュレンケ植生と共に出現するのが特徴となっている。

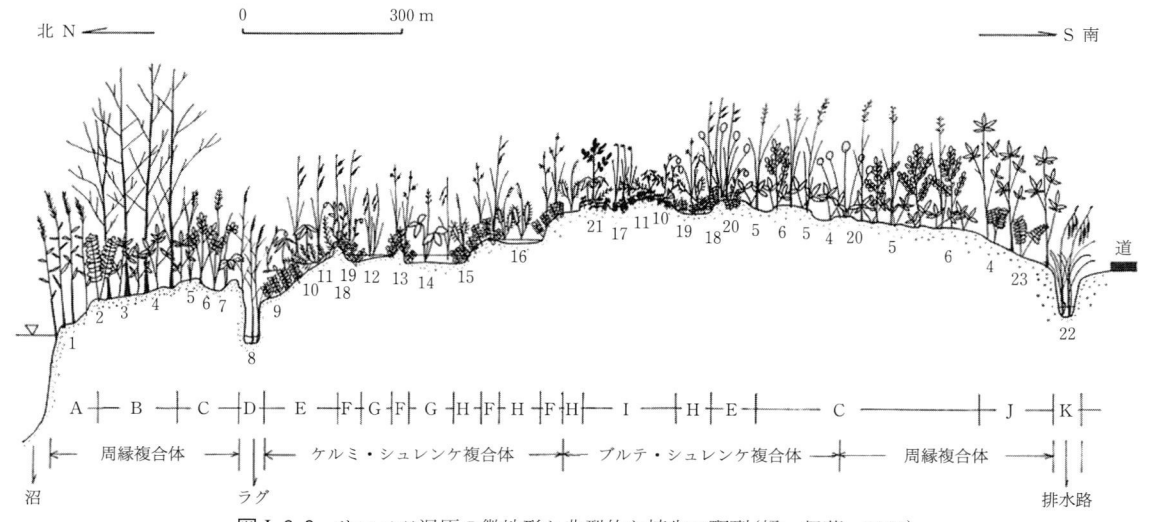

図Ⅰ-2-2 サロベツ湿原の微地形と典型的な植生の配列 (橘・伊藤，1980)

A：ヨシ群集，B：ハンノキ林，C：ヌマガヤ群集，D：イワノガリヤス群落，E：ツルコケモモ-ホロムイスゲ群集，F：イボミズゴケ群集，G：ヤチスゲ群集，H：ホロムイソウ-ミカヅキグサ群集，I：チャミズゴケ群集，J：チマキザサ群落，K：ヤラメスゲ群落

1：ヨシ，2：ヤマドリゼンマイ，3：ハンノキ，4：チマキザサ，5：ヌマガヤ，6：ヤチヤナギ，7：ホロムイイチゴ，8：イワノガリヤス，9：ムラサキミズゴケ，10：カラフトイソツツジ，11：ガンコウラン，12：ヤチスゲ，13：ミカヅキグサ，14：ミツガシワ，15：ウツクシミズゴケ，16：ナガバノモウセンゴケ，17：ヒメワタスゲ，18：ホロムイスゲ，19：ツルコケモモ，20：ワタスゲ，21：ヤチツツジ，22：ヤラメスゲ，23：ニッコウシダ

図 I-2-2 にサロベツ湿原の微地形と典型的な植生の配列の模式図を示した。

シュレンケ植生として，サロベツ湿原には，ホロムイソウ，ミカヅキグサ，ナガバノモウセンゴケによって特徴づけられる，ホロムイソウ-ミカヅキグサ群集（北方型）（伊藤・梅沢，1970）が分布し，さらに出現する植物の違いにより 1) ナガバノモウセンゴケ-ヤチコタヌキモ基群集，2) ミカヅキグサ-ウツクシミズゴケ基群集，3) ミカヅキグサ-ハリミズゴケ基群集の 3 つの下位単位に区分される。

一方，ローンには，サロベツ湿原全域にヌマガヤ-イボミズゴケ群集，ツルコケモモ-ホロムイスゲ群集が分布する。ヌマガヤ-イボミズゴケ群集はサロベツ湿原のローンの典型的な群落で，さらに 1) ミカヅキグサ-イボミズゴケ基群集，2) シロミノハリイ-イボミズゴケ基群集，3) チマキザサ-イボミズゴケ基群集，4) 典型基群集の 4 つの下位単位に区分される。1) は浅いシュレンケの縁やケルミ（kermi：池溏堤）に成立する群落で湿原全域に分布し，2) は 1) より地下水位の低い立地に成立する群落である。全体的に構成種数が多く，シロミノハリイが優占し，チマキザサが侵入している点が注目され，下サロベツ湿原に分布している。3) はチマキザサの優占する群落で，主に下サロベツ湿原で見られる。4) は典型基群集で，イボミズゴケやムラサキミズゴケが優占し，上層にはヌマガヤのほかホロムイイチゴ，ヤチツツジ，ガンコウランなど多数の高層湿原要素が出現し，主に上サロベツ湿原で見られる。ツルコケモモ-ホロムイスゲ群集は，上層では草丈の高いホロムイスゲが，下層ではツルコケモモが，そして底層ではサンカクミズゴケがそれぞれ優占する。加えて，ヌマガヤ，ヤチヤナギ，ホロムイイチゴ，ヤチツツジなどが恒常的に出現するが，構成種数はヌマガヤ-イボミズゴケ群集よりかなり少ない。

ブルテには，チャミズゴケが優占し，カラフトイソツツジやガンコウラン，ヤチツツジ，ホロムイイチゴの出現で特徴づけられるカラフトイソツツジ-チャミズゴケ群集が見られるが，その分布域は広くない。

2-2-3. 中間湿原植生

高層湿原の周辺には，ホロムイスゲ-ヌマガヤ群集とムジナスゲ-ヌマガヤ群落が広く分布している。ホロムイスゲ-ヌマガヤ群集は中間湿原の典型的な群落で，さらに 1) ヌマガヤ-チマキザサ基群集と 2) 典型基群集との 2 つの下位単位に区分された。1) は典型基群集にチマキザサが侵入して成立した群落タイプで，高層湿原周辺の水はけのよい傾斜地に広く分布し，特に下サロベツ湿原の中間湿原域は本基群集によって占められている。2) の典型基群集は高層湿原周辺部のやや湿った立地に分布するが，ササの侵入と繁茂によって分布域は狭められている。ヌマガヤ，ホロムイスゲ，ツルコケモモのほか，ヤチツツジ，ホロムイイチゴ，ガンコウランなどの高層湿原要素や，タチギボウシ，ゼンテイカ，ホロムイリンドウ，コガネギクなどが出現する。

ムジナスゲ-ヌマガヤ群落は高層湿原のラグ（lagg：高層湿原の縁辺湿地）やリュレなどに成立する群落で，群落識別種は優占種ヌマガヤとムジナスゲのほかヤチヤナギ，ハイイヌツゲ，クサレダマ，ヒオウギアヤメ，オオミズゴケなどである。

2-2-4. 低層湿原植生

サロベツ湿原には，低層湿原植生としてイワノガリヤス-ヨシ群集，オオカサスゲ群落，ドクゼリ群落，ヤマドリゼンマイ群落が分布している。イワノガリヤス-ヨシ群集は北海道低地湿原の代表的な群落であり，サロベツ湿原では高層・中間湿原の周辺域やサロベツ川の右岸の低平地などに分布している。低層湿原域は排水による地下水位低下の影響を受けるためササ群落に置き換わっている立地が多く，ササの出現しないスタンドは極めて少なくなっている。

オオカサスゲ群落は小型の沼の縁辺や排水溝を中心に成立し，ドクゼリ群落は上サロベツ湿原の道路ぞいの側溝と下サロベツ湿原の川辺に，ヤマドリゼンマイ群落は低層湿原と中間湿原の境界領域に分布する群落で，ヤマドリゼンマイが優占し，ヌマガヤ，ホロムイスゲ，ツルコケモモ，ヤチヤナギなどの高層湿原要素のほか，ヨシ，イワノガリヤスなどの低層湿原要素が混生している。

2-2-5. サ サ 群 落

ササ群落はチマキザサ群落とクマイザサ群落の 2 型が認められる。ササが優占し，出現種数が少ないのが特徴である。チマキザサ群落は下サロベツの中間湿原域と低層湿原域，上サロベツ湿原のサロベツ

川に面した傾斜地一帯に広く分布している。クマイザサ群落はパンケ沼周辺やオンネベツ川周辺など，低層湿原域に分布している。優占種クマイザサのほか，オオイタドリが出現し，平均出現種数は5種で，チマキザサ群落より出現種数が少ない。

2-2-6. 大形多年生草本群落

オニシモツケとオオヨモギが優占し，エゾイラクサ，エゾニュウ，ヨシをともなうオニシモツケ-オオヨモギ群落は，オニシモツケ-ハンゴンソウ基群集とオオイタドリ基群集の2タイプに細分され，前者はオンネベツ川自然堤防ぞいなど，後者はサロベツ川自然堤防ぞいのほか，サロベツ川放水路の土手などに分布している。

2-2-7. 森林群落

エゾノキヌヤナギ-オノエヤナギ群落はサロベツ川ぞいに広く分布しており，ペンケ沼に至る第7号幹線排水路ぞいでも見られる。ヤナギの樹高は4〜5mで，草本層ではヨシとイワノガリヤスが共に優占し，ミゾソバ，ヒメシロネなど多数の低層湿原要素が出現する。

ハンノキ群落は河川の自然堤防やパンケ沼，ペンケ沼など大型湖沼の周辺，人工排水路ぞいなどに広範囲に分布している。林床のササの種類によってハンノキ-クマイザサ基群集とハンノキ-チマキザサ基群集の2タイプがある。

ヤチダモ群落は下サロベツ湿原パンケ沼南岸に分布する高木林で，樹高5〜6mのヤチダモが優占し，ハンノキも混生している。草本層では優占種クマイザサのほか，オニナルコスゲ，オニシモツケ，ハンゴンソウ，シロネ，アキカラマツ，オオバセンキュウ，シロバナカモメヅルが出現し，ヨシ，イワノガリヤス，ヒメシダなど多数の低層湿原要素が混生する。

アカエゾマツ低木群落は下サロベツの高層湿原域に残存する小林分で，樹高約1m内外のアカエゾマツの下にチマキザサとホロムイスゲが共に優占し，ヌマガヤ，ミカヅキグサ，イボミズゴケ，ムラサキミズゴケなど高層湿原ブルテやローンの構成要素が見られる。

2-3. 群落の変遷

表 I-2-3は，宮脇ほか(1977)，橘・伊藤(1980)，橘ほか(2013)に記載された群落を比較した表である(橘ほか，2013)。1998〜2001年の調査報告である橘ほか(2013)と1970年代を中心に調査された橘・伊藤(1980)の植物群落を比較してみよう。

浮葉植物群落ではフトヒルムシロ群集，ネムロコウホネ群落，長沼とペンケ沼で大群落を形成しているジュンサイ群落が新たに加わったが，これらの群落が1970年代になかったとはいい切れない。挺水植物群落ではミツガシワ-クロバナロウゲ群落が新たに加わった。一方で，ヒメカイウ-ミツガシワ群集では基群集数が減少した。これは湿原内の小型の沼の開水面の陸化による消失など植生遷移による可能性も考えられる。同様に，高層湿原シュレンケの植生ではヤチスゲ群集が抽出されなかった。橘・伊藤(1980)の調査地のうち，サロベツ川放水路北側の高層湿原と音類道路南側の高層湿原が農地化によって過去二十数年の間に消失しているが，ヤチスゲ群集の植生資料は消失地域以外からも抽出されており，今回，記載されなかったのは，シュレンケの植生遷移による消失あるいはシュレンケ面積の減少の可能性が考えられる。

高層湿原のシュレンケの群落であるホロムイソウ-ミカヅキグサ群集(北方型)は下サロベツ湿原を中心に広く分布し，既報と同じタイプの基群集が抽出された。しかし，橘ほか(2013)の調査では，水深の浅いシュレンケに成立するミカヅキグサ-ウツクシミズゴケ基群集へのチマキザサの侵入が認められ，今後の動態が懸念される。ナガバノモウセンゴケ-ヤチコタヌキモ基群集は既報のミカヅキグサ-ナガバノモウセンゴケ基群集(橘・伊藤，1980)およびヤチスギラン-ナガバノモウセンゴケ群落(宮脇ほか，1977)と同じタイプの群落である。

高層湿原ローンのヌマガヤ-イボミズゴケ群集は，既報のイボミズゴケ群集(橘・伊藤，1980)およびホロムイイチゴ-イボミズゴケ群集(宮脇ほか，1977)に対応する(橘，2006)。この群集では全体に群落構成種の種数の増加が認められ，特に，チマキザサの侵入が著しく，今回新たにチマキザサ-イボミズゴケ基群集が加わった点が注目される。また，シロミノハリイ-イボミズゴケ基群集では橘・伊藤(1980)

表 I-2-3　サロベツ湿原から記載さ

文　献 調査年	橘ほか(2013) 1998〜2001
A. 水生植物群落 　a. 浮葉植物群落	1. エゾヒツジグサ群集 2. ヒシ群集 3. フトヒルムシロ群集 4. ネムロコウホネ群落 5. ジュンサイ群落
b. 挺水植物群落	6. コウホネ群落 7. マコモ-ヨシ群集 8. ミツガシワ-クロバナロウゲ群落 9. ヒメカイウ-ミツガシワ群集 　1) ヒメカイウ-ウカミカマゴケ基群集 　2) ヒメカイウ-サケバミズゴケ基群集 　3) カキツバタ-サケバミズゴケ基群集
B. 高層湿原植生 　a. シュレンケの植生	10. ホロムイソウ-ミカヅキグサ群集(北方型) 　1) ナガバノモウセンゴケ-ヤチコタヌキモ基群集 　2) ミカヅキグサ-ウツクシミズゴケ基群集 　3) ミカヅキグサ-ハリミズゴケ基群集
b. ローン・ブルテの植生	11. ヌマガヤ-イボミズゴケ群集 　1) ミカヅキグサ-イボミズゴケ基群集 　2) シロミノハリイ-イボミズゴケ基群集 　3) チマキザサ-イボミズゴケ基群集 　4) 典型基群集 12. カラフトイソツツジ-チャミズゴケ群集 　1) ガンコウラン-チャミズゴケ基群集 13. ツルコケモモ-ホロムイスゲ群集 　1) サンカクミズゴケ基群集
C. 中間湿原植生	14. ホロムイスゲ-ヌマガヤ群集 　1) ヌマガヤ-チマキザサ基群集 　2) 典型基群集 15. ムジナスゲ-ヌマガヤ群落

れた植物群落の比較(橘ほか，2013)

橘・伊藤(1980) 1967〜1968，1974，1979	宮脇ほか(1977) 1976
1. エゾヒツジグサ群集 　　1) エゾヒツジグサ-ネムロコウホネ基群集 　　2) ネムロコウホネ基群集 　　3) ネムロコウホネ-ヌマハリイ基群集 2. ヒシ群集	
3. コウホネ群落 　　1) コウホネ-タヌキモ基群集 　　2) コウホネ-エゾタマミクリ基群集 4. マコモ-ヨシ群集 　　1) マコモ基群集 　　2) マコモ-ヨシ基群集 　　3) ヨシ-ガマ基群集	
5. ヒメカイウ-ミツガシワ群集 　　1) ヒメカイウ基群集 　　2) ヒメカイウ-サケバミズゴケ基群集 　　3) ミツガシワ-サケバミズゴケ基群集 　　4) カキツバタ-サケバミズゴケ基群集 　　5) ホロムイイチゴ-サケバミズゴケ基群集 　　6) ヤチヤナギ-サケバミズゴケ基群集	1. ツルアブラガヤ-ヒメカイウ群落(注1) 2. クロバナロウゲ-サケバミズゴケ群落(注2)
6. ヤチスゲ群集 　　1) ヤチスゲ基群集 　　2) ヤチスゲ-サギスゲ基群集 　　3) ヤチスゲ-サンカクミズゴケ基群集 7. ホロムイソウ-ミカヅキグサ群集(北方型) 　　1) ミカヅキグサ-ナガバノモウセンゴケ基群集 　　2) 典型基群集 　　3) ミカヅキグサ-ハリミズゴケ基群集 　　4) ミカヅキグサ-ウツクシミズゴケ基群集 　　5) ミカヅキグサ-サンカクミズゴケ基群集	3. ヤチシギラン-ナガバノモウセンゴケ群落 4. ウツクシミズゴケ群落
8. イボミズゴケ群集 　　1) ミカヅキグサ-イボミズゴケ基群集 　　2) シロミノハリイ-イボミズゴケ基群集 　　3) ホロムイスゲ-イボミズゴケ基群集 　　4) ホロムイスゲ-ムラサキミズゴケ基群集 9. チャミズゴケ群集 　　1) エゾイソツツジ-チャミズゴケ基群集 　　2) ガンコウラン-チャミズゴケ基群集 10. スギゴケ-ハナゴケ群落 　　1) ガンコウラン-スギゴケ基群集 　　2) ガンコウラン-ハナゴケ基群集 11. ツルコケモモ-ホロムイスゲ群集 　　1) 典型基群集 　　2) ツルコケモモ-ホロムイスゲ-ムラサキミズゴケ基群集 　　3) スギバミズゴケ基群集	5. ホロムイイチゴ-イボミズゴケ群集 　　1) タチマンネンスギ亜群集 　　2) 典型亜群集
12. ヌマガヤ群集 　　1) ヌマガヤ-ヤチヤナギ基群集 　　2) ヌマガヤ-ホロムイスゲ基群集 　　3) ヌマガヤ-チマキザサ基群集 　　4) ヌマガヤ-ヨシ基群集 　　5) ヌマガヤ-ムジナスゲ基群集	6. ホロムイスゲ-ヌマガヤ群集 　　1) ヒメミズゴケ亜群集 　　2) コツマトリソウ亜群集 　　3) 典型亜群集 7. ムジナスゲ-ヌマガヤ群落 8. クマイザサ-ヌマガヤ群落

I　サロベツ湿原

文　献	橘ほか(2013)
調査年	1998～2001

D. 低層湿原植生

     16. イワノガリヤス-ヨシ群集

     17. オオカサスゲ群落
      1) オオカサスゲ-ミズドクサ基群集
      2) 典型基群集
     18. ドクゼリ群落

     19. ヤマドリゼンマイ群落

E. ササ群落

     20. チマキザサ群落

     21. クマイザサ群落

F. 大形多年生草本群落

     22. オニシモツケ-オオヨモギ群落
      1) オニシモツケ-ハンゴンソウ基群集
      2) オオイタドリ基群集

G. 森林群落

     23. エゾノキヌヤナギ-オノエヤナギ群落
     24. ハンノキ群落
      1) ハンノキ-クマイザサ基群集
      2) ハンノキ-チマキザサ基群集
     25. ヤチダモ群落
      1) ヤチダモ-クマイザサ基群集

     26. アカエゾマツ低木群落
      1) アカエゾマツ-チマキザサ-ホロムイスゲ基群集

(注1) 宮脇ほか(1977)のツルアブラガヤ-ヒメカイウ群落は，本文中でエゾアブラガヤ-ヒメカイウ群落と記述されていることから，本表ではツルアブラガヤ-ヒメカイウ群落を使用した。
(注2) 宮脇ほか(1977)のクロバナロウゲ-サケバミズゴケ群落は，付表(Tab. 10)ではドクゼリ-クロバナロウゲ群落と使用した。

橘・伊藤(1980) 1967〜1968, 1974, 1979	宮脇ほか(1977) 1976
13. ヨシ群集 　1) ヨシ基群集 　2) ヨシ-ムジナスゲ基群集 　3) ヨシ-ヌマガヤ-サケバミズゴケ基群集 　4) ヨシ-チマキザサ基群集 　5) ヨシ-ヌマガヤ-チマキザサ基群集 14. イワノガリヤス群落 　1) イワノガリヤス基群集 　2) イワノガリヤス-チマキザサ基群集 15. ムジナスゲ-サギスゲ群落 16. オオカサスゲ群落	9. イワノガリヤス-ヨシ群集 10. オオカサスゲ群集
17. コバイケイソウ群落 　1) コバイケイソウ-イワノガリヤス基群集 　2) コバイケイソウ-ヌマガヤ基群集 18. ヤマドリゼンマイ群落	
19. チマキザサ群落 　1) チマキザサ-ヨシ基群集 　2) チマキザサ-ヌマガヤ基群集 　3) チマキザサ-エゾノコリンゴ基群集	11. クマイザサ群落
20. オニシモツケ-オオヨモギ群落	12. オニシモツケ-オオイタドリ群落
21. オノエヤナギ林 22. ハンノキ林 　1) ハンノキ-ヨシ基群集 　2) ハンノキ-ヌマガヤ基群集 23. ヤチダモ-ハシドイ群集 　1) ヤチダモ-オニシモツケ基群集 　2) ヤチダモ-トドマツ-オニシモツケ基群集 24. アカエゾマツ群集 　1) アカエゾマツ-ハンノキ-ヨシ基群集 　2) アカエゾマツ-チマキザサ-ホロムイスゲ基群集	13. エゾノキヌヤナギ-オノエヤナギ群落 14. ハンノキ群落

るが，付表(Tab. 11)ではツルアブラガヤ-ヒメカイウ群落となっており，組成表内に出現するのもツルアブラガヤである

なっていたが，組成表等を検討し，本文中で用いられているクロバナロウゲ-サケバミズゴケ群落を，本表ではそのまま

でもチマキザサが侵入していたが，橘ほか(2013)では量的増加が認められた。

一方，ブルテのカラフトイソツツジ-チャミズゴケ群集は既報(橘・伊藤, 1980)のチャミズゴケ群集とスギゴケ-ハナゴケ群落に対応するが，分布域が減少している可能性があった。同様の現象はローンの群落であるツルコケモモ-ホロムイスゲ群集に関してもあてはまる。本群集は，橘・伊藤(1980)によると上サロベツ湿原を中心に湿原全域に分布していたが，橘ほか(2013)の調査では本群集に同定される植生資料は僅かで，下位単位の数も減っていた。

中間湿原植生の群落タイプには変化は見られない。ただし，ササの優占する群落として宮脇ほか(1977)ではクマイザサ-ヌマガヤ群落が，橘・伊藤(1980)ではヌマガヤ-チマキザサ基群集が記載されているが，橘ほか(2013)の調査ではヌマガヤ-チマキザサ基群集のスタンド数が典型基群集に比べて圧倒的に多かった。これは，冨士田ほか(2003)，Takada et al.(2012)で指摘されている，近年ササの分布域が拡大していることの現れと考えられる。

低層湿原植生のヨシとイワノガリヤスの優占する群落については，両種の混生する植生資料が多かったため，宮脇ほか(1977)に準じてイワノガリヤス-ヨシ群集とした。この群集領域ではササの出現しないスタンドは極めて少ない。橘・伊藤(1980)ではヨシ-チマキザサ基群集とイワノガリヤス-チマキザサ基群集を記載しているが，橘ほか(2013)の植生資料ではササ群落として処理したので，これらに該当するタイプは記載していない。

そのほかの群落タイプでは，オオカサスゲ群落とヤマドリゼンマイ群落は既報と共通である。高層湿原縁辺のラグに成立しているコバイケイソウ群落は，橘・伊藤(1980)に記載されているが，コバイケイソウの花期(6月中旬)を過ぎると地上部が枯死して目立たなくなる群落であることから，調査時期が盛夏だった橘ほか(2013)では抽出されなかった。一方，新たに道路側溝や河辺から抽出されたドクゼリ群落が加わった。

ササ群落は橘・伊藤(1980)ではチマキザサ群落，宮脇ほか(1977)ではクマイザサ群落が記載されているが，今回の調査では両タイプの群落が記録された。チマキザサ群落は，下サロベツの湿原周辺の傾斜地やリュレの谷頭部や斜面上部など相対的に地下水位の低い立地に分布しており，群落構成種もヌマガヤ，ヤチヤナギなどの中間湿原要素とヨシ，イワノガリヤスなどの低層湿原要素とが混生し，出現種数が豊富である。一方，クマイザサ群落は下サロベツ湿原パンケ沼南の傾斜地や河川の自然堤防周辺に成立しており，ヨシ，イワノガリヤスなどの低層湿原要素とオオイタドリをともなった構成種数の少ない群落である。上サロベツ湿原におけるササ群落はサロベツ川左岸側傾斜地に発達したリュレを中心に自然排水のよい立地に高密度で生育し，高層湿原域に分布を広げていることが明らかにされている(梅田・清水，1985；梅田ほか, 1988；環境庁自然保護局ほか, 1993)が，人工排水路の建設による乾燥化や野火の影響で分布域がさらに拡大していると考えられている。さらにチマキザサは低層湿原域や中間湿原域ばかりでなく，高層湿原の高燥地において増加の傾向を示し，水位の高いシュレンケにまで分布を広げていることも，橘ほか(2013)の調査から明らかになった。

森林群落ではハンノキ群落の林床が変化し，ハンノキ-チマキザサ基群集とハンノキ-クマイザサ基群集のササ型林床にかわっていた。

以上のように，わが国屈指の高層湿原に発達したサロベツ湿原の植生は，僅か40余年間の農地開発による大きな環境改変の影響を受けて，多様な植生から単純な植生に置き換わりつつあると考えられる。今後，人間の影響によって加速されている植生の変化を，湿原本来の変化のスピードにとどめ，どのように植生を現状維持するかが課題と考えられる。

(冨士田裕子・橘ヒサ子・佐藤雅俊)

3. 湿原におけるササの分布

湿原に生えるササ。奇異に思われるかもしれないが，多雪地域の湿原では特に珍しい景観ではない。図I-2-3は，上サロベツ湿原全域のササの分布を示したものである。ササで覆われていない部分の多くは，ミズゴケやホロムイスゲを主な構成種とする高層湿原となっている。この図によれば，いわゆる湿原と呼ばれている場所でも，湿原特有の植生が認められる範囲は必ずしも広くないことがわかる。ここでは湿原に生えるササに注目して種類や生態，分布について詳しく見てみたい。

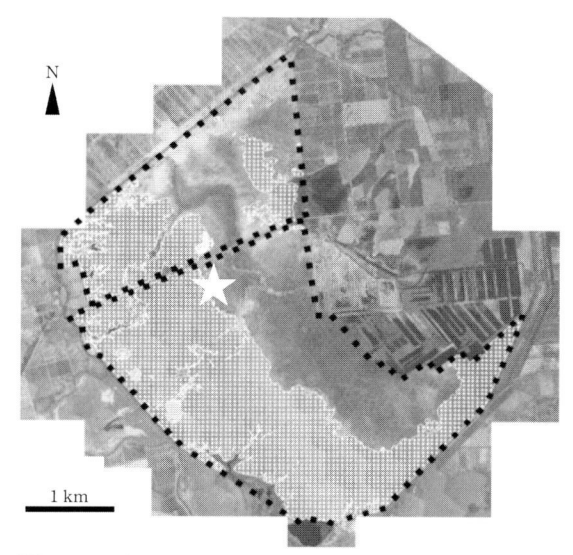

図 I-2-3　上サロベツ湿原におけるササ分布。黒い点線が解析エリア($14\ km^2$)。解析範囲の内，白い影をつけた部分がササの分布域($7.6\ km^2$)。2003年の空中写真を基に作成。図中の星印は，上サロベツ原生花園旧ビジターセンターの位置を示す。

3-1. フェノロジー

北海道に分布するササは，3つのグループ(チシマザサ節，チマキザサ節，ミヤコザサ節)に大別されるが，湿原に生えているのは主にチマキザサ節の種(クマイザサやチマキザサ)である。著者らの観察によれば，サロベツ湿原内にはチマキザサ(葉の裏に毛がないことでクマイザサと区別される)が多いようである。

ササは冬にも葉をつけている常緑植物であるが，1枚の葉の寿命は2年に満たず，葉は毎年入れかわっている。サロベツ湿原におけるササの1年間を見ると，5〜8月にかけて新しい地上茎や新しい葉を展開させる一方で，越年葉(前年に展開した葉)は8月以降に落葉し，10月末にはすべての越年葉が落葉し当年葉(その年に展開した葉)のみとなっている(藤村ほか，2010；高桑・伊藤，1986)。地下部に目を転ずると，地下茎の伸長は7月ごろ開始されることから，葉の展開は前年までに地下部に蓄えられていた資源を利用して行われていると考えられる。そして7月以降は地下部にも資源が分配され，翌年の地上茎や葉の展開に備えているようである。なおタケやササの仲間は，長寿命1回繁殖型で一斉開花する性質があるといわれるが，開花の個体群内での同調性，個体群間での同調性などは種類ごとに大きく異なる(蒔田ほか，2010)。著者のサロベツ湿原での観察によれば，チマキザサの場合，ササ優占域のなかに開花稈が散在している様子が普通に認められる。クマイザサについても遺伝的に同一の個体内で開花が同調していない例が報告されている(宮崎ほか，2008)ことから，小規模な開花が見られるのはチマキザサ節に共通する開花特性の可能性もあるが，それを確認するにはより多くの事例の蓄積が必要である。

3-2. サイズと立地環境

植物図鑑を見るとチマキザサやクマイザサは高さ1〜2mに達するとされるが，湿原で見られるササは成長が抑制され，特に湿原中心部のものは高さ50cmにも満たない小型化したものが多い。一方で湿原のなかでも排水路や湿地溝(第I部第1章第4節および第I部第5章第5節参照)の近くでは，高さ1m以上に生長したササが見られる。このようなササのサイズの違いは，水位と関係が深く，ササの高さや葉のサイズは，生育期間の最低水位に反比例し，生育期間の水位変動幅(最高水位と最低水位の差)に比例する傾向が認められている(環境庁自然保護局ほか，1993)。また，最低水位が地表面下15cmより浅い場所ではササの生育が認められない例が報告されているが(環境庁自然保護局ほか，1993)，このことは図I-2-4に示すように湿原内でのササの地下茎が深さ10〜15cmに存在することと整合する。ササのサイズを規定する要因としては，根圏の酸素および利用できる養分量が重要で，水位は特に根圏の酸素濃度に影響を与えることからササの生育を規定していると考えられる(高桑・伊藤，1986)。このことは実験的にも確かめられており，例えば地下茎の断片を水没させた場合の活性(芽の伸長や発根)を調べた試験では，3週間の水没には耐えられるが，4週間水没させた場合には芽の伸長も発根も生じなかった例が知られている(赤岩ほか，2009)。このような事実から，湿原におけるササの分布拡大は，湿原の水位低下・乾燥化を指標するととらえられている。一方で，湿原内で利用可能な養分は定量評価することが難しく，ササをはじめ植生への影響は定性的な理解にとどまっているのが現状である。

図 I-2-4　湿原に生育するササの地下部。地下10～15 cmの深さに地下茎を伸ばしていることが多い。右の写真の矢印で示した部分は、間もなく地上に出ようとする新しい茎。2007年5月30日撮影

3-3. ササの分布拡大

図 I-2-5 は、図 I-2-3 と同じ解析範囲におけるササの分布を、1977年と2003年で比較し、増加傾向の著しいところを示したものである。図 I-2-5 で解析した範囲のササ群落の面積は1977年には6.60 km²で、2003年には7.64 km²であったことから、26年間に1.04 km²(15.8%)増加したことになる(Fujimura et al., 2013)。ササは生育条件が整うと、単独群落を形成することが多く、湿原植生の保全や生物多様性の観点から望ましくないと考えられている。そのため、利尻礼文サロベツ国立公園を管理する環境省は、ササを制御することを目的に刈り取り試験を行い、その結果を自然再生協議会に報告している(自然再生協議会については第Ⅲ部第2章参照)。それによれば、ササ刈り取り後3年目には、ササの密度は刈り取り前以上に増加したという。これは先述した、地下部に蓄えた資源を利用して地上部を展開させるというササの性質と、地下茎によって結ばれたほかの地上部から資源を転流させることができる特性(斉藤・清和, 2007)のために、一部の地上部に対する刈り取り処理はササの活性に大きな影響を与えないことを示している。したがって、ササの動態を制御しようと考える場合、すでに成立したササ群落に対して働きかけるよりも、ササが分布を拡大させる要

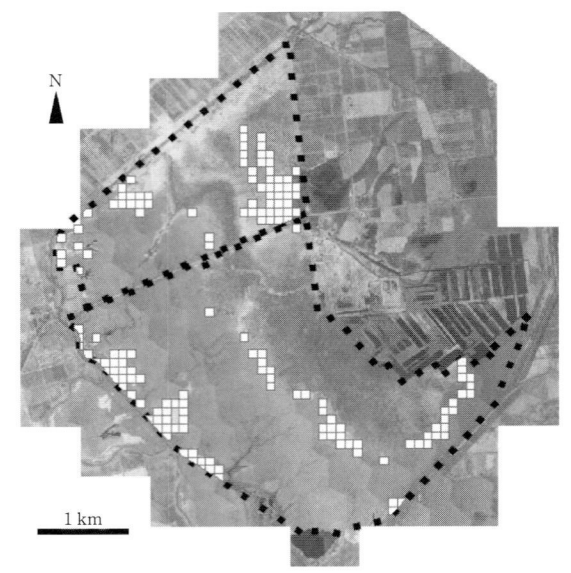

図 I-2-5　ササ拡大エリア。解析エリアを100 m四方(1 ha)の小区画に分割し、各小区画内での1977～2003年にかけてのササ増加面積が0.25 ha以上の小区画を白塗りで示した。1977年の分布は、図 I-2-3 と同様に空中写真を基に作成

因/拡大できない要因を明らかにしたうえで、方法を考えるのが効果的といえる(ササの拡大要因については第Ⅲ部第1章第5節参照)。

(藤村善安・冨士田裕子)

第3章
湿原の水文

1. 湿地溝と埋没河川

　サロベツ湿原の形態的な特徴の1つに，湿地溝と埋没河川(河川跡)の存在が挙げられる。これらはサロベツ湿原の発達形成過程を考えるうえで無視できない重要な地形的特徴であり，現在の湿原の水文環境にも大きな影響を及ぼしていると考えられる。湿地溝と埋没河川の分布と特徴，成因については，梅田・清水(1985)，梅田ほか(1986)や，梅田・清水(2003)による空中写真判読に基づく報告があり，ここではそれらを要約した形で紹介する。

　なお湿地溝の形状と成因については，第Ⅰ部第5章第5節でも詳しく述べる。

1-1. 湿地溝

　湿地溝は主に湿原域西側のサロベツ川左岸地帯に分布している(図Ⅰ-3-1)。湿原からサロベツ川に向かって，東から西に標高が緩やかに低くなるところに湿地溝は形成され，多数の湿地溝が小水路としてサロベツ川に流れ込む形状となっている。小水路の上流側で水路は樹枝状に分岐し，湿原の排水に寄与している。また一部の樹枝状湿地溝の上流部には，これを囲むように，円弧状に配列した複数の湿地溝が分布しており，円弧状湿地溝と呼ばれている(梅田・清水，2003)。溝の幅は数cmから2m以上にわたり，その大部分は湛水状態である(図Ⅰ-3-2)。

　農地開発によってすでに失われた湿地溝もあるが，これら湿地溝の分布域は，サロベツ川から連続するササの分布域とほぼ一致している。自然に形成された排水路として湿地溝が機能していることを示唆しており，サロベツ湿原の水文環境を考えるうえで重要な要素である。

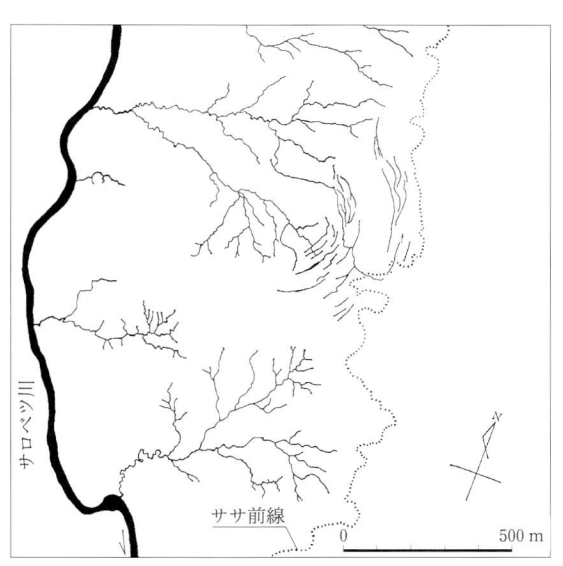

図Ⅰ-3-1　サロベツ湿原の樹枝状湿地溝と円弧状湿地溝（梅田・清水，1985）

図Ⅰ-3-2　円弧状湿地溝の地上写真

1-2. 埋没河川

埋没河川(河川跡)は，サロベツ湿原だけでなく，釧路湿原をはじめ北海道の低地の泥炭地湿原の多くでその存在が知られている。しかし現地に立っても必ずしもその存在がわかるわけではなく，多くの場合は空中写真の判読から識別される。植生の差異から明確に識別できるもの，あるいは河道や自然堤防の地形的特徴が認められるものや，判読上の特徴が僅かで立体視によってようやく識別できる程度のものなど，さまざまである(梅田・清水，2003)。また，空中写真判読で識別できない河川跡も存在することが指摘されている。これは，河川跡にも関わらず不連続なもの，放水路の開削時の排泥に覆われて情報が失われたもの，などが該当する。

サロベツ湿原では，兜沼から天塩川に至るまでの広い範囲でその存在が図化されている(梅田・清水，2003)(図 I-3-3)。以下，図 I-3-4 の地区区分に基づ

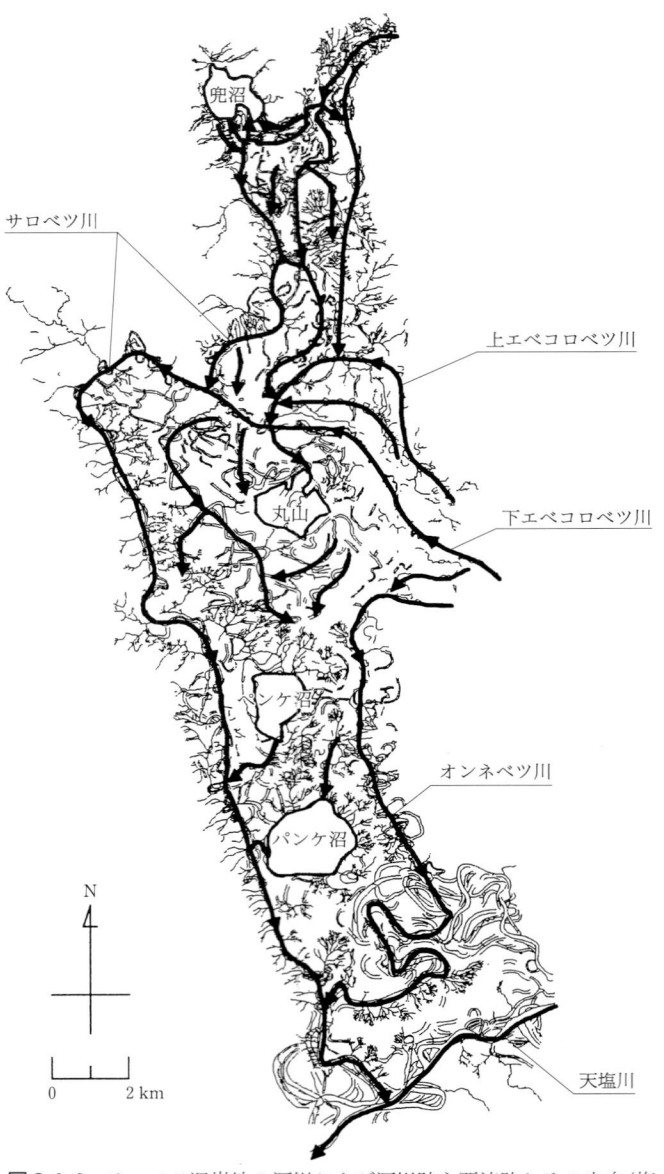

図 I-3-3 サロベツ泥炭地の河川および河川跡主要流路とその方向(梅田・清水，2003)

第3章 湿原の水文　57

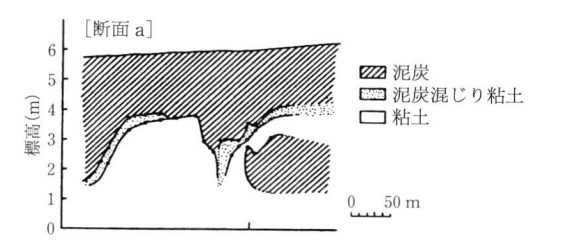

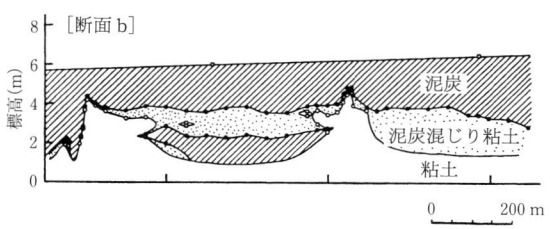

[断面a]

[断面b]

図I-3-5　サロベツ泥炭地の河川跡の土層断面図
　　　　（梅田ほか，1986）

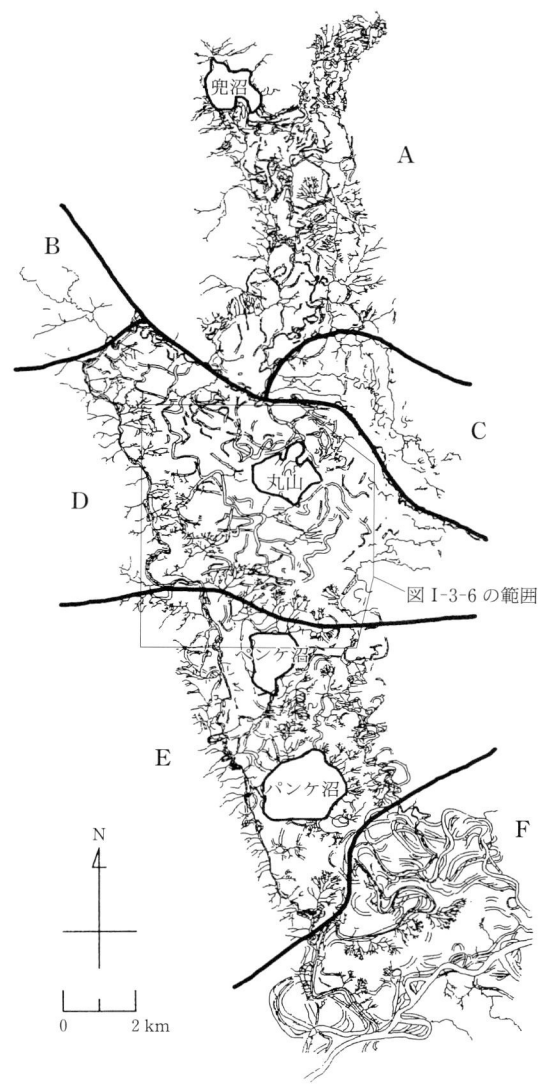

図I-3-4　サロベツ泥炭地の河川跡から見た地区区分
　　　　（梅田・清水，2003を一部改変）

いて各地区を概観しながら，梅田・清水(2003)の分析を紹介する。

　A地区の兜沼周辺ではサロベツ川の流路が複数認められ，氾濫を繰り返しながら土砂を堆積し，流路を変えてきたことがうかがえる。

　B地区は清明川の流域である。早期に農地開発された地区であり，河川跡に関する情報は少ない。

　徳満の西方にあたるC地区は，上エベコロベツ川と下エベコロベツ川に挟まれた区域で河川跡が認められるものの，これらサロベツ川の支流から供給された土砂が堆積してサロベツ川の流れを西方へ押しやったため，この地区での高位泥炭地の形成を促したとされている。

　D地区の丸山台地の西側で高位泥炭地の広がる区域では，下エベコロベツ川と合流したサロベツ川が自然堤防を発達させ，これが衝立となってA地区からの洪水の流入を妨げたため，サロベツ泥炭地で最大規模の高位泥炭地を形成発達させた。この区域には泥炭に埋没した多数の河川跡が認められている。そのうち最も明確なものは地表の植生にはっきりした差異があり，空中写真でも容易に追跡できる。現地に立つと「揺るぎの田代」(フローティング・マット)状態であり，非常に軟弱な泥炭が堆積した状況である。この河川跡の横断面をボーリング調査した結果では，約2mの泥炭層の下に自然堤防の最高部のある河川形態が確認されている(図I-3-5)。河川跡が2mの深さに埋没していても地表の植生には差異があり，河川跡に堆積した泥炭は周囲の泥炭よりも軟弱で透水性が大きく，地下水条件に差異を生じ，また河川跡が「水みち」となっていることが示唆される。サロベツ川放水路で分断されたこの河川跡の北西側は，すでに農地化されているが，河川跡は大きく地盤沈下し，連続的な凹地となっている(第Ⅲ部第1章第4節泥炭地盤沈下の図Ⅲ-1-11参照)。D地区の河川跡と湿地溝を，梅田・清水(2003)を基にGIS(地理情報システム)で図化した地図を図I-3-6に

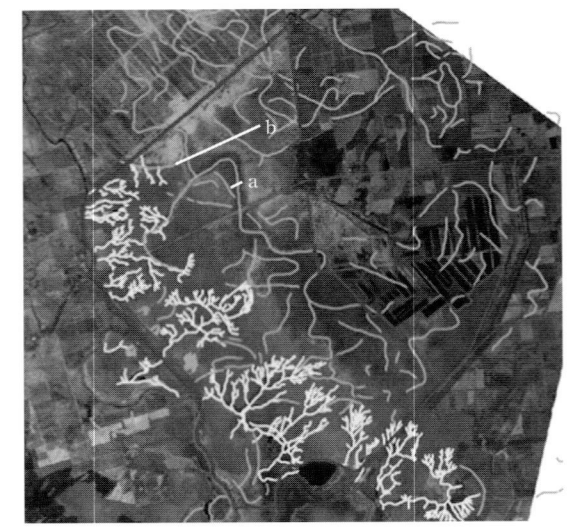

図 I-3-6 D地区の湿地溝と河川跡の分布。aとbは図 I-3-5の断面位置を示す。

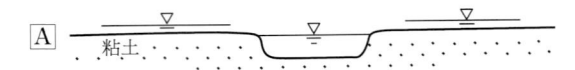

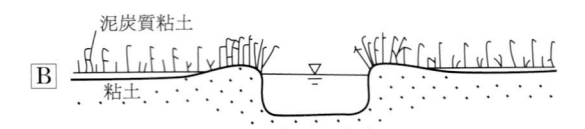

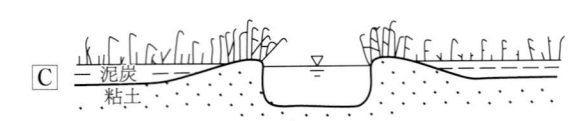

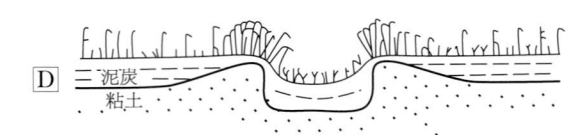

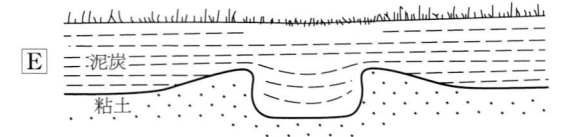

図 I-3-7 泥炭堆積と河川の埋没過程断面図
（梅田・清水，2003）
A：鉱質土地盤のうえをほとんど自由に流下する川はやがて流路を固定する。B：洪水を繰り返すことで徐々に自然堤防が形成され，後背地には湿生の植物群落が生育し，粘土混じり泥炭が堆積し始める。C：自然堤防の形成が進み，後背地では洪水の影響を受けつつ泥炭が堆積してゆく。やがて河川は流量の集中から流路を変更する。D：流路の変更から，それまでの河川部分のほとんどは水位が低下，湛水状態となり，やがて植物群落が覆い，泥炭が堆積し始める。その泥炭は粗な状態が多い。E：泥炭の堆積が進み，河川の地形は完全に泥炭に埋没する。しかし，後背地と異なる河川部分の泥炭の性質は，地表の植生に影響を及ぼしている。

示した。

　Eのペンケ沼とパンケ沼を含む地区は，東側をオンネベツ川，西側をサロベツ川に挟まれた地区でもある。ペンケ沼とパンケ沼，オンネベツ川に囲まれた一部は，河川の影響から遠ざかった結果，高位泥炭地化しつつあり，樹枝状湿地溝が発達している。またパンケ沼の南側でかつての天塩川の河川跡とサロベツ川に囲まれる部分にも発達した高位泥炭地があり，ここにも樹枝状湿地溝が見られる。

　Fはパンケ沼の南側で複数の天塩川の河川跡が認められる区域である。天塩川がたびたび流路を変えた痕跡である。長沼は三日月湖（河跡湖）であり，サロベツ川はオンネベツ川と合流後，かつての天塩川の河川跡の1つを細くたどる形で現天塩川の合流点まで流下している。オンネベツ川と天塩川に囲まれた地区にも高位泥炭地が発達し，樹枝状湿地溝がサロベツ川やオンネベツ川に流下する方向で形成されている。

　湿原を貫流する河川が洪水のたびに自然堤防を形成し，その結果，後背湿地としての泥炭地が形成され，流路の変更後もさらに泥炭地が発達していく過程を，梅田・清水（2003）は図 I-3-7のような模式図で提示している。また図 I-3-8には，排水路の法面に現れた泥炭に埋没した河川跡とその自然堤防を示す。これは農地排水路の改修工事の際に，図 I-3-7

のEのような埋没河川断面の上部が明瞭に現れた例である。

　このように，湿地溝や河川跡の存在は，湿原の現植生，地下水流動，排水されたときの地盤沈下などにも影響し，湿原の発達過程を考えるうえでさまざまな情報を提供してくれる。

（井上　京・高田雅之）

図 I-3-8 排水路の法面に現れた泥炭に埋没した河川跡とその自然堤防
（サロベツ落合，2009 年 6 月撮影）

2. 湿原の水収支

2-1. 水収支に関係する要因

大半が水と植物からなる泥炭地湿原では，湿原という空間での水のインプットとアウトプット，そしてその場での水貯留といった水の態様が，湿原環境を規定する非常に重要な要素となっている。この水の出入りのことを水収支と呼んでいる。湿原の水収支は主に次の項目から構成される。
　インプット：降水，河川流入，地下水流入
　アウトプット：蒸発散，河川流出，地下水流出
　貯留量変化：地下水や地表水の貯留量変化
以下，湿原の水収支を構成する項目について，簡単に説明する。

2-1-1. 降　　水

降水は主に降雨と降雪である。湿原植物の生育にとって特に重要なのが無積雪期間中の降雨量であり，また乾燥の度合いとしての無降雨期間の長さや降雨頻度である。さらに冬期間の降雪も春の融雪という形で湿原面に供給されることから，融雪量とその時期も春先の植物生育に重要な影響を与えている（高田ほか，2004）。

上サロベツでの観測では，6〜9 月の平均降雨量は 373 mm（1992〜2012 年のうち，欠測のない 16 年間の平均値）であり，同じ期間の気象庁アメダス豊富地点の値もほぼ同じ（381 mm）であった。また年間降水量はアメダス豊富地点で 1,073 mm（1981〜2010 年の平年値）であり，12〜3 月の降水量が 284 mm であることから，降雪が全降水量に占める割合は平年で 3 割未満といえる。

湿原で見られる結露や霧が，湿原植物の生育と湿原の水文環境に無視できない影響を及ぼしているという見解もあるが（例えば Ingram, 1983），サロベツ湿原での実態はまだよくわかっていない。

2-1-2. 河 川 流 入

インプットとしての河川流入は，特に洪水時の河川氾濫で湿原にもたらされるものであり，河川に近い低位泥炭や中間泥炭の分布するところが氾濫の影響範囲と重なる。河川から離れた湿原の中心部には高位泥炭が分布するが，これは降水涵養性の泥炭であり，河川流入の影響のないところといえる。1966 年にサロベツ川放水路が完成するまでは，サロベツ湿原の広い範囲が洪水の常襲地帯であった。特に春先の融雪と夏の大雨にともない，サロベツ川とその支流（例えば清明川＝第 12 号幹線排水路）の河川ぞいでは毎年のように洪水氾濫を被っていたという記録が

ある（例えば北海道開発局，1972）。洪水氾濫の面的な広がりとして，洪水時の水位の記録はあるものの，水収支の点から洪水氾濫が湿原への水供給として量的にどれほど寄与しているかについては過去も現在も定かではない。ただ本流の河床浚渫や河道の拡幅，ショートカット水路の建設により，洪水氾濫の頻度と規模が小さくなり，そのことが湿原の水文環境にも影響していることは十分考えられる。

2-1-3. 河川流出

サロベツ湿原のように地形的に極めて平坦な湿地において，一般的な山地流域や丘陵流域で発生するような河川への流出があるのかどうか，疑問をもたれるかもしれない。確かに湿原内に流路がまったくなく，河川からある程度離れた湿原の中央部で，勾配の極めて小さい地形であれば，河川流出は無視できよう。しかし河岸に隣接したところでは河川水位の低下と共に湿原から河川への流出が確実にあり，さらに湿原内に自然，人工を問わず流路があれば，例え湿原中央部であっても，それを通じての河川への流出が生じている。

サロベツ湿原には湿地溝と呼ばれる自然の排水路が多数発達しており（第Ⅰ部第3章第1節および第5章第5節参照），これを通じた流出が認められている。また上サロベツ湿原を東西に横断する道路は，その両側に側溝を備えているが，これはサロベツ川に接続しており，ここからの流出も生じている。サロベツ川放水路の開削時に掘られた「水抜き水路」と呼ばれる水路もまた，湿原から河川へと流出を促している。このように一見平坦で単調に見える湿原面であるが，微地形的にはさまざまな流路を有しており，これら流路を通じ河川への流出が発生していると考えるべきである。

2-1-4. 地下水の流入と流出

地下水の流入と流出も，その量を直接観測することが困難な水収支の項目である。サロベツ湿原では，かつてパンケ沼の湖岸近くで行われたボーリング試験で被圧地下水の自噴が確認されており（環境庁自然保護局ほか，1993），湿原の水収支のインプットとして被圧地下水が寄与している可能性が示唆された。また原生花園付近での地下水位観測でも，下層から上向きの地下水が季節的に湿原へのインプットとして寄与することが認められている（山田ほか，2009；井上，未発表）。しかし表層の不圧地下水と被圧地下水の水頭差は大きくても数cmであり，泥炭の下部層や，その下にある基層の粘土層の透水性が共に極めて小さいことから，被圧地下水層から湿原に供給される水量は，水収支的には極く小さいと見られる。

地下水流出についても同様で，サロベツ湿原のように海岸近くの標高の低い位置にある湿地で，なおかつ泥炭層の下の基層が粘土層である場合は，深部に浸透する地下水の量は極くわずかと考えられる。

2-1-5. 蒸発散

湿原からの水のアウトプットで大きなウェイトを占める項目として蒸発散がある。とりわけ，湿原植物による蒸散作用は，植物の生育期間には1日当たり数mmに及ぶ。これについては本節のこの後の「2-3. 土壌水分と地下水位変動からの蒸発散量の推定」，および第Ⅰ部第4章1節で詳しく述べる。

2-1-6. 地下水位とその変動

ここまで述べた水収支の各項目による湿原の水の出入りの帳尻は，その場の貯留量の変化として調整される。貯留量の変化は，湿原の地下水位の上がり下がりとしてとらえることができる。例えば大雨が続いたり融雪が一気に進んだりして流出が間に合わないときは，貯留量が増し，地下水位が上昇する。一方，雨が降らずに干天が続けば，貯留量が減少し，地下水位が低下する。このように，地下水位の変動は湿原が貯留する水の増減を端的に表すものとなる。

ここでいう地下水位は，基層以下の被圧地下水位ではなく，泥炭表層の極く浅いところにある不圧地下水位である。時と場所によっては地表面より上に位置する（すなわち湛水状態になる）こともあるから，地下水という表現は的確性を欠き，表層水あるいは地表水と表現すべきかもしれないが，ここでは慣例で地下水と呼ぶ。

2つの種類の泥炭があり仮に同じ量の蒸発散で地下水位が低下したとしよう。未分解で間隙量の多い泥炭では，蒸発散のアウトプットによって生じる地下水位の低下幅は小さい。分解が進んで間隙量が少なくなった緻密な泥炭では，同じ蒸発散量によるアウトプットであっても，地下水位の低下量は大きい。地下水位が低下すれば泥炭の分解はより促進される

路と丸山道路の南側道路側溝の2つである（図I-3-10）。落合沼旧水路の集水域は全域が泥炭湿地で，集水面積は31.7 haである。道路側溝の集水域は区域内の一部に洪積台地（約36 ha）を含み，全集水面積は256.8 haである。この2つの流路において，流量，降雨量，集水域内の地下水位の観測および蒸発散量の推定を行い，水収支を推定した。観測期間は落合沼旧水路が2010年8月〜2012年11月，道路側溝は2011年8月〜2012年11月である。ただし積雪期は観測していない。流路を流下する流量は，落合沼旧水路では量水堰を設置し，容器を用いた流量観測を実施して水位流量曲線から求めた。道路側溝では電磁流速計を用いた流量観測を複数回実施し，同じく水位流量曲線から流路水位を流量に変換して得た。降雨量は道路側溝集水域内に設置した転倒マス式雨量計のデータを使用した。蒸発散量はペンマン法をアメダスデータのみから計算する三浦・奥野（1993）の方法によって推定した。

両流路における2011年と2012年の比流量変動と日雨量を図I-3-11に示す。落合沼旧水路では比流量の変動が大きかったのに対し，道路側溝では比流量の変動は小さかった。落合沼旧水路の大きな比流量変動は，集水域の小ささと集水域の勾配の大きさを反映していると見られる。

両集水域の降雨に対する流路流出率は22〜50%で，蒸発散と合わせて87〜107%であった（表I-3-1）。

より短期間の水収支では，インプットの降雨，アウトプットとしての蒸発散，流路流出，地下浸透だけでなく，一時的に地下水として貯留される量も無視できない。図I-3-12に，落合沼旧水路の集水域における48時間当たりの降雨量から蒸発散と流路流出を差引いた値と，その期間の地下水位の上昇量の関係を示した。泥炭湿地における地下水位は，降雨および蒸発散，流路流出のバランスにより変動しており，主に蒸発散および流路流出という形で流出していることがこれらの図からもわかる。道路側溝においても同様の傾向が見られた。

図I-3-13は，降雨イベントごとの流出率と集水域内の地下水位（イベント中の平均）の関係である。降雨イベントとは，前後の降雨イベントから48時間以上の時間的隔たりがあるひとまとまりの降雨とし，降雨イベント流出率とは降雨イベント中の降雨量に対する流路流出の割合とした。降雨から48時間以

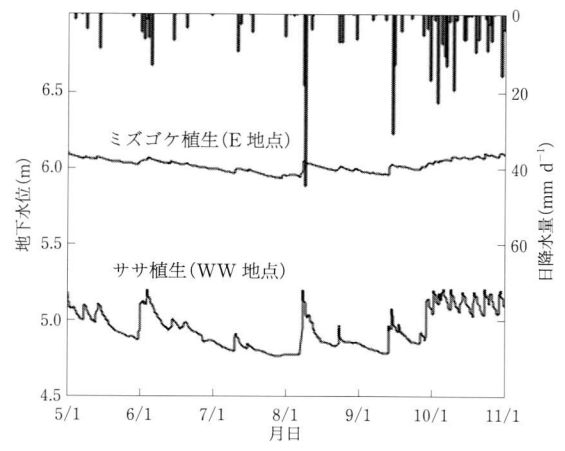

図I-3-9　上サロベツ湿原でのミズゴケ植生（E地点）とササ植生（WW地点）での地下水位の変動（2003年）

が，逆に地下水位が高く保たれるようになれば，泥炭の分解は抑制され，むしろ泥炭の生成が促進されることになる。

上サロベツ湿原での過去26年間の夏期観測（概ね5〜10月）では，ミズゴケ植生（E地点）での地下水位変動幅は平均19.0 cm，ササ植生（WW地点）での変動幅は平均47.0 cmであった。図I-3-9に両地点の地下水位変動の観測例を示す。ここで注意を要するのは，ここに示した地下水位変動は地表面を基準とした相対的な変動ではなく，水位計をしっかり固定して計測した絶対的な変動であるという点である。ミズゴケ群落のようなルーズな地表面では年間数cmにも及ぶ浮沈をすることが知られている（梅田ほか，1992）。地下水位の上昇と共に地表面も浮き上がり，水位の低下と共に地表面は沈む。そうすると，地表面を基準にした地下水位の変動幅は絶対的な変動幅よりも小さくなる。E地点の地表面の浮沈量を仮に10 cmとすると，相対的な地下水位の変動幅は半減して9 cmとなり，極めて安定した水位を維持することになる。ミズゴケ群落はこのように浮沈することで自らの水位環境をより安定した状態にしているといえる。

2-2. サロベツ湿原の水収支の推定

サロベツ湿原における流路を通じた河川への流出を直接観測し，水収支を推定した事例を次に紹介する（井上ほか，2013）。対象とした流路は落合沼旧水

62   I　サロベツ湿原

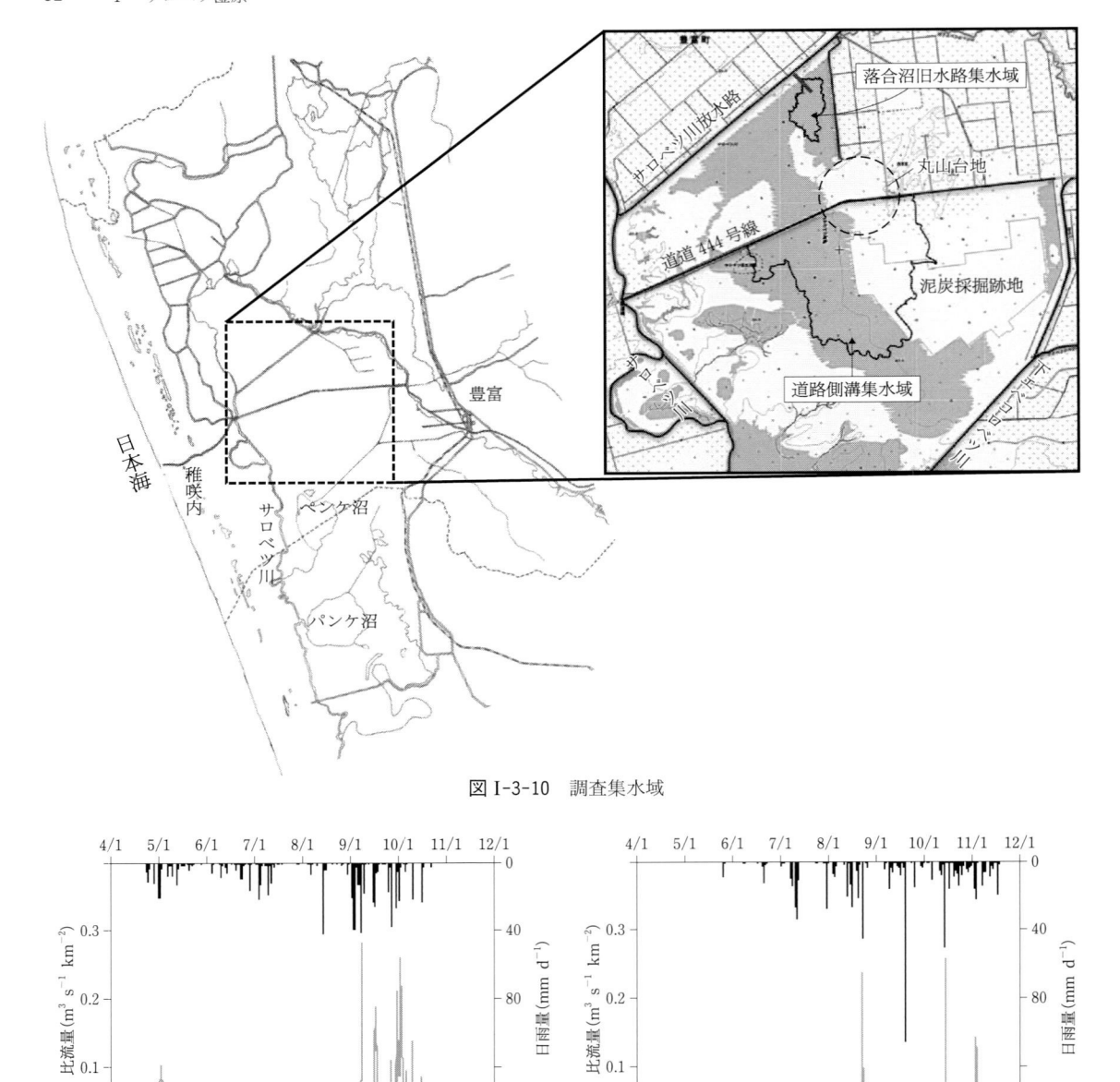

図 I-3-10　調査集水域

図 I-3-11　日雨量と比流量。左：2011 年，右：2012 年

内で流出する水は比較的速い流出であるため，イベント流出率は速い流出の割合を表現することとなる。図 I-3-13 より，集水域の地下水位が上昇するほど降雨イベント流出率は大きかった。すなわち速い流出が多くなることがわかった。これは，表層に近いほど泥炭の透水性が大きいためである。地下水位が低いときは流出が少なく水は貯留される一方で，地下水位が高いときは速い流出が発生し速やかに排水されていることがわかる。

泥炭湿地の地下水位は，集水域の降雨，蒸発散，流路流出のバランスの結果として変動し，蒸発散と流路流出が地下水位低下に寄与している。また，地

表 I-3-1　期間水収支

	2010 年	2011 年		2012 年	
	落合 8/19〜11/29	落合 4/24〜10/22*	道路 8/12〜10/22	落合 5/22〜11/18*	道路 5/22〜11/18
降 雨 量(mm)	364	691	443	650	756
蒸発散量(mm)	199	477	178	428	442
蒸発散率(%)	55	65	40	66	58
流 出 高(mm)	183	325	221	140	289
流 出 率(%)	50	42	50	22	38
合　　計(%)	105	107	90	87	97

*欠測期間あり

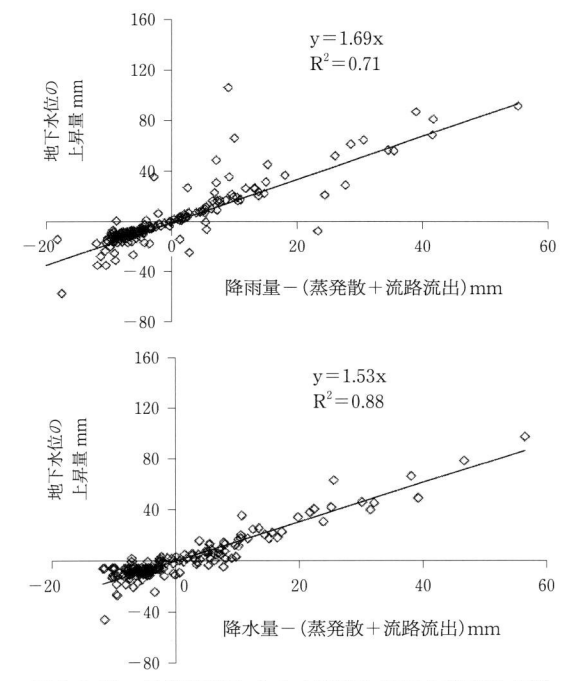

図 I-3-12　48 時間当たりの水収支と地下水位変動の関係(落合沼旧水路集水域)。上：2011 年，下：2012 年

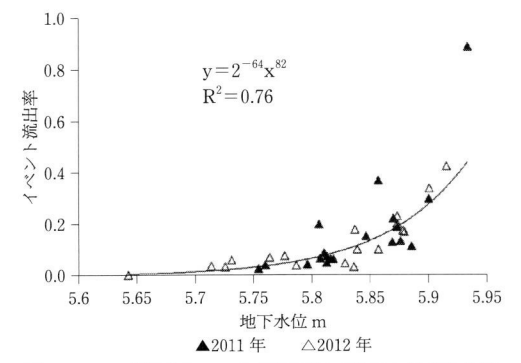

図 I-3-13　降雨イベント流出率と地下水位(落合沼旧水路集水域)

下水位が低いときは流出が少なく水は貯留される一方で，地下水位が高いときは速い流出が発生して速やかに排水されている状況が認められた。

2-3. 土壌水分と地下水位変動からの蒸発散量の推定

湿原の水収支を考えるうえで蒸発散量を推定することは重要であり，微気象学的な方法(第 I 部第 4 章第 1 節参照)や重量変化から推定する方法がよく使われる。一方，水文学的な方法として，地下水位変動から蒸発散量の大きさを評価する手法がこれまで提起されている(例えば Umeda・Inoue, 1984)が，その多くは定性的な評価にとどまっている。そこで本節では，地下水位変動に加えて土壌水分変動を考慮し，微気象学的方法(渦相関法)の観測値と比較し，これらの水文変動から蒸発散量が推定できるかどうかについて検討した(高田ほか，2009)。

地下水位計(HTV-010KP)と土壌水分計(Theta Probe ML2x：0〜5 cm および 10〜20 cm の 2 層)による観測を，上サロベツ地域のミズゴケ植生(E 地点)とササ植生(WW 地点)において 2007 年 6 月 22 日から 9 月 30 日まで，1 時間間隔で行った。比較対象となる渦相関法による蒸発散量は第 I 部第 4 章第 1 節で得られたデータを用いた。

対象地域を降水涵養性と見なし，昼夜の地下水位低下速度の違いを利用して地下水位の蒸発散による低下量を求め，比産出率(有効間隙率)を乗じて日蒸発散量を算出した。これに降雨時の土壌水分上昇量(土壌捕捉量)と，蒸発散時の土壌水分低下量を考慮して補正を加えた。渦相関法による観測値を真の値として，水文変動による推定値と比較評価した。

図 I-3-14 に地下水位および土壌水分変動から求めた蒸発散量と渦相関法による観測値との関係を、旬単位(10日間)の積算値として示した。いずれの地点共に概ね1:1の線上にあるが、ミズゴケ地点では全体に推定値がやや過小評価であった。これは水文変動に現れない蒸発散損失の可能性を示すと思われ、下層からの毛管水の供給や、植物体内からの水損失などの可能性が考えられる。

渦相関法との偏差の原因について考察するため、図 I-3-15 にササ植生地における旬別にみた1日当たりの偏差と、渦相関法によって観測された1日当たりの蒸発散量、ならびに当該の旬の平均地下水位との関係を示した。その結果、ミズゴケ地点およびササ地点共に、1日当たりの蒸発散量が大きいほど平均偏差が大きいことが示され、その関係にはほぼ線形関係が認められた。一方、平均地下水位との関係については、平均偏差が大きい値をとるのは、地下水位が低い場合に見られることが示された。なお、平均偏差が大きかった2つの値を除けば、ササ地点では平均偏差は約 0.2 mm d^{-1} 以下(渦相関法による観測値に対して0.2〜12.0%)、ミズゴケ地点では約 0.4 mm d^{-1} 以下(渦相関法による観測値に対して2.2〜21.7%)となった。

これらの結果から、湿原において、地下水位変動を基に、土壌水分変動で補正することにより、蒸発散量を一定精度で定量的に推定できることが明らかとなった。

(井上 京・髙田雅之・平野高司)

3. 高位泥炭地の水流動モデル

湿原環境の保全や回復を図るうえで、地下水の流動の把握は必要不可欠である。しかし、地下水の流動状況を現地での測定によって、広い湿原全域をカ

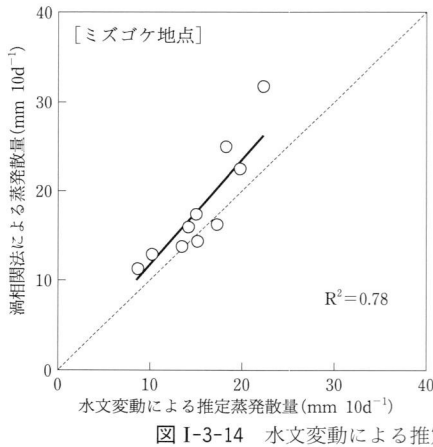

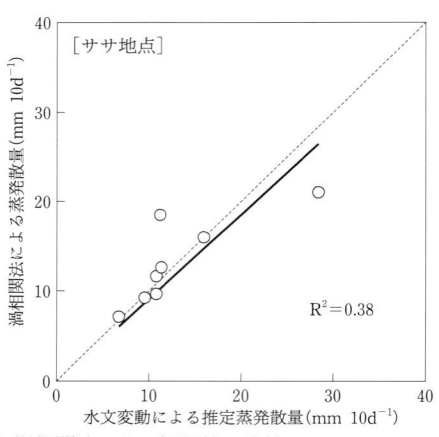

図 I-3-14 水文変動による推定値と渦相関法による観測値の比較

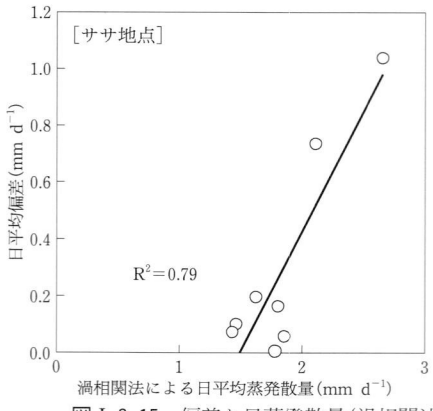

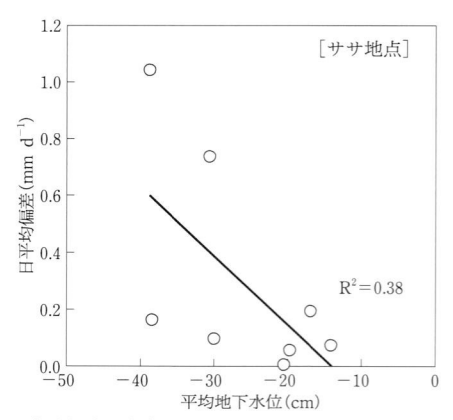

図 I-3-15 偏差と日蒸発散量(渦相関法)および平均地下水位との関係(ササ植生地)

バーすることは不可能である。そこで，湿原で実際に起こっている現象を正確かつ簡便に表現できるモデルの構築が望まれる。

これまで泥炭の水理特性の解析法の1つとして，タンクモデル法が用いられてきた(梅田ほか，1988)。このモデルは，定点の泥炭中の地下水挙動を良好に再現できるが，集水域全体を代表するパラメータで表現する集中型モデルであるため，面的な水流動には適していない。

一方で，泥炭地の広域地下水流動の計算では，ダルシー則に基づいた運動方程式が用いられる場合が多かった。これは「水頭勾配が小さく水深方向に流速が一定である」とするデュピュイ・フォルヒハイマーの仮定(土木学会水理委員会，1999)を前提としている。しかし泥炭地の水理特性は深さ方向に変化することが知られており(梅田，1981)，この事実は上記の仮定と整合せず，ダルシー則適用の前提が成立たないことを示唆している。

そこで，サロベツ湿原において観測した降雨と地下水位の変動記録に基づき，地下水位の変動を深度に着目してとらえ，泥炭地の水理学的性質の定式化を試みた。本節では，従来のダルシー則に基づいた計算方法と，泥炭の水理学的性質を考慮した方法によって，地下水の二次元流動を計算し，それらの結果の相違点を比較評価してみる(岡田・井上，2010)。

3-1. 観測サイトと使用データ

地下水位の観測は，旧ビジターセンターのあった上サロベツ原生花園の遊歩道付近の3地点に，地下水観測孔を設け，連続自記観測を行った(図 I-3-16，図 I-3-17)。ここはサロベツ川からほぼ直角方向に直線距離で約1,500 m離れており，標高は5〜6 mである。観測孔は地形的には平べったいドーム状をなした泥炭地形のうえにあり，サロベツ川に至る緩やかな傾斜方向に並んでいる。E地点(地表面標高

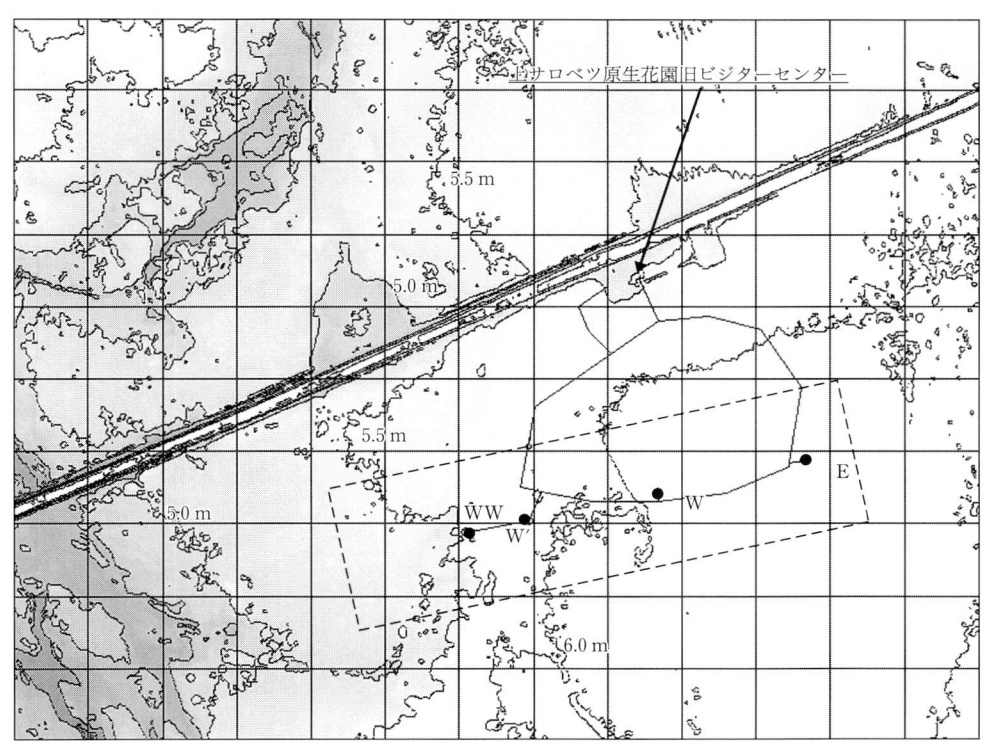

図 I-3-16 上サロベツ原生花園旧ビジターセンターの観測サイト(岡田・井上，2010)
(環境省が2003年に実施したレーザプロファイラ計測より得られた DEM データを基に作成)。等高線間隔は0.5 m，格子間隔は100 m，破線は計算領域，卵型の線は遊歩道。木道は現在，半分撤去され，研究以外の立ち入りは禁止されている。

図 I-3-17　4つの観測地点（上サロベツ原生花園旧ビジターセンターサイト）

6.12 m)は平坦なドームのほぼ頂部に位置し，W地点(同5.98 m)・W′地点(同5.75 m)と徐々に高度を下げていく。

実測雨量と地下水位の例として，期間総雨量が平年値に近く多雨傾向の期間と少雨期間がはっきりと分かれている1994年6月から10月までの半年間の観測値を使用した(図 I-3-18)。

二次元地下水流動モデルの適用にあたって，地表の詳細な標高データが必要である。これには環境省が2003年に実施したレーザプロファイラ計測により得られたDEMデータを加工して利用した。E～W′のラインを中央にした幅200 m，長さ700 mの長方形の計算領域を設定した(図 I-3-16)。

3-2. 泥炭の性質

3-2-1. 泥炭中の間隙

図 I-3-19は観測期間中に生起した一連の降雨ごとに累加雨量を横軸に，それにともなう地下水位の上昇量を縦軸にプロットしたものである。先行降雨から24時間以上の間隔があり，総雨量10 mm以上の連続降雨期17例を選んだ。線で結ばれた点が一連の降雨イベントを示し，左から右方向が時間の経過にともなう変化である。線分の傾きは単位時間当たりの降雨量に対する地下水位の変化(上昇)量である。これを地下水位上昇率と呼ぶこととする。ある降雨時間内にその場に降った雨が，土壌浸透して地下水位を上昇させる鉛直方向の動きから生じた結果である。

一般の降雨系列(図中・で表示)の傾きは3地点に共通する。一方，これらより傾きの大きな3本の系列(□，○，△で区別)が見られる。EおよびW地点では一般の降雨系列との傾きの差はあまり大きくないが，W′地点での差は歴然としている。これらは7月1日(□で記した)，8月11日(○)，9月3日(△)の降雨であり，この降雨の前には長い無降雨期間があり，地下水位は十分に下がっていた。□，○，△の3つの系列の挙動は地下水位が低い状態で生じたものとすることができる。

EおよびW地点は上サロベツのドーム状地形の

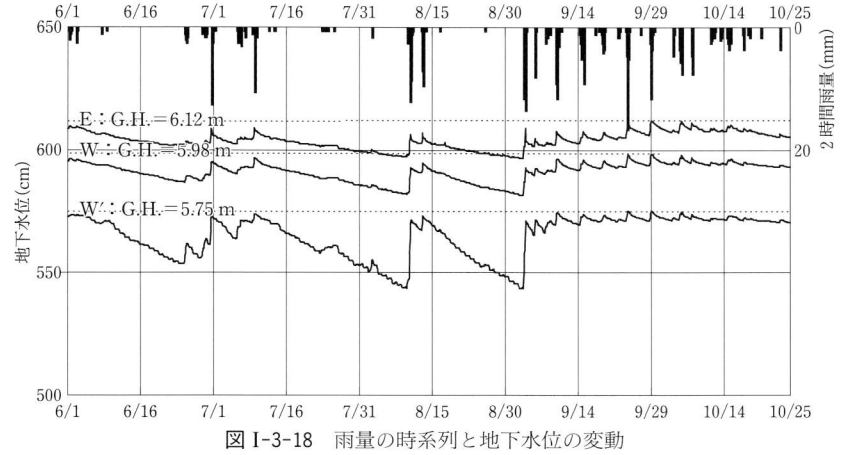

図 I-3-18 雨量の時系列と地下水位の変動
（1994年：上サロベツ原生花園旧ビジターセンターサイト）

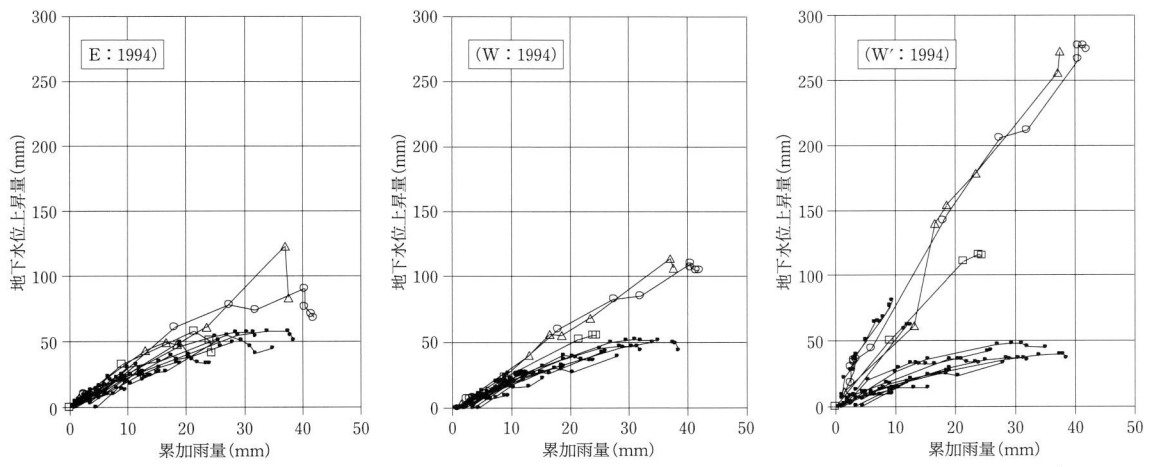

図 I-3-19 一連降雨の累加雨量と地下水位上昇との関係（上サロベツ原生花園旧ビジターセンターサイト）
□：1994年7月1日，○：8月11日，△：9月3日，・：その他

頂上付近にあり，地表の傾斜が緩やかであるから地下水の水平方向の動きは緩慢であり，無降雨期間が長く続いても地下水位が大きく低下することはない。W′地点でも，多雨で地下水位が浅い期間の降雨ではEおよびW地点とほとんどかわらない応答関係が認められる。しかしW′地点では泥炭地表面の勾配がやや大きいため，無降雨期間が長く続くときには地下水位が低く（深く）なり，この期間に降雨があると地下水位が高い（浅い）期間の数倍の割合で地下水位が上昇する。この結果は泥炭の性質に基づく地下水の挙動が深度によって異なっていることを示唆している。

地下水が一次元的な方向に流動していて，この方向を x 方向とし，短時間の間には降雨全量が浸透するものとすると，自由地下水流の連続方程式は（I-3-1）式で与えられる。

$$\lambda_e \frac{\partial H_G}{\partial t} + \frac{\partial q_{Gx}}{\partial x} = R \quad (\text{I-3-1})$$

ここで λ_e：有効間隙率，H_G：地下水位(m)，t：時間(s)，q_{Gx}：x方向単位幅地下水流量(m²/s)，R：雨量強度(m/s)である。（I-3-1）式の左辺第二項は降雨中の短時間の間には近似的に 0 であるものと仮定して，次のように書き換える。

$$\frac{1}{\lambda_e} = \frac{\Delta H_G}{\Delta t} \frac{1}{R} \quad (\text{I-3-2})$$

この式の右辺は単位時間の降雨量に対する地下水

位の変化量であり，とりもなおさず先に考察した地下水位上昇率である。そこで，各観測地点の一連降雨期間中の積算降雨量と地下水位の積算変化量から地下水位上昇率を求め，その逆数として有効間隙率(λ_e)を求めた。これを自由地下水面の深度との関係に着目して整理し図示すると図 I-3-20 のとおりとなる。

図 I-3-20 では E，W，W′ 地点の地表面近くでは有効間隙率は大きく，深度を増すにしたがって小さくなっていく。地下水位が 15 cm 程度の深さにまでしか下がらない E および W 地点においては相対的に有効間隙率の大きな層においての挙動である。W′ 地点ではこれらのほぼ 2 倍の深度までの変化が図示されている。W′ 地点で注目すべきことは有効間隙率が深度 5 cm ほどのところで急激に変化する点である。これより浅い範囲では E および W 地点と同等程度の値を取っているが，5 cm よりも深くなると劇的に変化し，ほとんどが 0.2 以下の値に減少している。これは泥炭地表層に近い生きた植物の根の絡み合う未分解な層(活性層：acrotelm)から，その下層にある性質の異なる分解のやや進んだ層(不活性層：catotelm)へ移行することに起因すると考えられる。

3-2-2. 泥炭の透水性

前述のように有効間隙率が深度によって異なれば，そこを流動する地下水の流れ，つまり透水性も異なってくるはずである。そこで，一次元の運動方程式における透水係数と地下水流動水深の積を求め，地下水流動に関わる泥炭性質の深度方向の変化を見てみよう。

自由地下水の x 方向運動方程式は次のように書ける。

$$q_{Gx} = -K \cdot h_G \frac{\partial H_G}{\partial x} \quad (\text{I-3-3})$$

ここで K：透水係数，h_G：自由地下水の流動水深(m)である。(I-3-3)式で与えられる自由地下水流の運動方程式は，デュピュイ・フォルヒハイマーの仮定のうえでダルシー則を適用したものである。しかし泥炭のなかの有効間隙率が深度によって異なる事実は，「水頭勾配が小さく水深方向に流速が一定である」とするデュピュイ・フォルヒハイマーの仮定が成り立たないことを推測させる。

自由地下水流の連続方程式(I-3-1)において，ダルシー則(I-3-3)を代入し，無降雨期間の地下水位低減期に着目して雨量強度を 0 とおき，K と h_G の積について整理すると，

$$K \cdot h_G = \lambda_e \frac{\partial H_G}{\partial t} \bigg/ \frac{\partial^2 H_G}{\partial x^2} \quad (\text{I-3-4})$$

を得る。ここにおける $K \cdot h_G$ を一個の独立したパラメータととらえ，離散化して算出したものを地下水位深度(D_p)との関係で図示したものが図 I-3-21 である。

泥炭地の水理環境がデュピュイ・フォルヒハイ

図 I-3-20 の 3 つのグラフ:
- E：$\lambda_e = 0.77\exp(-7.13 D_p)$
- W：$\lambda_e = 0.78\exp(-6.27 D_p)$
- W′：$\lambda_e = 0.69\exp(-9.82 D_p)$

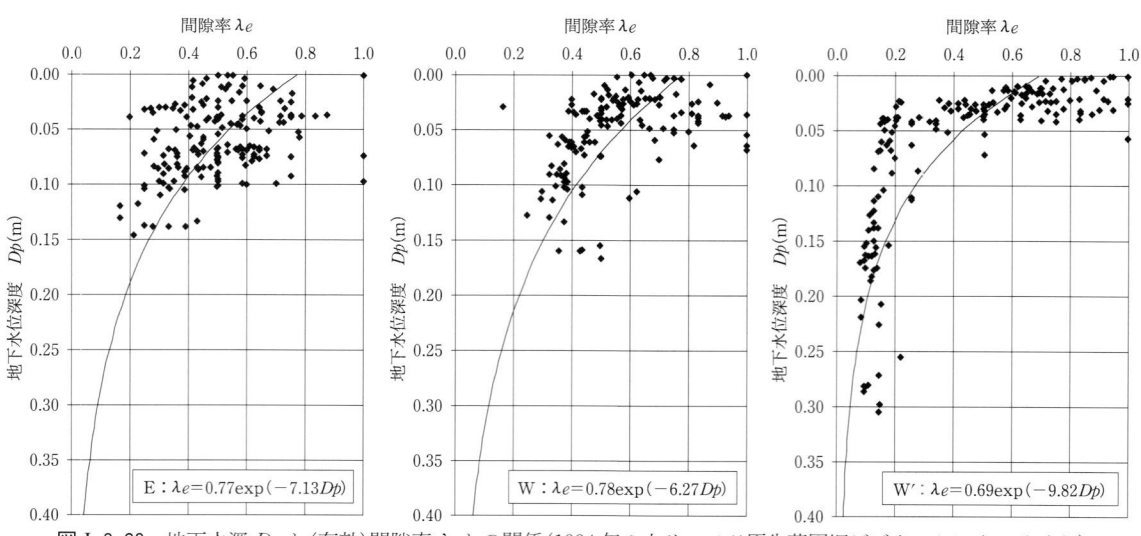

図 I-3-20 地下水深 D_P と(有効)間隙率 λ_e との関係(1994 年：上サロベツ原生花園旧ビジターセンターサイト)

マー仮定を満たし，K が一定であれば，$K \cdot h_G$ は深度方向に一次関数として直線近似できるはずであるが，図では深度 0.05〜0.10 m ほどで深さ方向に大きく変化して指数関数的な変化を遂げており，そのような傾向は見られない。つまり泥炭地の水理環境ではデュピュイ・フォルヒハイマーの仮定が成り立たない。

3-3. 泥炭の性質に配慮した水流動モデル

深度によって異なる泥炭の性質に基づいて，2つの方法を用いて地下水の挙動を二次元非定常流動計算によって検証してみる。さらにそれらを比較して再現性を評価する。地下水はほぼ E〜WW 方向へ流動していると考えられるが，一次元で検証計算を行うと地形の僅かな測定誤差が全体に影響を及ぼす懸念があるため，誤差を緩和するため二次元で行うこととする。

3-3-1. 方法 1 ──ダルシー則による方法

方法 1 は二次元の運動方程式と連続方程式をそのまま適用する，従来多用されている方法である。解析期間は上記の地下水位記録が得られている 1994 年 6〜10 月の 151 日間（図 I-3-18），地下水位と共に観測された 2 時間降雨量を降雨強度とする。また用いる諸定数は試行錯誤を繰り返し W 地点の地下水位変動パターンが実測に近くなるよう，以下のとおり定めた。透水係数 $K=0.25$ cm/s（一定），透水層厚 $=1.0$ m（一定），有効間隙率 (λ_e) $=0.2$（一定）。

表面流に関わるマニングの粗度係数としては小灌木や草が密に絡み合ったところを流れ，かつ流動水深が大きくないことから 0.10 を与えた。方法 1 による計算結果を図 I-3-22 に示す。上辺の棒グラフは日雨量を示し，太い実線が計算地下水位，細い破線が実測地下水位である。

上記の境界条件下では，解析期間の前半，降雨頻度が少なく地下水位が低い期間では実測に近く計算されている部分もある。しかし 9 月以降の多雨期には実測値に比べて高い計算結果となっている。この方法であれば，地下水位の高い期間・低い期間のいずれかが合うと，もう一方のずれが大きくなり，両

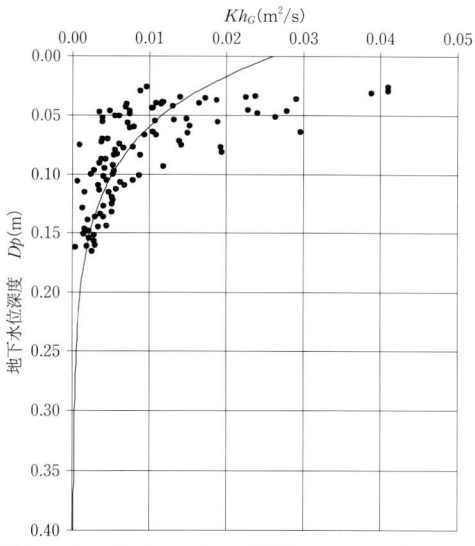

図 I-3-21　$K \cdot h_G$ と D_p の関係（1994 年：上サロベツ原生花園旧ビジターセンター W 地点）
$K \cdot h_G = 0.026 \exp(-16.40 \, D_p)$

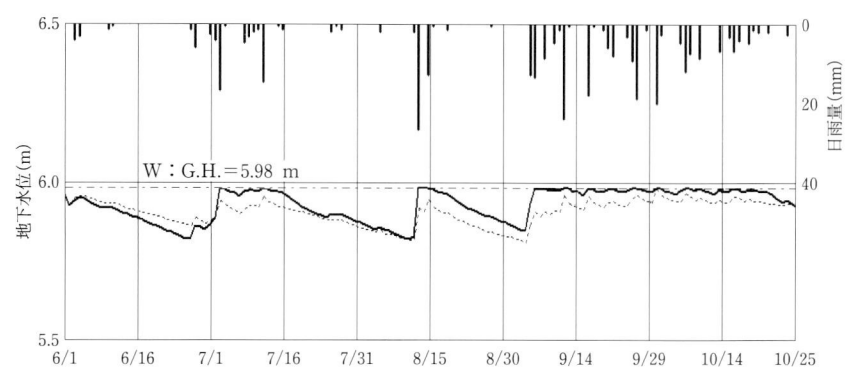

図 I-3-22　地下水位変動の実測値と計算値（1994 年：上サロベツ原生花園旧ビジターセンター W 地点）。破線：実測値，実線：ダルシー則による計算値（方法 1）

者とも良好な再現性を保つことは難しい。これらは透水係数も有効間隙率も一定値を適用していることの反映であり、泥炭地ではデュピュイ・フォルヒハイマーの仮定が成り立たない証拠でもある。

3-3-2. 方法 2 ——パラメータ(T)を用いる方法

地下水の運動方程式(I-3-3)式中の透水係数(K)と地下水の流動水深(h_G)の積は単位幅流量の次元をもつ。これと同じ次元をもつパラメータ(T)を導入して自由地下水流(x)方向運動方程式(I-3-3)を以下のように書き換える。

$$q_{Gx} = -T \frac{\partial H_G}{\partial x} \quad (\text{I-3-5})$$

ここでT:透水量係数と同じ次元をもつパラメータ(m²/s)で、これに指数式を当てはめ、値を操作してW地点の地下水位挙動を実測値に近づけた結果、次の(I-3-6)式を得た。有効間隙率λ_eもおなじ指数関数を用いて、両者共深度方向に変化するものとする。

$$\text{パラメータ}(T) = 0.015 \cdot \exp(-6.0\, D_p) \quad (\text{I-3-6})$$

$$\text{有効間隙率}(\lambda_e) = 0.78 \cdot \exp(-6.27\, D_p) \quad (\text{I-3-7})$$

上記の方法で求めたW地点の地下水位挙動を、実測値と共に図I-3-23に示した。計算水位は、実測値と重なる部分が多く見られ改善している。方法1とは異なり、地下水位が高い期間も低い期間も共に再現性が向上している。方法1では透水層の厚さを設定しているため地下水位に下限がある。これに対して方法2では原理的にはこれがないためどこまでも低下しうるが、実際にはパラメータTは深くなるほど小さくなるため地下水位がある程度まで低下すると、地下水の流動自体が生じにくくなり水位の変化が小さくなる。

方法1と方法2による計算結果を比較し、表I-3-2にまとめた。バラツキ度合いの指標である標準偏差の値は方法2の方が小さく実測の値に近い。回帰式の傾きは方法1の0.650に比べ方法2では0.922で1に近く、切片値でも方法1の2.05に比べ方法2では0.47で0に近い値となっており、方法2の再現性のよさが示されている。相関係数の値は両方法の差は小さいが、回帰式の標準誤差は方法1の0.0286に比べ方法2では0.0193であり3分の2ほどの値である。いずれの数値も、図の上でも方法2の再現性が優れていることを示している。

よく知られているように高位泥炭地はそこで生育

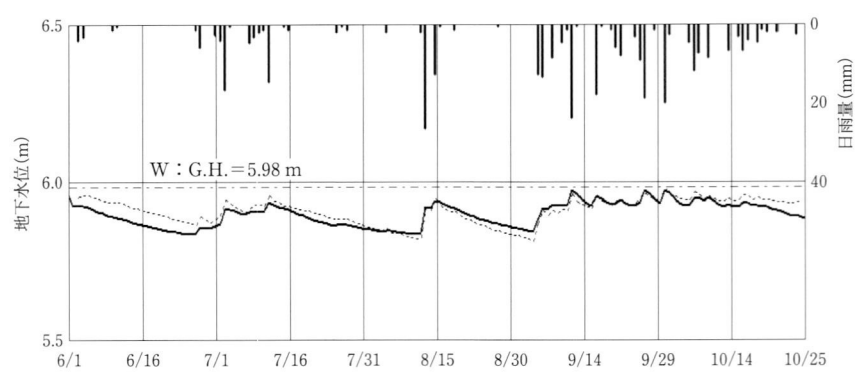

図 I-3-23 地下水位変動の実測値と計算値(1994年:上サロベツ原生花園旧ビジターセンターW地点)。破線:実測値,実線:パラメータTによる計算値(方法2)

表 I-3-2 2つの方法による計算結果の比較(W地点)
Ob:実測地下水位,Ca:計算地下水位

	実測値	方法1	方法2
標準偏差	0.0399	0.0508	0.0370
回帰式	—	Ob=0.650 Ca+2.05	Ob=0.922 Ca+0.47
相関係数	—	0.827	0.855
標準誤差(回帰予測)	—	0.0286	0.0193

した植物の遺体が積み重なり，多湿な環境条件の基で未分解のまま堆積したものである。したがって泥炭の圧密度・分解度・間隙率などといった物性は深度ごとに異なる。通常地下水の流動計算には，デュピュイ・フォルヒハイマーの仮定のうえでダルシー則を適用した(I-3-3)式のような運動方程式を用いることが多い。しかし上記の泥炭の性質は「水深方向に流速が一定である」という仮定を保証するものではない。本節では(I-3-5)式のようなパラメータを導入することで，この課題を改善できることを示した。

(岡田　操・井上　京)

4. 湿原地下水の水質

4-1. 湿原域の地下水質

湿原環境の維持に清澄な水環境は欠かせない。しかし水環境への人為的な影響が，わが国の多くの湿地でそうであるように，サロベツ湿原においても，ミズゴケ優占群落内へのササの侵入やハンノキ林の拡大となって顕在化し始めた(梅田ほか，1986，1988；橘・辰巳，2007)。この節では，これまで執筆者が発表した橘ほか(1996；2002)，Iqbal・Tachibana(2007)に基づき，サロベツ湿原の地下水の水環境を水質学的視点で考えてみる。

湿原地下水の水質調査を上サロベツ原生花園の旧ビジターセンター木道周辺で行った(図I-3-24)。E地点はミズゴケの優占する高層湿原であるが，W地点付近ではササの侵入が見られ，W'，WW地点は完全なササ群落域となる。NC地点は湿地溝で，WW地点同様にササが優占している。図I-3-25に各地点における地下水の代表的な水質成分について，深さ方向の濃度変化で示した。

各水質成分濃度は東部から西部へ，つまり内陸側から河川側へ標高が低いほど，また深さ方向に高くなる。すなわち，ササ群落への植生の変化と地下水質の濃度増加の間に対応が認められた。E地点は，降水涵養性の高層湿原で，地下水の水質成分は低濃度である。標高の低い側ほど，また深い位置ほど，水質成分濃度が高くなる理由として，泥炭成分の分解溶出，周辺部からの水の混入，表層泥炭層の下にある下層鉱質土層からの地下水の湧出などが考えら

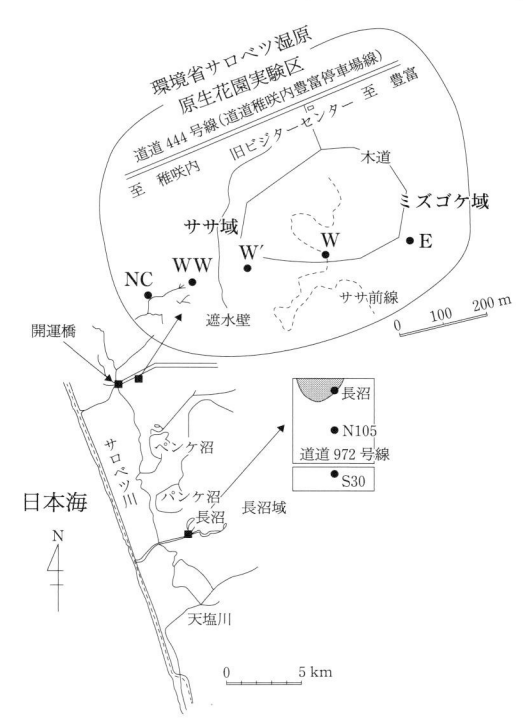

図I-3-24　水質調査地点(橘ほか，2002を一部修正)

れる。特にNC地点では，一般的な無機成分の水質濃度が高くなっていることから，湿地溝への水の混入があるためと推察される(Iqbal et al., 2005)。そのことは，E地点，WW地点およびNC地点の地下水について示した図I-3-26のキーダイアグラムで，湿原地下水の多くがIVグループに属するのに対し，NC地点の深さ2m地下水(記号▲)がIIグループに属することにも示される。

図I-3-27は，深度別の地下水位観測結果から求めたE地点から湿地溝NC地点までのピエゾ水頭の断面図である(Yamamoto et al., 2009)。図の灰色部分の上端は地表面を示し，E点からNC地点に向かって標高が低くなっている。それぞれの等ポテンシャル線は，鉛直であれば上下のピエゾ水頭差がないことから上下方向に動水勾配が生じないのに対し，右側に傾いていれば上層から下層へ，逆に左に傾いていれば下層から上層へ動水勾配があることを示している。E地点からWW地点にかけて等ポテンシャル線は概ね鉛直かやや右に傾いているのに対し，NC地点付近では等ポテンシャル線が密な状態で左側に傾いており，下層からの地下水湧出の可能性を示している。NC地点の連続地下水位観測でも，図

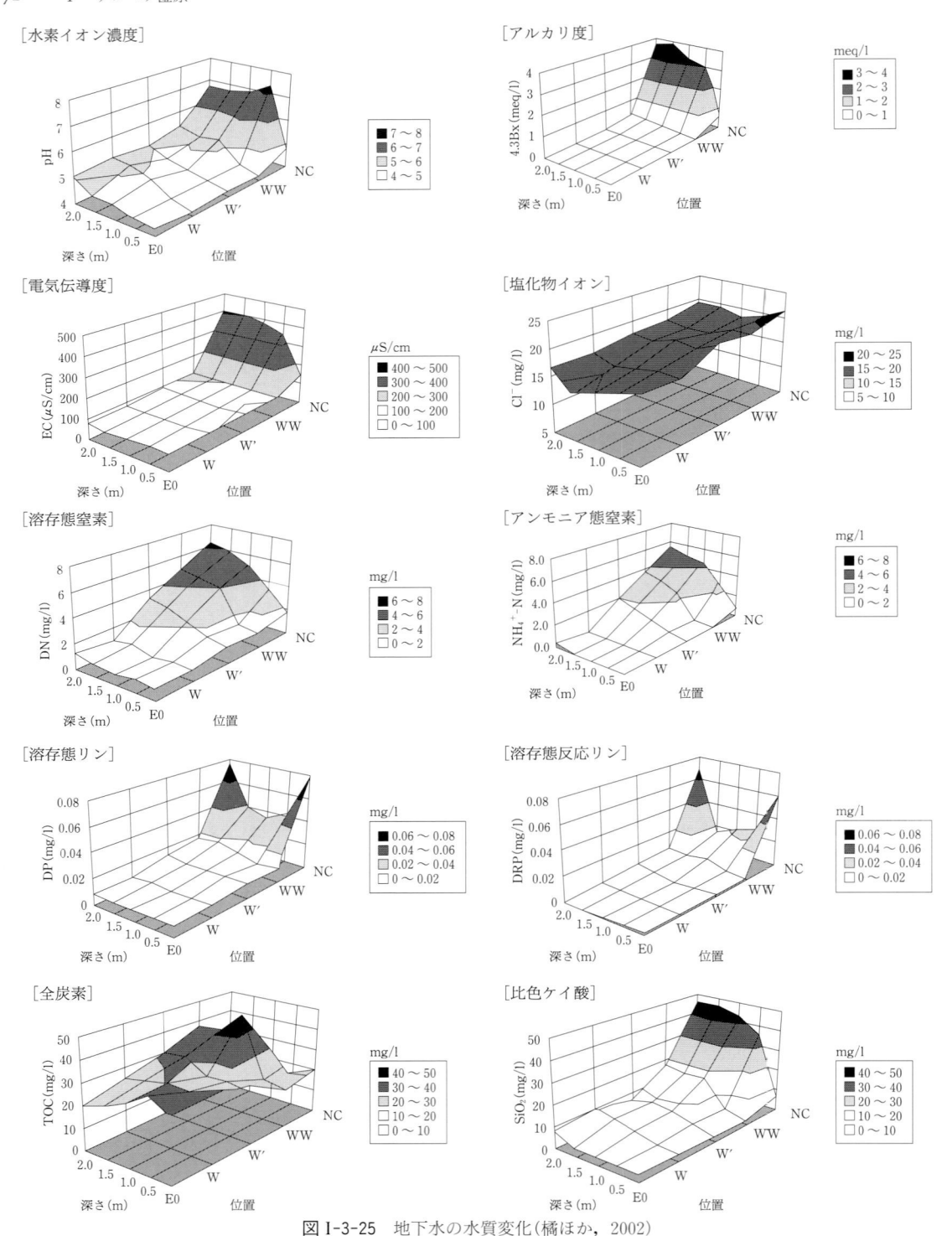

図 I-3-25　地下水の水質変化（橘ほか，2002）
1993年3月〜1995年11月まで計16回，NC地点は1994年11月からの計5回の採水の平均値

I-3-28 に示すように深度 2 m の地下水頭は表層の地下水位より常時高く，また地表面より高くなることもあった。湿地溝に位置する NC 地点の水質濃度が高い原因はこのような特性にあると見られる。E 地点は深さ方向に差のない一様な水頭となっており，高層湿原特有の降水由来の水質であることがわかる。

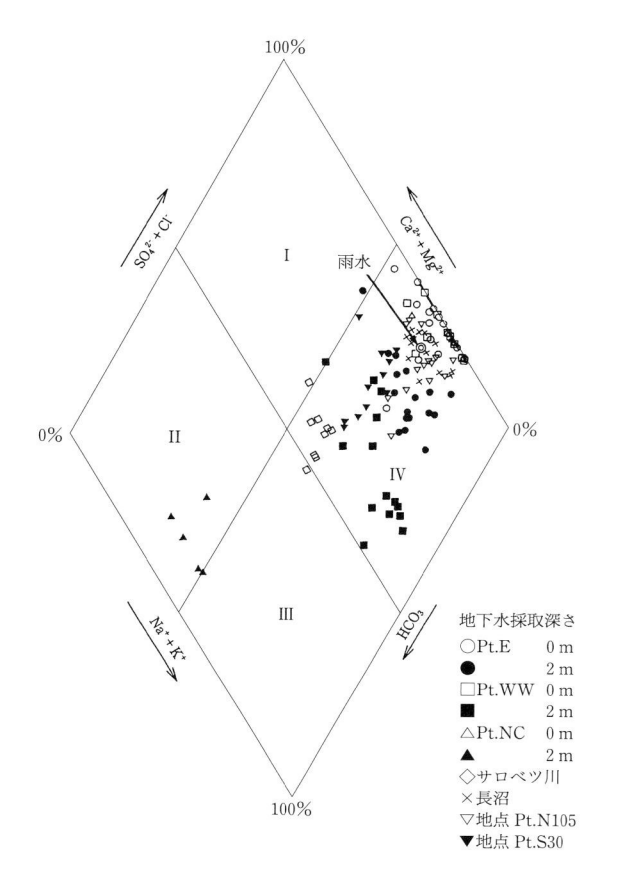

図 I-3-26 サロベツ湿原地下水および周辺水域の水質のキーダイアグラム(橘ほか，2002)。1993 年 3 月〜1995 年 11 月まで計 16 回，長沼地区(長沼(×)，地点 N 105(▽)，地点 S 30(▼))は 1993 年 7 月から計 13 回，NC 地点(▲，△)は 1994 年 11 月からの計 5 回の採水の平均値

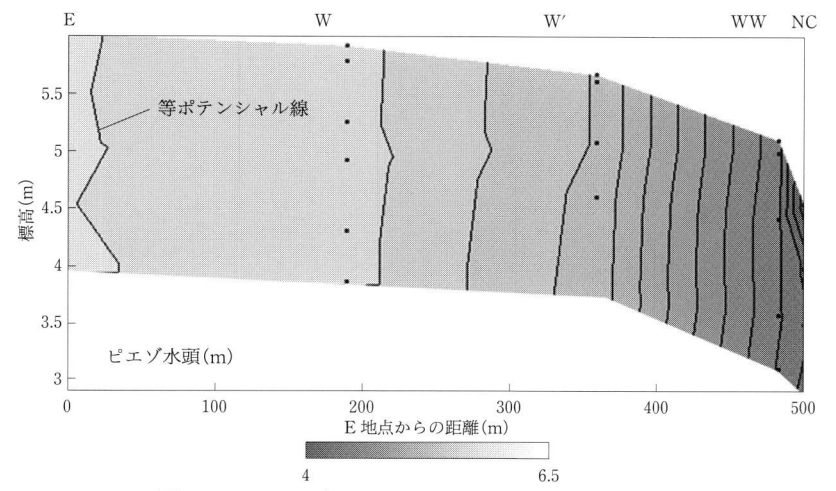

図 I-3-27 ピエゾ水頭断面図(Yamamoto et al., 2009)
等ポテンシャル線は 0.1 m 間隔。E 地点〜NC 地点は 2006 年 5 月 13 日 16 時

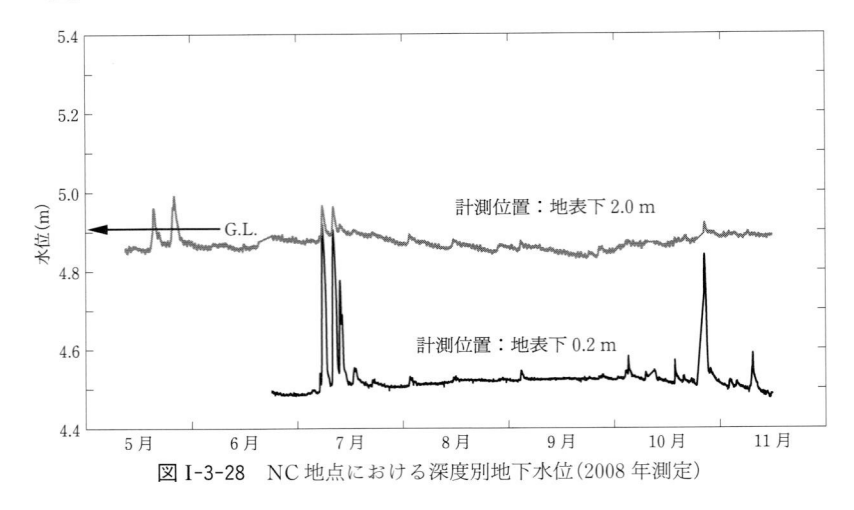

図 I-3-28 NC 地点における深度別地下水位（2008 年測定）

4-2. ハンノキ域の拡大と水質環境

上サロベツ湿原を横断する丸山付近の道道444号線（道道稚咲内豊富停車場線）ぞいでは，道路が現在のビジターセンターがある丸山から，西側の湿原を横断する直線部分に入った直後の区間の200〜300 m，幅100 mの範囲で，ハンノキ域の面的な拡大が最近顕著である。2000年ごろ，この付近でのハンノキの存在はほとんど意識されなかった。ハンノキの増殖の原因として，環境変化，特に水環境の変化が疑われる。

表 I-3-3 に，ハンノキ域とミズゴケ域 E 地点の表層地下水の水質を示した。ハンノキ域では栄養塩のうち，特にリンが高濃度である。ハンノキ域付近の道路側溝の水や，下エベコロベツ川沿岸の湧水でもかなりのリン濃度が観察されている。釧路湿原ではハンノキ林の拡大要因として地下水のリン濃度の増加が示唆されており（Tachibana et al., 2009），サロベツ湿原でも周囲の環境変化による地下水環境の変化が考えられる。

湿原周囲の環境変化として，例えば農場からの直接的な排水の流入や，牧草地での施肥や畜産廃棄物の投棄による地下水の富栄養化が挙げられる。湿原への影響がないよう，十分な配慮が必要であろう。

（橘 治国）

表 I-3-3 丸山ハンノキ域と湿原 E 地点の表層地下水の水質（Tachibana et al., 2009）。2012 年 7 月

（ ）：ろ過試験

項目	ミズゴケ域（表層 0.3 m）	ハンノキ域（表層）
水温（°C）	12.8	16
水素イオン濃度	4.9	6.9
EC（μS·cm^{-1}）	82.5	151.5
SS（mg·l^{-1}）	—	51
TOC（mg·l^{-1}）	(23.6)	30.3 (27.9)
TON（mg·l^{-1}）	(2.43)	6.49 (2.77)
NO$_3^-$－N（mg·l^{-1}）	(0.00)	(0.26)
NH$_4^{3+}$－N（mg·l^{-1}）	(0.04)	(0.02)
TP（mg·l^{-1}）	(0.001)	1.537 (0.076)
TRP（mg·l^{-1}）	(0.000)	1.508 (0.057)
CC$^-$（mg·l^{-1}）	26.0	28.5

第4章
湿原の微気象とフラックス

1. 地表のエネルギー収支と蒸発散

　サロベツ湿原にはミズゴケが優占する高層湿原が広がるが，近年，ササが繁茂する面積が拡大しつつある。このような植生の変化が地表のエネルギー収支を変化させ，湿原の水文環境に影響を与えることが危惧されている。水文環境は湿原の泥炭の安定性を左右する重要な要因であり，ササ優占群落の面積の拡大により蒸発散が促進される(Takagi et al., 1999)なら，ササ群落下の泥炭の分解が促進されることも予測される。本項では，ミズゴケとササがそれぞれ優占する区域で，気象や熱フラックスを連続観測した結果を基に，植生の違いがエネルギー収支および蒸発散に与える影響について述べる。

1-1. 地表のエネルギー収支

　地球上のさまざまな大気現象(気象)の原動力は，太陽からの放射エネルギー(全天日射)である。地表では，全天日射の一部が反射され，残りが吸収される。また，大気から地表へ，地表から大気へ，それぞれ赤外線(長波放射)が照射される。これらの放射エネルギーの収支(I-4-1式)が地表で吸収される正味の放射エネルギー(純放射，R_n)となり，気象環境を支配する熱源となる。

$$R_n = (1-a)S_g + L_d - L_u \quad (\text{I-4-1})$$

ここで，S_gは全天日射，L_dは大気からの長波放射，L_uは大気への長波放射，aは短波放射の反射率(アルベド)である。純放射は地表で熱にかわり，大気や土壌を暖めたり水を蒸発させたりするのに使われる。(I-4-2)式は，純放射が地表でどのように分配されるかを示しており，エネルギー収支式，あるいは熱収支式と呼ばれる。

$$R_n = H + lE + G + S \quad (\text{I-4-2})$$

ここで，Hは大気の加温に使われる熱(顕熱)，lEは土壌と植物からの水の蒸発(蒸発散)に使われる熱(潜熱)，Gは土壌の加温に使われる熱，Sは植物の地上部(バイオマス)の加温に使われる熱である。この式の各項は単位土地面積当たりのエネルギー(熱)の輸送速度(フラックス)で表され，単位はWm^{-2}となる。潜熱フラックス(lE)を水の気化潜熱で除すことで，蒸発散速度(水蒸気フラックス，ET)に変換できる。なお，R_nからGとSを除いた量を有効エネルギーと呼ぶ。

1-2. 気象と熱フラックスの観測

　高層湿原のミズゴケが優占する区域(ミズゴケ区)とササが優占する区域(ササ区)において，2007年6月～2010年11月の無積雪期間(4月中旬～11月上旬)に，微気象学的方法(渦相関法)により顕熱(H)・潜熱(lE)フラックスおよびCO$_2$フラックスを連続測定した。また，気象(全天日射，純放射，気温，湿度，風速など)と土壌環境(地温，土壌水分，地下水位など)の観測も行った。得られた結果より，地表面における地中熱フラックス(G)およびササ区の植生空間(高さ0.3～0.4 m)の貯熱変化量(S)を計算し，有効エネルギーを求めた。ミズゴケ区ではバイオマスが少ないためSを無視した。渦相関法には，高さ1.8～2.3 mに設置した超音波風速温度計(CSAT3, Campbell)とオープンパスCO$_2$/H$_2$O分析計(LI7500, Licor)

を用いた。これらの測器により，風速の三次元成分，気温，CO_2密度および水蒸気密度の変動を測定し，10 Hzでデータロガーに記録した。得られたデータからスパイク状のノイズを除去し，座標軸変換，密度変動補正，横風補正などを行った後，30分平均の顕熱・潜熱フラックスを計算した。また，定常性のテストにより品質管理を行った。欠測値の補間には，純放射と大気飽差を用いたLook-up-table法を適用した。渦相関法の詳細については，「フラックス観測マニュアル」に詳しい。なお，顕熱フラックスと潜熱フラックスの比であるボーエン比(H/IE)を用いてエネルギー収支の補正を行い，日単位の蒸発散速度(mm d^{-1})を計算した。

1-3. エネルギー収支の特徴

まず，エネルギー収支式(I-4-2式)の各項の日変化について見てみる。例として，生物活動が最も活発になる夏期(7～8月)の結果を図I-4-1に示す。平均すると，純放射(R_n)は太陽高度に従って日変化し，南中時刻に最大となり，夜間には負となる。負の純放射は，夜間に放射冷却が起きていることを示している。土壌(G)やバイオマス(S)への熱フラックスは小さく，純放射の大部分が顕熱フラックス(H)と潜熱フラックス(IE)に使われることがわかる。顕熱フラックスと潜熱フラックスは，共に純放射に対応した日変化を示し，正午に最大となる。潜熱フラックスは常に正であり，夜間も蒸発散が生じていることを示している。夜間の顕熱フラックスが負であることは，蒸発散に必要なエネルギー(気化潜熱)が大気から供給されていることを示唆している。なお，一般に気温の上昇は大気を乾燥させる。そのため，気温が上昇する午後の方が午前よりも乾燥し，大気飽差(VPD)が大きくなる(図I-4-1)。飽差は，飽和水蒸気圧と水蒸気圧の差で定義され，大気の乾燥の度合いを表す。飽差が大きい午後に潜熱フラックスは大きくなると予想されたが，結果はそのようになっていない。これは，後述のように，乾燥条件で蒸散(植物からの気孔を介した蒸発)が抑制されたり，ミズゴケの表面が乾燥したりしたことが原因であると考えられる。

純放射は全天日射に依存する(I-4-1式)ため天候によって大きく変動するが，9月以降，徐々に低下した(図I-4-2)。僅かであるが，純放射はササ区でミズゴケ区よりも小さかった。これは，主に植生の違いに起因する地表における全天日射の反射率(アルベド)の違いによると考えられる。顕熱フラックスは春から秋にかけて徐々に低下し，10～11月には負となることもあった。6月以前では，ササ区の値の方がミズゴケ区よりも大きかった。一方，潜熱フラックス(蒸発散に相当)は全体的にミズゴケ区の方が大きく，7～8月に最大となる傾向があった。このように顕熱フラックスと潜熱フラックスの季節変化が異なるため，両者の比であるボーエン比(H/IE)は明らかな季節変化を示した。特にササ区において季節変化が顕著であり，6月以前ではボーエン比が2を超えることもあった。

このことは，ササ区において，より多くの純放射が大気を暖める熱として使われることを意味している。潜熱フラックスの季節変化は，湿原に生育するササやスゲ類などの維管束植物の葉面積の季節変化や気象条件の変化に対応していると考えられる。2009年と2010年に調べたところ，ササ区の葉面積指数(単位土地面積当たりの片面のみ葉の合計面積)は

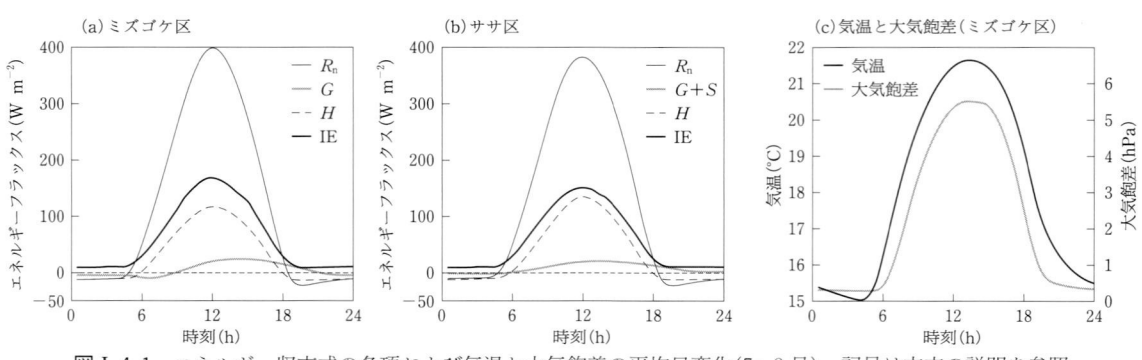

図I-4-1 エネルギー収支式の各項および気温と大気飽差の平均日変化(7～8月)。記号は本文の説明を参照

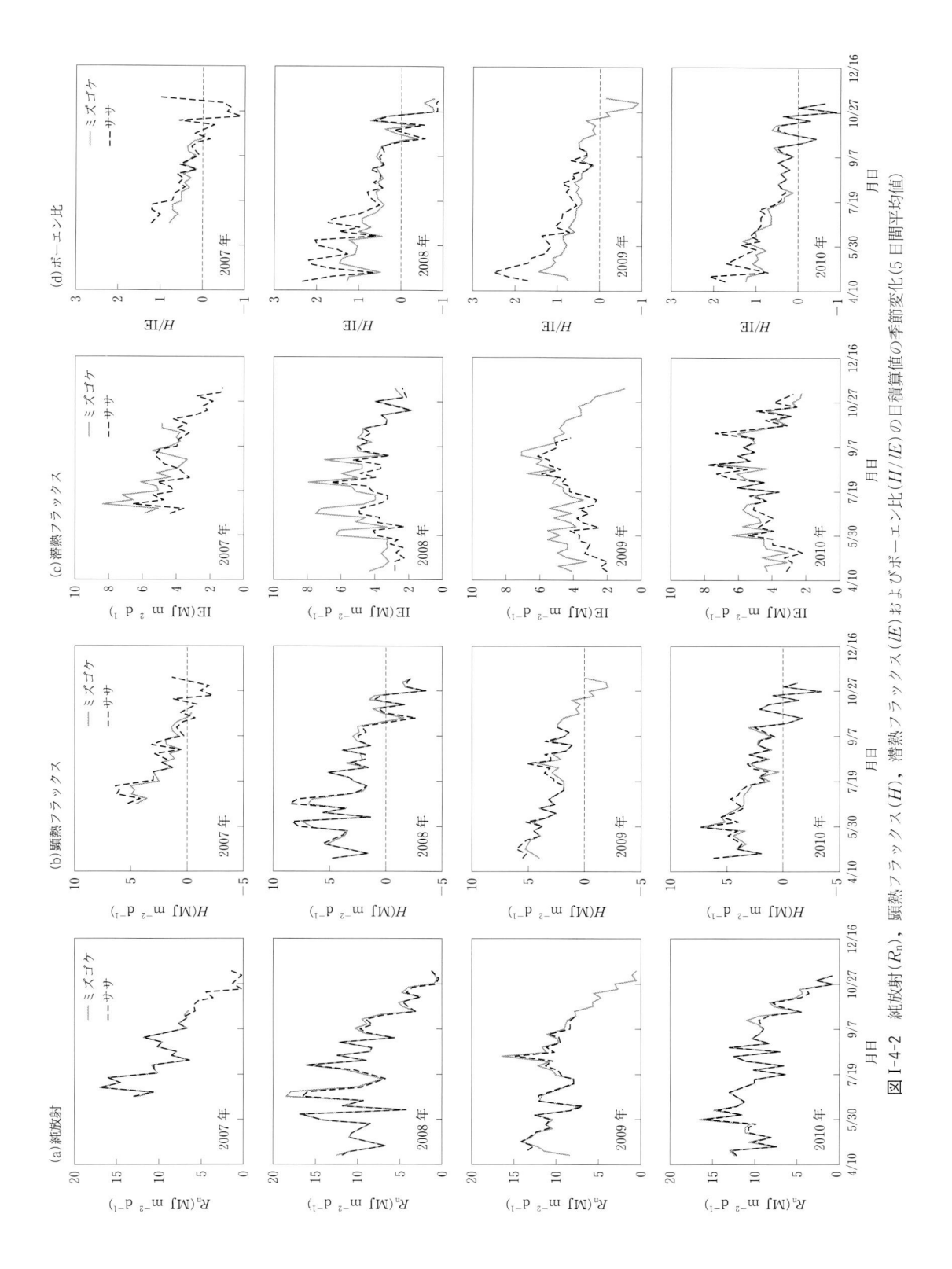

図 I-4-2　純放射（R_n），顕熱フラックス（H），潜熱フラックス（lE）およびボーエン比（H/lE）の日積算値の季節変化（5日間平均値）

6〜9月にかけて上昇し，最大値は4.0〜4.5 m² m⁻²程度であった。気孔の大部分は葉面に存在するため，葉面積指数の増大は蒸散を促進する。ミズゴケ区ではササ区ほどには維管束植物は多くないが，葉面積指数は8〜9月に最大(1.2〜1.4 m² m⁻²)となった。なお，ボーエン比は気温に依存し，一般に気温が上昇すると値が低下する(近藤, 2000)。したがって，5〜6月にかけてのボーエン比の低下は主に気温の上昇を反映したものであろう。一方，秋期におけるボーエン比の低下は，夜間の蒸発散が影響していると考えられる。この地域では，9〜10月に夜間の飽差および風速が大きくなることが多い。そのためほかの時期に比べて夜間の潜熱フラックス(蒸発散)が大きい。夜間の蒸発散のための気化潜熱の多くは大気から供給されるため，夜間の負の顕熱フラックスが増大する。その結果，日単位の顕熱フラックスが小さくなり(場合によっては負になり)，ボーエン比が低下することになる。このようなことが，ボーエン比の大きな季節変化の原因であると考えられる。

1-4. 蒸発散を制限する要因

エネルギー収支式(I-4-2式)からもわかるように，気化潜熱の主な供給源である純放射が蒸発に強く関与している。また，大気が乾燥し，風が強いときに蒸発は促進される。このように蒸発が気象条件の影響を強く受けることは，風が強くて乾燥した晴天日に洗濯物がよく乾くことからも容易に理解できる。

しかし，生態系における蒸発散はそれほど単純ではなく，気象以外の要因の影響も受ける。例えば，ミズゴケの表面が乾燥すると，気象条件が整っていても蒸発は増えない。また，維管束植物の気孔が閉じると，蒸散が抑制され蒸発散は減少する。近接しているミズゴケ区とササ区では，気象条件はほぼ同じであるため，両区の蒸発散の違いを考察するには，気象以外の制限要因を解析する必要がある。ここでは，Penman-Monteith式から算出される表面コンダクタンス(G_s)を用いる。表面コンダクタンスは，ミズゴケやササなどの植物を含む地表面における「蒸発散のしやすさ」を表す指標であり，維管束植物の気孔開度や葉面積指数，ミズゴケの湿り具合，などに依存する。気孔がよく開き，ミズゴケが十分に湿っているときに表面コンダクタンスは大きくなる。図I-4-3に無降雨条件における大気飽差と表面コンダクタンスの関係を示す。大気飽差以外の要因の影響をできるだけ除くために，昼間の比較的晴れた条件のデータのみを用いている。ミズゴケ区，ササ区共に，飽差が大きくなる，すなわち大気が乾燥するにしたがって表面コンダクタンスが低下した。このことは，大気が乾燥した条件で，維管束植物の気孔が閉じたり，ミズゴケ表面が乾燥したりすることを示唆している。飽差が大きくなる午後に潜熱フラックスが大きくならない(図I-4-1)のは，表面コンダクタンスが低下するためである。また，ミズゴケ区の方がササ区よりも表面コンダクタンスが大きく，気象条件が同じときにはミズゴケ区のほうがサ

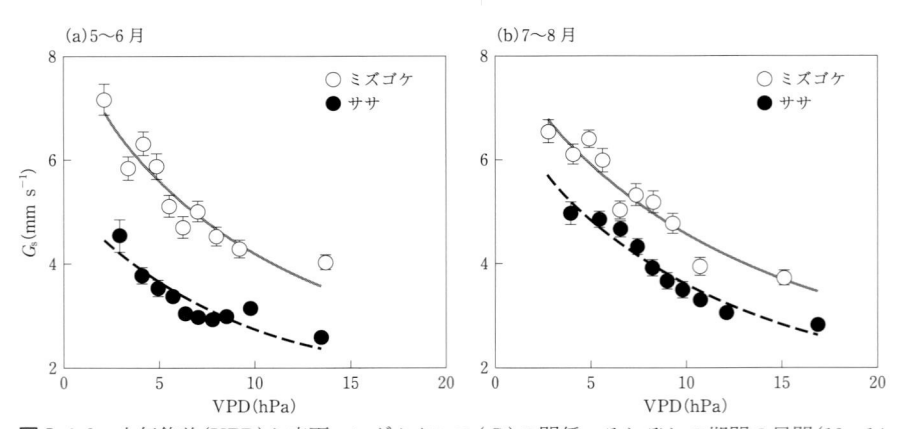

図I-4-3 大気飽差(VPD)と表面コンダクタンス(G_s)の関係。それぞれの期間の昼間(10〜14時)，純放射が300 W m⁻²以上，6時間以上無降雨の条件に合うデータを，VPDの順に並べて10等分し，平均と標準誤差を示している。近似曲線($G_s = a/(1+b \cdot \text{VPD})$，$a$と$b$は回帰係数)はすべて有意である。

サ区よりもが蒸発散が大きくなることを示している。さらに，5〜6月と7〜8月の表面コンダクタンスを比較すると，ミズゴケ区では値に大きな違いは認められないが，ササ区では7〜8月で値が大きくなっている。この差は，ササを中心とした維管束植物の葉面積が増大したことによる。なお，地下水位と表面コンダクタンスの間には有意な関係が認められなかった。

1-5. ミズゴケ区とササ区における蒸発散の比較

両区共に長期の連続データを取得することができた2008年と2010年について，降水量と蒸発散の無積雪期間(4月22日〜11月8日，約6.5か月)における累積変化を図 I-4-4 に示す。2008年と2010年の降水量の期間積算値はそれぞれ 442, 810 mm となり，2010年の降水量は2008年の値の約1.8倍多かった。一方，2008年と2010年の積算蒸発散は，ミズゴケ区で 432, 465 mm，ササ区で 372, 428 mm となり，両区とも降水量と同様に2010年のほうが多かった。ササ区の2008年と2010年の蒸発散は，それぞれミズゴケ区の値の86%と92%であった。蒸発散が降水量に占める割合は，ミズゴケ区では2008年が98%，2010年が57%，ササ区では2008年が84%，2010年が53%となった。同じ期間の有効エネルギーの積算値は，ミズゴケ区で 1.73, 1.82 GJ m^{-2}，ササ区で 1.65, 1.76 GJ m^{-2} となり，ササ区でミズゴケ区の95〜97%であった。この差は，ササ区でアルベドが大きく，また地表面温度が高かったことを反映したものである。また，積算値から求めたボーエン比はミズゴケ区で 0.59, 0.52，ササ区で 0.72, 0.53 となり，ササ区の値のほうが大きかった。しかし，盛夏期(7〜8月)の平均気温が平年よりも3.3°C高く，降水量も多かった2010年には，2008年に比べて両区での蒸発散の差が小さくなった。これは，6月以降の高温でササの成長が促進され，葉面積が拡大し，ササ区で表面コンダクタンスが上昇したことが原因である。なお，4年間の7〜8月の1日当たりの蒸発散(平均±年ごとの標準偏差)はミズゴケ区，ササ区でそれぞれ 2.7±0.2, 2.4±0.1 mm d^{-1} となり，5%水準で有意差が認められた。

葉面積指数が最大で 4 m^2 m^{-2} を超えたにも関わらず，無積雪期間のササ区の蒸発散はミズゴケ区よりも小さかった。ササの葉が十分に繁茂する6月以前の蒸発散が小さかったことが主な原因だと考えられる。なお，Takagi et al.(1999) は1995年6〜10月の観測結果を基に，ミズゴケ区よりもササ区で蒸発散が大きいと報告している。6〜10月の積算降水量(アメダス：豊富)は1995年では 537 mm であり，2008年(333 mm)と2010年(702 mm)の値の中間である。したがって，1995年の気象条件が特に乾燥あるいは湿潤であったとはいえない。6月以前のデータの有無が異なる結果の主な原因だと思われる。2008年と2010年の4〜11月の観測結果は，いずれもミズゴケ区よりもササ区の蒸発散が小さいことを示しており，「ササの侵入により蒸発散が増加し，湿原の乾燥化が進む」という仮説を支持しない。

(平野高司)

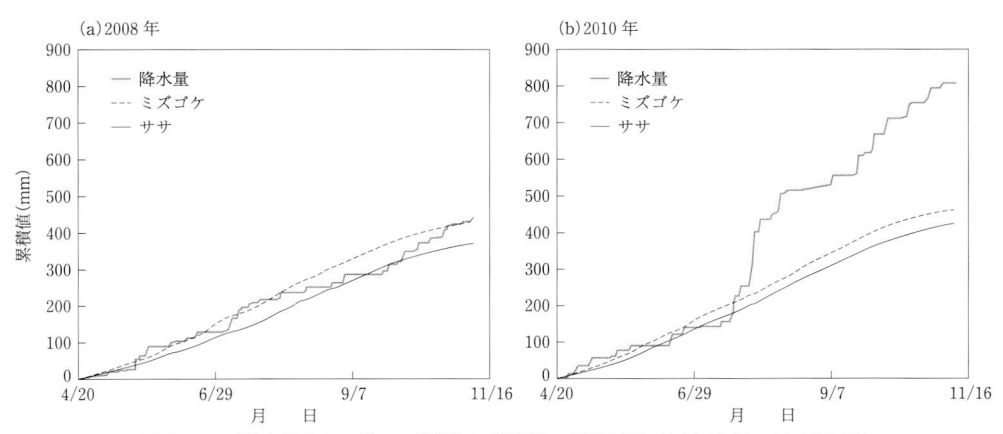

図 I-4-4　降水量(アメダス：豊富)と蒸発散の累積変化(4月22日〜11月8日)

2. 湿原の微気象特性

2-1. 湿原の温度環境

サロベツ湿原では，特殊な温度環境が観測される。それは，日本海の海岸線にそって南北に延びる標高50 m ほどの豊徳台地や海岸にそって発達する標高20 m ほどの砂丘列と，内陸側の豊富町市街との間に湿原が位置するという地形上の特性に加え，湿原を形成しているのが泥炭であることによる。図I-4-5 は，サロベツ湿原内と豊富町市街地に近いアメダス豊富の気温測定結果から作成した冬期と夏期の温度の比較図である。図を見ると，風が強い日中に観測される日最高気温には，両地点の温度差はほとんど現れない。しかし，風が弱まる夜間の最低気温出現時，特に晴天静夜にはサロベツ湿原の気温がアメダス豊富に比べて低温になる現象がしばしば観測される（図I-4-5 の下図の楕円で囲った部分）。この現象は冬期・夏期共に出現している。原因はサロベツ湿原と日本海を隔てる標高約50 m の豊徳台地と稚咲内海岸砂丘林帯が障壁となり，湿原域が盆地的な地形条件となっていることである。図I-4-6 は1999年5月から6月にかけての日最低気温を，サロベツ湿原とアメダス豊富で比較したものである。5月19日，サロベツ湿原は−2.9℃の低温に見舞われたが，アメダス豊富地点は+1.8℃であった。また，湿原植物の花芽が成長を始める6月6日は，アメダス豊富は+3.0℃であったが，サロベツ湿原では0.5℃で，凍霜害の危険にさらされていたことが示される。このようにサロベツ湿原の夜間の温度環境は，周辺の丘陵地や市街地に比べてかなり低温であることが特徴である。

2-2. 乾燥化が助長する低温

かつてサロベツ湿原とその周辺では，融雪期の出水による洪水が頻発していた。その融雪洪水を軽減

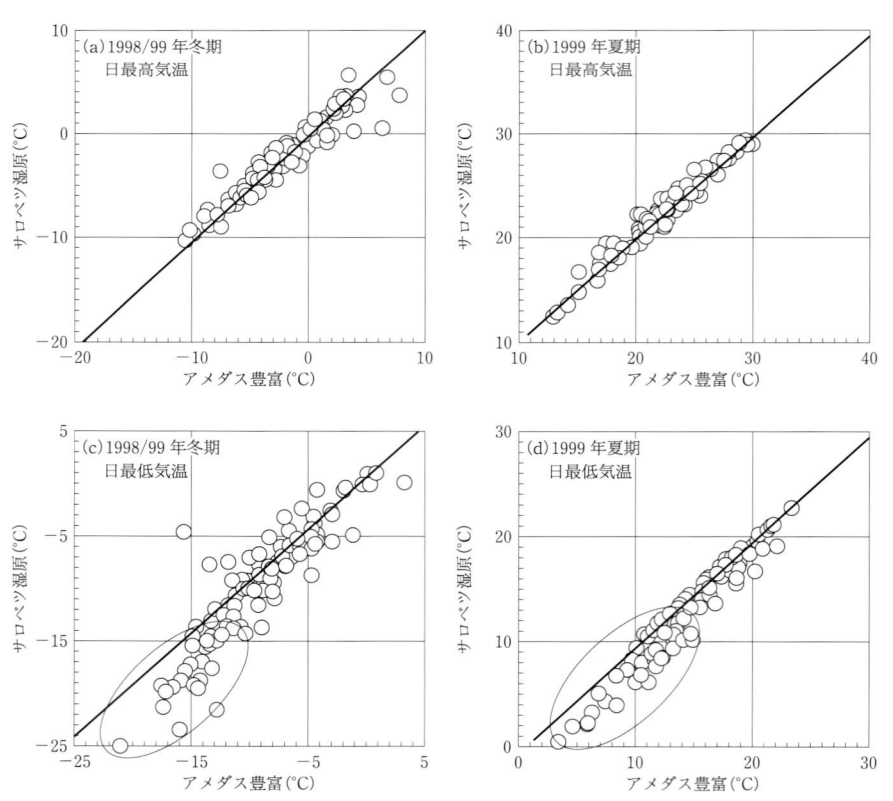

図I-4-5　冬期(1998年12月〜1999年3月)と夏期(1999年6〜8月)における日最低・最高気温のサロベツ湿原とアメダス豊富の比較

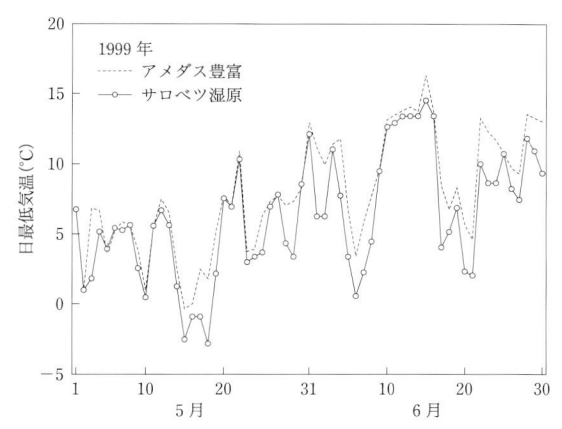

図 I-4-6 湿原植物の花芽が成長し始める5〜6月にかけてのサロベツ湿原とアメダス豊富の日最低気温の経過

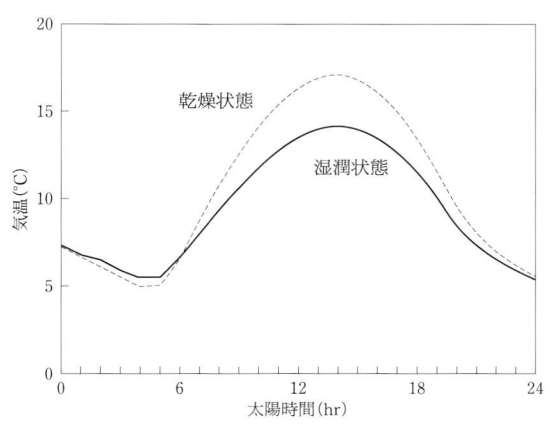

図 I-4-7 サロベツ湿原のミズゴケ泥炭で得られた熱伝導率(北海道開発局，1972a)を用いてシミュレーションした表層泥炭層が湿潤状態(土壌含水比1,400%)と乾燥状態(480%)のときの地上1.5mにおける晴天日の気温日変化(前田一歩園財団，1993)

する目的で，湿原の北部を湿原にそって迂回しているサロベツ川を短絡させ，上流側の出水を流下させる目的で放水路が建設された。サロベツ川放水路の掘削作業は1962年から開始され1965年に完成し，湿原北部の融雪洪水は緩和されることとなった。しかしこの放水路建設により，春先の上流域から湿原への融雪水の供給がなくなったばかりでなく，湿原内の融雪水の流出も早まり，次第に放水路付近から地下水位の低下が始まった。その地下水位低下現象は放水路完成5年後の1970年には放水路から少なくとも0.5kmまで及んでいた(北海道開発局，1972b)。この地下水位低下の影響は，放水路周辺における最低気温にも影響し，放水路完成前の1962〜1965年のサロベツ湿原における7・8月の晴天静夜の最低気温は周辺との気温偏差で−0.6℃であったが，完成後の1966〜1969年にはその偏差が−1.3℃にまで低下していた(北海道開発局，1972a)。この様な泥炭地の地下水位低下による最低気温の低下現象は，フロリダ半島南部に広がる泥炭地帯においても確認されており(Chen, et al., 1979；高橋，1980)，湿原における特殊な気象環境とそのもろさを如実に示すと共に，湿原生態系への影響も懸念されている(梅田，1977)。地下水位低下にともなう夜間最低気温の低下現象は，土壌表層の乾燥化により土壌の熱特性が変化することに起因している。特に大半が有機質からなる泥炭土壌は，乾燥すると熱容量が急激に減少するばかりではなく，熱伝導率も急激に低下する(宮坂・高橋，1997)。図 I-4-7はサロベツ湿原の

ミズゴケ泥炭で得られた熱伝導率(北海道開発局，1972a)を用いて，表層泥炭層が湿潤状態(土壌含水比1,400%)と乾燥状態(480%)のときの地上1.5mにおける晴天日の気温日変化を一次元非定常モデルでシミュレーション解析を行った結果である(前田一歩園財団，1993)。夜間には放射冷却により次第に乾燥状態のほうが低温となり，その差は日の出直前の4時に最大となる。また日中は，乾燥状態のほうがはるかに高温となることがわかる。この日中の高温が春先の植物活動を早期に開始させ花芽の成長を促進するが，夜間気温の低下がその花芽に低温障害を与え，植物に悪影響を及ぼすことが懸念される。

2-3. ゼンテイカ花芽の霜害

Yamada・Takahashi(2004)の研究から2001, 2002, 2003年の6月に発生したゼンテイカ(*Hemerocallis dumortieri* var. *esculenta*)の霜害を例にして，高層湿原の微気象特性と植物との関わりについて見てみよう。

図 I-4-8はイボミズゴケが優占するサロベツ湿原中心域で，4〜7月にかけて観測された高さ1.5mの日最低気温の経過である。6月の気温経過に注目すると，最低気温が10℃前後に達する暖かい日が続いていても，突然，0℃前後に低下する日があることがわかる。この時期はゼンテイカの花茎が伸長

82　I　サロベツ湿原

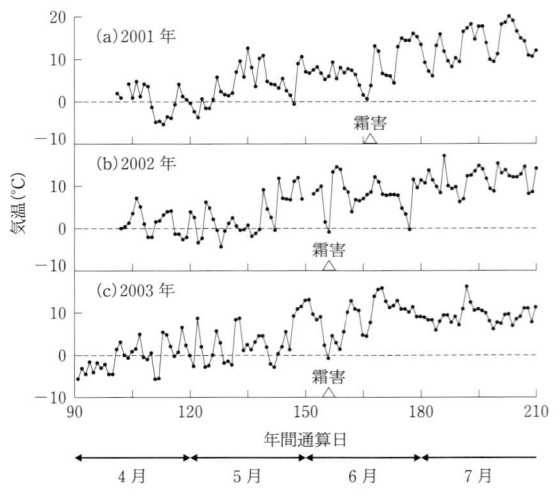

図 I-4-8　イボミズゴケが優占するサロベツ湿原中心域で4〜7月にかけて観測された高さ1.5 mの日最低気温の経過(Yamada・Takahashi, 2004)

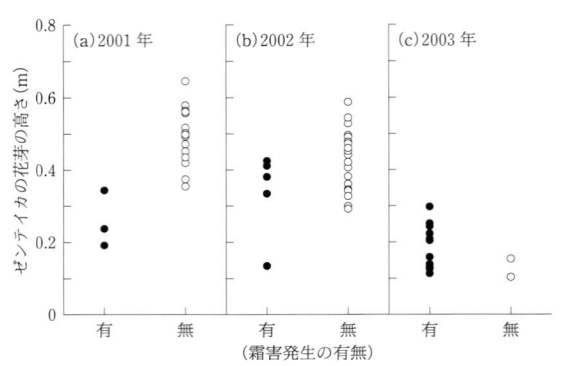

図 I-4-9　ゼンテイカの花芽の高さと霜害の有無。高さ10〜40 cmにある花芽が霜害を受けやすい(Yamada・Takahashi, 2004)

し先端の花芽が発達する時期にあたる。つまり，この突然の低温に遭遇したゼンテイカの花芽は，霜害を受けて枯死し開花には至らないことになる。調べてみると，図 I-4-9のように高さ10〜40 cmにある花芽が霜害を受けやすく，それ以下，あるいはそれ以上にある花芽は比較的被害が少ないことがわかってきた。そのときの地表付近での気温分布を記録したのが図 I-4-10である。図には2001，2002，2003年にゼンテイカが霜害を受けたとき，花芽が0°C以下，1.0°C以下，1.5°C以下の気温にさらされていた時間の長さを高さ別に示してある。この低温に遭遇していた時間が図 I-4-9の花芽霜害の高さに

よる違いをよく説明している。なお，このように最低気温が地表より20 cmほど高い位置に生じる現象はレイズドミニマム現象といい，大気が放射冷却する現象と地表から熱が乱流拡散する現象が複雑に絡み合って生じるとされている。

さらに，この地表付近で発生する気温の低下現象の頻度や温度低下の大きさが，湿原の地下水位に大きく影響されていることも明らかになっている。図 I-4-11はゼンテイカの霜害が発生した地域の表層5 cmの土壌水分と地下水位の関係を示したものである。地下水位が地表近くまであると，当然，表層泥炭の含水率(体積含水率)は100%に近いが，5 cm低下するだけで含水率は60%となり，15 cmまで下がると45%まで低下する。また，Kujala et al. (2007)の研究によると，含水率が80%から40%に

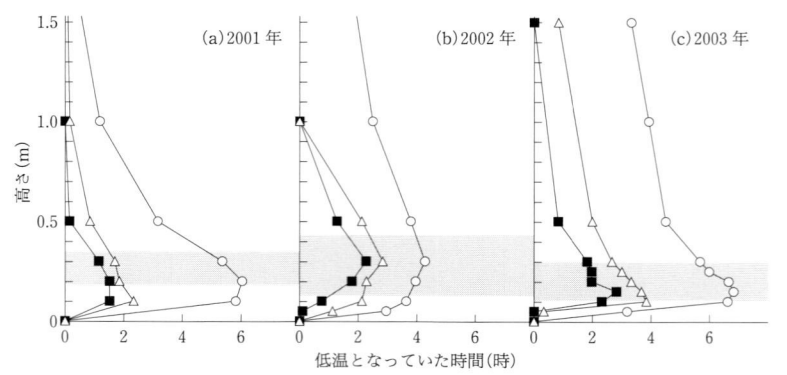

図 I-4-10　2001年，2002年，2003年にゼンテイカが霜害を受けたとき，花芽が0°C以下，1.0°C以下，1.5°C以下の気温にさらされていた時間の長さと高さの関係(Yamada・Takahashi, 2004)。■ 0°C，△ 1°C，○ 1.5°C，
　　　　　霜害を受けたゼンテイカの花芽の高さ

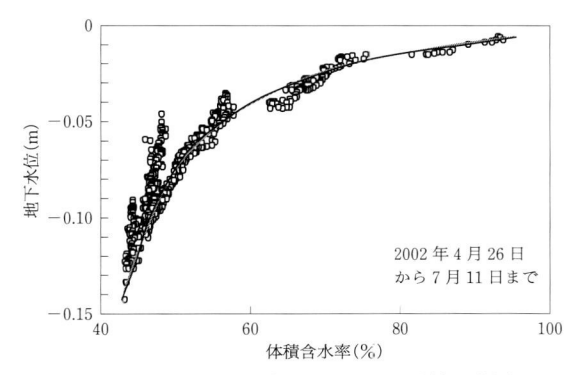

図 I-4-11 ゼンテイカの霜害が発生した地域の表層 5 cm の土壌水分と地下水位の関係(Yamada et al., 2009)

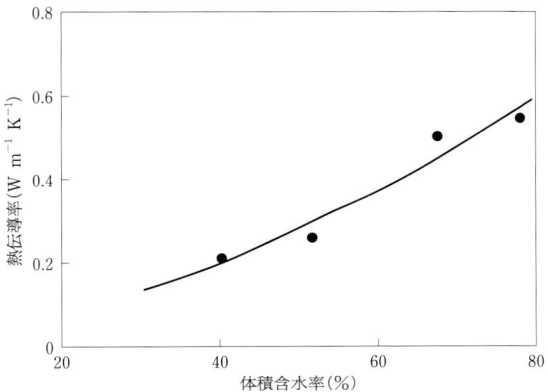

図 I-4-12 含水率が 80%から 40%に低下すると熱伝導率は 3 分の 1 にまで低下する(Kujala et al., 2007)

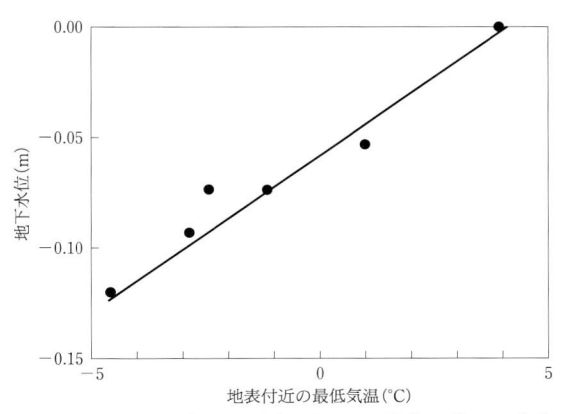

図 I-4-13 地下水位が地表付近にある場合に比べ、水位が 10 cm 低下すると地表付近で発生する最低気温は 7°C も低下する(Yamada et al., 2009)。

低下すると熱伝導率は 3 分の 1 にまで低下する(図 I-4-12)。これら、湿原の地下水位の低下とそれにともなう表層泥炭の熱特性の変化に着目し、Yamada et al.(2009)は泥炭層や植物群落の物理構造や熱特性を組み込んだ接地境界層の非定常二次元数値モデルを構築し解析した。その結果、図 I-4-13 に示したように地下水位が地表付近にある場合に比べ、水位が 10 cm 低下すると地表付近で発生する最低気温は 7°C も低下することがわかった。

(高橋英紀)

3. 温室効果ガスと炭素循環

湿原生態系は、数千年にわたり大気中の二酸化炭素(CO_2)を吸収し、泥炭として大量の有機炭素を蓄積してきた。しかし、地球温暖化や、近年、各地で進行している開発行為は湿原の水文環境を悪化させ、泥炭中の有機物の分解を加速させる可能性が高い。また、サロベツ湿原では、植生の変化(ササ面積の拡大)が問題となっている(第 I 部第 2 章第 3 節参照)。本節では、サロベツ湿原のミズゴケが優占する区域(ミズゴケ区)と、地下水位が低下してササが優占する区域(ササ区)で観測した①泥炭土壌から排出される温室効果ガス(メタン)フラックス、②植物も含む湿原生態系と大気との間の CO_2 交換、③地下水の流動にともなって移動する溶存態の炭素フラックス、について概説し、サロベツ湿原の炭素循環について考えてみることとしよう。

3-1. 泥炭土壌から排出されるメタンフラックス

泥炭地湿原からのメタン(CH_4)排出は、全地球放出の 15〜40%を占めるとされる(Denman et al., 2007)。土壌-大気間の CH_4 交換は土壌中の嫌気的部位での CH_4 生成と、好気的部位での CH_4 消費(酸化)の差し引きで決まる。土壌中で CH_4 はメタン生成菌により酢酸あるいは CO_2 と H_2 を基質として土壌の地下水面下の嫌気的部位で生成され、水中での拡散、気泡の上昇、水生植物の通気組織を通じて大気へ放出される。この輸送過程で CH_4 はメタン酸化菌により消費される。湛水した土壌中での総 CH_4 生成量のうち 40〜95%が大気への放出前に酸化されるという。したがって CH_4 排出の程度は土壌の温度と水分に強く依存し、土壌 pH や有機物の質からも

影響を受ける。

サロベツ湿原のミズゴケ区とササ区，その中間にあるミズゴケとササの混在区(以下，混合区とする)の3地点で，2009年と2010年の無積雪期(4～10月)に，チャンバー法で月1～2回 CH_4 フラックスを測定した。合わせて表層5 cmの地温と土壌の含水率，地下水の溶存有機物の CN 比などの土壌環境因子を測定した。なおフラックス測定時に測定した地下水位は，ミズゴケ区0～15 cm，混合区0～7 cm，ササ区で1～14 cm で変動し，大差なかった。

図 I-4-14 は CH_4 フラックスの経時変化である。植生の影響を見るために，植生を刈り取った裸地区の結果も合わせて示した。CH_4 フラックスは，いずれの地点も植生区のほうが裸地区より大きい傾向にあったが，植生の有無に関わらずミズゴケ区＞混合区＞ササ区であった。いずれも夏期に高く，その最大値はミズゴケ区，混合区，ササ区でそれぞれ90，20，0.5 $mgC\ m^{-2}\ hr^{-1}$ であった。

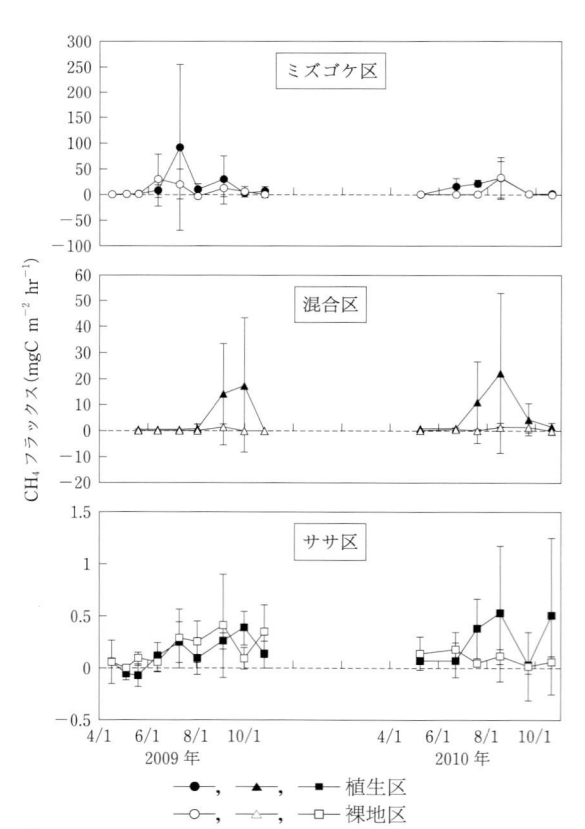

図 I-4-14 サロベツ湿原における CH_4 フラックスの時間変化

植生区の CH_4 フラックスと土壌環境因子との関係を見たところ，地温，土壌含水率，地下水溶存有機物 C/N 比に正の有意な相関関係が認められた(図 I-4-15)。この結果から，次のことがいえる。①地温が高いほど，微生物活性が高くなる。このために有機物分解が促進され CH_4 生成のための基質の供給が増加し，メタン生成菌の活性を高める。特にミズゴケ区では地温が高まるにつれ，CH_4 フラックスは直線的に高まる。②土壌含水率が高いほど，土壌中の嫌気的環境が地表面近くに及ぶ。このために下層の嫌気的環境で生成した CH_4 の輸送過程における消費が少なくなる。地下水位に大差がないにも関わらずミズゴケ区は安定して土壌含水率が高く，ミズゴケのスポンジ状の構造が高い水分保持を維持し CH_4 の酸化を抑制する効果をもっていると考えられる。③溶存有機物のC/N比が高いほど CH_4 生成菌のための基質の供給量が増加する。このことは，水田での研究でよく知られている。水田でC/N比の高い稲ワラを回収し，C/N比の低い堆肥施与が行われるのはこの理由からである。なお，ミズゴケ区の植物のC/N比は平均68と高く，混合区で50，ササ区で48と低かった。

地温にはミズゴケ区，混合区，ササ区で差がなかったが，土壌含水率と溶存有機物のC/N比には明瞭な違いがあり，いずれもミズゴケ区＞混合区＞ササ区であった。地温と CH_4 フラックスにはミズゴケ区で明瞭な比例関係があり，ササ区ではほとんど地温に関係なく，混合区はミズゴケ区とササ区の間をばらついていたことから，ミズゴケ区の高土壌水分の維持と高C/N比有機物の安定供給が，地温に直接反応する CH_4 フラックスの変動を生じさせたといえよう。

図 I-4-16 は，CH_4 の無積雪期間の積算排出量である。CH_4 の温度反応から見て，これはほぼ年間値を示していると思われる。CH_4 排出量はミズゴケ＞混合＞ササであり，2年間の平均はミズゴケ区，混合区，ササ区でそれぞれ764，272，8 $kg\ ha^{-1}\ y^{-1}$ であった。赤道直下から北緯70度にわたり分布する自然状態の泥炭地湿原からの CH_4 排出量は，0.18(Melling et al., 2005)～1,320 $kg\ ha^{-1}\ y^{-1}$ (Whiting・Chanton, 2001)と非常に幅広い値をとり，熱帯で小さく高緯度地帯に向かって高くなり，北緯50度あたりで最大値を示す傾向がある。ミズゴケ

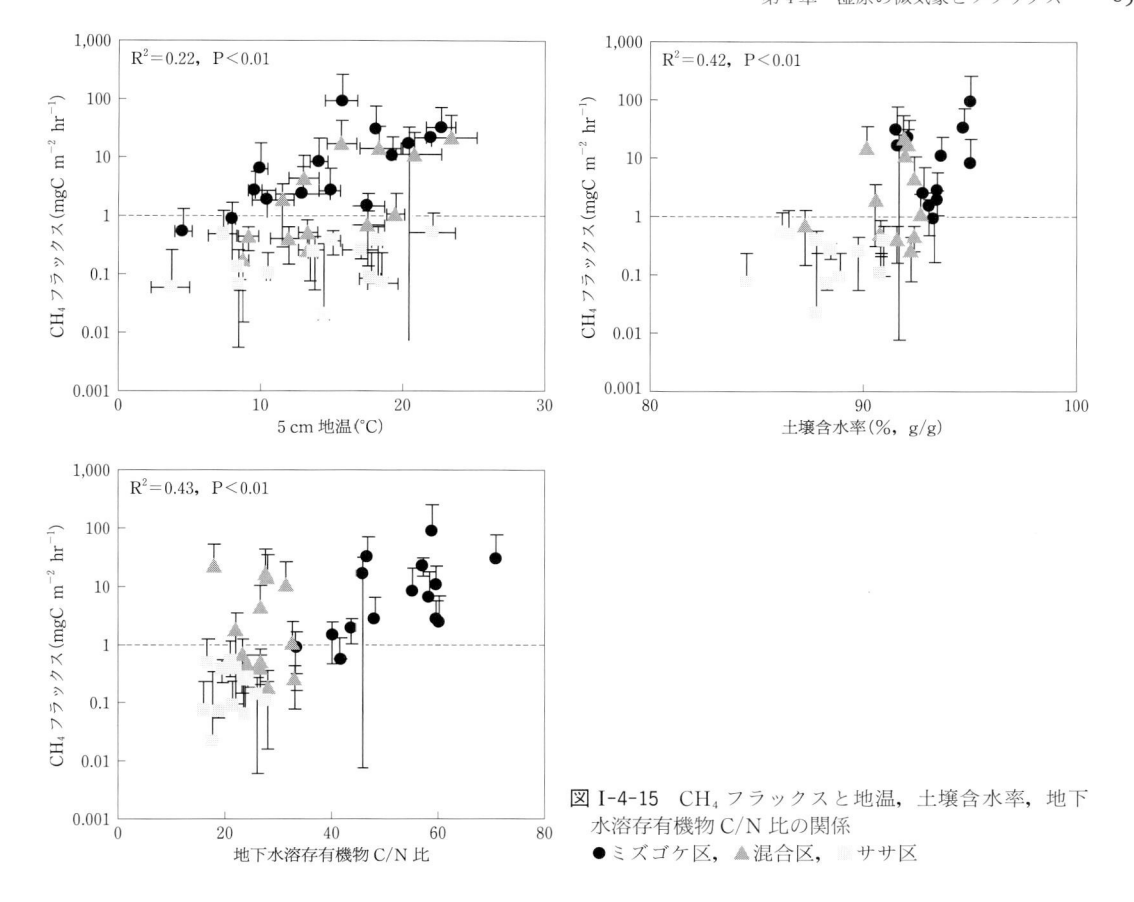

図 I-4-15 CH₄ フラックスと地温，土壌含水率，地下水溶存有機物 C/N 比の関係
● ミズゴケ区，▲ 混合区，□ ササ区

泥炭地は高い C/N 比をもつ植物が，高い土壌水分状態で生育する場であり，CH₄ 排出に適しているからである。サロベツのミズゴケからは特に大きな CH₄ 排出が観測された。高緯度地帯は温暖化の影響を受けやすいとされることから，今後さらにミズゴケ泥炭地は大きな CH₄ 排出を起こす可能性がある。温暖化の進行を止める努力は，自然生態系の健全な機能を維持するためにも重要である。

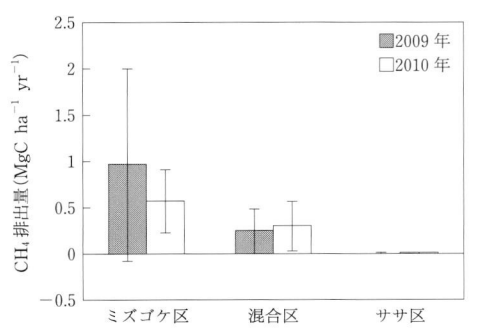

3-2. 湿原生態系と大気との間の CO_2 交換

湿原に生育するミズゴケやササ，スゲなどの植物は光合成によって大気中の CO_2 を吸収・固定する一方で，呼吸によって CO_2 を大気に放出する（植物呼吸）。また，土壌有機物や植物枯死体は好気的な条件で微生物によって CO_2 に分解される（微生物呼吸）。湿原生態系による正味の CO_2 吸収量は，生態系光合成（総一次生産 GPP）による CO_2 吸収量から生態系呼吸（植物呼吸＋微生物呼吸：RE）による CO_2 放出量を引いた量であり，正味生態系 CO_2 交換（NEE，RE-GPP）と呼ばれる。慣例的に，GPP が RE よりも大きくて生態系が正味 CO_2 を吸収しているとき（CO_2 シンクのとき），NEE の符号は負を使用する。

2007 年 6 月～2010 年 11 月の無積雪期間（4 月中旬

図 I-4-16 ミズゴケ区，混合区（ミズゴケとササの混在区），ササ区の CH₄ 排出量の比較

~11月上旬)に，ミズゴケ区とササ区において，微気象学的方法(渦相関法)によりCO_2フラックス(CO_2鉛直輸送量)を連続測定した。さらに，フラックス観測高度以下の空間のCO_2貯留変化を算出し，CO_2フラックスに加えることでNEEを求めた。また，気象データを用いた経験的な方法により，NEEからGPPとREを推定した。渦相関法に関するさらなる情報については本章第1節の項を参照していただきたい。

NEEの日変化の例として，2007年の結果を図I-4-17に示す。NEEは明瞭な日変化を示し，その値は夜間プラス，昼間マイナスとなった。夜間は植物が光合成を行わないため，夜間のNEEはREと同値である。昼間のNEEはGPPとREの差であり，NEEが最も小さくなるのはミズゴケ区では正午前後，ササ区では11時くらいであった。このときにGPPが最も大きくなっていると考えられる。GPPは光強度に強く依存するため，全天日射が最大となる正午付近でGPPが最大となり，NEEが最小になると期待されたが，ササ区のGPPのピークは正午前であり，午前のほうが午後よりもNEEがより小さかった。ミズゴケ区とササ区によるNEEの日変化の違いは，大気飽差(VPD)に対するGPPの反応の違いによるものと考えられる。すなわち，ササ区では大気の乾燥にともなって気孔が閉じ，CO_2の吸収が抑制されるため，午後にGPPが低下する。一方，気孔が存在しないミズゴケが優占するミズゴケ区では，GPPに対する飽差の影響がそれほど強くないと考えられる。なお，日変化の振幅はササ区の方がミズゴケ区よりも大きい。このことは，RE，GPP共にササ区のほうが大きいことを示している。

図I-4-18にGPP，REおよびNEEの2008年の無積雪期間(4月22日～11月7日，約6.5か月)における累積変化を示す。前述したように，GPP，RE共にササ区の値が大きいことがわかる。2008年における約6.5か月の積算NEEは，ミズゴケ区で$-129\,\mathrm{gC\,m^{-2}}$，ササ区で$-179\,\mathrm{gC\,m^{-2}}$となり，両区共大気に対する$CO_2$シンクとして機能していた

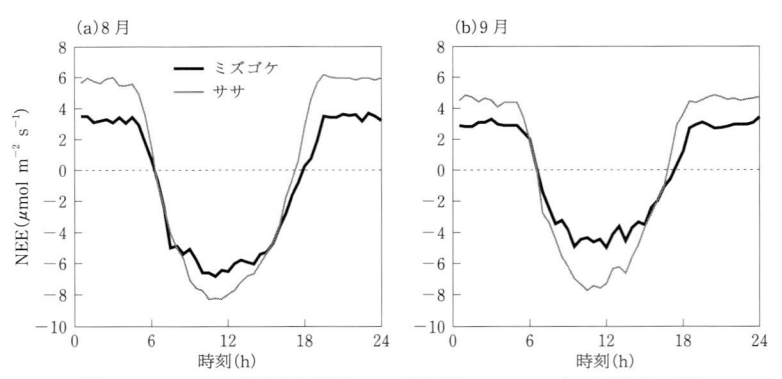

図I-4-17　NEE(正味生態系CO_2交換量，RE-GPP)の日変化の例 2007年8月と9月の平均

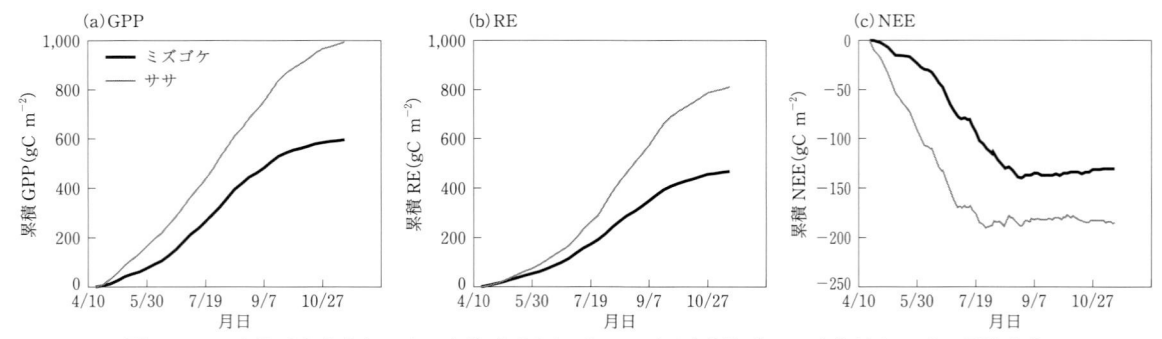

図I-4-18　生態系光合成(GPP)，生態系呼吸(RE)および正味生態系CO_2交換量(NEE)の累積変化 (2008年4月22日～11月7日)

ことがわかった。また，正味の CO_2 吸収量はササ区の方が大きかった。ところが，2010年の同じ期間のミズゴケ区とササ区の積算NEEは，それぞれ−238，−159 gC m^{-2} となり，ミズゴケ区では CO_2 吸収量が増加したが，ササ区では逆に減少した。2010年の夏期は猛暑で降水量も多かった（本章第1節第5項参照）。このような高温で湿潤な環境がミズゴケの成長を促進し，GPPが増加したと考えられる。ササ区においても，ササの成長が促進されてGPPは増加したが，高温のためにREがGPP以上に増加し，結果として正味の CO_2 吸収量が減少したと考えられる。この結果は，将来，温暖化が進行した条件でササが優占した区域の CO_2 収支が悪化する可能性を示している。

3-3. 地下水の浸透にともなって流出する溶存有機態炭素

生態系のなかでも炭素の貯蓄場として機能している泥炭地湿原では森林と比較して生態系純 CO_2 交換量（NEE）が小さく（生産性が低い），なおかつ，泥炭土からのDOC生成量が多いことから，炭素収支に占める溶存態炭素の流出量の割合が大きいと考えられる。そのため，泥炭地湿原の炭素循環を考慮する際には，溶存態炭素の収支も含める必要がある。

溶存態炭素は，CO_2 や CH_4 などのガスが水に溶け込んだ無機態炭素（DIC：Dissolved Inorganic Carbon）と，枯葉や泥炭から溶出した（リーチングと呼ばれる）有機態炭素（DOC：Dissolved Organic Carbon）に分類される。このDOCを多く含んだ水は，タンニンやフミン物質などの腐植酸によってコーヒーのような黒褐色，あるいは紅茶のような赤褐色を示すという特徴がある。このDOCに，細粒状の炭素（POC：Particle Organic Carbon あるいは，POM：Particle Organic Matter とも呼ばれる）も合わせて全有機炭素（TOC：Total Organic Carbon）と呼ばれる。

泥炭地湿原でのDOCの生成過程は複雑で，温度や水分条件によって変化する微生物分解・吸収と呼吸による CO_2 の放出，鉱物による吸着，地形や泥炭の組成，気象条件により変化する水文過程などさまざまな要因が関与していると考えられている（Moore, 2009）。一般的に，DOCの流出量は，生態系を流域で区切り，そのうちに存在する河川あるいは流路からの流量と表流水のDOC濃度を掛け合わせることで見積もられる（Roulet et al., 2007）。しかし，サロベツ湿原では，流路（湿地溝と呼ばれることもある）が複雑に分布しており明確な流域区分がないこともあって，そうした評価が困難である。その場合は，地下水浸透流量とDOC濃度を乗じることで評価する場合もある（Waddington・Roulet, 1997）。その地下水浸透流量は，ダルシーの法則に従って2地点間の動水勾配と透水係数，浸透面積を乗じて求めることができる。その後者の方法を用いて，前述のササ区とミズゴケ区の地下水の浸透流にともなうDOC流出量を2008〜2010年にかけて評価した。

地下水位の観測と現地での透水試験の結果，地表面を基準としたササ区の地下水位は，ミズゴケ区に比べて平均で約30 cmも低かった。水平方向の透水係数は，ミズゴケ区では 0.1〜1 m d^{-1} の範囲であったが，ササ区はそれよりも1オーダーほど小さい値を示した。1〜2週間間隔の調査で得られたDOC濃度は，両区共，季節的な変化は小さかったが，1〜2 m深度で見るとミズゴケ区では20〜30 mg L^{-1} の範囲であったのに対し，ササ区では50〜80 mg L^{-1} とミズゴケ区より2〜3倍高い値を示すことがわかった。この値は，地下水位が低く微生物による分解が進んでいる高緯度のボッグ（bog：ミズゴケや小型のスゲ類が優占する湿原）で得られている値と同程度であった（Moore, 2009）。したがって，ササ区の低い透水係数や高いDOC濃度は，地下水位低下による泥炭の分解・収縮によると考えられる。

これらの結果を用いて，日単位のDOC流出量を求めて単位面積当たりに換算した結果，ミズゴケ区では 0.004〜0.05 gC m^{-2} d^{-1} の範囲，ササ区では 0.04〜0.1 gC m^{-2} d^{-1} の範囲とササ区の流出量はミズゴケ区に比べて常に1オーダーほど高い値で推移していた。これは，ササ区のほうの地下水流出量がやや小さいことから，地下水の低下が泥炭の分解や収縮を通じて地下水の流出自体を抑えるように機能するものの，分解によるDOC生成のほうが高いため，結果的にDOC流出量が多くなることを示している。

DOC流出量が炭素収支に占める割合を把握するため，CO_2 フラックス観測期間と合わせてDOC流出量の期間積算値を求めた（図I-4-19）。2009年の5月8日〜9月12日（128日間）では，ミズゴケ区では

3 gC m^{-2}，ササ区では 9 gC m^{-2} であり，2010 年の 4 月 22 日～11 月 7 日(200 日間)ではそれぞれ 5，16 gC m^{-2} であった。DOC 流出量も含めて炭素収支が求められた例は，北欧や北米の高緯度の泥炭地湿原で行われた僅か 3 つの研究事例に限られる(例えば，Koehler et al., 2011)。それらの結果によると年間の DOC 流出量は 13～15 gC m^{-2} yr^{-2} 程度であると報告されており，ササ区の結果を年間で得た場合は同程度かやや多いかもしれない。CH$_4$ フラックスを除いた純生態系生産量(NEP：Net Ecosystem Production，上述の NEE の符号を逆にして DOC フラックスを減じた値)に対する割合は，ミズゴケ区では 2009 年で 1.5％，2010 年で 5％，ササ区では 2009 年で 4.7％，2010 年で 12.2％であり，多くても 10％前後の値を示す程度であった。先の高緯度の泥炭地湿原での報告では，DOC 流出量が 34～59％を占めると報告されている。サロベツ湿原では，高緯度の地域に比べ年降水量が多いため，地下水流出量も多く炭素流出量の占める割合も高いと予想していたが，この 2 年の結果ではそのような傾向は得られなかった。それは，中緯度の湿原では相対的に蒸発散量が多いため地下水の流出量はそれほど多くならないことと，高緯度の湿原に比べて温暖な気候のために生産量自体が高いという 2 つの理由が考えられる。

これらのことから，サロベツ湿原では北欧や北米の報告と同様に炭素収支のなかでの DOC 流出量の占める割合はそれほど多くないことがわかった。また，人為的撹乱にともなう地下水位の低下は，間隙率や透水係数の低下による地下水流出量の低下，溶存態有機炭素の生成促進をもたらすものと考えられた。その溶存態炭素生成の程度によっては NEP に対する割合が大きくなる場合もあると考えられるため，今後もさまざまな環境下でモニタリングする必要があるだろう。

(平野高司・波多野隆介・山田浩之)

4. 光合成有効放射

太陽から地球に到達する放射エネルギーの波長は，図 I-4-20 の様に 0.15～60 μm の範囲をカバーしている。0.5 μm を中心とする短波放射は 6,000°K の黒体放射(あらゆる波長の電磁波を吸収し，放出する物体からの放射)，10 μm を中心とする長波放射は 300°K の黒体放射に相当している。植物はこの幅広い波長範囲の短波放射部分の一部を使って光合成を行っており，0.6～0.7 μm の赤色部分に大きなピーク，0.435 μm の青色部分の小さなピークをもつ波長帯で光合成を行っている(図 I-4-21)。すなわち，植物が主に光合成を行っている葉は，この波長帯の太陽光を選択的に吸収していることになる。この波長帯の放射は光合成有効放射と呼ばれている。

多様な植物が生育している自然の植物群落では丈の高い植物の葉が太陽からの光を直接受けるために，光合成に有利となる。上層の葉に選択的に吸収された残りの太陽光や葉や茎・枝の隙間から下層に向けて入り込む太陽放射は，地表に近づくにしたがって減衰する。その減衰のしかたは上層部の葉の密生度

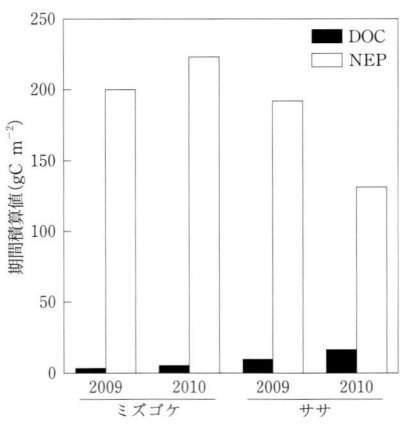

図 I-4-19 2009 年と 2010 年の NEP と DOC 流出量の期間積算値。DOC 流出量は流出を正で示している。項目および期間の詳細は文中を参照のこと

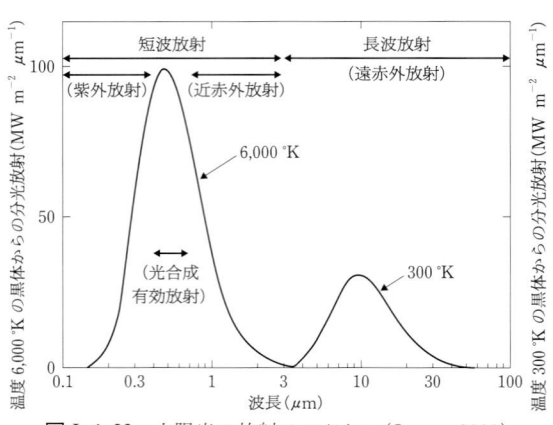

図 I-4-20 太陽光の放射スペクトル(Jones, 2000)

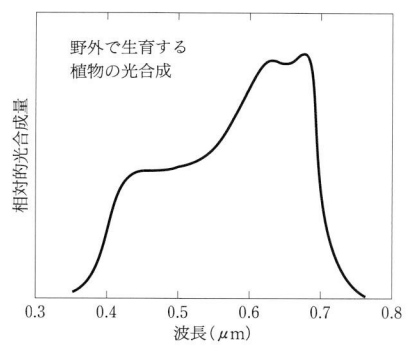

図 I-4-21　植物の光合成スペクトル
（Jones, 2000 を一部改変）

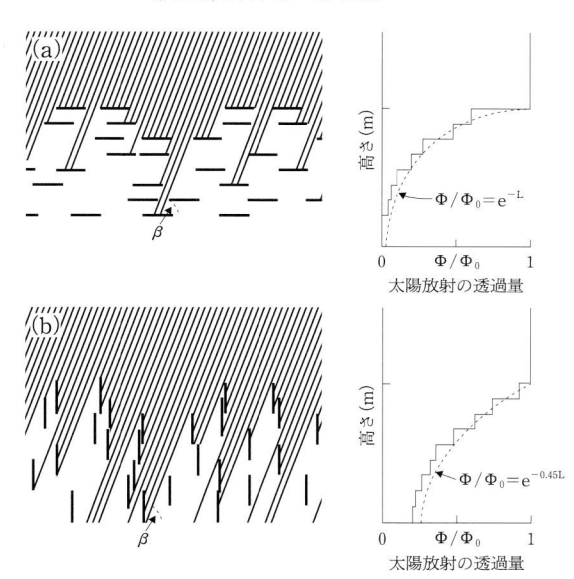

図 I-4-22　葉の傾きと群落内での太陽光の減衰過程（Jones, 2000）。(a)葉の傾きが水平の場合，(b)葉の傾きが垂直の場合，葉面積指数：L，太陽光入射角(β)：66°

図 I-4-23　ササの葉面積指数 1.0 のササ群落と群落下層の光量子センサー

図 I-4-24　ササの葉面積指数 0.05 のミズゴケ群落と光量子センサーと記録計収容箱

あるいは葉の構造により異なってくる。

　例えば湿地植物であるヨシやスゲなどイネ科の植物は葉の大部分が垂直方向に立っているが，ササは大きな葉が水平に広がっており，両者では植物群落下層に入り込む光の量は異なってくる。

　図 I-4-22 は葉が水平に広がっている場合(a)と葉が垂直に立っている場合(b)の植物群落内への太陽放射の透過量分布を示したものである。これは太陽高度（太陽光入射角）は 66°，群落全体の葉面積指数は L で，垂直方向に一様に葉が展開していると仮定した場合であるが，水平葉のほうが地表に近づくにしたがって急激に減衰し，地表に到達する太陽光は垂直葉の場合に比べてはるかに少なくなっていること

がわかる。この植物群落上層部による太陽光の減衰は，群落下層で生育を決定する大きな鍵となる。

　サロベツ湿原の植生を特徴づけているのはムラサキミズゴケ，イボミズゴケなどのミズゴケ類であり，それらがマット状に広がるなかにイソツツジ，ガンコウランなどがまばらな群落を形成している。つまりサロベツ湿原のミズゴケ類は十分な太陽光のもとで成長している植物であり，ササのように葉が水平に展開し，葉面積も大きな植物の侵入はミズゴケ類にとってその生存を脅かす大きな要因である。

　サロベツ湿原のササ群落地点（ササ葉面積指数：1.0　図 I-4-23）とミズゴケ群落にササが侵入し始めている地点（ササ葉面積指数：0.05，図 I-4-24）における地

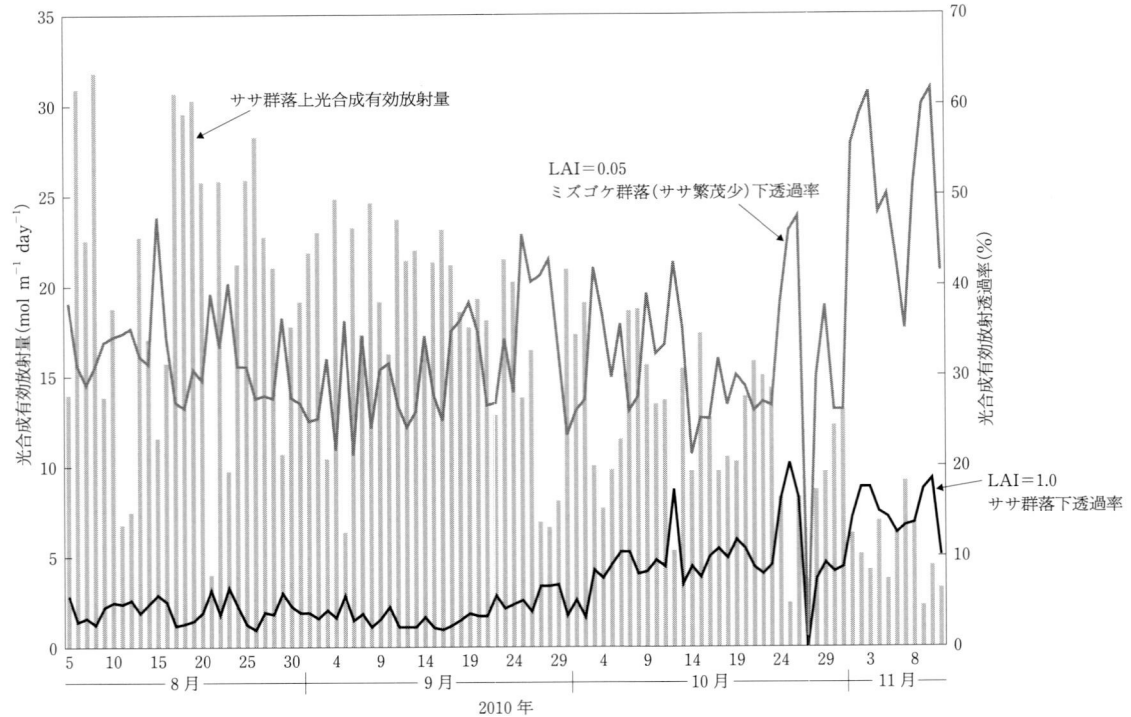

図 I-4-25　サロベツ湿原内ササ群落地表とササの繁茂が少ないミズゴケ群落の光合成有効放射量の季節変化（高橋, 2009）

表の光合成有効放射量の比較を図 I-4-25 に示した。植物群落のうえで観測した値との比(%)で示してある。ササ葉面積指数 1.0 のササ群落地点の 8, 9 月の地表の光合成有効放射透過率は，群落上の有効放射に比べ僅か 5% 程度しかない。この時期はミズゴケの生育が最も盛んであるが，この状態ではミズゴケは生存できない。一方，まだササの葉面積指数が 0.05 程度のササが進入し始めている地点では，8, 9 月の地表の有効放射透過率は群落上の 20〜40% ほどである。ミズゴケの成長への影響は判然としないが，しかし，ササの侵入が進み，ササ葉面積が大きくなるにつれて，ミズゴケ群落の光環境は劣化することは否めない。

(高橋英紀)

第5章
泥　　炭

1. 泥炭の層厚分布

　泥炭は未分解の植物遺体からなる有機物の堆積物であり，サロベツ湿原をはじめとする北方型湿原生態系の土壌基盤をなすものとして重要である。サロベツ湿原の泥炭の堆積状況については，北海道開発庁(1963a)に詳細な記載があるが，ここではその附図(北海道開発庁，1963b)を基に，上サロベツ湿原における泥炭層厚の分布を地図化すると共に，現地での実測データと比較して，その妥当性を検討した。

1-1. 泥炭層圧分布の地図化

　北海道開発庁(1963b)に示された泥炭の地表面と底部の標高を等高線にした地図を基に(解析範囲は図I-5-1に示す)GIS(地理情報システム)データを作成し，逆距離加重法(Inverse Distance Weighting：IDW法)と呼ばれる空間内挿法を用いて補間したのち，泥炭地表面標高と底部標高の差を取ることにより，泥炭層厚の空間分布推定地図を作成した(図I-5-2，図I-5-3)。なお原データとした泥炭層等高線図は，その解説(附図説明「利用者のために」)によると，パンケ沼周辺を除く大部分で400 m方眼に設定した調査基線の交点で実施されたハンドボーリング時の試錐深度によって作成されたものである。

　GISの解析の結果，泥炭層厚は最大で約7.5 mであり，東側の泥炭採掘跡地の周辺域で層厚が厚い傾向が見られた。この付近は標高そのものも相対的に周囲よりも高く，ほかの場所よりも早い時期に河川洪水の影響を受けなくなって貧栄養化し，高位泥炭が発達したことがうかがわれた。これに対して西側のサロベツ川に面したところと湿地溝の周辺域では，泥炭の層厚は高位泥炭地よりも薄い。これは洪水による鉱物質の泥炭層への混入や湿地溝による排水にともなって，有機物の分解が進みやすく，泥炭の堆積速度が小さかったためと考えられる。なお高位泥炭地のなかでも層厚の薄い箇所が局地的に見られるのは，底面の標高が反映された結果である。底面の標高が局所的に高い場所があることは，北海道開発庁の報告書(北海道開発庁，1963a)にも記述されているものの，その成因は示されていなかった。現在では，この底面の高まりは，第I部第3章第1節で紹介した埋没河川の隠れた自然堤防にあると考えられている。

1-2. 泥炭層厚分布図と現地実測値との比較

　作成した泥炭層厚分布図の精度を確かめるため，現地での実測値との比較を行った。現地での泥炭深の実測は，2008～2010年に，対象地域を網羅する形で19地点を選定し，基盤粘土層まで泥炭を採取する際に地表面からの層厚を計測した。泥炭の採取は，表層20 cmまでは泥炭スコップを，110 cmまでは8×8×110 cm採取用ピートサンプラーを，それ以深はロシアンタイプ・ピートサンプラーを用いた。

　前述の泥炭層厚分布図から，現地実測を行った19地点における泥炭層厚データを取得し，実測値と比較した(図I-5-4)。その結果，4地点で実測値のほうが約2 m大きい値となったほかは比較的近い値となった。実測値が大きく上回った4地点は，いずれも泥炭層と泥炭層に挟まれた中間粘土層が存在

92   I　サロベツ湿原

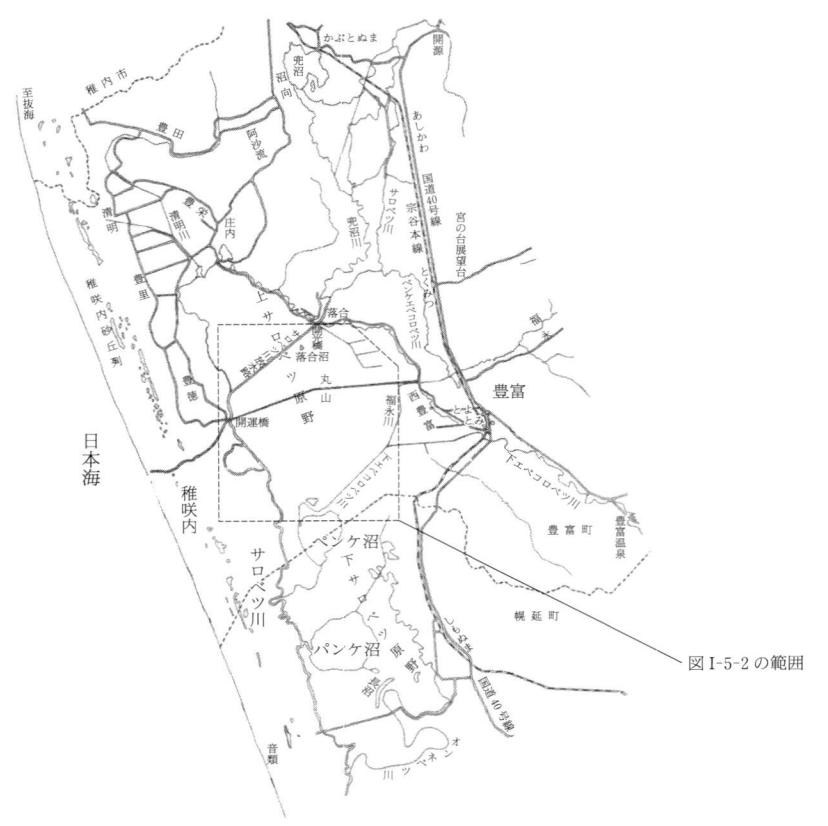

図 I-5-1　GIS データ作成範囲の位置図

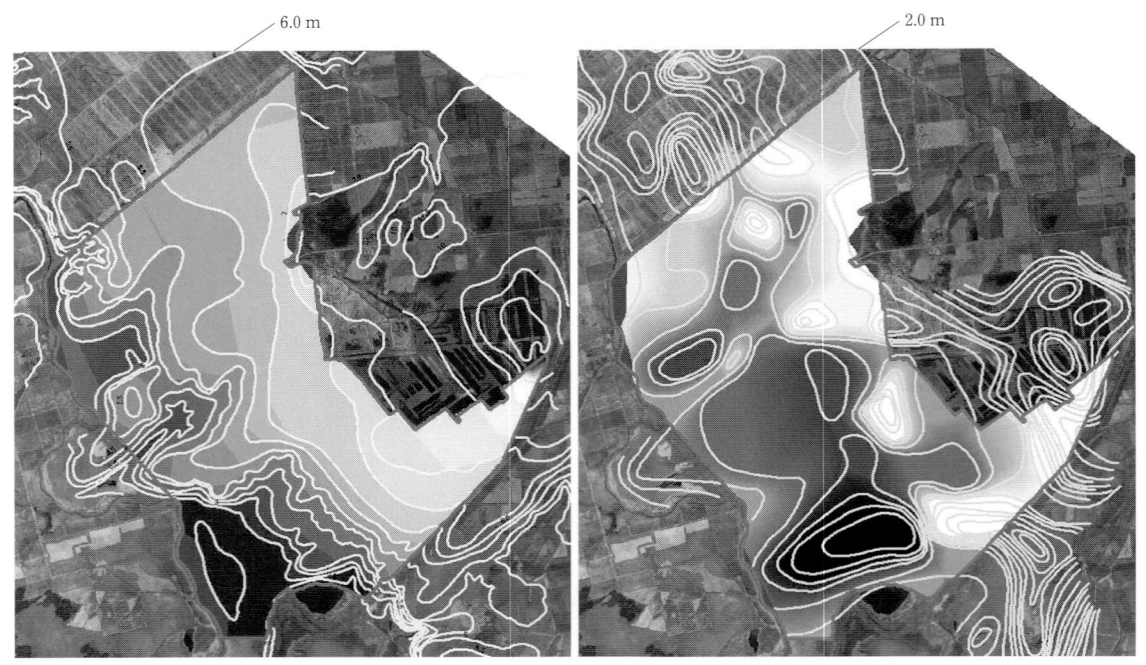

図 I-5-2　泥炭表面標高（左）と底部標高（右）の GIS および空間内挿結果。等高線の間隔は 0.5 m。暗部ほど標高が低い

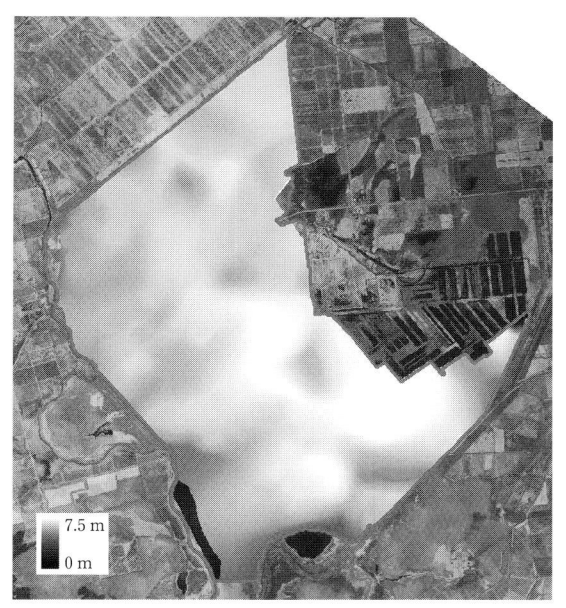

図 I-5-3 泥炭層厚の空間分布推定結果

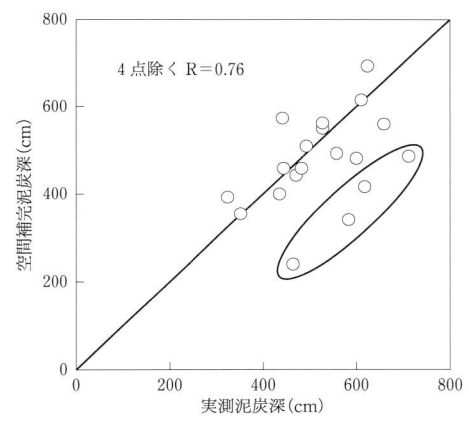

図 I-5-4 泥炭層厚の空間分布推定値と実測値との比較。楕円で囲んだ4地点のみ，実測泥炭深値が大きかったが，他地点は泥炭層厚の推定値と実測値は近似していた。

図 I-5-5 泥炭層中に介在する中間粘土層。S 106地点，地表面からの深さ300 cm付近，サンプル左側の明るい色の部分

し(図 I-5-5)，過去の調査においてそこを底部と見なした可能性がある。この4地点を除いた相関係数はR＝0.76となり，前述の泥炭層厚分布図は概ね実際の状態を反映しているものといえることがわかった(高田ほか，2011)。

(高田雅之・井上 京)

2. 泥炭の性質と堆積構造

2-1. 泥炭の理化学的性質

　植物遺体からなる泥炭は，一般的な鉱質土壌とはまったく異なった性質をもつ。自然含水比が非常に高く固相率や比重が極めて小さい，有機物含有量が大きく逆に無機物含有量が小さい，透水性がばらつく，低pHで酸性を呈する，といった特徴である。また泥炭中の有機物の分解の程度や，無機物である鉱質物の混入割合によっても，その特質に差異が生じる。これら泥炭特有の性質を，サロベツ湿原の泥炭について見てみる。

　上サロベツ湿原の表層泥炭の理化学的性質を明らかにするため，2007〜2008年に71地点で泥炭を採取し分析した。分析を行った項目は乾燥密度(かさ密度：g cm^{-3}，65℃ 48時間乾燥)，炭素含有率(重量含有率：％)，窒素含有率(重量含有率：％)，有機物含有率(強熱減量：％，600±25℃ 2時間強熱)の4項目である。このうち有機物含有率は49地点で分析した。炭素含有率および窒素含有率はCNコーダーにより分析を行い，C/N比を算出すると共に，炭素含有率および窒素含有率に乾燥密度をそれぞれ乗じて，体積当たりの含有量(g cm^{-3}：以下「炭素体積含有量」および「窒素体積含有量」という)を算出した。

　また水文環境と関わる透水係数を求めるため，17地点において現場透水試験を行った。試験方法は，地下水位が高いところ(主としてミズゴケ優占植生域)

では飽和透水係数としてオーガホール法(Boast・Kirkham, 1971；中野ほか, 1995)を，地下水位が低いところ(主としてササ優占植生域)では不飽和透水係数としてゲルフパーミアメータを用いた定水位法(以下「ゲルフパーミアメータ法」と称する)(Reynolds・Elrick, 1987)を，中間的な地下水位のところ(主としてスゲ優占植生域または境界域)では飽和透水係数としてピエゾメータ法(山本, 1970)の3つの方法を使い分けて用いた。

これらの理化学的性質はそれぞれの地点の水文環境や植生環境に応じて異なることから，植生クラスごとに平均値と最大値・最小値を求め図I-5-6に示した(高田, 2009)。区分した植生クラスは優占種(あるいは優占種の属)とその組み合わせで，ミズゴケ植生(10地点)，スゲ-ミズゴケ植生(10地点)，スゲ植生(19地点)，ササ-スゲ植生(6地点)，ササ植生(23地点)，ヨシ-イワノガリヤス植生(3地点)とした。ただし，ここでスゲとしたのは，ヌマガヤのほかホロムイスゲやワタスゲなどが優占するものの総称である。

結果を概観すると，ミズゴケ植生→スゲ植生→ササ植生→ヨシ植生という高層湿原から低層湿原群落の順序にそった増減傾向が見られた。乾燥密度はヨシ-イワノガリヤス植生を除けば概ね $0.1\,\mathrm{g\,cm^{-3}}$ 以下，有機物含有率はササ植生を除けば概ね90%以上であった。

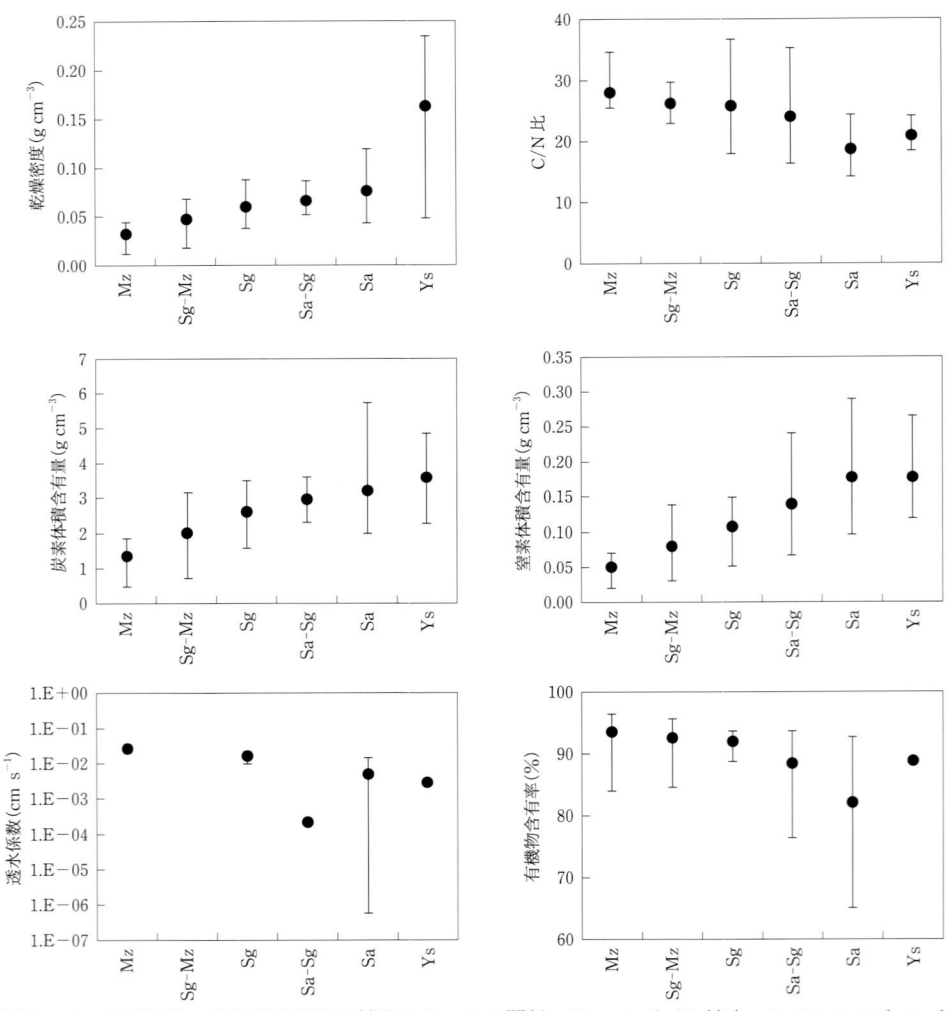

図I-5-6 表層泥炭の理化学的性質と植生クラスとの関係。Mz：ミズゴケ植生，Sg-Mz：スゲ-ミズゴケ植生，Sg：スゲ植生，Sa-Sg：ササ-スゲ植生，Sa：ササ植生，Ys：ヨシ-イワノガリヤス植生

また表層泥炭の分解が進んだと考えられるササ植生において，炭素体積含有量および窒素体積含有量が高くC/N比が低くなる傾向にあり，表層泥炭中の炭素および窒素の挙動は，泥炭を構成している植物遺体の種組成の違いと分解消失状況との兼ね合いで決まるものと推定される。同様に透水係数に関しても，表層泥炭の分解が進んでいるほど低下する傾向が顕著であり，乾燥によって分解が進むと間隙率の低下と共に保水能力も低下し，湿原の水文環境に影響を及ぼすことが裏づけられた。

2-2. 泥炭の乾燥密度から見た堆積特性

2008〜2010年において，上サロベツ湿原の19地点(図I-5-7)において，基盤粘土層まで10 cm層単位で泥炭を採取し，乾燥密度を分析して地点または地区ごとの堆積構造の違いを見た(高田ほか，2011)。19地点のうち上サロベツ湿原の中央ラインと南ラインの2つの東西ラインにそった15地点について，乾燥密度の鉛直プロファイルを図I-5-8に示した。中央ラインでは，西側のササ植生とササ前線付近のスゲ植生では鉛直方向の変化はほとんど見られないのに対して，東側の3地点(ミズゴケ植生，スゲ植生)では途中に乾燥密度が高くなる層が見られた。これらの地点では，湿原の形成過程において河川氾濫の影響を受けた時期があったことを裏づけるものと考えられる。南ラインでは，ほとんどの地点で乾燥密度が高くなる層が見られ，その傾向は特に東側で顕著であり，やはり過去に氾濫の影響を受けていたものと考えられる。

図I-5-7　上サロベツ湿原における泥炭サンプルの採取位置(●で示す)と，中央ラインおよび南ライン

96　I　サロベツ湿原

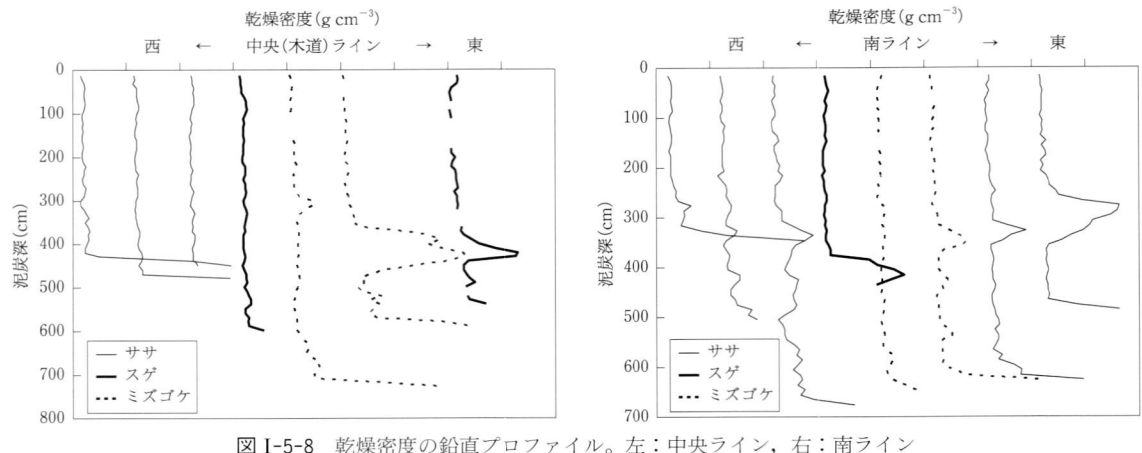

図 I-5-8　乾燥密度の鉛直プロファイル。左：中央ライン，右：南ライン
横軸のひと目盛は $0.5\,\mathrm{g\,cm^{-3}}$ に相当

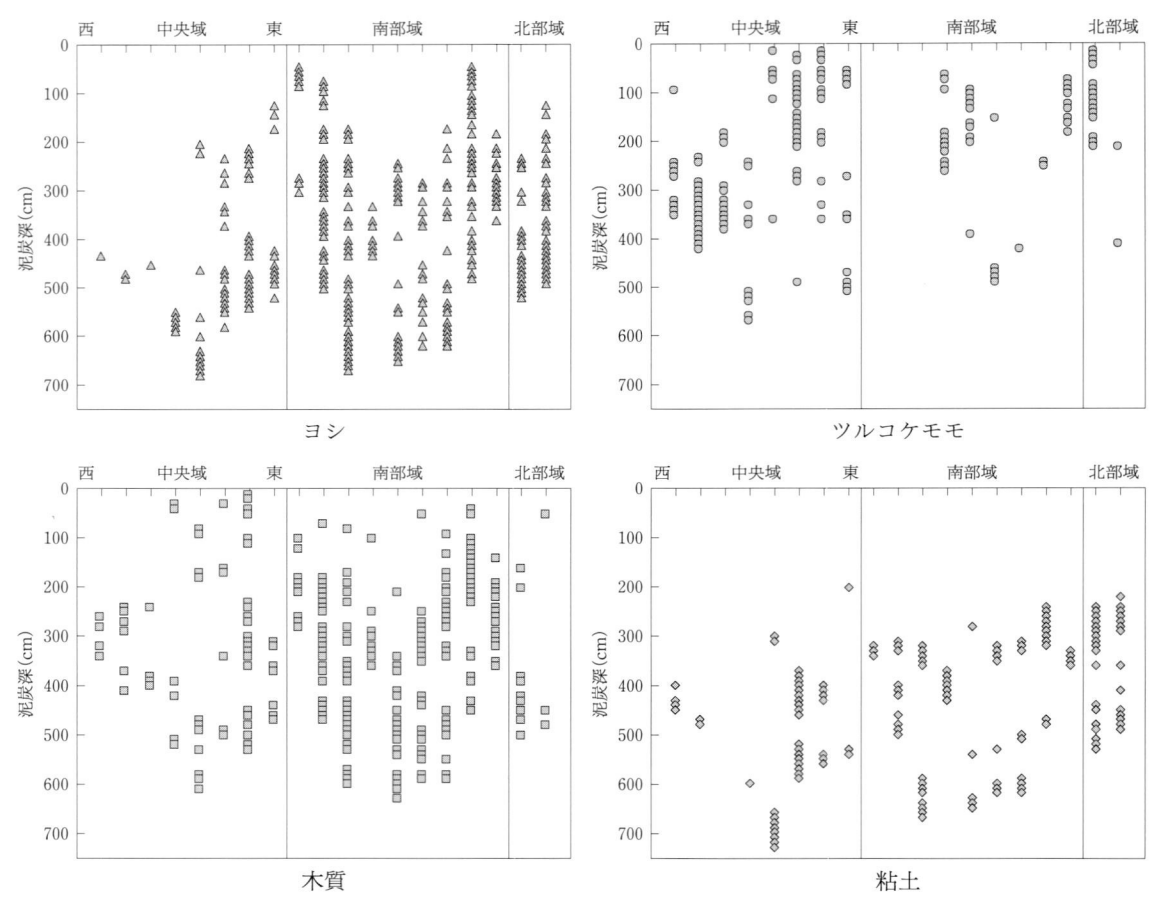

図 I-5-9　ヨシ・ツルコケモモ・木質・粘土が確認された深度層

2-3. 植物遺体および粘土から見た堆積特性

前述の泥炭採取サンプルについて，深度ごとに主要な植物遺体および粘土の有無を目視で観察記録した。確認した植物遺体は比較的明瞭に識別ができるヨシ，ツルコケモモ，木質とした。図I-5-9には，ヨシ，ツルコケモモ，木質および粘土が確認された層を全19地点について示した(高田ほか，2011)。

ヨシは富栄養的な環境を示すものであり，最底部付近ではどの地点でも確認される頻度が高い。それ以外の中間層においては，南部域と北部域で特に高い頻度で確認された。これらの地点では，長期にわたってしばしば富栄養的環境に見舞われたことが推察される。

ツルコケモモは高位泥炭地の発達を示すものと考えられ，中央ラインで代表される中央域で全般的に観察頻度が高い傾向が見られた。特に中央域の東側では比較的最近になってから発達が著しい傾向がうかがわれた。

木質については，ヨシと共に，またはヨシに引き続いて確認される傾向が見られ，ヨシと同様の特性が見られた。ただし北部域においては木質が少ない傾向が見られ南部域とは明らかに異なっていた。

粘土については，ヨシと共に，またはヨシに先立って堆積している傾向が見られ，氾濫を受けて粘土が堆積した後にヨシ植生が発達するという過程が推察される。ただしヨシの遺体は粘土層が見られないところでもかなり広範な層で観察された。

全体的に見て「北部域」は粘土とヨシ，「中央域西部」はツルコケモモ，「中央域東部」はツルコケモモ・ヨシ・粘土，「南部域」は木質・ヨシ・粘土の出現頻度が高く，氾濫や植生などの堆積履歴をそれぞれ表し，地区によって泥炭の分解や無機物混入の程度が異なるなどの形成過程の違いが明らかとなった。これらの4つの指標は，泥炭の堆積過程をいくつかの類型に区分するのに有効であることが示された。

(高田雅之・井上 京)

3. 泥炭の間隙構造と水分保持

3-1. 土壌の3相と泥炭の特異性

粘土やシルト，砂からなる普通の土壌は，固相(土壌粒子・腐植など)，液相(土壌水)，気相(空気)の3相で構成されている。この3相の比率や，土壌粒子の粒径や粒子間の間隙のサイズ分布などによって，その土の水分の保ちやすさや乾きやすさ，排水性の悪い土壌や水はけのよい土壌といった特徴が生じることになる。

泥炭も同じように3相を有している。しかし普通土壌と大きく異なり，泥炭は粘土やシルト，砂という鉱物質の土壌粒子をほとんど，あるいはまったく含まないものが多い。そのかわりに泥炭の固相を形づくっているのは植物遺体からなる有機物であり，この有機物の存在と形態が，普通土壌とはまったく異なる泥炭特有の特異な間隙構造と水分保持特性に影響している。すなわち，間隙量が大きく，多量の水分を保持しやすい間隙構造を有すること，多様な透水性を示すこと，一度乾燥すると逆に水分を吸収しにくくなること，というのが泥炭のきわだった特徴である。

例えば自然状態の高位泥炭地(高層湿原)では，ミズゴケを主体とする植物群落が形成され，そこに生成する泥炭も，未分解のミズゴケ遺体を主な構成物とするものとなる。ミズゴケは園芸資材でも保水材として使われていることからわかるように，ミズゴケの組織体そのものが水分を保持しやすい構造をもっている。ミズゴケの細胞組織は，自身の乾燥重量の15倍以上もの水分を保持でき(Clymo, 1983)，湿原の植物でありながら乾燥に耐えることができる特徴をもっている。湿潤な湿原で乾燥に耐える必要がある，というのも一見矛盾しているが，ミズゴケの優占する高位泥炭地は雨水や融雪水のみが植物を養う元であり，地下水位は定常的に地表面よりやや低いところにある。そのため，そこに生育する植物は極度の貧栄養な条件下で旱天時には乾燥に耐える必要がある。言い換えれば，このような環境に適合した植物種だけが生育できるのが高位泥炭地(高層湿原)である。生きたミズゴケはこのような間隙と保水の特性を有しているが，その残遺体の堆積物で

ある高位泥炭も，間隙が多く保水性も非常に大きいという同様の特徴をもつ。

ミズゴケ泥炭でなくとも，植物の残遺体からなる泥炭は多様な間隙を有している。未分解の植物繊維自体が内包する間隙(内間隙)や，植物遺体間にある間隙(外間隙)である。梅田(1978)は，このような泥炭の間隙構造と水分保持特性の特徴を，「カップ乱積みモデル」で概念的に説明している(図I-5-10)。泥炭は，間隙量は大きいが，植物遺体からなる複雑な構造上の特質から，連続した間隙と見なされる外間隙が比較的少なく，不連続で閉鎖・独立した間隙と見られる内間隙が多い。そのため，間隙量が大きい割には透水性が低く，また，その値も大きくばらつく。さらに泥炭の構成素材となる植物の種類や，植物遺体の分解の程度によっても特性が異なることになる。

泥炭湿地の環境の変化，例えば湿地溝の発達による自然的な排水の促進，排水路や道路側溝の開削といった要因は，付近の泥炭の間隙構造や水分保持特性を変えてしまう。本来の泥炭の間隙量や水分保持特性がどのようなものであり，それが外的要因でどう変化するかということを調べるのは，しかしながらなかなか難しい。泥炭が植物遺体からできているために普通土壌と同じ試験方法がそのまま使えないこと，特に植物繊維が未分解なまま残っている泥炭では不攪乱試料のサンプリング自体も困難な場合が多いためである。

この節では，一般的な土壌物理試験によらず，降雨量と地下水位変動の関係から見た泥炭の間隙構造について紹介する(鈴村ほか，2007)。上サロベツ湿原において排水路の影響で地盤沈下を生じた湿原表層部の泥炭の構造が，排水路からの距離や地表面からの深さによってどう異なるかを示したものである。

3-2. 泥炭の有効間隙率と排水路の影響

サロベツ落合地区には湿原が排水路を挟んで農地と隣接している地区がある。この排水路と直角方向に観測線を設けた。観測線上では観測点を排水路から湿原側に10，20，60，100，200，300 mの距離に設け，2004～2006年の無積雪期に地下水位を連続計測した。また降雨量も同期間に観測した。第III部第1章第4節の泥炭地盤沈下で述べるように，この観測線付近は排水路の影響で農地側と湿原側の双方で地盤沈下が生じている(第III部第1章第4節の図III-1-13)。地盤沈下の結果，当然ながら，湿原表層の泥炭の保水性や間隙量にも変化が生じていることが予想され，それは地下水位の変動パターンの差異に表れる。そこで降雨と地下水位変動の関係から，泥炭の有効間隙率を以下の手順で調べた。有効間隙率は，泥炭の間隙量や保水性の指標として用いることができるからである。

各点の地下水位は，降雨による急激な水位上昇と，その後の緩やかな水位低下を繰り返している。一連のまとまった降雨とそれに対する地下水位変動を1回のイベントとして，地点ごと，イベントごとに，寄与降雨量と地下水位上昇量を求めた。寄与降雨量とは一連降雨量で3.1 mm以上30 mm未満の降雨量とした。大きな雨になると，降雨イベントのさなかに流出が発生してしまい，水位上昇量が明確でなくなるため，30 mm以上の降雨イベントは除外した。各イベント直前の地下水位(極小値)とイベントによるピーク水位(極大値)の中間値を求め，それをイベントの起こった水位とし，深さ2.5 cmのグループごとに寄与降雨量に対する水位上昇量の割合をプロットして，その近似直線の傾きを降雨上昇係数(C)として求めた(図I-5-11)。ただしこの近似直線の切片は常に原点を通るものとした。この降雨上昇係数の逆数を土壌の全体積に対する重力排水可能な間隙の容積割合とみなし，これを有効間隙率($1/C$)と定義した。

ここまで述べてきた有効間隙率の算出方法はやや込み入っているが，ごく簡単にいえば，ある量の雨に対して，上昇する地下水位の高さの割合を，有効

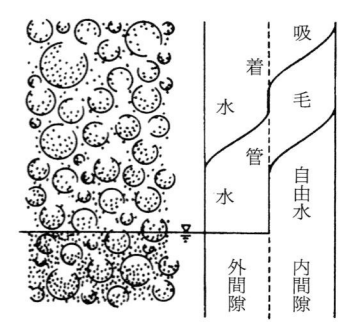

図 I-5-10 泥炭の保水機構を説明するカップ乱積みモデル(梅田，1978)

第5章 泥　炭

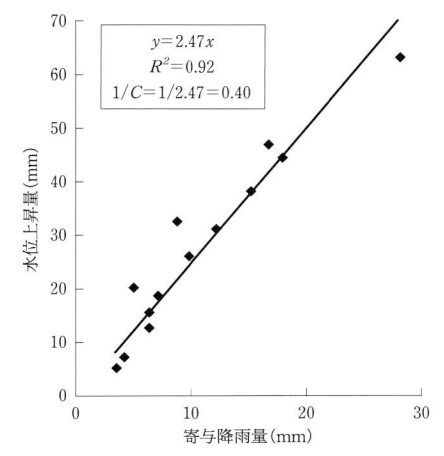

図 I-5-11 降雨上昇係数（C）の算出例。60 m 地点、2004 年 4 月から 2006 年 11 月の降雨イベントのうち、地下水位が標高 5.176〜5.200 m（2.5 cm 幅）のときのイベント群をプロット

間隙率の逆数と見なしたものである。もし固相と気相がなく液相だけの物体であれば、1 の降雨に対し水位の上昇量も 1 となる（有効間隙率 1）。もし固相分が 0.5 あれば、1 の雨に対し水位の上昇量は 2 となる（有効間隙率 0.5）。コップに氷がたくさん入っていれば（固相が多ければ）、なかに注ぐジュースの量が少なくても（液相が少なくても）コップはいっぱいになるのと同じ理屈である。こうして求めた有効間隙率を、深さ方向の違いや、排水路からの距離によって比較してみた（図 I-5-12）。

まず、排水路に最も近い 10 m 地点を除くすべての地点で、地表面から下方へいくほど、有効間隙率が小さくなる傾向が見られた。これは下方へいくほど泥炭の自重によって間隙が小さくなり、また有機物の分解が進むためであろう。また、水の動きに最も影響する表層の有効間隙率は、排水路から遠いほど大きくなった。図 I-5-13 には、表層の有効間隙率を最上層 2 層の平均値から求め、排水路からの距離との関係で示してある。排水路からの距離と有効間隙率の間には明瞭な相関が見られ、排水路に近づくほど有効間隙率が顕著に低下した。この原因は、排水路に近いほど地下水位の低下が著しく、乾燥収縮、浮力の減少による圧縮と圧密、酸化分解などの作用が起こり、間隙が小さくなったためであろう。

以上のように、排水の湿原域への影響を泥炭の有効間隙率で見たところ、地表面からの深さと有効間隙率の間には明瞭な関係が認められ、また排水路に近いほど湿原への影響が顕著であることが確認された。調査を行った観測線では、排水路から遠い場所ではミズゴケを優占種とする群落が維持されており、

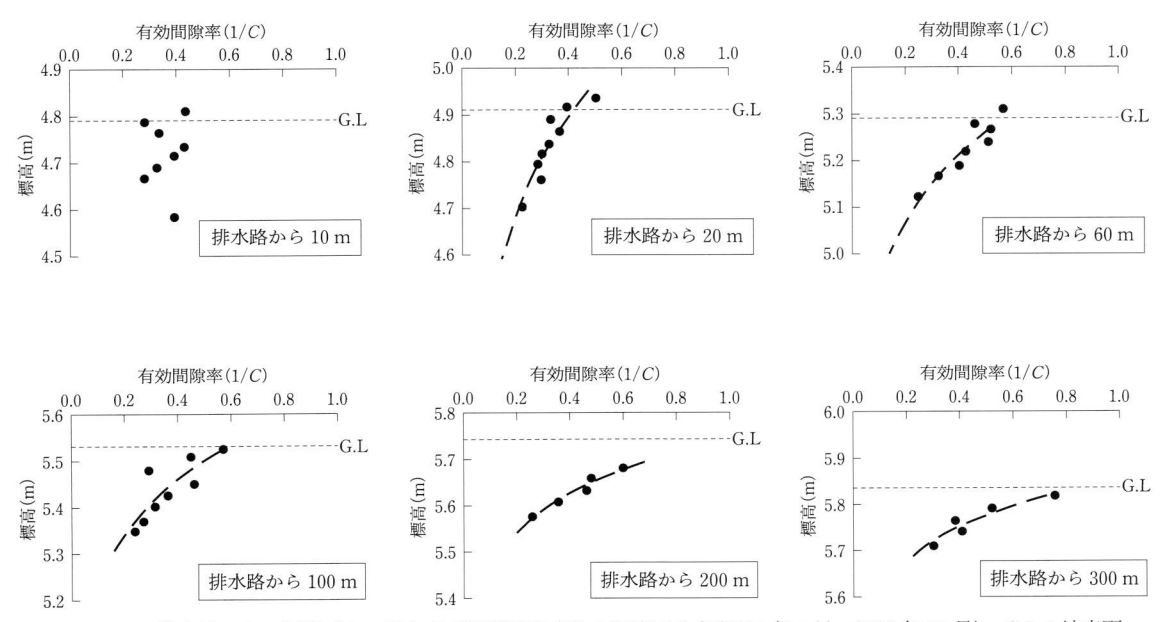

図 I-5-12 排水路からの距離ごとに見た有効間隙率（$1/C$）の深度別分布（2004 年 4 月〜2006 年 11 月）。G.L：地表面

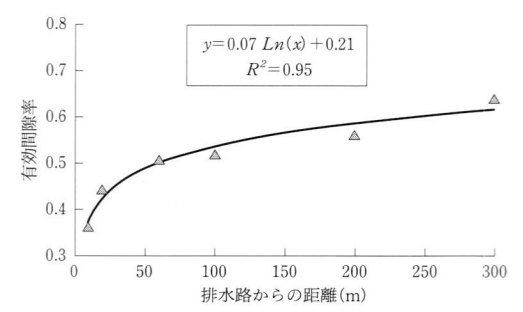

図 I-5-13　排水路からの距離と有効間隙率の関係（最上層2層の平均値）

$y = 0.07 Ln(x) + 0.21$
$R^2 = 0.95$

その有効間隙率，すなわち間隙量や保水性も大きいことが示された。一方，排水路の影響が強いところでは，間隙量が減少し，植生も変化してきている。排水路の開削とそれにともなう地下水の低下は，事象的には極く短時間で生じるものであるが，その影響は時間を追って長くボディブローのようにゆっくりと効いてくる。湿原における長期のモニタリングが必要な理由の1つである。

（井上　京）

4. 高位泥炭地形成モデル（Carex モデル）

4-1. 微地形の変化

微地形とは，地形図などに表現できない程度の小さな規模の地形と定義される。

泥炭地の微地形の研究は，国内では特に1950年から3か年にわたって行われた尾瀬ヶ原総合学術調査（尾瀬ヶ原総合学術調査団，1954）を機に，盛んになっていった。一方，ヨーロッパでは，これに先立つ20世紀初頭から各国で独自の研究が進められた。しかし泥炭地の地形を表現する語彙は，各国で独自に名づけ整合性を取っていないことから，同じ対象を研究者ごとに別の名称で呼んでいたり，同じ名詞が別の対象を表していたりしていた（Lindsay, 2010）。わが国では各国で書かれた論文に基づいて研究が始まったという経緯があるため，言葉のうえでいっそうの混乱があり，現在も続いている。

そのようなことにより，微地形を説明するには事実を伝えるだけでも困難がともなう。ときには研究者自身が自らの曖昧な表現に惑わされて真実と異なる結論に至った例も見受けられる。

用語の混乱が存在するほどであるから，泥炭地における微地形の成因についても，さまざまな説が唱えられ，定説となっていない場合も多い。決定的な説明ができない理由は，明確な証拠を示せないからである。湿原の微地形は100年経ってもほとんどかわらないほど極めて緩慢であるため，成因について十分な証拠を現地で得るには研究者に与えられた時間は短すぎる。

この微地形の変化のように緩慢な現象を理解するには，コンピュータ・シミュレーションの利用は有効である。これまで湿原の微地形にコンピュータ・シミュレーションを適用した例はいくつか知られている（Swanson・Grigal, 1988；Couwenberg・Joosten, 2005）が，いずれもが物理的根拠に基づくモデルとはなっていない。この領域へのコンピュータ・シミュレーションの導入が進んでいない理由は，湿原に介在する植物の生態という複雑な系を，いかに定量的に扱うかという課題を解決できなかったからである。この課題に対して筆者はカレックスモデルというコンピュータ・シミュレーションモデルを提案している（岡田，2008）。

4-2. 高位泥炭地形成モデルの概要

高層湿原の基盤となる泥炭は，そこに生育する植物の遺体が堆積したものであることはよく知られている。高層湿原の泥炭上では，ミズゴケやスゲ類をはじめとする種々の植物が生長する。生長した植物はやがて枯れ，泥炭層の上部に未分解のまま堆積する。時間の経過と共に植物の遺体は徐々に分解されたり圧密されるなどして密度や間隙率・透水性などの性質をかえていく。

植物の生長量と泥炭の堆積量が比例関係にあるとすれば，植物の生長を推定することにより泥炭層の厚さの変化，ひいては泥炭地の地形の変化も定量化できると考えられる。湿原そのものや，湿原の重要な構成要素である植物の性質そのものには幅があり，取り巻く環境因子との間の因果関係も不明確であるため，これまで定式化には馴染まないと考えられてきた。しかし植物生長のいとなみを単純化して定式化できれば，植物の遺体が堆積した結果である泥炭地の形成プロセスを数理的に説明できるはずである。この考え方に立てば，湿原における泥炭の堆積の問

題は地表水と地下水の非定常な流動の問題に置き換えることができる。

尾瀬ヶ原総合学術調査団(1954)では，中田代での調査結果から，植物群落は無機栄養塩類やpHの相違との間に顕著な影響が認められなかったが，地下水位との間にはっきりとした相関が見られると報告されている。さらに植物種ごとに生育に対する最適地下水位が存在し，地下水位と植物の生長との間に一定の関係があることを示している。

植物の生長量を水の挙動と関連づける生長関数と設定して，水の動きをシミュレートすることにより，泥炭堆積の変化およびその結果としての地形の変化を定量的に求めようとするのが，これから説明する高位泥炭地形成モデルの基本的な考え方である。この数値計算モデルを「カレックスモデル(Carex Model)」と命名した。その理由は，植生生長関数として設定した関数形が，尾瀬ヶ原の研究で報告されているホロムイスゲ(Carex middendorffii)の生産量特性に似たものであるため，その属名Carexにちなんで名づけたのである。

4-3. 湿原植生の生長関数

図I-5-14は，尾瀬ヶ原東中田代での植生生産量(面積0.25 m²に生えていた植物の生の重量＝地上部バイオマス)についての研究結果である。地下水位の差が植生生産量の分布を決定している最も大きな要素であるという結論が導かれている。例えば図I-5-14のAは，ヌマガヤの群落が成立している場所の地下水位深度(横軸：cm)と植生生産量の関係を示している。ヌマガヤは地下水位深度が3〜20 cmの範囲に生育するが，深度が約10 cmの場合に最もよく生長することを示している。4つの図に5種類の植物の生長特性が示されているが，湿原では5〜10 cmの地下水位深度となる場所で最もよく生長する植物が多いことを示している。

カレックスモデルでは，特定の種ではなく，湿原に生育する多様な植物群の平均的な生育条件が，地下水位との関係のうえに成り立っているものと考える。またここでは，植物の生長量は，ある瞬間の地下水位ではなく植物が生育する期間を通した変動の平均地下水位との関係によって決まるものとし，その関数形として次式を用いることにした。なお以下の式の説明で使用する「植生」とは複数種からなる植物群(植物集団)を意味している。

植生生長関数式は以下のように表される。

$$Gr = G_{max} \exp[-\{\ln(b(Dp-Dc))\}^2]$$

ここでGr：植生の生長量，G_{max}：植生の年当たりの最大生長量，Dp：年平均の地下水位深度，Dc：植生が生長し得る地下水位の上限である。Dpがマイナスとなる場合は湿原の表面に湛水している状態を意味する。乾燥にも耐性をもつ湿原植生の加重平均的な生長量を想定して明確な下限値をもたないこのような関数形とした。

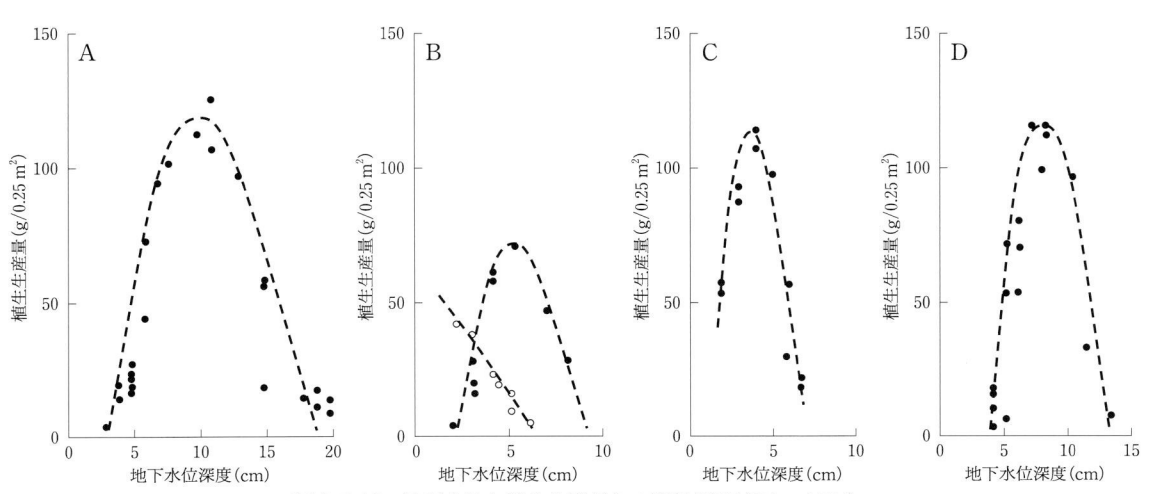

図 I-5-14 地下水位と植生生産量との関係(宝月ほか，1954)
A：ヌマガヤ，B：● キンコウカ；○ ミツガシワ，C：ミカヅキグサ，D：ホロムイスゲ

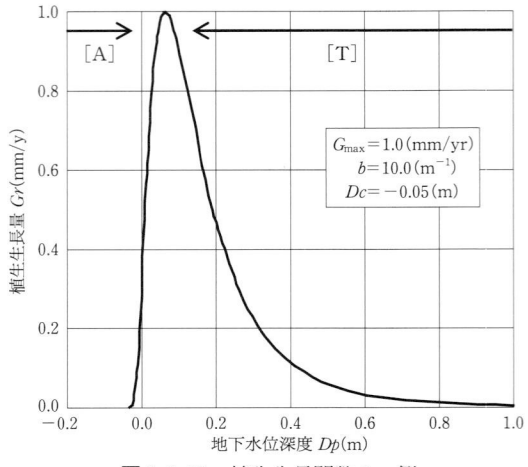

図 I-5-15　植生生長関数の一例

例えば $G_{max}=1.0$ mm/yr，$b=10.0$ m^{-1}，$Dc=-0.05$ m とした場合にこの式は図 I-5-15 のような形状となり，図 I-5-14 とは上限値の有無を除いて似た形状となっている。水位が図 I-5-15 の主に [T] の範囲を変動する環境では，地下水位深度が大きい (深い) ところよりも小さい (浅い) ところのほうが，植生生長が大きくなる。その結果，地表面の泥炭の凹凸が均されて平坦化する。一方 [A] の範囲では，深度が小さいかマイナス (湛水状態) のとき植生生長が乏しいかなくなり，大きいところで生長が大きくなる。その結果泥炭表面の凹凸はより顕著になり，この状態が長く続くと安定した水域が形成される。

4-4. モデルの適用例

4-4-1. 池溏縁の畔状泥炭の堆積

高位泥炭地の傾斜地にある池溏で，特にその下手側の縁を観察すると田の畔のような高まりになっていることが多い (図 I-5-16)。この高まりの形成について吉井・林 (1935) は図 I-5-17 に示す説明をしている。すなわち泥炭地の傾斜の変曲点の下手側には，湧水 (Q) が生じやすく，この湧水点近くで植物が旺盛に生長し (↑P) 泥炭の高まりが形成され，その上手側に水が溜まり始める。その結果，湿潤となった高まりにはいっそう泥炭の堆積が進み，池の水深も増えて池溏が成立するとの説明である。図中で破線が水面，点線が元々の地表面を表している。

図と似た初期地形として，1/1,000 の勾配の斜面が途中で 1/200 に変化するという条件を与え，一次元カレックスモデルで計算した結果を図 I-5-18 に示した。上から計算開始後 100 年ごとの形状で下端は 500 年後となる。各図の下位の点線は初期地形，上位の太線は現在地形，中位の細線は現在の地下水位を示している。

初期地形の勾配の変化点では地下水位は地表より若干下に位置し，周囲より植物が盛んに生長する結

図 I-5-16　池溏の下手側の縁に田の畔のような高まりができることがある (雨竜沼湿原)

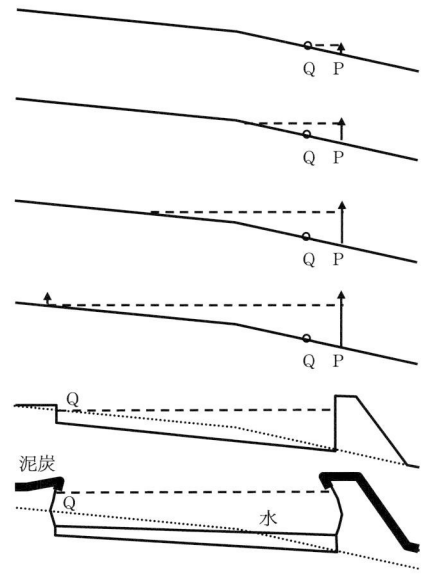

図 I-5-17 池溝形成の説明（吉井・林，1935）

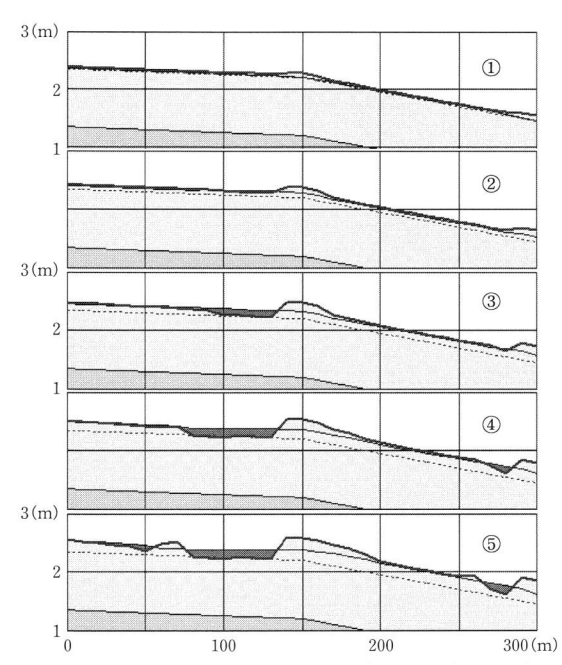

図 I-5-18 傾斜の変化点に池溝が形成される過程（一次元カレックスモデルによる：上から100年ごとの断面図）

果泥炭の堆積量が多く，小さな高まりが形成され始める（図 I-5-18 ①）。上手側が湿潤な状態になり，高まりとの生長量の差はいっそう大きくなっていく（②）。上手の湛水域の湛水深も大きくなり池溝の原型が形成され始める（③）。高まりは湛水域の水位と平衡に達するまで生長を続ける（④）。湛水域の上手側の地表面には小さい変曲点が二次的に生じるため，最初に高まりが生じたのと同様のプロセスで二次的な高まりが生じ，さらに二次的な湛水域も形成し始める（⑤）。

図 I-5-18 の最後の図は，図 I-5-17 の説明図ともよく一致し，図 I-5-16 の池溝縁をも彷彿とさせる。この計算結果は，図 I-5-15 の境界条件が[A]領域の生長特性を示したことによる。[T]の条件下で計算すると，変曲点の僅かな凸部はやがて緩慢に傾斜が変化する斜面にかわり，どこが変曲点であったのかは判別できなくなり，池溝ができることはない。

4-4-2. 湿原内でのアカエゾマツの同心円状配列

北海道北部の美深町にある松山湿原は，高位泥炭からなる山岳湿原である（辻井ほか，2003）。この湿原は沼岳を起源とする標高約 800 m の溶岩台地上に発達しており（酒匂ほか，1960），やや上に膨らんだ皿を伏せたような形状をなしている。アカエゾマツ（*Picea glehnii*）が山腹斜面から湿原にかけて池溝を中心とした2つの同心円形をなして配列している（図 I-5-19）。

溶岩が流れて固結するときに皺が寄った状態を想定して，頂部が平坦で緩やかな勾配が徐々に変化するドーム状の初期地形を設定し，二次元のカレックスモデルを用いて計算した結果を図 I-5-20 に示した。図の右上辺の境界条件を一定な水位とし，ほかの辺では地下水を自由流出入としているので，右上辺のみ異なった表面形状が現れているが，ここを除いた全体は点対称の位置に同心円状の凸部が配列しているのがわかる。また中央には現地と同様に池溝が形成されている。松山湿原におけるアカエゾマツの同心円状配列は基盤となっている沼岳溶岩が固結する際に生じた凹凸が起源となっている可能性があると考えられる。

図 I-5-19　松山湿原におけるアカエゾマツによる同心円

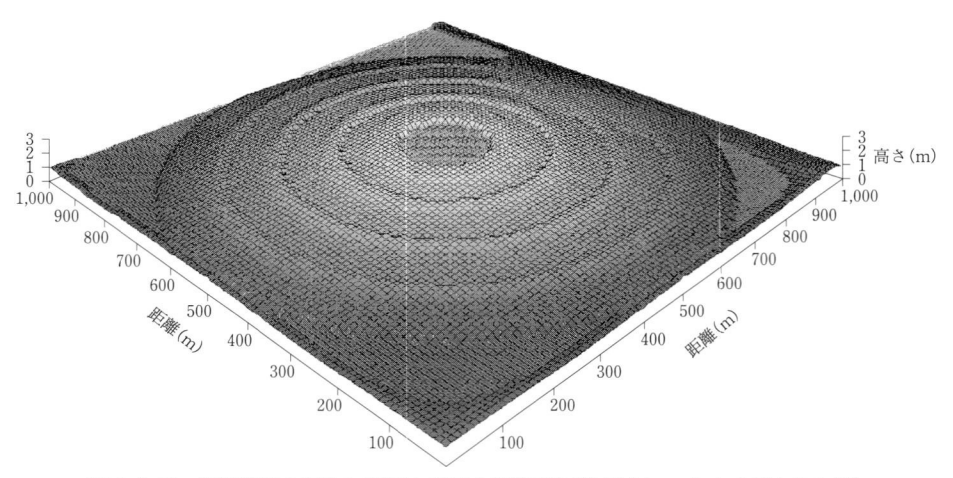

図 I-5-20　泥炭堆積の偏りに起因する同心円形成(二次元カレックスモデルによる)

4-5. カレックスモデルの可能性

　カレックスモデルを適用することにより，これまで高層湿原の微地形形成のプロセスとして，定性的に説明されてきたいくつかの事実関係を定量的に説明できるようになった。

　植生生長関数では，地下水位深度 Dp が $Dc + 1/b$ となる最適水位のときに，植物が最も盛んに生長し最も多い泥炭堆積を生じる。地下水位がこれよりも高くても低くても，泥炭の堆積は少なくなる。地下水位深度が最適水位より深い(水位が低い)範囲では，窪みのほうが地下水位深度が小さいため，高まりよりも泥炭の堆積量は大きくなり地表の凹凸は平坦化されていく(図 I-5-21)。

　窪みや高まりが混在しているような場所は，一度窪みができ水が溜まるようになると，水底での泥炭の堆積は少なくなり周囲の泥炭堆積のみが進み，水深は深くなる一方で，安定した水域に変貌していく

図 I-5-21　草原状の平坦な湿原表面。図 I-5-15 の［T］領域

図 I-5-22　湛水した窪みと小さい起伏。図 I-5-15 の［A］領域

ものと考えられる（図 I-5-22）。

　湿原に湛水域ができるためには，地下水位深度が継続的に浅い状態が必要である。この条件を満たしやすいのは，時期的には泥炭層厚の薄い形成初期であり，地域的には積雪による圧密を受けて透水係数や間隙率が小さくなりやすい山岳地域である。

　このモデルの計算手法は計算量が多い割に変化が小さいという不利な面があるが，この性質を逆に利用すれば，過去に遡る数値実験も可能ではないかと試行しているところである。この方法を用いれば各地の湿原の現在の地形を初期条件として，5,000〜1万年前の形状を推定できる可能性がある。

（岡田　操）

5. サロベツ湿原の湿地溝

5-1. 高位泥炭地の湿地溝

湿地溝は，特定の高位泥炭地に形成される微地形である。全体は樹枝のような外観をもった小水路網で(図I-5-23)，国内ではサロベツ湿原(梅田・清水，1985)と尾瀬ヶ原湿原(小谷，1954)における報告があるのみである。サロベツ湿原の湿地溝の形状は，最上流部では幅10 cm，深さ数十cmほどで植生による凹凸と区別できない程度であるが，下流に向かうにしたがい溝が深く大きくなり，最下流では広幅V字谷のような断面形をなす。また源流部の植生は高位泥炭地本来の植物とチマキザサ(Sasa palmata)が混生している状態だが下流ほどササが増える(梅田・清水，1985)。

サロベツ湿原の湿地溝の成因について，従来ミズゴケ泥炭からなる高位泥炭地として一度形成されたものが浸食されたものであろうという説と，泥炭層が吸収し得ない過剰な水分が，泥炭地縁辺部を流下した結果形成されたものという説があった。しかし湿地溝の源流となっている地域は地表面勾配が極めて小さく，現状程度の雨量強度では十分な浸食営力を得ることはできないと考えられる。

図I-5-24は，レーザー計測DEMデータより作成したサロベツ湿原の一部を地表面勾配の大小を濃淡で示した図である。河川や沼ぞいに濃く描かれた樹枝状のものが，湿地溝である。図の右上端には丸山と呼ばれる台地があり，これを中心としてなだらかなドームのような形となっている。湿地溝はこのドームの頂部の平坦な地域には見られず，縁辺のサロベツ川左岸やペンケ沼から1,000〜1,500 mの範囲に多く分布している。湿地溝は，河川や沼などの水域につながる部分に狭い間隔で配列している。

サロベツ湿原の湿地溝の特徴は以下のように整理できる。

①高位泥炭地の内部に1つないし複数の源流をもっている(流入河川ではない)。

②海の潮汐が及ぶ感潮域ではない地域に成立している(潮汐溝 Tidal Creekではない)。

③多くの場合，樹枝状の流路網をもっている(人

図I-5-23 サロベツ湿原の湿地溝(図I-5-24のPe-06)

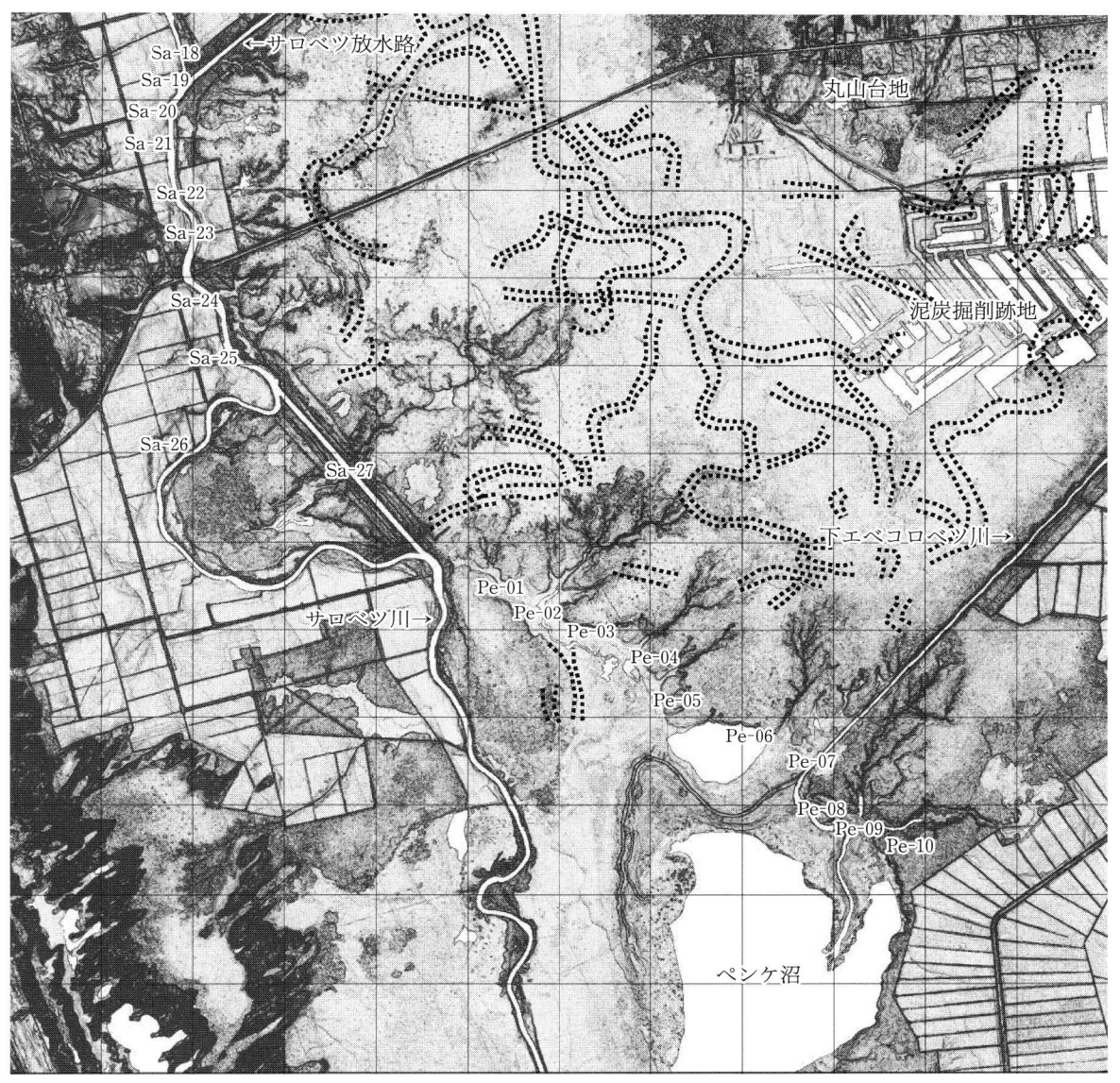

図 I-5-24 サロベツ湿原における湿地溝の分布(地表面勾配を濃淡で表現した図;岡田,2009)
濃色:急傾斜地,淡色:緩傾斜地,白色:水面,点線:埋没河川,格子間隔:500 m

④分流することなく沼や河川に1か所で流入している(堆積地形ではない)。
⑤速やかに排水される水域につながっていて,末端が消滅してしまうものはない(停滞水域ではない)。

人工水路ではない)。

5-2. 湿地溝の分布と形状

図 I-5-24 中に点線で示したものが埋没した旧河川の痕跡である。図によると湿地溝の空白域となっている丸山台地のドーム頂部から西側にかけて多数の埋没河川が見られる。このなだらかな地域の周辺で徐々に勾配が大きくなり始めるところ,5 m の等高線よりやや高い位置のほぼ同一標高から湿地溝が始まっている。

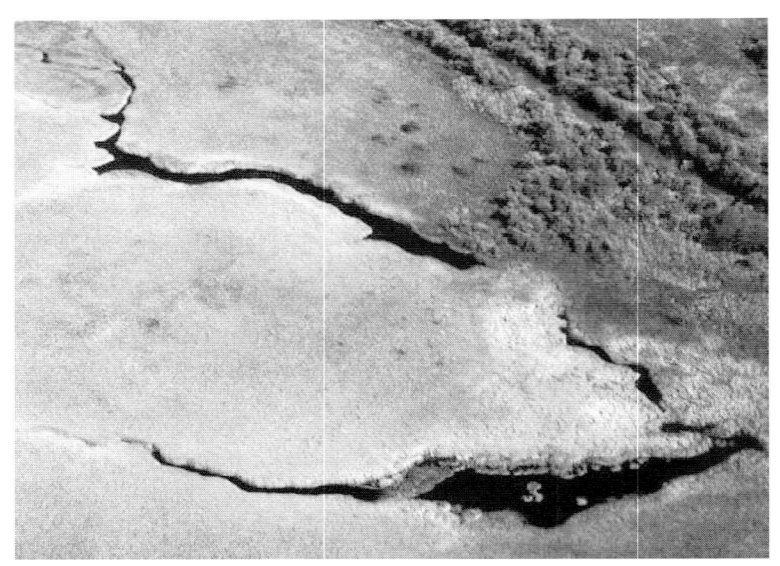

図 I-5-25 右上に見える排水路に堰上げられた湿地溝の例
サロベツ湿原(図 I-5-24 の Pe-07)

　湿地溝が密集している地域で，その形状を計測してみると，湿地溝の集水面積は 0.7 ha から 140 ha を超えるものまであり，平均は 20 ha である。集水面積が最大の湿地溝は最小の 200 倍になる。源流数は 1 か所から 69 か所までで，1 つの湿地溝の平均は 12 か所である。流路延長は 104〜3,200 m までさまざまで，平均 650 m，最長と最短の比は 30 倍以上となっている。一群の湿地溝としては，Sa-27 が集水面積(144 ha)・流路延長(3,200 m)・源流数(69 か所)と最大となっている。大きなものや複雑な形状のものは，かつて別個に発達したものが流出先の河道変更などの過程で統合したように見える(Sa-27，Pe-10)。

　埋没河川との関係に着目して見てみると，埋没河川上に流路をもつもの，埋没河川を通じて統合したと思われるもの(Sa-22，Sa-23)，埋没河川を横切っているもの(Pe-01)などさまざまなパターンが観察できる。しかし埋没河川に注いでいたという痕跡を残す湿地溝は見られない。これらから少なくとも現存する湿地溝のなかに埋没河川が河川として機能していた時代に存在していたものはなく，埋没過程にあったとき以降に形成されたものと推定できる。

　サロベツ湿原地域では，開拓当初，また戦後の農地開発・洪水対策として河川の改修，排水路の掘削が広く行われ，河川の流路形状も大きくかわった。この過程で掘削工事の残土に流路を遮断された湿地溝がある。流路を遮断されて湛水するようになった湿地溝では単に形態・景観が変化したばかりでなく，水や栄養塩類の供給形態も変化した。その結果，植生の変化も起こり，湿地溝が形成された高位泥炭地には本来生育していないヨシなどが繁茂する水域が生じている(図 I-5-25)。

5-3. 湿地溝の成因

　サロベツ湿原の湿地溝の成因は，前述のように浸食であろうという説が有力であった。しかしサロベツ湿原では，以下に述べるように十分な浸食営力が得られない。サロベツ湿原では，湿地溝が始まる源流周辺の泥炭地の地表勾配は 1/1,000〜5/1,000 程度である。気象庁アメダス観測点である豊富の 37 年間(1976〜2012 年)の観測結果で，最大の 1 時間雨量は 46.5 mm/h(2010 年 9 月 20 日)である。サロベツ湿原に単独で存在する最小の湿地溝は面積が 0.7 ha である。サロベツ湿原の高層湿原ではミズゴケ類をベースにヌマガヤやゼンテイカなどの中型草本，ガンコウラン・ツルコケモモ・ヒメシャクナゲなどの矮性灌木が隙間なく生育している。そのような緩やかな一様斜面をなし，なおかつ雨量も多くない地域では，雨水や融雪水が 1 か所に集中することは考

図 I-5-26　透水性の大きい泥炭に埋没した旧河川の景観

えにくく，どのような流れを想定しても，生きた植物の根が複雑に絡み合った未分解な層(活性層)を浸食できるほどの激しい流れが生じるとはとうてい考えにくい。

尾瀬ヶ原の研究では，湿地溝はドーム周縁の緩斜面や浅い谷のなかに形成され，その水源は斜面の途中に存在し，頭部浸食を行っているというよりは，むしろ泥炭のなかから水が滲出する小さな泉が源流であろうと推定している(小谷，1954)。

サロベツ湿原で泥炭層に埋没した旧河川が多数存在する地域は，湿地溝源流に隣接している。現在の埋没河川には明瞭な凹凸はないが，表面が柔らかく小さい水溜りが点在する状態となっている(図 I-5-26)。埋没河川に堆積した泥炭は，地表に至るまで軟弱で，周囲の泥炭に比べて透水性が大きい。さらに埋没河川では厚さ約2mの泥炭層の下に自然堤防の最高部が存在する(梅田・清水，2003)。河川として上流から水の供給を断たれたが，埋没河川は泥炭層中の水の通り道として機能し，泥炭地の地下水を支配している。次に，埋没した旧河川との関連を踏まえて，浸食以外の成因による湿地溝形成の可能性を検討してみよう。

5-4. カレックスモデルによる成因の検証

カレックスモデル(岡田，2008)を用いて，湿地溝形成の検証を行ってみよう。このモデルの核心は，植物の生長特性を表す生長関数にある。湿原植物といえども，ほどほどの水はけがあるときに植物の生長が最もよいとする。

計算上の初期条件として，サロベツ湿原の湿地溝源流域の地表勾配に相当する3/1,000の一様な勾配の斜面に，厚さ2mの泥炭が堆積した状態を想定する。勾配方向の長さは湿地溝の平均的な長さを考慮し，1,000mとした。下流(右)端の辺では河川や沼などの水域に流出することを想定して，水位を一定とした条件を付している。領域へ供給される水は，各境界を通じて地表水・地下水として出入りする以外には降雨のみであり，1994年にサロベツ湿原で実測された降雨時系列を繰り返し用いた(岡田，2009)。

一様な勾配で一様な透水係数の斜面上で，一部の泥炭に周囲より1桁大きな透水係数を与える。この設定は高位泥炭地内に埋没した旧河川の痕跡に相当する。全領域で均一に設定したなかで一部にだけ透水係数を大きく与えると，地下水が地表面の勾配にしたがわずに流れるようになる。すると一様な斜面の特定部分に地下水が集中し，滲出したり湧出したりする箇所を生じ，ここから流れ出した地表水が植物の生長を抑制して，その部分の泥炭の堆積を妨げる。これが湿地溝形成のきっかけとなる。

図 I-5-27は左が高く，右に向かって低くなる斜面である。点線で囲んだ部分が，透水係数を大きく設定した部分である。図 I-5-27の上の図は1,000

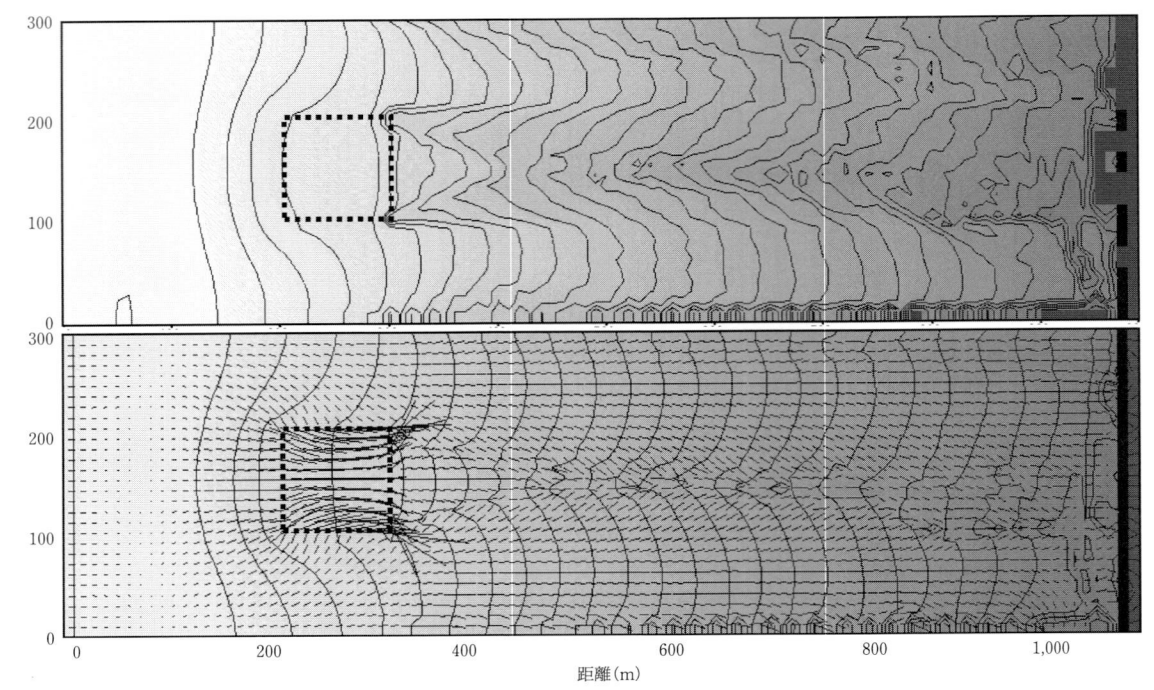

図 I-5-27　泥炭層中の透水性の相違によって形成される湿地溝の例(1,000年後)
上図：地表面形状の相対高度，下図：地下水流向と地下水位の相対高度，コンター間隔はいずれも0.1m，点線で囲んだ部分が透水性の高い泥炭が埋まった部分

年後の地表形状で，二股に分かれた溝が形成されている。下の図は，同じ時点での地下水位とその流向を示したものである。透水係数が大きい部分には，斜面の上手からばかりでなく，側方からも地下水が集中してきて「水みち」が形成される。透水係数の大きな部分が途切れるところでは，集まった地下水が分散していくが，相対的に下手方向へ流出する量が多く，下手方向の地下水位深度が小さく(浅く)なり，流動環境の[A]領域(本章第4節参照)になると溝ができ始める。

より広い幅1,200mの斜面のなかの7か所に透水係数の大きな部分を設定すると，そのすべてを起源とした湿地溝が形成される。実際のサロベツ湿原では，隣り合った湿地溝の間隔が狭いところでは200mたらずであるが，この計算結果でも200mに満たない間隔で湿地溝が形成しうることが示される(図 I-5-28)。

5-5. サロベツ湿原の湿地溝の成因

サロベツ湿原の場合，湿地溝は高位泥炭地の内部に埋没した旧河川部分が透水係数の大きな「水みち」として機能し，これを介した地下水の集中が起こり，さらに過剰になった水の湧出によって植物の生長が阻害され，泥炭堆積量が相対的に減って溝となった微地形であると考えられる。また，これまで水質の側面から湿地溝から滲出する水の水質が，泥炭地内部の地下水と河川水との中間的な性質を示すとされている(橘ほか，2002)。湿地溝から滲出する水は珪酸濃度が高く，全有機物濃度があまり高くない。珪酸を溶出する砂や粘土からなる土壌は高位泥炭地にはあまり混入していないことから，高位泥炭地以外に由来する水の通路である可能性が指摘されてきた。これらの事実は，相対的に低い位置にある湿地溝源流に対して，埋没河川の砂・粘土などの堆積物から珪酸が溶出した水供給の結果として説明できるのである。

(岡田　操)

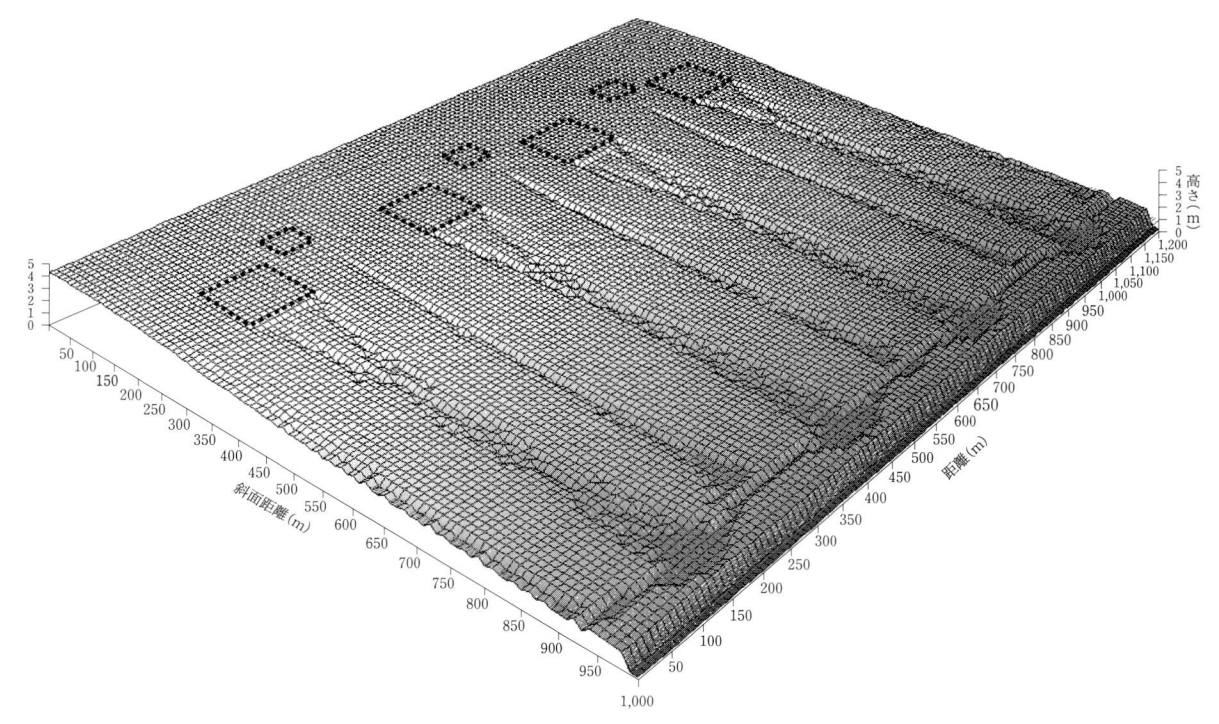

図 I-5-28　透水性の相違によって形成される湿地溝。点線で囲んだ部分が透水性の高い泥炭を設定した部分

6. 瞳沼の浮島

浮島とは泥炭の塊が水に浮いたものである。サロベツ湿原には明瞭な浮島が1つだけある。それはサロベツ湿原のほぼ中央部にある瞳沼という小さい沼に浮かんでいる（岡田，2010）。

面積約7,000 m² の瞳沼の湖面には現在，約2,000 m² の大きな浮島が浮いて漂っている。沼の底は平坦で平均水深は2.17 m，最大でも2.25 mで，湖岸は垂直に切り立っている。浮島の泥炭の厚さは1 m前後であり，面積との積から浮島はおおよそ2,000 m³ の体積と2,000トンの重量がある。浮島の底面と湖底との間には1 m前後の隙間があるので，浮島は水深の制約なしに瞳沼のあらゆるところに移動できる。しかし沼の内矩に対して浮島が大きいため，移動できる範囲と向きには制約がある。

数度にわたる結氷期の調査時には，積雪のなかから突き出ているヨシなどの稈の分布位置から瞳沼と浮島の輪郭を判断してきた。しかしそこには大きな開水面を示す一連なりの広大な氷の平坦面があるのみで，浮島に該当する突起が見られなかった。平坦面の氷にアイスドリルを用いて孔を開けると，氷の直下に水塊のある場所と，氷盤下からツルコケモモの実など植物の生育を示す泥炭が出てくる場所とがあった。後者のケースではその泥炭層を突き抜けた下にも水塊があることが確認された。つまり浮島が水面下に沈んでいるらしいことがわかった。それも着底しているのではなく，氷に圧し沈められた格好になっている。

冬期間に浮島は水面下に沈み，雪融けと共に浮上することを繰り返しているらしい。浮力の増減には泥炭の分解によって発生するガスの量の季節的な変化が影響を及ぼしていると説明される。しかし浮島の沈没と浮上の過程はガスの増減だけでは説明しきれない。ここではこれまでの調査で得られた知見に基づき，浮沈のメカニズムを説明する。

6-1. 浮島の移動

6-1-1. 瞳沼の輪郭の変遷

この地域で最初に編集された地形図は明治31年

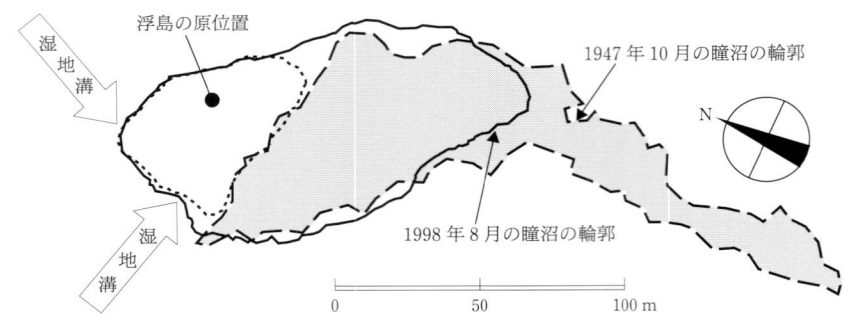

図 I-5-29　瞳沼の輪郭の変化。実線：1998年8月，破線：1947年10月，点線：浮島の形状（岡田，2010）。

版であるが，地上測量による作図が行われていたため，昭和30年代の航空測量の時代になるまでは瞳沼の地形図への記載はない。初めて航空写真に基づいて作成された昭和31年版にも周辺流路だけで沼は描かれておらず，瞳沼が初めて表されたのは昭和47年版の地形図である。

　第Ⅲ部第1章第3節の図Ⅲ-1-8の左右の写真を比較すると上部に写った湿地溝（岡田，2009）の筋との位置関係から瞳沼が同じ位置にあることがわかる。しかし双方の開水面の形は大きく異なり，1947年の写真には浮島が写っていない。沼の輪郭には凹凸があり細長く流路の一部とも見なせるのに対して，1998年のそれでは湖岸線は滑らかになり平行四辺形のような形にかわり，浮島が接岸している様子が写っている。

6-1-2. 浮島の原位置

　2枚の写真の湖岸線をトレースし重ね合わせたものを図 I-5-29 に示した。実線が1998年の，破線が1947年の湖岸線であり，同じ場所とは思えないほど形の違いが大きい。両湖岸線の間の点線の位置に現在の浮島を移動するとそのままの形状でピッタリとはまり込む。この関係から，1947年当時には水に浮いてはいるが周囲の泥炭地とつながった泥炭の塊があり，その一部分が，何らかの事象を契機に岸から切り離されて浮島になったものと考えられる。

　この経緯でできたものとすれば現在の浮島は切り離される前には図 I-5-29 の点線の位置にあった泥炭塊であると考えられる。この位置は湿地溝の1つが瞳沼に流入する地点にあたるので（第Ⅲ部第1章第3節の図Ⅲ-1-6参照），湿地溝が浮島切り離しになんらかの影響を与えた可能性もある。浮いた泥炭と湖

図 I-5-30　原位置（図 I-5-29）にはまった浮島（2011年5月19日）
湖岸（左）と浮島の境界（矢印）は密着している。

底の間に溜まった堆積物などを，湿地溝から常時流入する水が洗い流して，浮揚泥炭と湖底とを明確に分離した状態に保ち続ける。この状態にあれば，条件が整ったとき浮島が容易に切り離される。

　現在でも浮島は移動して原位置にはまることがある。2011年5月19日の調査時にはほぼ浮島が原位置にあり，湖岸と浮島とは平面的に密着状態で，高さも等しいので両者を区別することができない状態であった（図 I-5-30）。両側に生育する植生にも明瞭な差異は認められず，元々つながっていたことを否定できるような事物は見つけられない。

6-1-3. 浮島の回転と着岸位置

　浮島は風向が変わると弱い風でも動いて位置をかえる。しかし浮島が沼の内部を漂っている時間は短く，現地調査の際も斜め空中写真撮影の際も浮島は湖岸のどこかに接岸していた。しかも浮島が接岸する位置と向きには一定の規則性が見られる。現地調

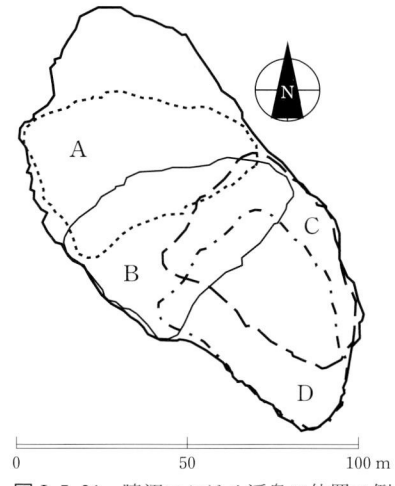

図 I-5-31　瞳沼における浮島の位置の例

査と空中写真撮影の際には浮島は図 I-5-31 の A・B・C・D などの位置にあり，浮島が回転できる角度は 90 度程度の範囲に限られている。最も右に回転したものが C や D の状態，左に回転したものが A や B の状態となっている。

沼の内部を漂うとき浮島は移動すると共に回転もするが，その浮島の回転角度が 90 度程度の範囲に限られるのは瞳沼と浮島双方の形状に関係していると考えられる。沼と浮島の形状を比較すると，沼の短軸方向の長さが約 71 m であるのに対して浮島の長軸方向の長さが約 74 m となっており，この僅かな長さの差から浮島は反時計回りに回転できないものと考えられる（図 I-5-31）。現在このような状態にあるのは元々浮島があった位置に関係しているが，今後浮島が湖岸と何度も衝突を繰り返すうちに双方の突起が凹んで回転できるようになる可能性はある。

1947 年の写真で開水面であった沼の南部（図 I-5-29 の灰色の右半分）はその後水面を浮葉植物に覆われてしまって，少なくとも外見上は沼の様相を失っている。その反対に，当時湖岸から突出していた箇所は滑らかな形状に変化した。浮島が風に吹かれて動きまわり，湖岸への衝突を繰り返すうちに双方の輪郭共滑らかになり現在見られるような形になったものと考えられる。浮島は湖岸の凸部を削ると共に，植物の繁茂をも抑制して開水面を維持した。言い換えると，植物によって埋め尽くされる可能性があった瞳沼の現在の水面を，湖岸から切り離された浮島が動きまわることで維持してきたことになる。また

先に述べたように，浮島の面積が相対的に大きく，せいぜい 90 度程度の回転しかしないため，特定の湖岸には特定の向きでしか着岸できない。これが繰り返されることで，瞳沼と浮島の平面形状は互いに相似的な形状に変形していったものとみられる。

6-2. 浮島の浮沈

6-2-1. 浮島の浮沈

2008 年 3 月の結氷期の調査時には，湖面部分と浮島部分とは共に氷とそのうえに積もった雪に覆われていた。氷に穴を開けると湖面・浮島部分共氷の表面下 2〜3 cm 程度のところまで水が上昇してくる。湖面の氷厚は約 50 cm，浮島上の氷厚は正確には計測できなかったが 20〜30 cm の間と推測される。その他の調査時にも結氷期の浮島表面は水面下の位置にあった（図 I-5-32）。つまり瞳沼の浮島は冬期間水面下に沈没してしまう。

季節ごとの浮島の浮沈のメカニズムについては京都市の深泥池の研究（深泥池七人会編集部会，2008）で以下のように解釈されている。泥炭中の有機物が分解されて発生したメタンガスや二酸化炭素などの気体が泥炭中に溜まって浮力となるが，バクテリアなどの生物が活発に活動する夏期には浮力が増し，冬期には減少するために浮沈が起こる。

これは氷雪の影響が少なく，気温もそれほど低下しない京都市での研究例であるが，寒冷なサロベツ湿原では浮力の減少はより著しいであろう。しかし瞳沼の浮島の沈没を説明するにはそれだけでは十分とは言い難い。

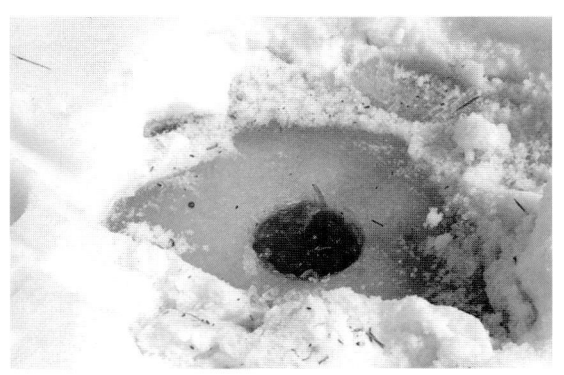

図 I-5-32　瞳沼湖面にアイスドリルで開けた孔（2008 年 3 月 8 日）。孔の底からツルコケモモの実が出てきた。

6-2-2. 浮沈量の定量化

浮島の浮沈の経緯を定量的に調べるために，瞳沼に絶対圧水位計3台を，図I-5-33のように設置し水面に対する湖岸地盤の浮沈と浮島地盤の浮沈を記録する。計測期間は2010年12月5日から翌年5月12日までの159日間である。この寒候期は豊富の最深積雪が72 cm (平年値99 cm) と少雪傾向であった。

観測データを用い図I-5-34に瞳沼水位と浮島の沈下量・豊富の気温と積雪深の変動を表した。沼の水位は2月半ば過ぎまではほとんど変動せずに推移する。2月末から始まる小刻みな変動は気温がプラスになる日と連動しており，融雪にともなう直接の水の出入りに起因する変動と解釈できる。

浮島の地盤は1月半ば過ぎまで徐々に沈下が進み，1月末からは積雪深と同じ程度の沈下量で推移している。積雪の比重は圧雪が進んだとしてもせいぜい0.3～0.4程度であり，積雪の荷重だけでこの沈下量を説明することは困難である。浮島の沈下量が階段状に進行している点に着目し，積雪量とではなく，降雪量との関係を図I-5-35に示した。目に見える浮島の沈下はまとまった雪が降った直後に起こり，何度かこれを繰り返した後に，0.6 mあまりの総沈下量に達する。降雪は断続的に4月初めまで継続していくが，浮島の著しい沈下は1月半ばで落ち着いてしまい，その後は緩やかに変化するにすぎない。

図I-5-35の累加降雪量に0.2を乗じた変化が，少なくとも1月末くらいまでの沈下量の変動とよく一致する。この0.2という値は，新雪の比重に相当し，新雪が降ったことによる新たな加重分だけ浮島が沈下することを表している。これらから浮島の沈下のメカニズムについて以下のような説明が可能である。

降雪の結果としての積雪の荷重だけが関与していれば，昇華蒸発や融雪による荷重の減少があるはずである。しかしこのグラフの過程では沈下の後戻りがほとんど見られない。新雪が降ると浮島はその加重分沈下する。浮島上の窪んだ部分に沈下分だけ沼

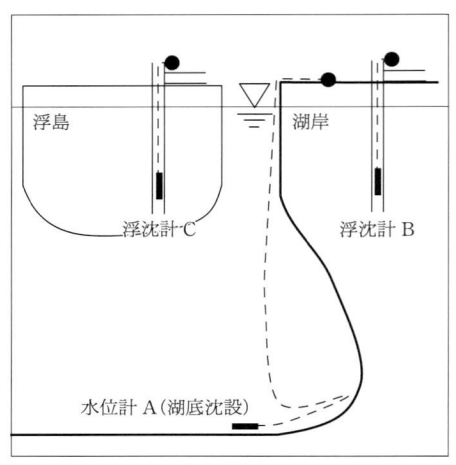

図I-5-33 水位計・浮沈計設置概念図

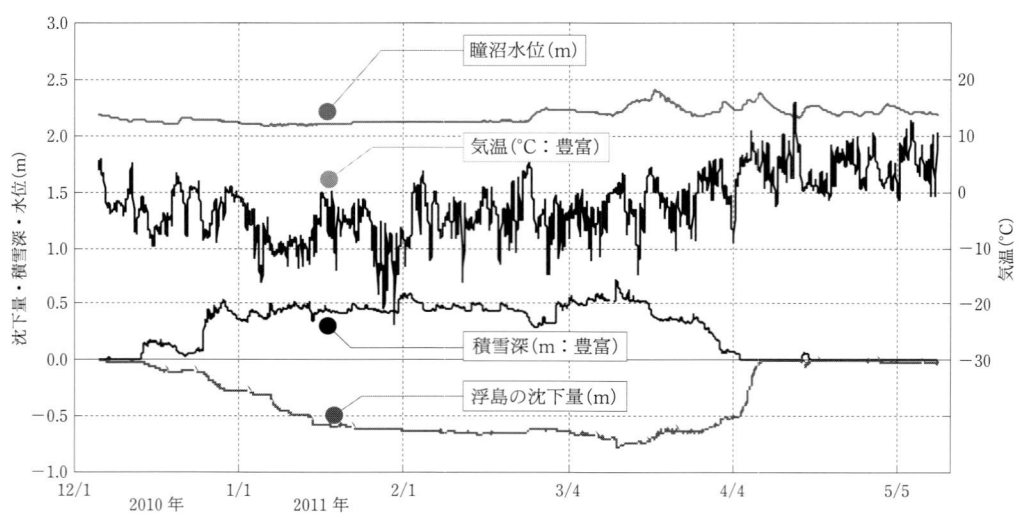

図I-5-34 瞳沼水位・豊富の積雪深および浮島と湖岸の地表面標高・沈下量の変動
(2010年12月5日～2011年5月12日)

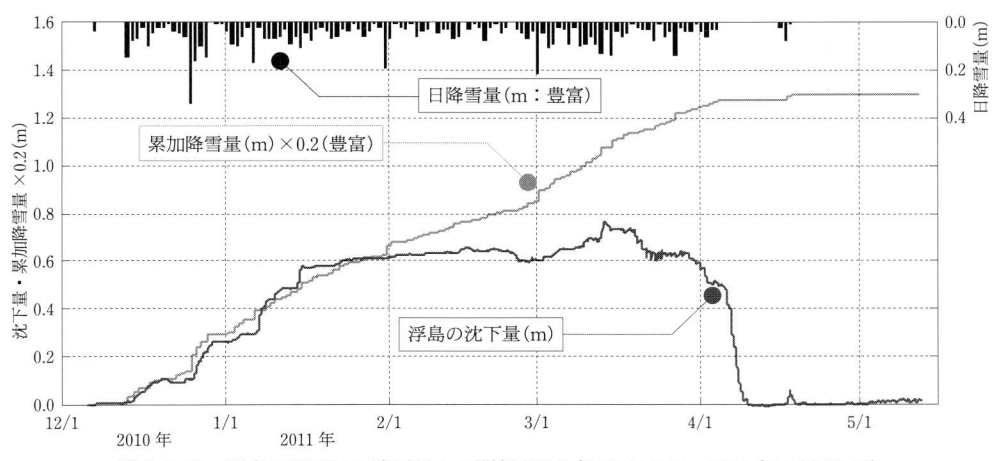

図 I-5-35 浮島の沈下量と降雪量との関係(2010年12月5日〜2011年5月12日)

水が浸入し，連日の氷点下の気温下では直ぐに凍結する。氷という減少しにくいかたちで荷重の増加分が蓄積されることで，次々と加わる新雪の荷重が累加的に加わっていくのである。

2月に入ると沈下量が累加降雪量の増加にともなわなくなる。これは浮島を覆う氷の厚さが十分に厚くなり，連日の氷点下10℃近い厳寒条件のもとで完全凍結して構造的な強度が増し，氷盤が動かなくなるためであろう。この完全凍結がどのような条件・タイミングで生じるのかは現在のところ明らかでない。

浮島の成因を含めた瞳沼の形成史については，第III部第1章第3節で改めて詳しく述べることとする。

(岡田　操)

第6章
湿原の広域特性

1. 地形と流路

　湿原は面的な広がりをもつ空間であり，空間内でさまざまな環境因子は相互に関連し合いながら，しばしば複雑な変動を見せる。湿原の環境やその変化を適切にとらえるには，対象地域全体の環境因子の空間分布を把握することが必要である。

　本章では，湿原全体の視点から環境を把握するため，衛星画像（光学センサーと合成開口レーダ），航空レーザ測量（航空機レーザプロファイラ），およびGISを組み合わせて用いることで，地形，水文，植生，土壌といった環境因子の空間分布を推定すると共に，植物フェノロジーや泥炭の炭素蓄積量推定などの応用を試みた。本節ではそのうち地形因子と水文因子に関わる分布図を作成し，本地域の特性を探った。

1-1. 地形の分布特性

　空間連続的に地形を測量する手法として，航空レーザ測量は有効である。航空レーザ測量は，航空機に搭載した装置により，パルス状に発光するレーザ照射に対する反射を測定し，対象物までの距離や性質に関する情報を得る方法である。ここでは，本地域で取得されたこのレーザ測量データを用いて，標高と傾斜の分布データを作成した。

　使用した航空レーザ測量画像は，環境省および朝日航洋（株）が撮影したもので，撮影日は2003年5月20日である。地上分解能は1mで，得られた標高値は地表に存在するものの表面（これをDigital Surface Model(DSM)という）を表している。ということはパルスが必ずしも地表面にあたらず，地表面上に生育している植物にあたって反射することもあるということである。データ処理をする場合には，このことを考慮する必要がある。

　標高データは3m×3m内の最低値を中心の1mセルに与える処理を行うことで，植生表面で反射したパルスの影響をできるだけ取り除き，地表面に到達したパルスを拾い集めるようにして作成した(Takada et al., 2009)。傾斜データは標高データを用いて10m×10m内の平均値を中心に与える処理を行った(Takada et al., 2009)。傾斜データは水の動きと関連するものとして第Ⅲ部第1章第5節のササ群落の拡大要因の解析などで活用する。なおこれらの処理サイズは，目的や必要な空間精度に応じて任意に設定可能である。併せて，井上ほか(2005)の方法で，1956年に作成された50cm間隔の等高線図（北海道開発庁，1963）から作成した補完画像と，前述の標高データとを差し引くことによって，過去およそ50年間の地盤沈下量の分布図を作成した(Takada et al., 2009)。図Ⅰ-6-1に標高，図Ⅰ-6-2に地盤沈下量の分布図を示した。

　本地域の標高は5～7mで，全体として概ね平坦な地形をなしており，東側から西側のサロベツ川に向かって緩やかに下る傾斜（約0.1～0.3％）となっている。また西側を流れるサロベツ川につながる形で樹枝状に発達した湿地溝周辺で，急激に標高が変化し，傾斜が急となっている特徴がある。また，地盤沈下量分布図（図Ⅰ-6-2）からは，排水路や道路近傍で地盤沈下が顕著となっている傾向が読みとれる。

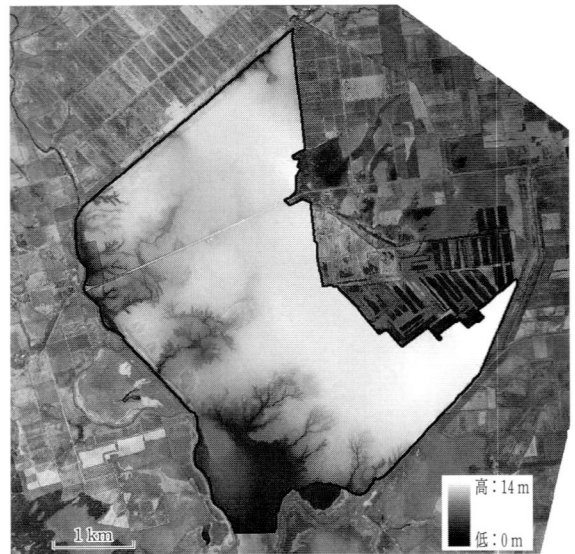

図 I-6-1　標高の分布図

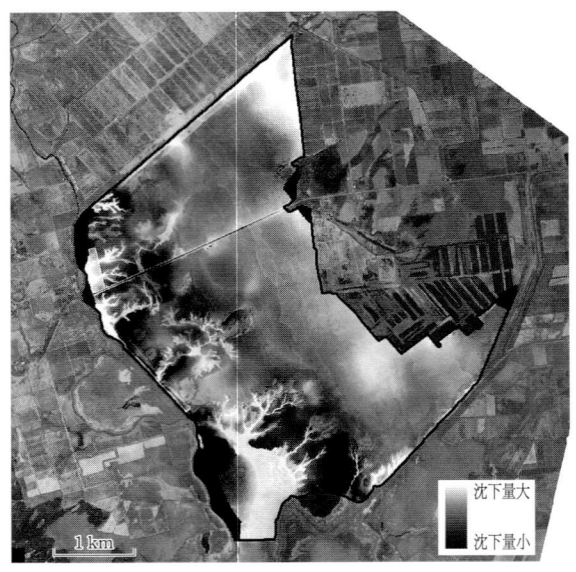

図 I-6-2　地盤沈下量の分布図

1-2. 広域的な水文環境

水文に関するデータとして，地表面地形から水の集まる方向と量(集水面積)を示す分布データを作成した。地表面地形には前述の標高データを用いた。ここでいう集水面積とは，航空レーザ測量データの各セル(1 m)の傾きから流れの方向を判定し，セルごとに上流側に位置するセル数をカウントしたデータであり，地表面の勾配のみを考慮した場合の，当該セルに水が集まってくる面積(m^2)を表すものである。ArcGIS 9.2 の空間解析機能(Flow accumulation tool)を用いて 1 m セルごとにこれを計算した。

図 I-6-3 にこの値を流路として表したものを例示した。上サロベツ湿原を東西に横切る道路に向かう流路，および湿原西側の湿地溝に向かう流路が表現されている。また湿原中央東側のミズゴケ植生一帯が大きなドーム状になっていることがうかがえ，表面地形に応じた水の動きを推定するパラメータとしての活用可能性が示されたといえる。

この情報を活用することで，湿原内の水が周辺水路または河川に流出する地点を探索することができると共に，その流域面積の大きさから，流出による影響の大きさを推定できる。それによって，効果的な流出防止対策箇所の選定にも役立つであろう。

(高田雅之)

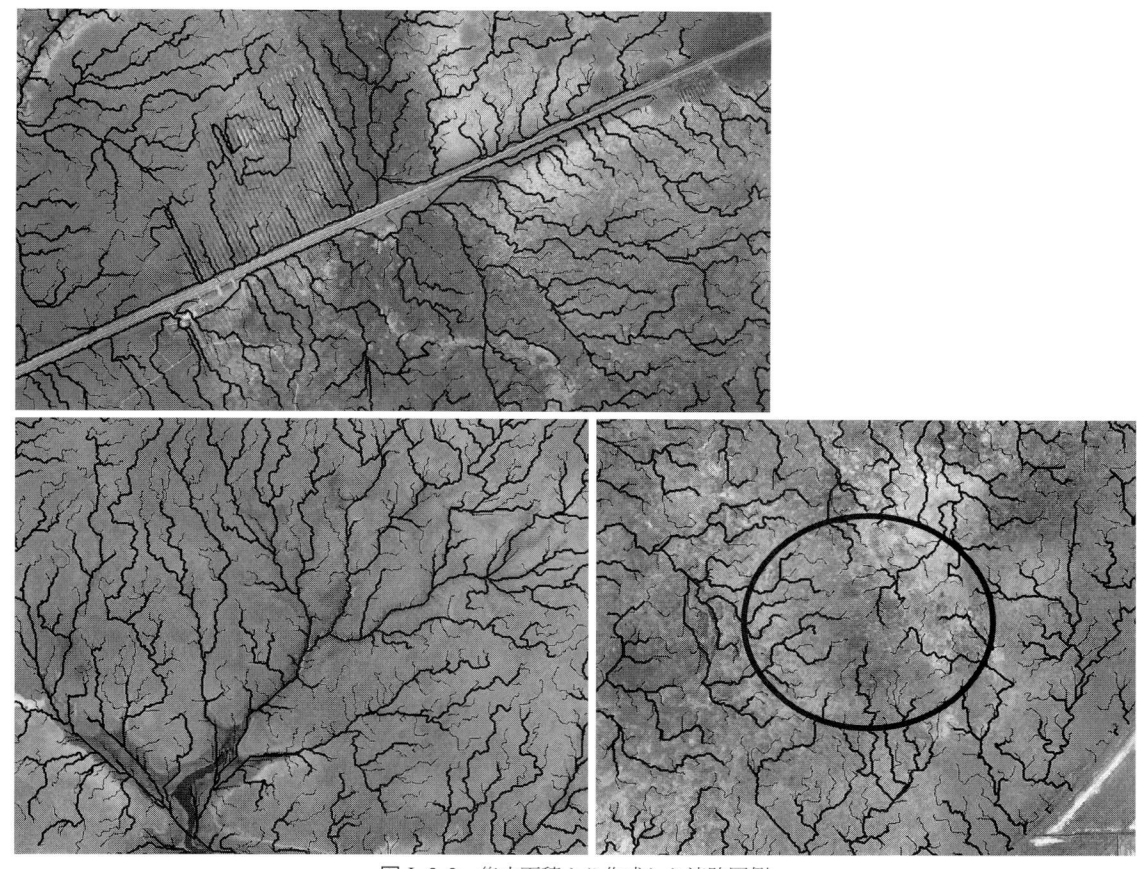

図 I-6-3　集水面積より作成した流路図例
上：道路に向かう流路，下左：樹枝状に湿地溝に向かう流路，下右：ドーム状の地形のため四方に水が流れている

2. 植生分布

　広大な湿原では，踏査のみで植生図は作成できない。一般には，空中写真の判読と現地調査の組み合わせで植生図を作成する。しかし，空中写真の撮影は頻繁に行われない。一方で，衛星画像は高い頻度で撮影され，入手しやすいことから，衛星画像を用いた植生区分を試みた。マルチバンドの光学センサーを搭載した衛星画像を用いると，植物に特徴的な反射特性(赤色を吸収，近赤外域を反射)を踏まえた植生区分が可能となる。その際，区分の妥当性を検証し，一定の精度を確保するためには現地調査(Ground truth)データの取得は不可欠である。本節では現地での植生相観調査を含む，衛星画像を使った植生区分の方法と結果について紹介する。

2-1. 衛星画像を使った植生区分

　まず，衛星画像に映し出された湿原植生が，現地ではどのような植生であるのかを確かめるための植生相観調査を行った。調査は，上サロベツ湿原内を網羅するように123地点で，10m四方内の主な植物種を記録した。その結果を基に，ササ植生，スゲ植生，ミズゴケ植生，ヨシ-イワノガリヤス植生の代表的な4タイプに，ササ-スゲ植生，ミズゴケ-スゲ植生の2つの混合タイプを加えた6つの植生クラスを設定した。

　次に衛星画像を使った植生区分を行った。用いた衛星画像はALOS/AVNIR-2である。ALOS/AVNIR-2は地表にあたった太陽光の反射をとらえる光学センサーで，地上分解能は10m，可視域〜近赤外域の4バンドを有している。2006〜2007年の春から秋に撮影された衛星画像のうち，対象地域

に雲がかかっていない9シーンを選定し，座標位置を合わせる幾何補正（ERDAS IMAGINE 使用：Leica Geosystems AG）を行った後，実際の反射光の強さを示す輝度値および反射率にデータを変換した。

前述の123地点での植生相観調査のデータを基に，衛星画像から得られる調査地点でのピクセル値を用いて，多変量解析の手法の1つである，マハラノビス汎距離を用いたステップワイズ判別分析を行った。入手した9シーンでそれぞれ判別分析を行い，123サンプルによる判別正当率と，2005年に別に行った51地点での現地調査による検証の結果得られた正当率（検証正当率）を求めた。その結果，判別正当率は64.0〜84.8%，検証正当率は57.8〜77.8%と比較的良好な結果が得られた。また，判別正当率は夏期に下がり，春および秋期に高くなる傾向が見られたが，これは，いずれの植生クラスにおいても夏期は最も成長が旺盛で緑色が濃くなり，太陽光の反射特性が類似してしまうためと考えられ，植生によるフェノロジーの差異が顕著に現れる春期と秋期が，衛星画像を用いた植生区分により適していることを示唆している。

この結果を基にして，最も正当率の高かった2007年10月5日の衛星画像を用いて植生区分図を作成した（図I-6-4）。サンプルの判別正当率は83.2%，検証正当率は77.8%である。植生クラスごとに判別正当率を見ると，ミズゴケ植生とササ植生は判別精度が高いのに対して，混合植生では相対的に低い傾向が見られた。混合植生は混合の割合によって太陽光の反射特性が少しずつ異なってくることから，衛星画像による植生区分において，混合植生を単一の植生クラスとして取り扱うことは精度の低下につながることを示した。

2-2. サロベツの植生分布

図I-6-4から，西側はササ植生が広く覆っているが，湿地溝が湿原内部に入り込んでいないところでは，ササとスゲの混合植生が特徴的に分布している傾向が見られる。スゲ植生はミズゴケ植生を取り囲むように分布しており，ミズゴケ植生が衰退していく過程でスゲ植生に変化していく可能性もあることから，今後の環境変化と共に2つの植生の動向を注視する必要がある。ヨシ-イワノガリヤス植生は南側の下エベコロベツ川および北側の放水路の近傍，中央を横断する道路ぞい，湿地溝の末流に見られ，排水路や道路による地盤の沈下や，掘削土の堆積が堤防の役割を果たすなどして水が集まることと関連があると推察される。

以上より，光学センサー型の衛星画像であるALOS/AVNIR-2を用いて，複雑で連続的な植生を，一定の精度をもって6つの湿原植生タイプに区分することができた。これにより，広域的な視点で環境分布を評価し，さらに環境変化を時系列的に追跡（モニタリング）するための基盤地図としての利用が可能になったといえる。

（高田雅之）

3. 土壌の分布

湿原は水文-土壌-植生が相互に関連して変化をつくり出す生態系であり，その成立基盤としての土壌に関する情報を得ることは重要である。土壌調査は採取から分析に至るまで労力を要する作業であり，広い面積をカバーすることは容易ではない。十分な踏査が困難な広大な湿原では，衛星リモートセンシング技術を用いて，土壌の理化学的性質の分布図が作成できれば，それは非常に有効な手段といえよう。しかし，光学センサーを用いた衛星情報では，植生表面の情報の下に土壌の情報が隠れてしまう。一方，

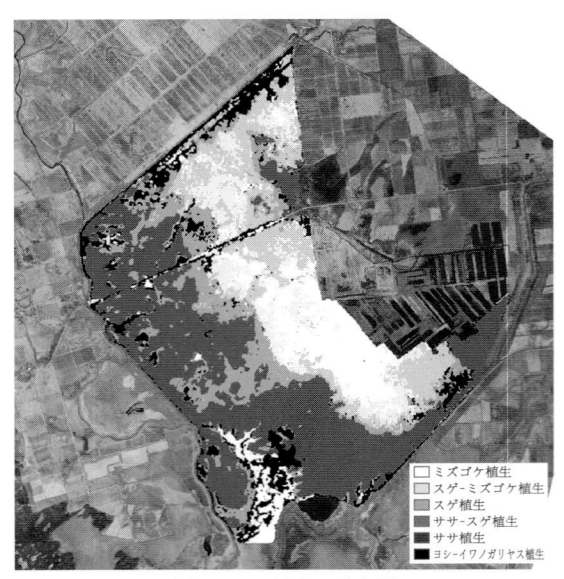

図I-6-4　植生の分布図

合成開口レーダ(Synthetic Aperture Radar：SAR)は長波長のマイクロ波を発して後方散乱の強さを計測するもので，雲を透過し，また波長によっては植生を透過するとされていることから，表層土壌に関する情報を取得できる可能性が高い。さらに波長が長いほど対象物の内部までマイクロ波が到達することから，より波長の長いLバンド(ALOS/PALSAR，波長23.6 cm)を使用することで，表層土壌内部の性質に関する情報が得られることも期待できる。この節では，合成開口レーダと現地調査データを用い，表層土壌の理化学的性質の分布推定を行った事例について紹介する。

3-1. 衛星画像を使ってどのように推定するか

衛星画像を使って土壌の理化学的性質の分布を推定するには，まず現地のデータを得る必要がある。そこで2007～2008年に，上サロベツ湿原内を網羅するように71地点で表層土壌(0～20 cm)を採取し，乾燥密度(dry bulk density，g cm^{-3})，炭素含有率(重量含有率，%)，窒素含有率(重量含有率，%)を分析すると共に，そのうちの54地点のサンプルについて有機物含有率(強熱減量，%)を分析した。

乾燥密度は65℃で約48時間以上定量となるまで乾燥し，重量を既知の体積で除して求めた。炭素含有率および窒素含有率はCNコーダー(Vario Max CN：Elementar Analysensysteme GmbH)を使って同じサンプルを複数回分析し平均をとり，併せてC/N比を算出した。さらに炭素含有率および窒素含有率に乾燥密度をそれぞれ乗じて，体積当たりの含有量(g cm^{-3}：以下「炭素体積含有量」および「窒素体積含有量」と記す)を算出した。有機物含有率は乾燥密度計量用のサンプルを用いて，600±25℃で2時間燃焼させ，重さを量ることによって求めた。

また17地点において透水係数(cm s^{-1})を現地計測した。計測方法は地下水位が高いところでは飽和透水係数としてオーガホール法(Boast・Kirkham，1971；中野ほか，1995)を，地下水位が低いところでは不飽和透水係数としてゲルフパーミアメータ(Reynolds・Elrick, 1987)を用いた定水位法を，中間的な地下水位のところでは飽和透水係数としてピエゾメータ法(山本，1970)を用いた。

これらの現地調査データを基に，衛星画像を使って点のデータから面のデータ(分布地図)の作成を試みた。使用した衛星画像は2006～2007年のALOS/PALSAR画像18シーンである。まず前処理として座標位置を合わせる幾何補正を行い，次いで5×5ピクセルの平均値計算によりスペックルノイズ(対象物のランダムな散乱にともなう独特のゆらぎ)の平滑化処理を行った後，画像のデジタル値から後方散乱係数を算出した。後方散乱係数とは，レーダ照射方向に対して跳ね返ってくるレーダの強さで，地表面の構造や性質と関係があることから，今回これを活かして土壌の性質を推定してみるのがねらいである。

そこでまず，後方散乱係数と個々の現地調査データおよび面的な環境因子との関係について分析した。ここで用いた面的な環境因子は，航空機レーザ測量データから作成した傾斜，植生高，植生表面粗度および地表面粗度のほか，ALOS/AVNIR-2画像から算出したNDVI(Normalized Difference Vegetation Index：正規化植生指数，植生の量や活性を表す指標で(近赤外−赤)/(近赤外＋赤)で計算される)である。これらと後方散乱係数との単相関関係を分析し相関性および有意性について評価したところ，関連性が見い出されたことから，後方散乱係数を目的変数，各種環境因子を説明変数とした重回帰分析を行った。その結果，これらの環境因子が複合されてPALSARの後方散乱係数が説明されていることが明らかとなった(Takada et al., 2009)。これらの結果を受けて，面データである後方散乱係数，傾斜，植生高，植生表面粗度，地表面粗度およびNDVIの面的データを説明変数に，点データである土壌理化学因子を目的変数として重回帰分析を行い，表層土壌の理化学因子に関する空間分布をそれぞれ推定した。

3-2. 後方散乱係数と泥炭土壌との関係

後方散乱係数と表層土壌の理化学的性質を表す現地調査データおよび面的な環境因子との相関を有意水準95%($p<0.05$)として評価したところ，正の相関が有意に高かったのは，土壌の乾燥密度，窒素含有率，窒素体積含有量，炭素体積含有量，NDVI，地表面粗度で，負の相関が有意に高かったのは土壌のC/N比，有機物含有率，透水係数であった。このことは表層土壌の理化学的性質がマイクロ波の散

乱の強さと強い関係にあることを示しており，泥炭土壌の性質を推定するものとして貴重な知見が得られた。

次に複数の環境因子から後方散乱係数を推定するための重回帰分析を行った結果，重相関係数は0.71〜0.92となり，高い相関性と有意性で推定できることがわかった。寄与の大きさを示す標準偏回帰係数を見ると，窒素含有率が最も推定に寄与し，次いで乾燥密度，NDVI，炭素含有率，C/N 比が推定に寄与していた。これらのことから，泥炭地において，PALSARの後方散乱係数は表層土壌の理化学的性質の分布を推定する有力な情報であることがわかった。

そこで6つの土壌理化学因子をそれぞれ目的変数とした重回帰分析の結果，いずれのケースでも重相関係数および有意性が共に高い分析結果が得られた。説明変数のうち，特に有意性の高かったのは，乾燥密度，有機物含有率，炭素含有率の推定では植生の高さ，地表面粗度，NDVI，後方散乱係数の4つの因子，窒素含有率の推定では植生の高さ，地表面粗度，NDVIの3つの因子，窒素体積含有率および炭素体積含有率の推定ではNDVI，後方散乱係数の2つの因子であった。なお，別に現地調査を行った47地点のデータを用いて検証した結果からもこれらの結果の信頼性を裏づけることができた。

3-3. サロベツ湿原における土壌分布

以上の結果から，寄与率0.7（窒素体積含有量）または0.6（乾燥密度，有機物含有率，炭素体積含有量）以上，かつ有意水準が99％（$p<0.01$）の3〜5シーンを選定し，各シーンの重回帰式を用いて分布図を作成し，さらに項目ごとに平均をとって乾燥密度，有機物含有率，炭素体積含有量，窒素体積含有量の分布図を作成した（図I-6-5）。また乾燥密度と透水係数との相関式を用いて，乾燥密度の分布図から透水係数の分布図を推定した（図I-6-6）。

土壌の理化学的性質の分布傾向を見ると，概ね植生や地形に対応した傾向が明らかとなった（本章第1節・第2節の図を参照）。特徴としては，湿地溝周辺および南北の水路近傍では泥炭の分解が進んでいる傾向が見られること，南東端の近年拡大してきたと見られるササ植生域（第III部第1章第5節参照）では，西側のササ植生とミズゴケ植生との中間的な土壌特性を有していることなどが読み取れる。

これらのことから，ALOS/PALSAR画像と，ほかのデータソース（航空レーザ測量および衛星光学センサー）とを合わせて用いることで，湿原における表層土壌の空間分布の推定が可能であることが示された。

（高田雅之）

第 6 章 湿原の広域特性　123

乾燥密度

有機物含有率

炭素体積含有量

窒素体積含有量

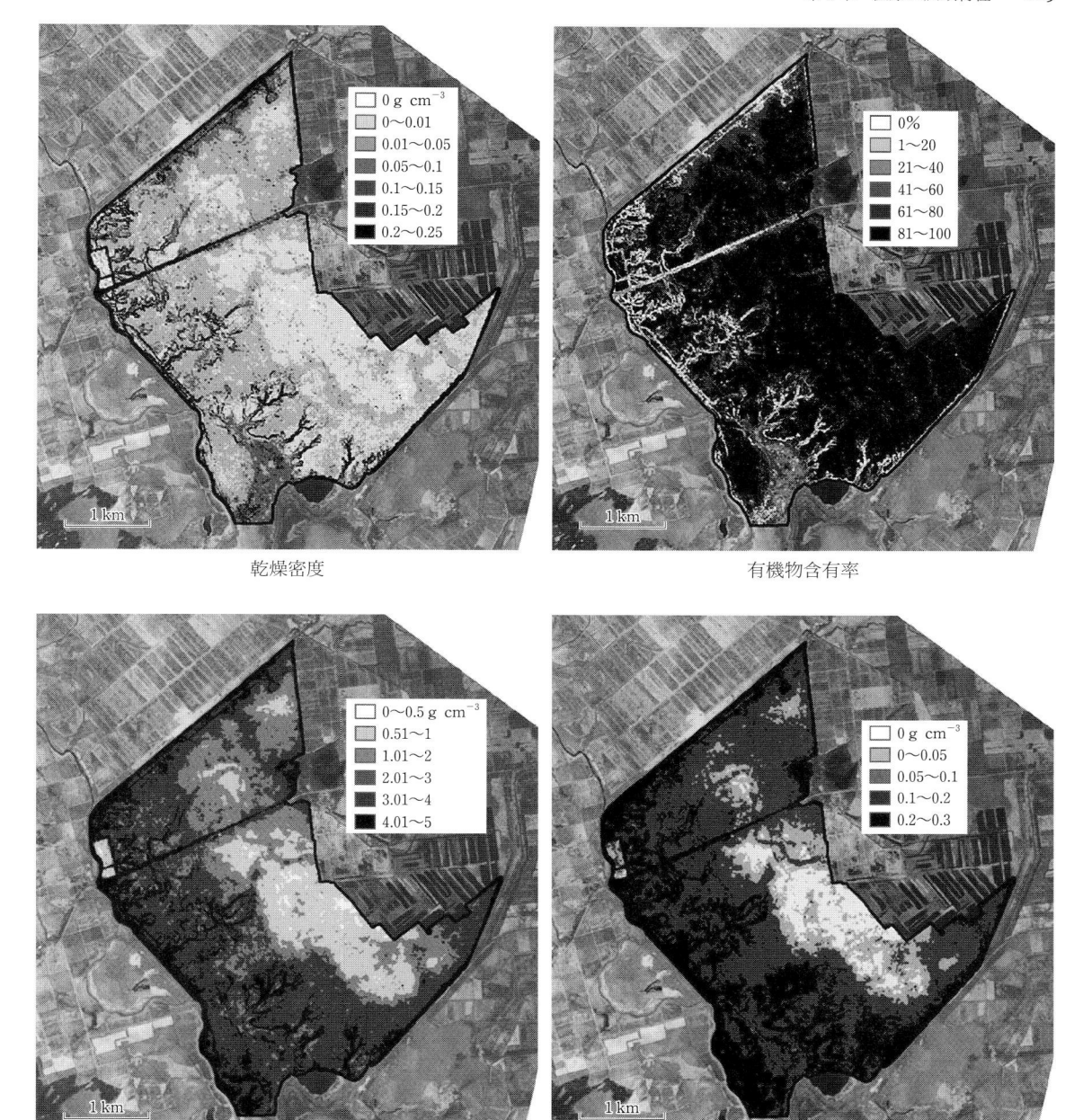

図 I-6-5　土壌の理化学的性質の分布図

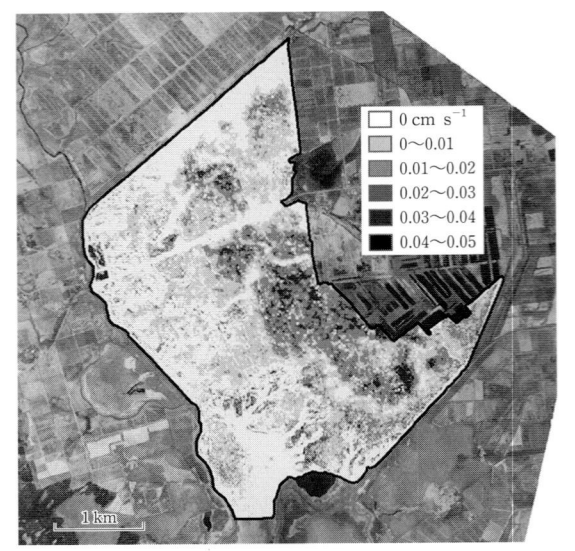

図 I-6-6　透水係数の分布図

4. 植物群落のフェノロジー

　湿原環境を的確に把握するには，さまざまな環境因子の空間的な分布に加えて，時間的な変化を追跡することが重要である。なぜならば，人為的影響による湿原の乾燥化や気候変動にともなう気象条件の影響などが，植生や，開葉・開花・落葉といった時間と共に少しずつ変化する生物季節イベント（フェノロジー）の変化に表れるまでにしばしば長い時間を要することが多く，その兆候を早い段階でとらえることは，効果的な対策につながり得るからである。中長期的な変化を把握するためには，数年から数十年単位で植生や生物季節の変化を面的に検出し，追跡する手法が求められている。

　本節では，デジタルカメラを用いた自動インターバル撮影により，植生をはじめとする生物季節の変化追跡を試み，その実用性について述べる（高田ほか，2011a）。このような試みは始まったばかりであるが，知見の積み重ねにより，植物群落スケールで中長期的な湿原環境変動を効果的に把握できるようになることが期待される。なお本研究は，国立環境研究所の指導と協力を得て行ったものである。

4-1. デジタルカメラによる自動撮影

　2009年6月6日〜10月17日，2010年5月12日〜10月27日の2年間にわたり，上サロベツ原生花園の旧ビジターセンターの2階にデジタルカメラを設置し，タイマーにて日中1時間間隔で湿原植生の自動撮影を行った（図I-6-7）。デジタルカメラは，通常の可視域撮影用と，フィルター操作による緑〜近赤外域撮影用の2台を使用した。カメラ機種は，可視域はCanon G10，近赤外域は，2009年はADC3（Dycam），2010年はCanon G11を用いた。

　撮影されたJPG形式の画像から3つのデジタルカウントデータを読み取り，ピクセルごとに3つの合計値に対する各値の比を算出した。これは，天候によってばらつく全体的な明るさの度合いなどの画像間の違いを少しでも緩和するためである。併せて画像間のズレを補正した。

　植物のフェノロジーを追跡するための指標は，既往の知見から次の3つとした。1つは植生の量や活性を表すNDVI，2つめは紅葉時期を検出するGRVI（Green and Red ratio Vegetation Index：（緑−赤）／（緑＋赤）；村上ほか，2011），そして3つめは緑の濃さを示す2G-RB（Green Excess Index：2×緑−（赤＋青）；Richardson et al., 2007）である。画像内に2009年は5か所，2010年は8か所の解析区域を設定した。解析区域は，ミズゴケ-ホロムイスゲ植生，ヌマガヤ植生，ノリウツギ植生の3つの植生タイプをそれぞれ複数区域で設定した。毎日14時の画像を使って，各解析区域で3つの指標それぞれの平均値を算出し，季節変動解析を行った。なお悪天候など

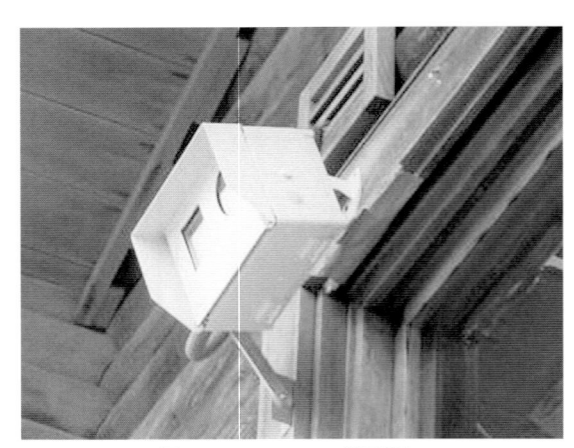

図 I-6-7　カメラの設置状況

で暗い画像は解析対象外とした。また現地においても各解析区域内の植生相観調査を行い，植物種ごとの群落高と被度を記録し考察に利用した。

4-2. サロベツ湿原の植生フェノロジー

可視域カメラによる GRVI および 2G-RB，ならびに近赤外域カメラによる NDVI と GRVI の時系列変化は，いずれも植生の変化に応じて明瞭な季節変化傾向を示し，開葉・枯葉時期の検出も可能であることが明らかになった。また開葉は速く枯葉はゆっくりというパターンも結果から判明し，各指標の上昇速度や下降速度をモニタリングすることが可能であることも示された。

各指標値はノリウツギ植生が最も大きく，次いでヌマガヤ植生，ミズゴケ−ホロムイスゲ植生の順となり，植生による植物の量や種構成の違いに応じた数値の差違が見られた。可視域カメラの GRVI は，9月上〜中旬に負の値に転じており，その時期に紅葉が一気に進んだことがうかがわれた。図 I-6-8 に2010年の可視域カメラによる GRVI を例示した。

植生タイプ別に2年間の GRVI を比較したところ（図 I-6-9），開葉は 2010年のほうがやや遅いこと，7月下旬〜8月上旬は 2010年のほうが高い数値であること，枯葉はノリウツギで 2010年のほうがやや遅い傾向があることなどが示された。僅か2年間のデータではあるが，市販のデジタルカメラを用いることで，比較的安価で，定量的に湿原植物群落の季節変化や中長期的な経年変化を把握できる可能性が高いことを明らかにすることができた。

（高田雅之）

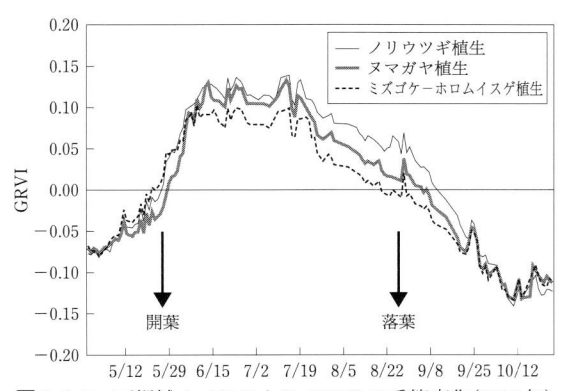

図 I-6-8　可視域カメラによる GRVI の季節変化(2010年)

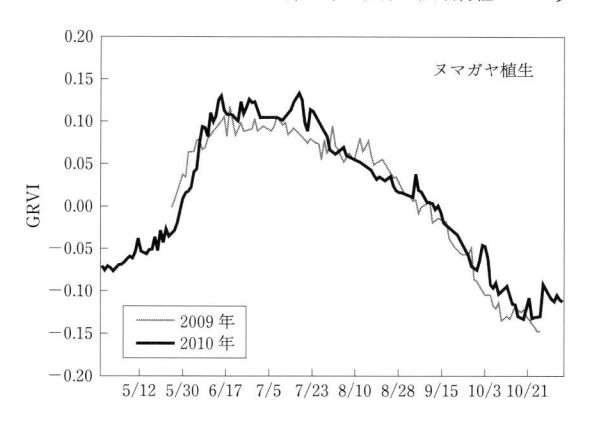

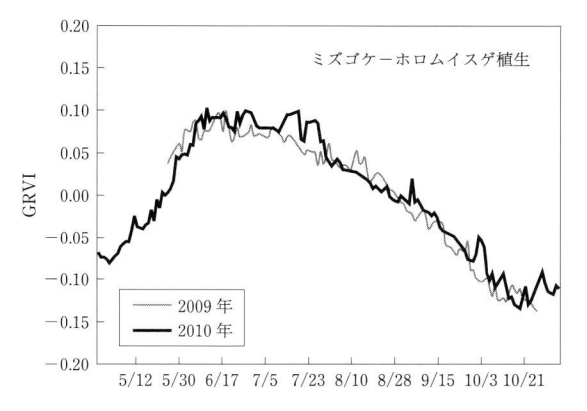

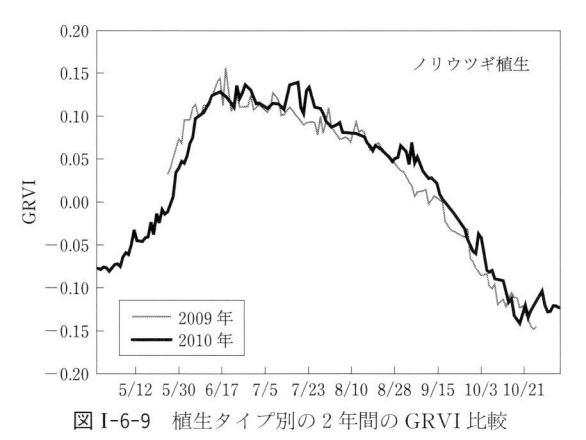

図 I-6-9　植生タイプ別の2年間の GRVI 比較

5. 炭素蓄積量

泥炭地湿原は，未分解植物遺体として莫大な量の土壌有機物を貯蔵していることから，地球規模の炭素循環上の機能が近年注目されてきている(例えば IPCC, 2000)。その消失や劣化によって，土壌有機物の分解が加速されれば，将来大規模な CO_2 ソー

ス(放出源)となることが懸念される一方，個々の泥炭地湿原の炭素蓄積に関する知見は十分ではないのが現状である。日本を代表する泥炭地湿原であるサロベツ湿原において，いったいどれくらいの炭素が泥炭中に蓄積されており，それらはいつごろから，毎年どれくらいの速度で堆積してきたのかを明らかにすることは，泥炭地湿原のもつ生態系機能(生態系サービス)を定量的にとらえ，保全の動機の1つとするうえで意義深いと思われる。本節では，現地で採取した泥炭中の炭素分析をとおして，上サロベツ湿原における炭素蓄積量と蓄積速度を推定し，併せて炭素蓄積量の空間分布を明らかにする(高田ほか，2011b)。

5-1. 形成過程の類型区分

広域的な炭素蓄積量を推定するための現地調査として，2008〜2010年に，上サロベツ地域の19地点において泥炭を採取した(第Ⅰ部第5章第2節参照)。上サロベツ湿原は広大で，場所によって形成過程が異なり，それにより炭素蓄積量も変化すると考えられる。炭素蓄積量の面的な分布と総量を推定するには，限られた現地調査から形成過程の違いを何らかの形で考慮する必要がある。

そこで，深度層ごとに記録した主要な植物遺体および粘土の有無(第Ⅰ部第5章第2節参照)に着目し，各調査地点におけるこれらの出現パターンから形成過程の類似性と違いを判別する方法を試みた。具体的には，どの深さにヨシ，ツルコケモモ，木質，粘土が含まれているのかを指標としてクラスター分析を行い，泥炭堆積構造の特性をいくつかの類型に区分した。その結果，泥炭堆積構造の特性，すなわち形成過程を「北部タイプ」「中央西部タイプ」「中央東部タイプ」「南部タイプ」「南西部タイプ」の5類型に区分することができた。

5-2. 湿原全体の炭素蓄積量の推定

19地点で採取した泥炭について，10 cm層単位で乾燥密度($g\,cm^{-3}$)を計測した後，CNコーダー(Vario Max CN)により炭素含有率(%)を分析し，両者を乗じることで深度層ごとの体積当たりの炭素蓄積量を計算し，さらに地点別の炭素蓄積量を求めた。

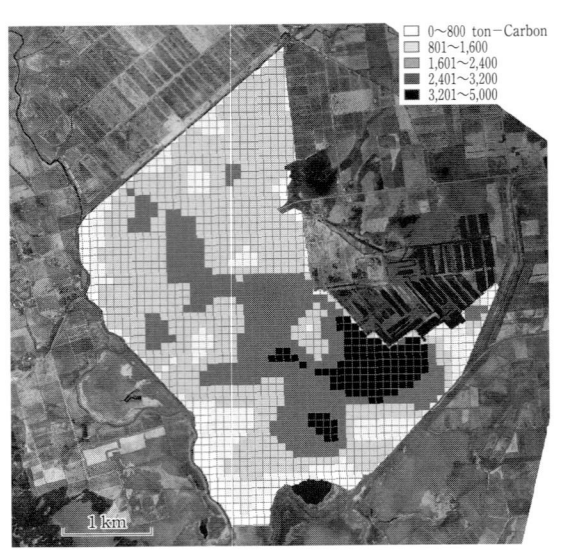

図Ⅰ-6-10 現地調査とGISを用いて推定した上サロベツの炭素蓄積量の分布図

先に区分した類型ごとに，該当する地点を相加平均して深度層別の炭素蓄積量原単位を求めた。

次に北海道開発庁(1963)を基に作成した泥炭深の空間分布データ(第Ⅰ部第5章第1節参照)を用いて，対象地域を100 mグリッドに分割し，先述の5類型のうち距離が最も近い類型をそれぞれのグリッドにあてはめたうえで，類型ごとの炭素蓄積量原単位を用いて対象地域の炭素蓄積量($gC\,ha^{-1}$)を求め，その分布地図を作成した(図Ⅰ-6-10)。

これを見ると，現在ミズゴケドームが最も発達している東側において炭素蓄積量が多い傾向が示された。炭素蓄積量は$2,164\,tC\,ha^{-1}$となり，Page et al.(2011)による最新の数値，熱帯泥炭地(約$2,000\,tC\,ha^{-1}$)や温帯〜北方泥炭地(約$1,500\,tC\,ha^{-1}$)に比べて高い値となった。その理由としては，泥炭層が深いこと，および分解度が低いことが考えられる。

5-3. 炭素蓄積速度の推定

泥炭最底部の炭素年代測定(加速器質量分析法：AMS法)を行った結果，最深部の形成年代は6,500〜6,300年前と判明した。これを基に算出した地点ごとの炭素蓄積速度(1年当たり1 m²当たりの炭素量)は$22.6〜87.3\,gC\,m^{-2}\,yr^{-1}$，平均で$47.6\,gC\,m^{-2}\,yr^{-1}$となり，世界各地の既往文献の値(熱帯泥炭地$40〜94\,gC\,m^{-2}\,yr^{-1}$，温帯泥炭地$10〜46\,gC\,m^{-2}\,yr^{-1}$，北

方泥炭地 8〜61 gC m^{-2} yr^{-1})と比べて総じて同程度もしくは高い値となった。

　以上のことから，研究対象地域である上サロベツ湿原は，世界でも最も炭素蓄積機能が高い地域のひとつであることが明らかとなった。

（高田雅之）

第7章
湿原のエゾシカ

1. エゾシカの分布拡大

1-1. ニホンジカと湿原

近年,サロベツ湿原ではニホンジカ(*Cervus nippon*)の亜種であるエゾシカ(*Cervus nippon yesoensis*)の姿が頻繁に確認されている。本来,ニホンジカは湿原に生息する動物ではなく,森林や周辺の草地を行動圏としている。しかし,ニホンジカは個体数増加にともない分布を拡大させ(環境省自然環境局生物多様性センター,2010),湿原という新しい環境へ生息域を広げつつある。サロベツ湿原が位置する北海道西部のエゾシカ個体数指数(ライトセンサスなどのさまざまな調査・統計を用いて,各年の基準年に対する生息動向を相対的に推定したもの。詳細は Yamamura et al.(2008)を参照)は 2000〜2010 年の 11 年間に約 2.9 倍となっている(北海道エゾシカ対策課 HP, http://www.pref.hokkaido.lg.jp/ks/est/index.htm 2013.8 参照)。シカ科の哺乳類が確認される湿原は世界的に珍しいが,日本では釧路湿原や尾瀬ヶ原など多くの湿原で痕跡が発見され,生態系への影響が懸念されている。

1-2. 上サロベツ湿原におけるシカ道の分布

サロベツ湿原のなかには縦横無尽に獣道が延びている(図 I-7-1)。湿原を撮影した空中写真からこの獣道を確認することができる。現在,サロベツ湿原とその周辺を利用する大型哺乳類としてヒグマとエゾシカが挙げられるが,湿原内でヒグマの痕跡が確認されたことはほとんどない一方,エゾシカの糞や食痕は多数確認されている。したがって,獣道の大半はエゾシカによる道(シカ道)であると推測される。湿原に生息するエゾシカの生息痕跡であるシカ道の分布から,エゾシカによる湿原利用の現状を把握することが可能である。

図 I-7-2 は上サロベツ湿原(サロベツ湿原の豊富町部分)およびその周辺の空中写真から抽出したシカ道の分布図である。2000,2003,2005,2009 年に撮影された上サロベツ湿原の空中写真のうち 15.85 km² を抽出範囲とし,GIS(地理情報システム)を利用してシカ道を抽出した。なお,人為的な影響が見られる道路や構造物の周辺は範囲から除いている。

抽出範囲内のシカ道の総延長(密度)は 2000 年で 4.5 km(2.8 m/ha),2003 年で 31.1 km(19.6 m/ha),2005 年で 40.9 km(25.8 m/ha),2009 年で 115.5 km(72.9 m/ha)と算出された。この結果は,10 年間でシカ道の総延長は 25 倍以上に増加したことを示している。特に,2005 年以降に急増しており,近年エゾシカによる湿原の利用度が増加していることが推測される。

また,シカ道の分布図からは,2000 年にはエゾシカが湿原内部をほとんど利用していなかったことがわかる。しかし,湿原南部のペンケ沼周辺の森林とその西側の稚咲内砂丘林帯を結ぶ位置ではシカ道が見られる。両森林に挟まれた湿原部には 2009 年に至るまでシカ道が高密度で分布し,湿原内で最も頻繁に利用されていることがうかがえる。ペンケ沼西側の稚咲内砂丘林帯は年間を通じてエゾシカが目撃され,越冬地にもなっていると推定されている(豊富町鳥獣害防止対策協議会,2011)。一方,2003 年には湿原北部にもシカ道が出現し,特に北東部の丸

図 I-7-1　湿原内に延びる獣道(シカ道)。上サロベツ湿原南部，2011年にヘリコプターより村松撮影

山の雑木林側にシカ道が集中して分布している。

集中して分布していたシカ道は2005年以降，さらに湿原周縁部へ拡大している。2005，2009年撮影の空中写真上で多くのシカ道が確認されたが，概して森林周辺と周囲の排水路ぞいにシカ道が多く，選択的に利用していることが推測された。岩手県三陸町の牧草地周縁に設置された防鹿柵の周囲には，シカが侵入経路を求めて柵に平行にシカ道が形成されることが報告されている(細川，2010)。上サロベツ湿原においても牧草地と接する排水路にそって延びるシカ道が多く，エゾシカが牧草地を利用するために排水路に平行な道を形成している可能性がある。現地調査では湿原と牧草地の間をエゾシカが移動している痕跡が確認されている。排水路周辺は掘削工事の際に発生した泥炭や土砂が盛られていることが多く，歩きやすくなっている可能性もある。

シカ道の分布から，エゾシカは生息地である森林と採餌場である牧草地の間を移動するために湿原部を主に利用していると推測された。幸い，森林やサロベツ川放水路周辺はチシマザサ群落やヨシ群落が広範に広がっているため，湿原の心臓部である高層湿原まで延びているシカ道は少ない。しかし，湿原北東部では丸山とサロベツ川放水路を結ぶように多数のシカ道が高層湿原を縦断していて，高層湿原への影響が懸念される。

1-3. サロベツ湿原におけるエゾシカの影響

サロベツ湿原に限らず，多くの湿原には人間の踏みつけを防ぐために木道が敷設されている。しかし，エゾシカは縦横無尽に湿原を歩き，湿原を踏みつける。筆者らは上サロベツ湿原内のシカ道の周辺とシカ道の真上に方形区を設置(全93ペア)し草本層の植被率を比較したが，シカ道の周囲(92%)に比べ，シ

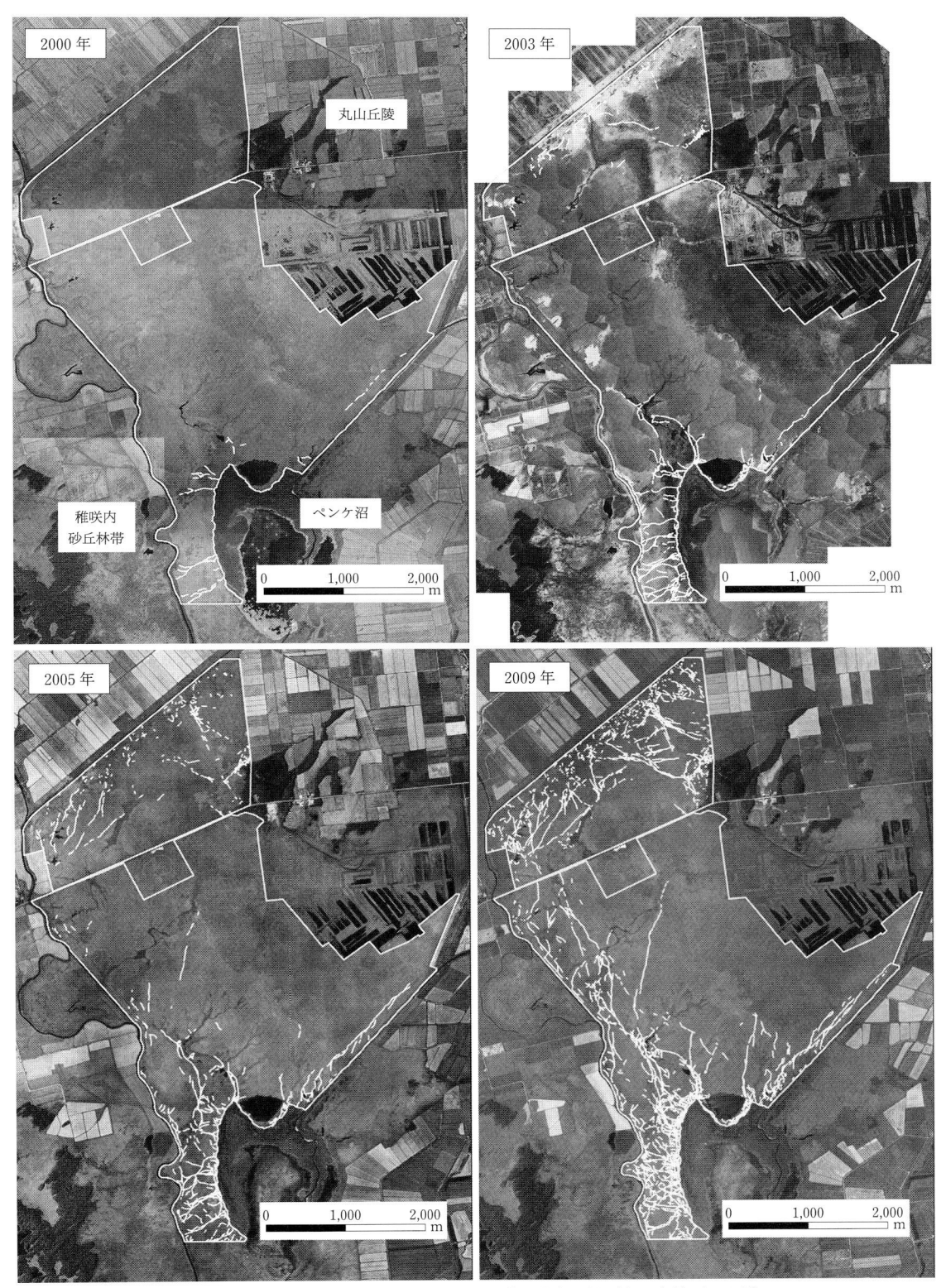

図 I-7-2　上サロベツ湿原におけるシカ道の分布。湿原内の白線がシカ道

カ道の真上(21%)は著しく減少した。エゾシカの踏みつけは湿原植物の生長を衰退させている。シカ道の幅は平均32.0 cm程度だが，なかには1 mを超える幅のものもあった。2009年時のシカ道の総延長は115.5 kmであるため，単純に計算すればエゾシカによる植生の破壊面積は3万6,960 m²となる。これは今回抽出した範囲の0.23%にすぎないが，シカ道の増加傾向は収束しておらず，今後も増え続けると推測され，無視できない影響である。道東の釧路湿原の高層湿原域におけるシカ道の密度は2,005 m/haと非常に高く，シカ道の影響は増加する一方である(村松・冨士田，2015)。

前述したとおり，2009年までに撮影された空中写真の解析から，エゾシカは上サロベツ湿原を通り道として利用していることが示唆されたが，当時は中間湿原・高層湿原部への影響は少なかった。しかし，2011年より湿原に生育するゼンテイカ(*Hemerocallis dumortieri* var. *esculenta*，別名ニッコウキスゲ)への食痕が確認されるようになった(図I-7-3)。ニホンジカはゼンテイカを好み，日本中の生育地で大規模な食害が生じている。霧ヶ峰ではゼンテイカ・ユウスゲの花茎に対して被食痕の有無を調査した結果，全1,057本のうち57%にあたる607本の花茎に採食痕を発見したほか，木道などの人通りの多い場所では被食率が低いことを解明した(尾関・岸元，2009)。尾瀬ヶ原では調査した5,585シュートのゼンテイカのうち約20%が被食を受け，その地点は局所的であった(木村・吉田，2010)。北海道でも霧多布湿原や野付半島で食害が確認されている。定量的な評価は実施されていないが，サロベツ湿原でもゼンテイカは選択的な採食を受けている。また，サロベツ湿原ではゼンテイカ以外にもヨシ，タチギボウシ，チシマアザミ，ナガボノシロワレモコウ，サワギキョウ，ノリウツギなどに食痕を確認している。

サロベツ湿原におけるエゾシカ対策として，環境省は2012年冬に湿原内のエゾシカ駆除を行った。湿原を利用するエゾシカの季節移動や個体群の規模などに関しては不明な点が多いため，それらの知見を集めると共に，積極的な行動によって早期に湿原への分布拡大を抑える必要がある。釧路湿原(冨士田ほか，2012)や尾瀬ヶ原(内藤ほか，2007)では，すでにシカによる湿原植生の改変が報告されていて，サロベツ湿原では早期にエゾシカの増加を抑えることで植生への攪乱を食い止めなければならない。また，

図I-7-3　採食を受けたゼンテイカの花茎

ゼンテイカへの採食行動を行うようになったことによって，シカ道の分布にも変化が生じている可能性があり，さらなる空中写真の撮影と解析が必要である。

（村松弘規）

II

稚咲内砂丘林帯湖沼群

第1章
砂丘林帯の地形と形成

1. 砂丘林帯の地形と形成

1-1. 砂丘列の地形と植生

　稚咲内砂丘林帯は，サロベツ湿原と日本海の間に形成された海岸砂丘帯で，北の夕来から南の天塩まで北北西-南南東方向に30 km以上にわたり連続する北海道では最も長い砂丘帯である（阪口，1974）。砂丘帯は複数列に発達しており，その形態や標高の違いから，大まかに4列の砂丘帯（内陸側から第Ⅰ～Ⅳ帯）に区分される（図Ⅱ-1-1，口絵5）。それぞれの砂丘列の標高は，豊徳台地付近（図Ⅱ-1-1，図Ⅱ-1-2）で最も高く，また砂丘列ごとの標高の違いが明瞭で，北および南に遠ざかるにしたがい徐々に下がる。以下で述べる砂丘列の標高は，豊徳台地付近の最も高い標高に基づいている。
　最も海岸側に位置する第Ⅳ砂丘帯は，標高約5 m，幅約700 mで，海岸線と平行に比高1～2 mほどの砂丘列を数列確認することができる。現在の海岸と接する部分では波に侵食されて急崖を形成し，内陸側の砂丘列間の凹地には泥炭地が発達するところもある。この砂丘帯は，牧草地や砂利採取場として広く利用され，砂丘上には道路が通るなど地形の改変が最も進んでいる。
　次に内陸側に位置する第Ⅲ砂丘帯は，海岸線に平行な2～3列の直線形の砂丘列からなり，標高約15 mで第Ⅳ砂丘帯よりやや高く，幅は約100～200 mと狭いが，北端ではさらに幅が狭くなって尖滅する。また，砂丘列間には湿地が形成されている。
　次に内陸側に位置する第Ⅱ砂丘帯は，標高約15～20 mとさらに高く，北部や南部の幅は，広い地域で約2 kmあるが，豊徳台地が隣接する場所では約1 kmと狭い。豊徳台地との境界は明瞭な直線をなし，地形的にも際立っている。北部および南部の豊徳台地の標高が下がる地域では，台地との境界が認められなくなり，内陸側に分布範囲が拡大する。第Ⅱ砂丘帯のなかには4列の砂丘列が形成されているが，砂丘列は直線状に連続せず，馬蹄形の地形的高まりが直線上に配列し，第Ⅳ・Ⅲ砂丘帯とは明瞭な形態の違いを示す。砂丘列や堤間湿地・湖沼は，北東-南西方向（北から約50°東，現在の海岸線とは70°）の延長軸で配列し，直線状に形成された砂丘列が二次的に再配列した形状を示す。砂丘列間の凹地には湿地や100以上の湖沼が見られ，森林と湖沼が美しい対照をなしている。この湖沼群は「サロベツ長沼群」と呼ばれ（辻井ほか，2007），大きいものは，ジュンサイ沼のように長さが3 kmに及ぶものもある（図Ⅱ-1-1，口絵2）。
　最も内陸側に位置する第Ⅰ砂丘帯は，豊徳台地上に堆積した砂丘で，高いところでは標高約50 mの位置にある。豊徳台地上にのみ分布するので延長は約9 kmとほかの砂丘列に比べて短い。砂の堆積層は薄く，砂丘としての地形は明瞭ではない。この砂丘帯には湿地や湖沼群は分布しない。
　稚咲内砂丘帯を覆う植生は砂丘帯ごとに異なり（口絵5），概ね海岸線と平行に帯状に配列している。植生の帯状配列が典型的に見られる稚咲内周辺では，最も海岸側の第Ⅳ砂丘帯は，主にチマキザサのほかエゾヨモギ，イネ科，カヤツリグサ科などの草本からなる草原で，海岸ぞいではハマナス，ゼンテイカ，エゾニュウなどが多く見られるが，高木になる樹木

の場合はイワノガリヤスやヨシなどが混生する。

　第Ⅱ砂丘帯は優占種がミズナラからトドマツへと移行し，広い範囲でトドマツ林を形成する。ほかにエゾマツ，シラカンバ，ハリギリ，ナナカマドなどが混交する。海岸側ではミズナラの被度が高く，内陸に向かいいずれの樹種も樹高が高くなる。林床はチマキザサを主とし，凹地に形成された湿原や湖沼には，さまざまな湿原植物・水生植物が見られる。第Ⅰ砂丘帯は第Ⅱ砂丘帯と同様に，トドマツ林からなる。

　砂丘帯の北部，夕来周辺では，以上の植生配列とはやや異なり，第Ⅲ帯にもトドマツ林が形成されており，ミズナラ林は第Ⅳ帯の砂丘上にも形成されて，植生が必ずしも砂丘列に制約されていないことを示している。

（紀藤典夫・中畑研哉）

2. 地質層序と砂丘列の形成

　砂丘堆積物や湖沼・湿原の堆積物からは，それらの形成の歴史を解明することができる。調査地域内で観察できた砂丘堆積物や湖沼・湿原堆積物およびその年代から，砂丘帯の形成について考えてみる。

2-1. 砂丘堆積物

　それぞれの砂丘帯は，複数の小規模な砂丘列からなる。ほとんどの露頭において，表層から20cm前後は砂を混じえた腐植土層，その下位に厚さ数十cmあるいは数m以上で下限が不明の砂層が観察され，砂層中には腐植層を挟まない場合が多い。観察した露頭の柱状図および年代測定結果を図Ⅱ-1-3に示した。

　砂丘堆積物中に腐植土層を挟在する露頭のうち，豊徳の最も内陸側に位置する砂丘堆積物の基底は，5,690年前で，砂層の直上の腐植土層の年代は2,530年前であった。そのほかの地点での年代測定結果は，約4,100年前(夕来1)，2,700年前(川口)，990年前(浜里)，および複数の地点から現世(1950年以降)を示す年代が得られた。

　第Ⅱ砂丘帯の延長に露出する断面(夕来2)から，地表から深度約1mの層準の腐植土層は年代測定の結果，現世となった。また，稚咲内漁港の約3.6km北方の海食崖に露出する砂層に含まれる木材化

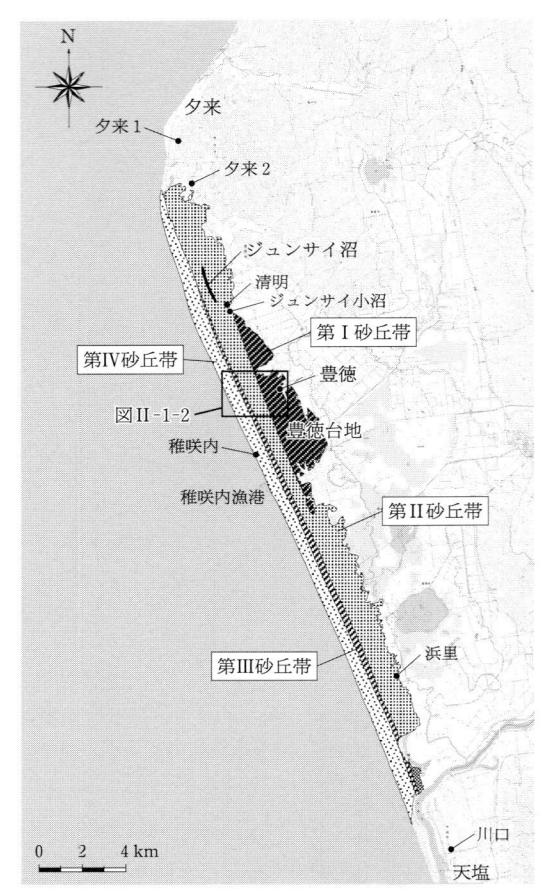

図Ⅱ-1-1　稚咲内の砂丘帯区分と露頭(図中•で示す)の位置(国土地理院発行2万5000分の1地形図「夕来」，「兜沼」，「沼川」，「豊徳」，「稚咲内」，「豊富」，「浜里」，「幌延」，「振老」，「天塩」，「更岸」を使用)

はほとんど生育していない。またチマキザサは，海岸側では少なく，内陸側に向かって高い密度で生育するようになる。

　第Ⅲ砂丘帯はミズナラが砂丘列を覆い，ほかに僅かにシラカンバやイタヤカエデ・ヤマウルシなどの樹木が混交している。海岸側の*ミズナラは樹高が低く，内陸側ほど樹高も被度も高くなり，明瞭な風衝林としての形態を示す(口絵9，10)。林床にはチマキザサが非常に高い密度で生育している。砂丘間凹地はササ草原となっていることも多いが，湿性地

---

*この地域の風衝の形態を示すコナラ属の植物はカシワモドキに同定されるが，砂丘帯にはカシワモドキのほかミズナラも分布している。この節では区別して記述することが困難なので，ミズナラとする。

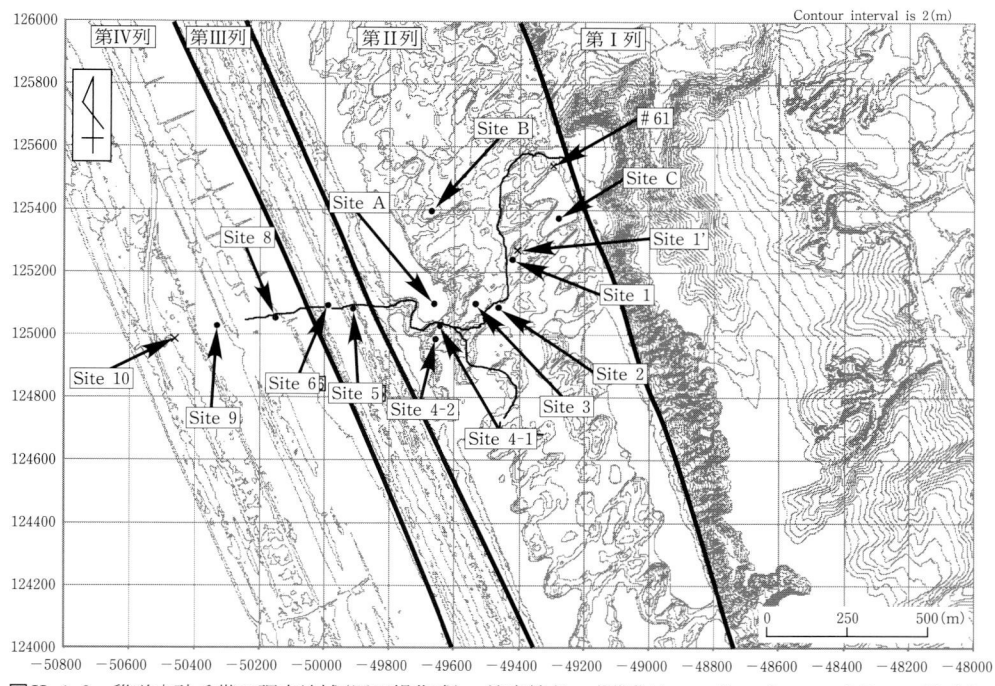

第1章 砂丘林帯の地形と形成　139

図II-1-2 稚咲内砂丘帯の調査地域（岡田操作成）。等高線（2 m 間隔）はレーザープロファイラーに基づく。

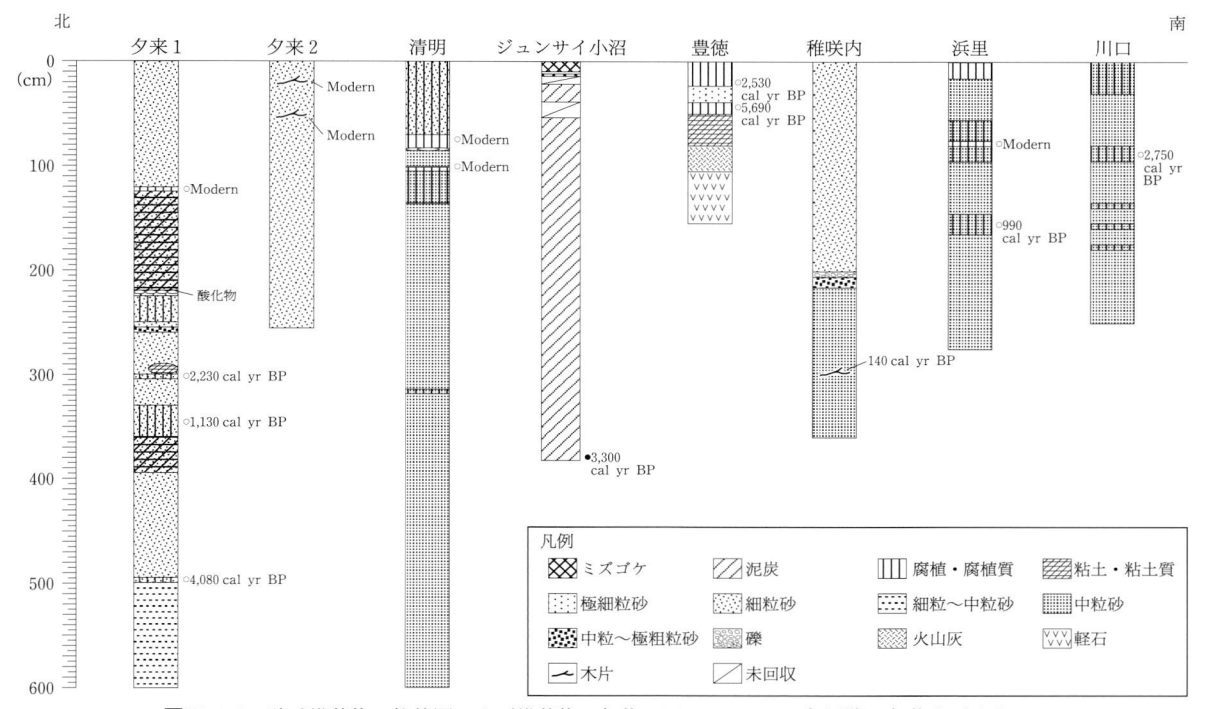

図II-1-3 砂丘堆積物の柱状図および堆積物の年代。Modern：1950 年以降の年代を示すもの。

石の年代は140年前であった。

2-2. 堤間湿地堆積物

図II-1-2に示す15地点のうち9地点(Site 1〜9)において堤間湿地堆積物を調査した。図II-1-4にこれらの地点の柱状図を湖沼堆積物(Site A, B, C)と共に示す。堤間湿地堆積物は、海側ほど堆積物の厚さが薄くなる傾向があるが、その傾向に合わない地点もある。堆積物の厚さは、最も厚いところで3m前後である。泥炭を主とし地点によっては厚くミズゴケ泥炭が堆積する。また、砂丘林内の湿地堆積物の下位には砂が認められ、地点によっては湿地堆積物の下位にユッチャ(骸泥；水中に堆積した有機物の泥)とさらに下位に砂が堆積している。このことは、現在湿原が形成されている地点の多くは、その形成当初から湿原であった場合が多く、湖沼が形成された後に湿原に移行したケースは稀であったことを示す。

2-3. 湖沼堆積物

図II-1-2に示す3つの湖沼、Site A(湖沼#51、通称"メガネ沼")、Site B(湖沼#59)およびSite C(湖沼#60、通称"コの字沼")から水底堆積物を採取した。いずれの地点も、岸から離れた最深の水深(1.5〜2.5m)を示す地点から試料を採取した。採取された堆積物の厚さは、Site AとCは約2.5m、Site Bは1.5mで、最下層の砂の層に達して掘削不能となった。柱状図を図II-1-4に示す。湖沼堆積物は、いずれの地点においても植物遺骸を主とする有機物からなる泥(色は黒色または暗青灰色、骸泥またはユッチャと呼ばれる)で、必ずしも内陸側の湖沼の堆積物が厚いとは限らなかった。骸泥の最下底の年代は、Site Bが最も古く3,630年前、Site AとCは、それぞれ2,530年前、3,320年前であった。3地点の堆積物の深度と年代の関係を図II-1-5に示した。堆積物の平均堆積速度は、Site Aが0.84 mm/yr、Site Bが0.38 mm/yr、Site Cが0.75 mm/yrでSite Bがほかの沼に比べて著しく堆積速度が遅かった。い

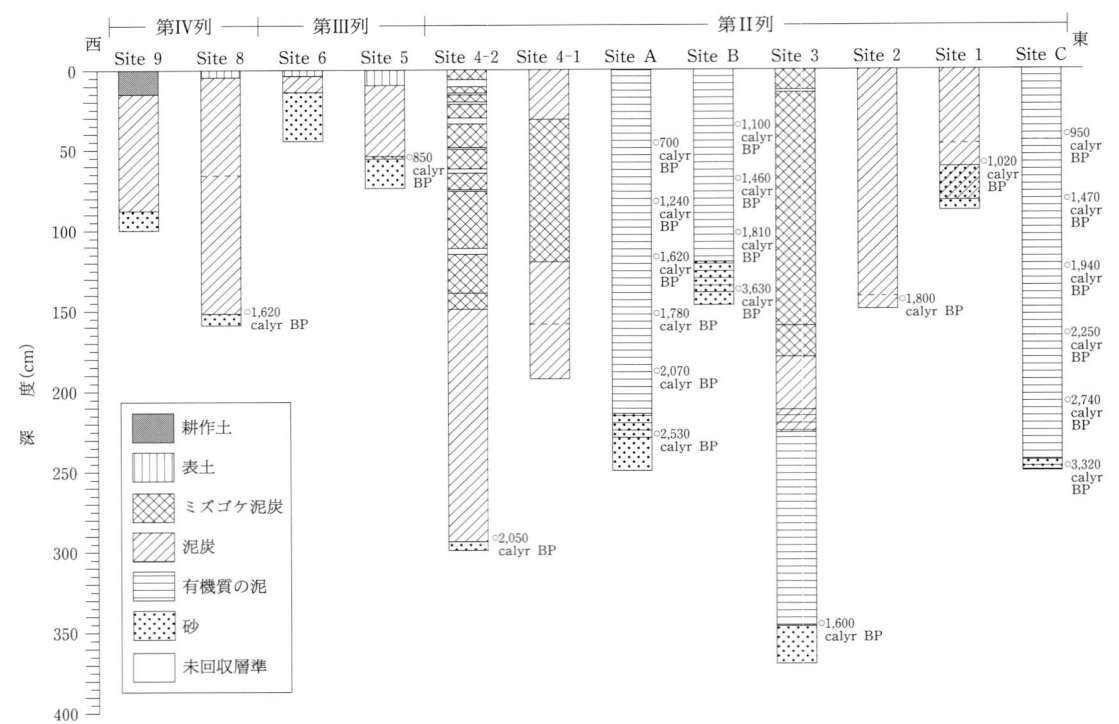

図II-1-4 湖沼と湿原の堆積物。柱状図の位置は図II-1-2を参照。柱状図に示された年代測定値は、誤差の範囲(1σ)の中央値で示した。

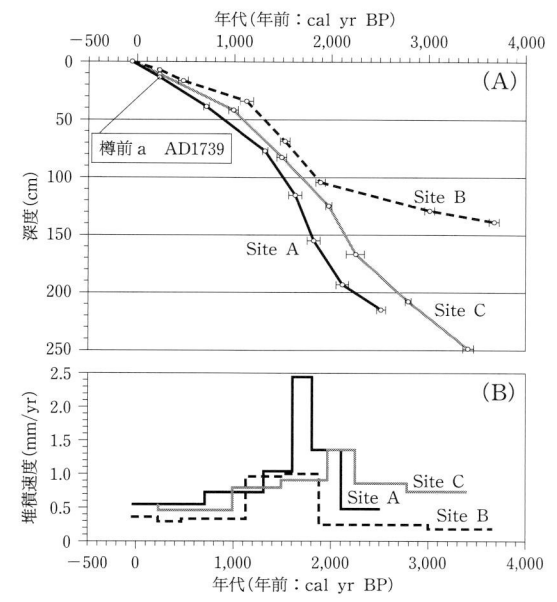

第1章　砂丘林帯の地形と形成　141

図II-1-5　湖沼堆積物の深度と年代の関係(A)，および堆積速度の変化(B)

いずれの湖沼も，堆積物の堆積開始期と最近約1,000年間の堆積速度が遅い傾向があり，約2,000～1,000年前に堆積速度が最大になる。

2-4. 砂丘帯の形成

サロベツ湿原と日本海を隔てる豊徳台地は，第四紀層からなり（産業技術総合研究所，2006），標高は豊徳付近で最も高く約55mで，南北に徐々に標高を減じて尖滅する。台地の地表下は，最終間氷期（約12万年前）の海成堆積物で，海岸段丘を形成しているが，段丘面は東に傾斜している。産業技術総合研究所(2006)の調査によると，台地の地下には活断層が想定され，最近12万年の間に東西方向の圧縮により地盤が隆起し，豊徳台地が形成された。地形から見て，豊徳周辺で最も隆起量が大きく，南北の地域では大きくなかったと思われる。

稚咲内砂丘帯の形成は，約7,000～6,000年前の縄文海進期以降の海退期以降に形成されたと考えられている（成瀬ほか，1984；大平，1995；産業技術総合研究所，2006）。またこの砂丘帯は，活断層の活動にともなう約6,000年前以降の断続的な地殻の隆起が関連していることが推測されている。現在までに明らかにされていることをまとめると，以下の形成史が推定できるだろう。

完新世の中期，約7,000～6,000年前ごろ，海面が最も高くなった時期（縄文海進期）には，隆起した豊徳台地はサロベツ湿原の前身のサロベツ湾を日本海から隔てており，その日本海側の海岸線は波食を受けて明瞭な地形を残すと共に，第II砂丘帯をのせる平坦面を形成した。第II砂丘帯と豊徳台地の境界は，この時代の海岸線であったと考えられる。海岸線の後退にともなって浜堤列が形成され，後に馬蹄形に変形した。ボーリング調査による砂丘帯地下の地層の年代から，第II砂丘帯は地殻の隆起により4,800年前よりも前に離水したと考えられ，第III砂丘帯は4,270年前よりも前に離水したと考えられている。第IV砂丘帯の形成はそれ以降の年代となる。阪口(1974)は，第II砂丘帯の馬蹄形の砂丘の起源を，海面下に形成されたサンドバーが離水したものと考えたが，砂丘の比高は高いところで20m以上あり，海面下に形成されたものとしては比高が高すぎると思われる。

第II砂丘帯に分布する湖沼堆積物や湿原堆積物から，その形成は3,600年前に遡ることができる。湖沼や湿原の形成年代は内陸側ほど古いわけではなく，それぞれの地点の水理環境により，地下水面が上昇した地点から湖沼や湿原に移行したと考えられる。第IV砂丘帯の形成年代は明らかではないが，この砂丘帯の泥炭堆積物で1,500年前を示すものがあることから，少なくとも1,500年前には形成されていたと考えられる。

(紀藤典夫・中畑研哉)

3. 砂丘林帯の植生形成

現在，明瞭な帯状配列を示す砂丘帯の植生はどのように形成されたのだろうか。第II砂丘帯を横断して採取された3つの湖沼(Site A, B, C, 図II-1-2)からの堆積物の花粉分析を基に，植生の形成過程を検討した。いずれの地点も，現在はトドマツを主とする森林に覆われているが，Site Cではミズナラの割合が低く，Site Aではミズナラの割合は高い。

3地点の花粉分析の結果を総合すると，大局的には内陸側から順次森林が形成されてきたと考えられる（図II-1-6）。最も内陸側のSite Cにおいては，約3,300年前からコナラ属が増加し始め(II帯)，約2,500年前にはコナラ属を主とする高木花粉の割合

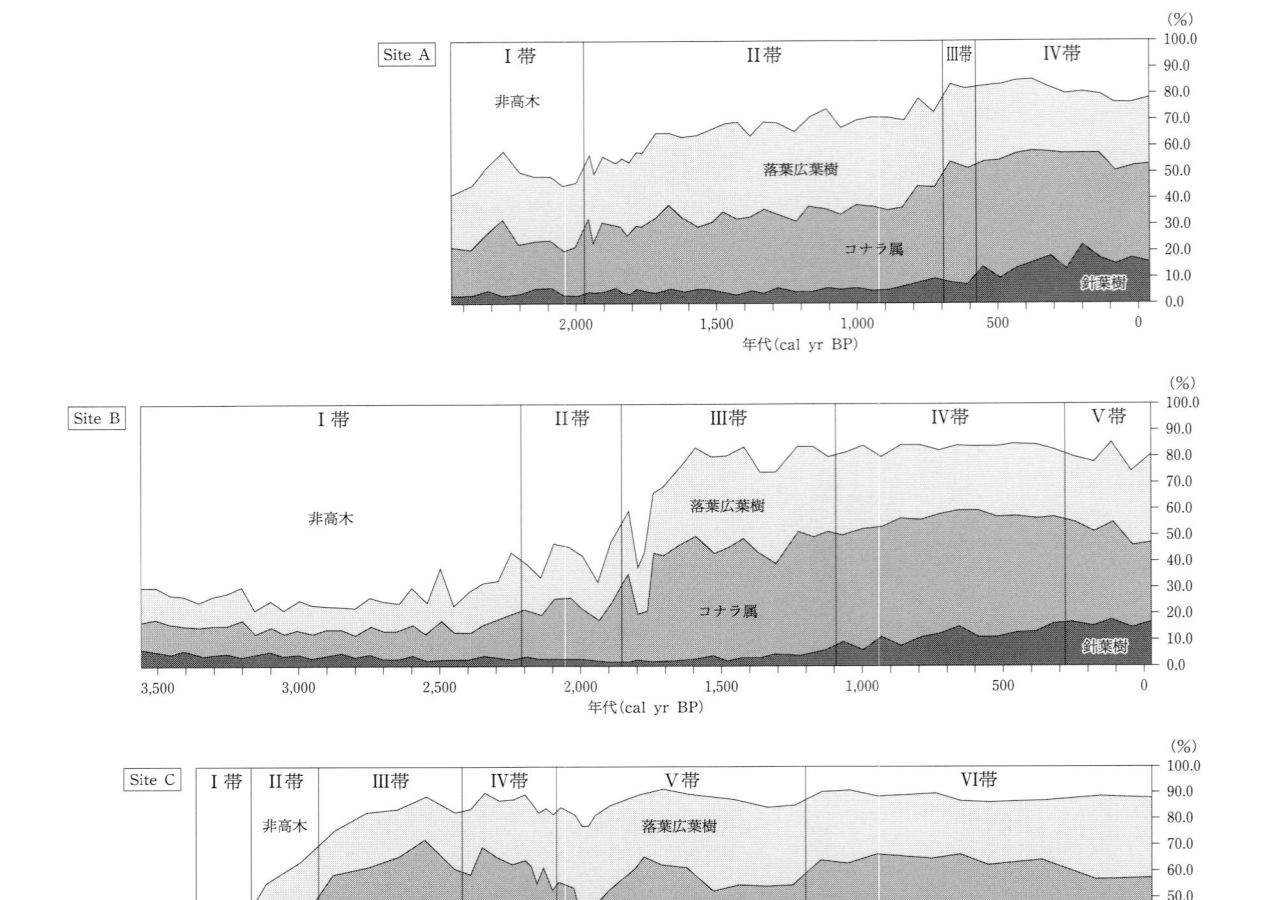

図II-1-6 砂丘帯の植生の変化。図中のⅠ帯〜Ⅵ帯は，花粉組成の類似性に基づいて区分した花粉帯を示す。

が90%近くに達していることから(Ⅲ帯)，2,500年前にはコナラ属の林が形成されていたと考えられる。コナラ属は，Site Bにおいては約2,300年前から増加し始め(Ⅱ帯)，約1,600年前にはコナラ属の林(Ⅲ帯)となった。また，Site Aにおいては約2,000年前に増加し始め(Ⅱ帯)，約700年前にはコナラ属の林となった(Ⅲ帯)。コナラ属の前線はSite CからSite Aまでの約500 mを約1,300年かかって前進したことになる。単純に計算すると，0.4 m/yrの前進速度である。コナラ属の侵入開始から花粉組成が最大に達する(林冠の閉じたミズナラ林)までの時間は，Site Cで約800年，Site Bで約600年，Site Aでは約1,300年かかっている。より海側のSiteほどコナラ属の林の成立に時間がかかるのは，森林の成立を阻害する要因(強風・塩害など)がより強く作用していることによると考えられる。

モミ属を主とする針葉樹の増加は，Site Cにおいては約1,300年前，Site Bにおいては約1,100年前，Site Aにおいては約700年前に始まる。Site CおよびBにおいて，コナラ属林の成立に大きな時間差(900年)があるにも関わらず，モミ属の増加が始まる年代が100年程度の差しかないことは，トド

マツの侵入が植生の遷移の結果としてではなく，より広域的な要因，すなわち気候の寒冷化に起因するのではないかと考えられる。北海道では，この時期，各地の花粉分析でトウヒ属やモミ属の増加が知られており，本地域における現象と調和的である。Site A におけるモミ属の増加は約 700 年前から始まり，ほかの 2 地点とは年代が異なる。この地点においては，ほかの 2 地点でモミ属が増加し始めた約 1,300～約 1,100 年前はコナラ属林の形成途上にあると考えられ，このことがトドマツの侵入を可能にしなかった可能性がある。

花粉分析の非高木花粉の組成変化の大部分は，沼の内部に生育する水生植物と沼周縁部に生育する陸上植物の変化に由来する。湖沼堆積物の下部でミクリ属やカヤツリグサ科が高い割合を占めることは，比較的水深が浅い時期の植生を示していると考えられる。湖沼堆積物の上部においては，ヤチヤナギ属やモチノキ属，ゼンマイ科，ミズゴケ属などが産出するようになり，湖沼周辺の植生に湿原植生の要素が増加したこと，すなわち沼周辺が湿原化し始めたことを示していると考えられる。

（紀藤典夫・中畑研哉）

第2章
砂丘林帯の植物

1. 砂丘林帯の植物相

1-1. 植物相の概要

　サロベツ湿原域が植生を中心に全域の調査がなされてきたのとは異なり，砂丘林帯では，地域環境計画(2007)，および水田(2011)による植生調査が行われたほかは，北海道開発局(1972)，宮脇ほか(1977)によって若干の調査が行われたにすぎない。
　砂丘林帯内での立地条件による生育植物種の違いを明らかにするため，調査地域を砂丘林，砂丘間湿地，砂丘林帯を横断する舗装道路わきの3つに区分し，植物相の調査を行った。砂丘林帯全体で植物種は306種2変種1品種，計309分類群の植物を採取した(表II-2-1)。このうち，グレーンスゲ，ヌマイチゴツナギ，カシワモドキ，ハンノキ，バッコヤナギ，ツタウルシ，タネツケバナ，ノリウツギ，ウドの9種のみが砂丘林と砂丘間湿地の両方に生育していたが，それ以外の種はどちらか一方でのみ確認されたことから，砂丘と砂丘間湿地で生育する種が異なっていることがわかる。
　砂丘林にはオシダ，トドマツ，ヒメイチゲ，ミズナラ，ヤマウルシ，ミミコウモリ，ウマノミツバなど，サロベツ湿原域の丸山周辺と共通する種のほか，コタニワタリ，シラネワラビ，エゾマツ，クルマバツクバネソウ，サラシナショウマ，ミヤマハンノキ，ヒロハノツリバナ，ミヤマスミレ，ミヤマタニタデ，ゴゼンタチバナ，ジンヨウイチヤクソウ，オオバスノキ，タニギキョウなど主として山地に生育する種が多い。また海岸草原で生育するハマナス，ハマハタザオ，カセンソウも見られる。
　一方，砂丘間湿地にはミズバショウ，ノハナショウブ，タチギボウシ，ガマ，ツルアブラガヤ，ナガボノワレモコウ，モウセンゴケ，クサレダマ，アカネムグラ，エゾイヌゴマ，サワギキョウ，ミヤマアキノキリンソウ，ドクゼリなど，上サロベツ湿原や下サロベツ湿原と共通する種が数多く見られる。砂丘間に存在する湖沼には水生植物のジュンサイ，コウホネ，ネムロコウホネ，エゾベニヒツジグサ，ヒメカイウ，フトヒルムシロ，ミクリ，フトイ，フサモ，エゾノミズタデ，スギナモ，ミツガシワなどが生育するが，湖沼によって見られる種は違っている。
　環境省(2012)および北海道環境生活部環境室自然環境課(2001)のレッドデータブックに記載のある種は，砂丘林帯全体で19種出現していた。このうちオオバタチツボスミレ，ベニバナヒョウタンボクが砂丘林で，残りの種はすべて砂丘間湿地で生育が確認され，ヒメミズニラ，ナガバエビモ，タマミクリ，ヌマドジョウツナギ，ホソバドジョウツナギ，タヌキモ，ヌマゼリの7種は，サロベツ地域ではここでのみ生育が確認された。一方，帰化・逸出種は道路わきを中心に出現し，キク科(14種)，イネ科(9種)など計34種であった。

1-2. ほかの調査との比較

　表II-2-2にこれまでの植物調査報告に記載された植物と本調査で記録された植物の一覧を示した。本調査で記録されなかった植物としては，北海道開発局(1972)ではトクサとヒルムシロ，宮脇ほか(1977)では，稚咲内砂丘林帯の針広混交林の林床に

表II-2-1 サロベツ砂丘林帯の植物目録。CR：絶滅危惧 I a 類、VU：絶滅危惧 II 類、Vu：絶滅危惧、NT：準絶滅危惧、R：希少種。科の配列は APG III 体系（邑田・米倉, 2013）、学名は Ylist（米倉・梶田, 2003）にしたがった。ただし、種内分類群の学名か種小名と同じものは種名のみを記載した。

科 名	種 名	学 名	砂丘林	砂丘間湿地	道路わき	レッドデータ
ヒカゲノカズラ科	トウゲシバ	*Huperzia serrata* (Thunb.) Trevis.				
	ヒカゲノカズラ	*Lycopodium clavatum* L.	●●●			
	アスヒカズラ	*Lycopodium complanatum* L.	●			
	マンネンスギ	*Lycopodium dendroideum* Michx.	●			
ミズニラ科	ミズニラ	*Isoetes asiatica* (Makino) Makino		●●		環境省 NT、北海道 Vu
ハナヤスリ科	エゾフユノハナワラビ	*Botrychium multifidum* (S. G. Gmel.) Rupr. var. *robustum* (Rupr. ex Milde) C. Chr.	●			
トクサ科	スギナ	*Equisetum arvense* L.	●	●●		
	イヌスギナ	*Equisetum palustre* L.		●		
ゼンマイ科	ヤマドリゼンマイ	*Osmunda cinnamomea* L.				
コバノイシカグマ科	ワラビ	*Pteridium aquilinum* (L.) Kuhn	●			
チャセンシダ科	コタニワタリ	*Asplenium scolopendrium* L.				
ヒメシダ科	ニッコウシダ	*Thelypteris nipponica* (Franch. et Sav.) Ching	●			
	ヒメシダ	*Thelypteris palustris* (Salisb) Schott	●			
	ミヤマワラビ	*Thelypteris phegopteris* (L.) Sloss. ex Rydb.	●			
コウヤワラビ科	コウヤワラビ	*Onoclea sensibilis* L.	●			
シシガシラ科	シシガシラ	*Blechnum niponicum* (Kunze) Makino	●			
メシダ科	エゾメシダ	*Athyrium brevifrons* Nakai ex Tagawa	●			
オシダ科	オシダ	*Dryopteris crassirhizoma* Nakai	●			
	シラネワラビ	*Dryopteris expansa* (C. Presl) Fraser-Jenk. et Jermy	●			
ウラボシ科	ホソバナライシダ	*Leptorumohra miqueliana* (Maxim. ex Franch. et Sav.) H. Itô				
マツ科	オシャグジデンダ	*Polypodium fauriei* H. Christ				
	トドマツ	*Abies sachalinensis* (F. Schmidt) Mast.	●			
	エゾマツ	*Picea jezoensis* (Siebold et Zucc.) Carriére	●			
ジュンサイ科	ジュンサイ	*Brasenia schreberi* J. F. Gmel.		●		
スイレン科	コウホネ	*Nuphar japonica* DC.		●		
	ネムロコウホネ	*Nuphar pumila* (Timm) DC.		●		環境省 VU、北海道 Vu
	エゾベニヒツジグサ	*Nymphaea tetragona* Georgi var. *erythrostigmatica* Koji Ito		●		環境省 VU、北海道 R
	スイレン（園芸、逸出）	*Nymphaea* sp.		●		
モクレン科	ホオノキ	*Magnolia obovata* Thunb.	●			
サトイモ科	ヒメカイウ	*Calla palustris* L.		●		環境省 NT
	ミズバショウ	*Lysichiton camtschatcense* (L.) Schott		●		
	ザゼンソウ	*Symplocarpus foetidus* Salisb. ex W. P. C. Barton				
ホロムイソウ科	ホロムイソウ	*Scheuchzeria palustris* L.				
ヒルムシロ科	フトヒルムシロ	*Potamogeton fryeri* A. Benn.		●		
	ナガバエビモ	*Potamogeton praelongus* Wulfen		●		環境省 CR
シュロソウ科	ショウジョウバカマ	*Helonias orientalis* (Thunb.) N. Tanaka				
	クルマバツクバネソウ	*Paris verticillata* M. Bieb.				
	コバイケイソウ	*Trillium camschatcense* Ker Gawl.	●			
	オオバナノエンレイソウ	*Veratrum stamineum* Maxim.	●●			
イヌサフラン科	ホウチャクソウ	*Disporum sessile* D. Don ex J. A. et J. H. Schult.	●●			
ユリ科	オオウバユリ	*Cardiocrinum cordatum* (Thunb.) Makino var. *glehnii* (F. Schmidt) H. Hara	●			
	ツバメオモト	*Clintonia udensis* Trautv. et C. A. Mey.	●			
	クルマユリ	*Lilium medeoloides* A. Gray	●			
	オオバタケシマラン	*Streptopus amplexifolius* (L.) DC.	●			

科名	種名	学名	砂丘林	砂丘間湿地	道路わき	レッドデータ
ラン科	ササバギンラン	Cephalanthera longibracteata Blume	●			
	ハクサンチドリ	Dactylorhiza aristata (Fisch. ex Lindl.) Soó	●			北海道 Vu
	サワラン	Eleorchis japonica (A. Gray) F. Maek.		●		
	エゾスズラン	Epipactis papillosa Franch. et Sav.	●			
	オニノヤガラ	Gastrodia elata Blume	●	●		
	エゾチドリ	Platanthera metabifolia F. Maek.	●	●		環境省 NT
	ホソバノキソチドリ	Platanthera tipuloides (L. f.) Lindl.		●		
	トキソウ	Pogonia japonica Rchb. f.		●		
	ネジバナ	Spiranthes sinensis (Pers.) Ames		●		
アヤメ科	ノハナショウブ	Iris ensata Thunb.	●			
	カキツバタ	Iris laevigata Fisch.		●		環境省 NT
	ヒオウギアヤメ	Iris setosa Pall. ex Link		●		
スキキノキ科	ゼンテイカ	Hemerocallis dumortieri C. Morren var. esculenta (Koidz.) Kitam. ex M. Matsuoka et M. Hotta	●			
ヒガンバナ科	ギョウジャニンニク	Allium victorialis L.	●			
キジカクシ科	スズラン	Convallaria majalis L. var. manshurica Kom.	●			
	タチギボウシ	Hosta sieboldii (Paxton) J. W. Ingram var. rectifolia (Nakai) H. Hara		●		
	マイヅルソウ	Maianthemum dilatatum (A. W. Wood) A. Nelson et J. F. Macbr.	●			
	ヒメイズイ	Polygonatum humile Fisch. ex Maxim.	●			
	オオアマドコロ	Polygonatum odoratum (Mill.) Druce var. maximowiczii (F. Schmidt) Koidz.	●			
ツユクサ科	ツユクサ	Commelina communis L.			●	
ガマ科	ミクリ	Sparganium erectum L.		●	●	環境省 NT, 北海道 R
	タマミクリ	Sparganium glomeratum (Beurl. ex Laest.) L. M. Newman		●		環境省 NT
	ガマ	Typha latifolia L.		●		
イグサ科	イグサ	Juncus decipiens (Buchenau) Nakai		●		
	アオコウガイゼキショウ	Juncus papillosus Franch. et Sav.		●		
	スズメノヤリ	Luzula capitata (Miq.) Miq. ex Kom.	●			
カヤツリグサ科	ウキヤガラ	Bulboschoenus fluviatilis (Torr.) Soják		●		
	ハクサンスゲ	Carex canescens L.		●		
	チャシバスゲ	Carex caryophyllea Latour. var. microtricha (Franch.) Kük.	●			
	ムジナスゲ	Carex lasiocarpa Ehrh. subsp. occultans (Franch.) Hultén		●		
	イトアオスゲ	Carex leucochlora Bunge var. filiculmis (Franch. et Sav.) Kitag.	●			
	ヤチスゲ	Carex limosa L.		●		環境省 NT
	ヤラメスゲ	Carex lyngbyei Hornem.		●		
	トマリスゲ	Carex middendorffii F. Schmidt		●		
	ホソバオゼヌマスゲ	Carex nemurensis Franch.		●	●	
	グレーンスゲ	Carex parciflora Boott		●		
	ツルスゲ	Carex pseudocuraica F. Schmidt		●		
	コツボウシスゲ	Carex pumila Thunb.		●		
	オオカサスゲ	Carex rhynchophysa C. A. Mey.		●		
	アゼスゲ	Carex thunbergii Steud.		●		
	オオアゼスゲ	Carex thunbergii Steud. var. appendiculata (Trautv. et C. A. Mey.) Ohwi		●		
	オニナルコスゲ	Carex vesicaria L.		●		
	クロヌマハリイ	Eleocharis palustris (L.) Roem. et Schult.		●		
	サギスゲ	Eriophorum gracile K. Koch		●		
	ワタスゲ	Eriophorum vaginatum L.		●		
	ミカヅキグサ	Rhynchospora alba (L.) Vahl		●		
	フトイ	Schoenoplectus tabernaemontani (C. C. Gmel.) Palla		●		
	ツルアブラガヤ	Scirpus radicans Schk.		●		

科名	種名	学名	砂丘林	砂丘間湿地	道路わき	レッドデータ
イネ科	ヌカボ	*Agrostis clavata* Trin. subsp. *matsumurae* (Hack. ex Honda) Tateoka	●			
	エゾヌカボ	*Agrostis scabra* Willd.	●			
	コウボウ	*Anthoxanthum glabrum* (Trin.) Veldkamp	●			
	ハルガヤ(帰化)	*Anthoxanthum odoratum* L.			●	
	イワノガリヤス	*Calamagrostis purpurea* (Trin.) Trin. subsp. *langsdorfii* (Link) Tzvelev	●	●		
	カモガヤ(帰化)	*Dactylis glomerata* L.			●●	
	アキメヒシバ	*Digitaria violascens* Link	●			
	イヌビエ	*Echinochloa crusgalli* (L.) P. Beauv.				
	オニウシノケグサ(帰化)	*Festuca arundinacea* Schreb.	●	●	●	
	ウシノケグサ(帰化)	*Festuca ovina* L.	●			
	オオウシノケグサ	*Festuca rubra* L.	●			
	ヌマドジョウツナギ	*Glyceria spiculosa* (F. Schmidt) Roshev.		●		環境省VU
	イブキヌカボ	*Milium effusum* L.	●			
	ススキ	*Miscanthus sinensis* Andersson	●	●●	●	
	ヌマガヤ	*Molinopsis japonica* (Hack.) Hayata		●		
	クサヨシ	*Phalaris arundinacea* L.	●	●		
	オオアワガエリ(帰化)	*Phleum pratense* L.				
	ヨシ	*Phragmites australis* (Cav.) Trin. ex Steud.	●	●		
	コイチゴツナギ	*Poa compressa* L.	●			
	ヌマイチゴツナギ(帰化)	*Poa palustris* L.		●		
	ナガハグサ(帰化)	*Poa pratensis* L.	●		●●	
	オオスズメノカタビラ(帰化)	*Poa trivialis* L.				
	チシマザサ	*Sasa kurilensis* (Rupr.) Makino et Shibata	●			
	チマキザサ	*Sasa palmata* (Lat.-Marl. ex Burb.) E. G. Camus	●	●		
	クマイザサ	*Sasa senanensis* (Franch. et Sav.) Rehder	●			
	アキノエノコログサ	*Setaria faberi* R. A. W. Herrm.	●			
	エノコログサ	*Setaria pumila* (Poir.) Roem. et Schult.	●	●		
	ホソバドジョウツナギ	*Torreyochloa natans* (Kom.) Church				環境省CR
ケシ科	エゾエンゴサク	*Corydalis fumariifolia* Maxim. subsp. *azurea* Lidén et Zetterlund	●	●		
メギ科	ルイヨウボタン	*Caulophyllum robustum* Maxim.	●			
キンポウゲ科	カラフトブシ	*Aconitum sachalinense* F. Schmidt	●	●		
	アカミノルイヨウショウマ	*Actaea erythrocarpa* (Turcz. ex Ledeb.) Fisch. ex Freyn	●			
	ヒメイチゲ	*Anemone debilis* Fisch. ex Turcz.	●			
	エゾノリュウキンカ	*Caltha fistulosa* Schipcz.		●		
	サラシナショウマ	*Cimicifuga simplex* (DC.) Wormsk. ex Turcz.	●			
	ハイキンポウゲ	*Ranunculus repens* L.		●		
	アキカラマツ	*Thalictrum minus* L. var. *hypoleucum* (Siebold et Zucc.) Miq.	●			
ユキノシタ科	ネコノメソウ	*Chrysosplenium grayanum* Maxim.		●		
アリノトウグサ科	フサモ	*Myriophyllum verticillatum* L.				
ブドウ科	ヤマブドウ	*Vitis coignetiae* Pulliat ex Planch.	●			
マメ科	エゾノレンリソウ	*Lathyrus palustris* L. var. *pilosus* (Cham.) Ledeb.	●	●		
	センダイハギ	*Thermopsis lupinoides* (L.) Link	●			
	ムラサキツメクサ(帰化)	*Trifolium pratense* L.			●●●	
	シロツメクサ(帰化)	*Trifolium repens* L.				
	クサフジ	*Vicia cracca* L.	●			
	ヒロハクサフジ	*Vicia japonica* A. Gray	●			
	ナンテンハギ	*Vicia unijuga* A. Braun				

科名	種名	学名	砂丘林	砂丘間湿地	道路わき	レッドデータ
バラ科	オオヤマザクラ	Cerasus sargentii (Rehder) H. Ohba		●		
	クロバナロウゲ	Comarum palustre L.	●			
	オニシモツケ	Filipendula camtschatica (Pall.) Maxim.	●			
	オオダイコンソウ	Geum aleppicum Jacq.	●	●		
	エゾノコリンゴ	Malus baccata (L.) Borkh.	●			
	キジムシロ	Potentilla fragarioides L.	●			
	ハマナス	Rosa rugosa Thunb.		●		
	ホロムイイチゴ	Rubus chamaemorus L.		●		
	エゾイチゴ	Rubus idaeus L. subsp. melanolasius Focke	●			
	ナワシロイチゴ	Rubus parvifolius L.	●			
	ナガボノワレモコウ	Sanguisorba tenuifolia Fisch. ex Link	●	●	●	
	ナナカマド	Sorbus commixta Hedl.	●	●		
クワ科	ヤマグワ	Morus australis Poir.	●			
イラクサ科	エゾイラクサ	Urtica platyphylla Wedd.	●			
ブナ科	ミズナラ	Quercus crispula Blume	●			
	カシワモドキ	Quercus ×nipponica Koidz.	●			
ヤマモモ科	ヤチヤナギ	Myrica gale L. var. tomentosa C. DC.		●		
カバノキ科	ケヤマハンノキ	Alnus hirsuta (Spach) Turcz. ex Rupr.	●			
	ハンノキ	Alnus japonica (Thunb.) Steud.	●	●		
	ミヤマハンノキ	Alnus viridis (Chaix) Lam. et DC. subsp. maximowiczii (Callier) D. Löve	●			
	シラカンバ	Betula platyphylla Sukaczev	●			
ウリ科	アマチャヅル	Gynostemma pentaphyllum (Thunb.) Makino	●			
ニシキギ科	ニシキギ	Euonymus alatus (Thunb.) Siebold	●			
	コマユミ	Euonymus alatus (Thunb.) Siebold f. striatus (Thunb.) Makino	●			
	ヒロハノツリバナ	Euonymus macropterus Rupr.	●			
	オオツリバナ	Euonymus planipes (Koehne) Koehne	●			
ヤナギ科	チョウセンヤマナラシ	Populus tremula L. var. davidiana (Dode) C. K. Schneid.	●			
	バッコヤナギ	Salix caprea L.	●	●		
	タチヤナギ	Salix triandra L.	●			
	オノエヤナギ	Salix udensis Trautv. et C. A. Mey.	●			
スミレ科	オオタチツボスミレ	Viola kusanoana Makino	●			環境省 NT
	オオバタチツボスミレ	Viola langsdorfii Fisch. ex DC. subsp. sachalinensis W. Becker	●			
	ミヤマスミレ	Viola selkirkii Pursh ex Goldie	●			
	ツボスミレ	Viola verecunda A. Gray	●			
オトギリソウ科	オトギリソウ	Hypericum erectum Thunb.	●			
	ミズオトギリ	Triadenum japonicum (Blume) Makino		●	●	
フウロソウ科	ゲンノショウコ	Geranium thunbergii Siebold ex Lindl. et Paxton	●			
ミソハギ科	エゾミソハギ	Lythrum salicaria L.		●		
アカバナ科	ヤナギラン	Chamerion angustifolium (L.) Holub	●	●		
	ミヤマタニタデ	Circaea alpina L.	●			
	カラフトアカバナ	Epilobium ciliatum Raf.		●		
	アカバナ	Epilobium pyrricholophum Franch. et Sav.	●	●		
	メマツヨイグサ（帰化）	Oenothera biennis L.	●	●		
ウルシ科	ツタウルシ	Toxicodendron radicans (L.) Kuntze subsp. orientale (Greene) Gillis	●	●		
	ヤマウルシ	Toxicodendron trichocarpum (Miq.) Kuntze	●	●		

科　名	種　名	学　名	砂丘林	砂丘間湿地	道路わき	レッドデータ
ムクロジ科	エゾイタヤ	Acer pictum Thunb. subsp. mono (Maxim.) H. Ohashi	●			
ミカン科	キハダ	Phellodendron amurense Rupr.	●			
	ツルシキミ	Skimmia japonica Thunb. var. intermedia Komatsu f. repens (Nakai) Ohwi	●			
ジンチョウゲ科	ナニワズ	Daphne jezoensis Maxim.	●			
アブラナ科	ハマハタザオ	Arabis stelleri DC.		●		
	ハルザキヤマガラシ (帰化)	Barbarea vulgaris R. Br.			●	
	ナズナ	Capsella bursa-pastoris (L.) Medik.			●	
	タネツケバナ	Cardamine scutata Thunb.		●		
	スカシタゴボウ	Rorippa palustris (L.) Besser		●		
ビャクダン科	ヤドリギ	Viscum album L. subsp. coloratum Kom.	●	●		
タデ科	ソバカズラ (帰化)	Fallopia convolvulus (L.) A. Löve	●	●		
	エゾノミズタデ	Fallopia sachalinensis (F. Schmidt) Ronse Decr.		●		
	ハルタデ	Persicaria amphibia (L.) Delarbre				北海道 Vu
	ウナギツカミ	Persicaria maculosa Gray subsp. hirticaulis (Danser) S. Ekman et T. Knutsson	●			
	ミゾソバ	Persicaria sagittata (L.) H. Gross		●		
	オオミチヤナギ	Persicaria thunbergii (Siebold et Zucc.) H. Gross		●	●	
	ヒメスイバ (帰化)	Polygonum aviculare L. subsp. neglectum (Besser) Arcang.			●	
	エゾノギシギシ (帰化)	Rumex acetosella L.		●	●	
モウセンゴケ科	モウセンゴケ	Rumex obtusifolius L.		●		
ナデシコ科	ミミナグサ	Drosera rotundifolia L.	●			
	エゾカワラナデシコ	Cerastium fontanum Baumg. subsp. vulgare (Hartm.) Greuter et Burdet var. angustifolium (Franch.) H. Hara		●		
	オオヤマフスマ	Dianthus superbus L.	●	●		
	ナンバンハコベ	Moehringia lateriflora (L.) Fenzl	●			
	マツヨイセンノウ (帰化)	Silene baccifera (L.) Roth	●			
	ウシハコベ	Silene latifolia Poir. subsp. alba (Mill.) Greuter et Burdet		●		
	ナガバツメクサ	Stellaria aquatica (L.) Scop.		●	●	
	エゾオオヤマハコベ	Stellaria longifolia Muhl. ex Willd.	●			
	ノミノフスマ	Stellaria radians L.	●			
		Stellaria uliginosa Murray		●		
ヒユ科	シロザ	Chenopodium album L.		●		
ミズキ科	ゴゼンタチバナ	Cornus canadensis L.	●			
アジサイ科	ノリウツギ	Hydrangea paniculata Siebold	●●			
	ツルアジサイ	Hydrangea petiolaris Siebold et Zucc.	●●			
ツリフネソウ科	キツリフネ	Impatiens noli-tangere L.		●		
サクラソウ科	ヤナギトラノオ	Lysimachia thyrsiflora L.		●		
	クサレダマ	Lysimachia vulgaris L. var. davurica (Ledeb.) R. Knuth		●		
	ツマトリソウ	Trientalis europaea L.	●			
ツツジ科	ウメガサソウ	Chimaphila japonica Miq.	●●			
	ガンコウラン	Empetrum nigrum L. var. japonicum K. Koch	●			
	イソツツジ	Ledum palustre L. subsp. diversipilosum (Nakai) H. Hara	●●			
	コイチヤクソウ	Monotropastrum humile (D. Don) H. Hara	●			
	イチヤクソウ	Orthilia secunda (L.) House	●			
	ジンヨウイチヤクソウ	Pyrola japonica Klenze ex Alefeld	●●			
	ツルコケモモ	Pyrola renifolia Maxim.		●		
	オオバスノキ	Vaccinium oxycoccos L.	●●			
		Vaccinium smallii A. Gray	●			

科　名	種　名	学　名	砂丘林	砂丘間湿地	道路わき	レッドデータ
アカネ科	エゾノヨツバムグラ	*Galium kamtschaticum* Steller ex Roem. et Schult.	●●			
	クルマバソウ	*Galium odoratum* (L.) Scop.	●			
	ホソバノヨツバムグラ	*Galium trifidum* L.		●		
	オククルマムグラ	*Galium trifloriforme* Kom.	●	●●		
リンドウ科	アカネムグラ	*Rubia jesoensis* (Miq.) Miyabe et T. Miyake		●		
	エゾリンドウ	*Gentiana triflora* Pall.		●		
	ツルリンドウ	*Tripterospermum trinervium* (Thunb.) H. Ohashi et H. Nakai	●			
キョウチクトウ科	シロバナカモメヅル	*Vincetoxicum sublanceolatum* (Miq.) Maxim. var. *macranthum* Maxim.				
ヒルガオ科	ハマヒルガオ	*Calystegia soldanella* (L.) R. Br.			●	
ナス科	オオマルバノホロシ	*Solanum megacarpum* Koidz.		●		
	イヌホオズキ	*Solanum nigrum* L.			●●●	
モクセイ科	ヤチダモ	*Fraxinus mandshurica* Rupr.	●	●		
オオバコ科	スギナモ	*Hippuris vulgaris* L.		●		
	オオバコ	*Plantago asiatica* L.				
	エゾオオバコ	*Plantago camtschatica* Cham. ex Link	●●	●		
	ヘラオオバコ(帰化)	*Plantago lanceolata* L.				
シソ科	エゾクガイソウ	*Veronicastrum sibiricum* (L.) Pennell subsp. *yezoense* (H. Hara) T. Yamaz.				
	ミヤマトウバナ	*Clinopodium micranthum* (Regel) H. Hara var. *sachalinense* (F. Schmidt) T. Yamaz. et Murata				環境省VU
	シロネ	*Lycopus lucidus* Turcz. ex Benth.		●		
	エゾシロネ	*Lycopus uniflorus* Michx.		●		環境省NT
	ハッカ	*Mentha canadensis* L.		●		
	エゾナミキ	*Scutellaria yezoensis* Kudô		●		
	エゾイヌゴマ	*Stachys aspera* Michx.		●		
タヌキモ科	タヌキモ	*Utricularia japonica* Makino		●		
モチノキ科	ハイイヌツゲ	*Ilex crenata* Thunb. var. *radicans* (Nakai) Murai	●●●			
	ツルシキミ	*Ilex rugosa* F. Schmidt	●			
キキョウ科	ツリガネニンジン	*Adenophora triphylla* (Thunb.) A. DC. var. *japonica* (Regel) H. Hara				
	サワギキョウ	*Lobelia sessilifolia* Lamb.		●		
	タニギキョウ	*Peracarpa carnosa* (Wall.) Hook. f. et Thomson				
ミツガシワ科	ミツガシワ	*Menyanthes trifoliata* L.				
キク科	ノコギリソウ	*Achillea alpina* L.				
	セイヨウノコギリソウ(帰化)	*Achillea millefolium* L.			●	
	ヤマハハコ	*Anaphalis margaritacea* (L.) Benth. et Hook. f.				
	オオヨモギ	*Artemisia montana* (Nakai) Pamp.				
	エゾゴマナ	*Aster glehnii* F. Schmidt				
	アメリカセンダングサ(帰化)	*Bidens frondosa* L.				
	コバナアザミ	*Cirsium kamtschaticum* Ledeb. ex DC. var. *boreale* (Kitam.) Tatew.	●●●			
	タカアザミ	*Cirsium pendulum* Fisch. ex DC.				
	アメリカオニアザミ(帰化)	*Cirsium vulgare* (Savi) Ten.			●●●	
	ヒメムカシヨモギ(帰化)	*Conyza canadensis* (L.) Cronquist				
	ヒメジョオン(帰化)	*Erigeron annuus* (L.) Pers.				
	ヘルジオン(帰化)	*Erigeron philadelphicus* L.				
	ヨツバヒヨドリ	*Eupatorium glehnii* F. Schmidt ex Trautv.				
	ヤナギタンポポ	*Hieracium umbellatum* L.				
	ブタナ(帰化)	*Hypochaeris radicata* L.			●	

科 名	種 名	学 名	砂丘林	砂丘間湿地	道路わき	レッドデータ
	カセンソウ	Inula salicina L. var. asiatica Kitam.	●			
	ヤマニガナ	Lactuca raddeana Maxim. var. elata (Hemsl.) Kitam.	●			
	フランスギク (帰化)	Leucanthemum vulgare Lam.			● ●	
	コシカギク (帰化)	Matricaria matricarioides (Less.) Ced. Porter ex Britton	●			
	ヨブスマソウ	Parasenecio hastatus (L.) H. Koyama subsp. orientalis (Kitam.) H. Koyama	●			
	ミミコウモリ	Parasenecio kamtschaticus (Maxim.) Kadota	●		●	
	フキタンポ	Petasites japonicus (Siebold et Zucc.) Maxim. subsp. giganteus (G. Nicholson) Kitam.	●			
	コウゾリナ	Picris hieracioides L. subsp. japonica (Thunb.) Krylov	●			
	コウリンタンポポ (帰化)	Pilosella aurantiaca (L.) F. Schultz et Sch. Bip.	●			
	アラゲハンゴンソウ (帰化)	Rudbeckia hirta L.				
	ハンゴンソウ	Senecio vulgaris L.		●		
	ノボロギク (帰化)	Solidago virgaurea L. subsp. leiocarpa (Benth.) Hultén				
	ミヤマアキノキリンソウ	Sonchus asper (L.) Hill			●	
	オニノゲシ (帰化)	Taraxacum officinale Weber ex F. H. Wigg.			● ●	
	セイヨウタンポポ (帰化)	Tripleurospermum tetragonospermum (F. Schmidt) Poped.			●	
	シカギク					
レンプクソウ科	レンプクソウ	Adoxa moschatellina L.				
	エゾニワトコ	Sambucus racemosa L. subsp. kamtschatica (E. L. Wolf) Hultén	●			
	オオカメノキ	Viburnum furcatum Blume ex Maxim.	●			
	ミヤマガマズミ	Viburnum wrightii Miq.	●			
スイカズラ科	ベニバナヒョウタンボク	Lonicera sachalinensis (F. Schmidt) Nakai	●			環境省 VU
ウコギ科	ウド	Aralia cordata Thunb.	●			
	タラノキ	Aralia elata (Miq.) Seem.	●			
	コシアブラ	Chengiopanax sciadophylloides (Franch. et Sav.) C. B. Shang et J. Y. Huang				
	ハリギリ	Kalopanax septemlobus (Thunb.) Koidz.				
セリ科	オオバセンキュウ	Angelica genuflexa Nutt.		●		
	エゾニュウ	Angelica ursina (Rupr.) Maxim.	●			
	ドクゼリ	Cicuta virosa L.		●		
	ノラニンジン (帰化)	Daucus carota L.			●	
	オオハナウド	Heracleum lanatum Michx.	●			
	ヤブニンジン	Osmorhiza aristata (Thunb.) Rydb.	●			
	ウマノミツバ	Sanicula chinensis Bunge	●			
	トウスマゼリ	Sium suave Walter		●		
	スマゼリ	Sium suave Walter var. nipponicum (Maxim.) H. Hara		●		環境省 VU
計			174	109	37	

表II-2-2 砂丘林帯で行われた植物調査報告に記載された植物と本調査で確認された植物の一覧。科の配列はAPG III体系(邑田・米倉，2013)によった。◎は本調査で初めて記録された種，灰色部分は本調査で確認されなかった種を示す。

科　名	種　名	北海道開発局(1972)	宮脇ほか(1977)	地域環境計画(2007)	水田(2011)	本調査
ヒカゲノカズラ科	トウゲシバ			●		●
	ヒカゲノカズラ					◎
	アスヒカズラ					◎
	マンネンスギ(タチマンネンスギを含む)			●	●	
ミズニラ科	ヒメミズニラ					◎
ハナヤスリ科	エゾフユノハナワラビ			●		
トクサ科	スギナ			●		
	ミズドクサ			●	●	
	トクサ	●		●		
	イヌスギナ			●	●	
ゼンマイ科	ヤマドリゼンマイ			●	●	
	ゼンマイ			●		
コバノイシカグマ科	ワラビ			●	●	●
チャセンシダ科	コタニワタリ			●		●
ヒメシダ科	ニッコウシダ			●		●
	ヒメシダ	●		●	●	●
	ミヤマワラビ			●		●
コウヤワラビ科	クサソテツ			●		
	コウヤワラビ	●		●	●	●
シシガシラ科	シシガシラ					◎
メシダ科	エゾメシダ					◎
	ヤマイヌワラビ			●		
	ミヤマシケシダ			●		
オシダ科	リョウメンシダ			●		
	オシダ			●		●
	シラネワラビ			●		●
	ホソバナライシダ			●		●
	ホソイノデ			●		
	サカゲイノデ			●		
ウラボシ科	オシャグジデンダ					◎
マツ科	トドマツ		●	●	●	●
	エゾマツ			●		●
イチイ科	イチイ			●		
ジュンサイ科	ジュンサイ			●	●	●
スイレン科	コウホネ	●		●	●	●
	ネムロコウホネ	●		●	●	●
	ヒツジグサ(エゾベニヒツジグサを含む)	●		●	●	●
	スイレン(園芸，逸出)				●	●
マツブサ科	チョウセンゴミシ			●		
モクレン科	ホオノキ			●		●
サトイモ科	ヒメカイウ			●	●	
	アオウキクサ			●	●	
	コウキクサ			●	●	
	ヒンジモ			●	●	
	ミズバショウ	●		●		●
	ウキクサ			●	●	
	ザゼンソウ					◎
オモダカ科	サジオモダカ			●		
ホロムイソウ科	ホロムイソウ			●		●
シバナ科	ホソバノシバナ			●	●	
ヒルムシロ科	ホソバヒルムシロ			●	●	
	イトモ			●	●	
	ヒルムシロ	●		●	●	
	フトヒルムシロ					◎
	オヒルムシロ			●	●	
	ナガバエビモ					◎

II 稚咲内砂丘林帯湖沼群

科　名	種　名	北海道開発局(1972)	宮脇ほか(1977)	地域環境計画(2007)	水田(2011)	本調査
シュロソウ科	ショウジョウバカマ				●	●
	ツクバネソウ			●		
	クルマバツクバネソウ					◎
	オオバナノエンレイソウ					◎
	シロバナエンレイソウ(ミヤマエンレイソウ)			●		
	バイケイソウ			●		
	コバイケイソウ					◎
イヌサフラン科	ホウチャクソウ					◎
	チゴユリ			●		
ユリ科	オオウバユリ			●		●
	ツバメオモト			●		●
	クルマユリ			●		●
	オオバタケシマラン			●		
ラン科	ササバギンラン					◎
	ハクサンチドリ			●		
	サワラン					◎
	エゾスズラン			●		◎
	オニノヤガラ					◎
	エゾチドリ					◎
	ホソバノキソチドリ					
	トキソウ				●	●
	ネジバナ					◎
アヤメ科	ノハナショウブ		●	●	●	●
	カキツバタ			●	●	●
	ヒオウギアヤメ		●	●	●	●
ススキノキ科	ゼンテイカ		●	●	●	●
ヒガンバナ科	ギョウジャニンニク			●	●	●
キジカクシ科	スズラン			●	●	●
	タチギボウシ		●	●	●	●
	マイヅルソウ		●	●	●	●
	ヒメイズイ					◎
	オオアマドコロ			●		●
	ユキザサ			●		
ツユクサ科	ツユクサ					◎
ガマ科	ミクリ			●	●	●
	タマミクリ					◎
	ガマ					
イグサ科	イグサ			●		
	イヌイ				●	
カヤツリグサ科	アオコウガイゼキショウ					◎
	スズメノヤリ					◎
	ウキヤガラ					◎
	ハクサンスゲ					◎
	チャシバスゲ					◎
	カサスゲ			●	●	
	オクノカンスゲ			●		
	コウボウムギ			●		
	ムジナスゲ		●	●	●	●
	イトアオスゲ				●	●
	ヤチスゲ		●	●	●	●
	ヤラメスゲ			●	●	●
	トマリスゲ		●	●	●	●
	ビロードスゲ			●	●	
	ホソバオゼヌマスゲ					◎
	ヤチカワズスゲ				●	
	グレーンスゲ					◎
	ツルスゲ				●	●
	コウボウシバ					◎

第2章 砂丘林帯の植物

科　名	種　名	北海道開発局(1972)	宮脇ほか(1977)	地域環境計画(2007)	水田(2011)	本調査
	オオカサスゲ	●		●	●	●
	アゼスゲ(オオアゼスゲを含む)				●	●
	オニナルコスゲ			●		
	オオヌマハリイ			●	●	●
	クロヌマハリイ				●	●
	サギスゲ				●	●
	ワタスゲ	●		●		
	ミカヅキグサ			●	●	
	フトイ			●	●	
	ツルアブラガヤ				●	●
	アブラガヤ			●	●	
イネ科	ヌカボ					◎
	エゾヌカボ					◎
	コウボウ					◎
	ハルガヤ(帰化)					◎
	ミノゴメ(カズノコグサ)				●	
	イワノガリヤス	●		●	●	●
	カモガヤ(帰化)			●		●
	アキメヒシバ					◎
	イヌビエ					◎
	オニウシノケグサ(帰化)					◎
	ウシノケグサ					◎
	オオウシノケグサ(帰化)			●		
	ミヤマドジョウツナギ				●	
	ヌマドジョウツナギ					◎
	テンキグサ			●		
	イブキヌカボ					◎
	ススキ			●		●
	ヌマガヤ			●	●	●
	クサヨシ			●		●
	オオアワガエリ(帰化)			●	●	●
	ヨシ	●		●	●	●
	ミゾイチゴツナギ				●	
	コイチゴツナギ(帰化)					◎
	ヌマイチゴツナギ(帰化)					●
	ナガハグサ(帰化)			●		
	オオスズメノカタビラ(帰化)					◎
	チシマザサ		●	●		●
	チマキザサ			●	●	●
	クマイザサ	●				●
	アキノエノコログサ					◎
	キンエノコロ					◎
	ホソバドジョウツナギ				●	
	ハイドジョウツナギ				●	
	マコモ				●	
マツモ科	マツモ				●	
ケシ科	エゾエンゴサク					◎
メギ科	ルイヨウボタン					◎
キンポウゲ科	エゾトリカブト(カラフトブシを含む)			●		
	ルイヨウショウマ			●		●
	アカミノルイヨウショウマ			●		●
	ヒメイチゲ			●		●
	エゾノリュウキンカ					◎
	サラシナショウマ			●		●
	ハイキンポウゲ					●
	カラマツソウ			●	●	
	アキカラマツ			●		●
ツゲ科	フッキソウ		●			

II 稚咲内砂丘林帯湖沼群

科　名	種　名	北海道開発局(1972)	宮脇ほか(1977)	地域環境計画(2007)	水田(2011)	本調査
ユキノシタ科	ネコノメソウ					◎
アリノトウグサ科	フサモ			●	●	●
ブドウ科	ヤマブドウ			●		●
マメ科	ハマエンドウ			●		
	エゾノレンリソウ			●	●	●
	センダイハギ			●	●	●
	ムラサキツメクサ(帰化)					◎
	シロツメクサ(帰化)					●
	クサフジ					◎
	ヒロハクサフジ					◎
	ナンテンハギ			●		●
バラ科	ミヤマザクラ			●		
	チシマザクラ					
	オオヤマザクラ			●		●
	クロバナロウゲ	●			●	●
	オニシモツケ			●		●
	オオダイコンソウ			●		●
	エゾノコリンゴ			●		●
	ズミ				●	
	シウリザクラ			●		
	キジムシロ					◎
	ハマナス			●		●
	ホロムイイチゴ	●		●	●	●
	エゾイチゴ(ウラジロイチゴ)			●		●
	ナワシロイチゴ			●		●
	エビガライチゴ			●		
	ナガボノワレモコウ(ナガボノシロワレモコウを含む)	●		●	●	●
	ナナカマド			●		●
ニレ科	ハルニレ			●		
	オヒョウ			●		
クワ科	ヤマグワ					●
イラクサ科	ムカゴイラクサ			●		
	エゾイラクサ			●		●
ブナ科	ミズナラ		●	●	●	
	カシワモドキ					◎
ヤマモモ科	ヤチヤナギ			●	●	
カバノキ科	ケヤマハンノキ			●	●	
	ハンノキ			●	●	
	ミヤマハンノキ					◎
	ダケカンバ			●		
	ウダイカンバ			●		
	シラカンバ			●	●	●
ウリ科	アマチャヅル			●		
ニシキギ科	オニツルウメモドキ			●		
	ニシキギ(コマユミを含む)			●		●
	ツリバナ			●		
	ヒロハノツリバナ			●		●
	オオツリバナ			●		●
	ウメバチソウ				●	
ヤナギ科	チョウセンヤマナラシ					◎
	バッコヤナギ					◎
	エゾノキヌヤナギ			●		
	タチヤナギ			●		●
	オノエヤナギ			●		●
スミレ科	タチツボスミレ			●		
	オオタチツボスミレ			●		●
	オオバタチツボスミレ			●		●
	ミヤマスミレ			●		●

第 2 章 砂丘林帯の植物

科　名	種　名	北海道開発局(1972)	宮脇ほか(1977)	地域環境計画(2007)	水田(2011)	本調査
オトギリソウ科	ツボスミレ(アギスミレを含む)			●		●
	オトギリソウ				●	●
	ミズオトギリ			●		●
フウロソウ科	ゲンノショウコ					◎
ミソハギ科	エゾミソハギ			●	●	
アカバナ科	ヤナギラン					◎
	ミヤマタニタデ			●		●
	カラフトアカバナ					◎
	ホソバアカバナ				●	
	アカバナ					◎
	メマツヨイグサ(帰化)					◎
ウルシ科	ツタウルシ		●	●	●	●
	ヤマウルシ			●		●
ムクロジ科	エゾイタヤ		●	●		●
ミカン科	キハダ		●	●	●	●
	ツルシキミ		●	●		●
アオイ科	シナノキ			●		
ジンチョウゲ科	ナニワズ					◎
アブラナ科	ハマハタザオ			●		●
	ハルザキヤマガラシ(ハルサキヤマガラシ,帰化)					◎
	ナズナ					◎
	オオバタネツケバナ			●		
	タネツケバナ					◎
	スカシタゴボウ(マルミノスカシタゴボウを含む)				●	●
ビャクダン科	ヤドリギ					◎
タデ科	ソバカズラ(帰化)					◎
	オオイタドリ			●		●
	エゾノミズタデ			●	●	
	ヤナギタデ			●	●	
	サナエタデ			●		
	ハルタデ			●		●
	イシミカワ			●		
	ウナギツカミ(アキノウナギツカミ)			●		●
	ミゾソバ	●		●		●
	オクミチヤナギ					◎
	ヒメスイバ(帰化)					●
	ノダイオウ			●		
	エゾノギシギシ(帰化)			●		●
モウセンゴケ科	モウセンゴケ			●	●	●
ナデシコ科	ミミナグサ(オオミミナグサを含む)			●		●
	エゾカワラナデシコ			●		●
	オオヤマフスマ			●	●	●
	ナンバンハコベ					◎
	マツヨイセンノウ(帰化)			●		
	ウシハコベ					◎
	ナガバツメクサ					◎
	エゾオオヤマハコベ			●	●	
	ノミノフスマ					◎
ヒユ科	シロザ			●		
ミズキ科	ゴゼンタチバナ			●		
	ミズキ			●		
アジサイ科	ノリウツギ			●	●	●
	ツルアジサイ			●		
	イワガラミ			●		
ツリフネソウ科	キツリフネ			●	●	●
サクラソウ科	ヤナギトラノオ			●	●	●
	クサレダマ	●		●	●	●
	ツマトリソウ(コツマトリソウを含む)			●	●	●

II 稚咲内砂丘林帯湖沼群

科　名	種　名	北海道開発局(1972)	宮脇ほか(1977)	地域環境計画(2007)	水田(2011)	本調査
マタタビ科	サルナシ			●		
	ミヤママタタビ			●		
	マタタビ			●		
ツツジ科	ヤチツツジ(ホロムイツツジ)				●	
	ウメガサソウ					◎
	ガンコウラン				●	●
	イソツツジ(カラフトイソツツジを含む)			●	●	●
	ギンリョウソウ					◎
	コイチヤクソウ					◎
	イチヤクソウ					◎
	ジンヨウイチヤクソウ			●		●
	ツルコケモモ	●		●	●	●
	オオバスノキ			●		●
アカネ科	クルマバソウ			●		●
	エゾノヨツバムグラ					◎
	ホソバノヨツバムグラ			●	●	●
	オククルマムグラ					◎
	エゾノカワラマツバ			●		
	アカネムグラ			●		●
リンドウ科	エゾリンドウ(ホロムイリンドウを含む)			●	●	●
	ツルリンドウ			●		●
キョウチクトウ科	シロバナカモメヅル			●		●
ヒルガオ科	ハマヒルガオ			●		●
ナス科	オオマルバノホロシ			●	●	●
	イヌホオズキ					◎
モクセイ科	アオダモ			●		
	ヤチダモ			●		●
	エゾイボタ			●		
オオバコ科	スギナモ				●	●
	オオバコ					◎
	エゾオオバコ					◎
	ヘラオオバコ(帰化)					◎
	エゾクガイソウ					◎
シソ科	ミヤマトウバナ			●		●
	コシロネ			●	●	
	シロネ			●	●	●
	ヒメシロネ			●	●	
	エゾシロネ	●		●	●	●
	ハッカ				●	●
	ヒメナミキ				●	
	ナミキソウ(エゾナミキを含む)			●		●
	エゾイヌゴマ(イヌゴマを含む)			●		●
タヌキモ科	コタヌキモ				●	
	タヌキモ			●		●
	ヒメタヌキモ				●	
モチノキ科	ハイイヌツゲ			●	●	●
	ツルツゲ			●		●
キキョウ科	ツリガネニンジン			●		●
	サワギキョウ	●		●	●	●
	タニギキョウ					◎
ミツガシワ科	ミツガシワ			●		●
キク科	ノコギリソウ			●		●
	セイヨウノコギリソウ(帰化)			●		●
	エゾノコギリソウ			●		
	ヤマハハコ					◎
	オトコヨモギ			●		
	オオヨモギ			●	●	●
	シロヨモギ			●		

科　名	種　名	北海道開発局(1972)	宮脇ほか(1977)	地域環境計画(2007)	水田(2011)	本調査
	エゾゴマナ			●		●
	アメリカセンダングサ(帰化)					◎
	タウコギ				●	
	チシマアザミ(エゾノサワアザミ，コバナアザミを含む)			●	●	
	タカアザミ					◎
	アメリカオニアザミ(帰化)					◎
	ヒメムカシヨモギ(帰化)					◎
	ヒメジョオン(帰化)					◎
	ハルジオン(帰化)					◎
	ヨツバヒヨドリ			●		●
	ヤナギタンポポ					◎
	ブタナ(帰化)					◎
	カセンソウ					◎
	ハマニガナ			●		
	ヤマニガナ			●		●
	フランスギク(帰化)					◎
	コシカギク(帰化)					◎
	ヨブスマソウ			●		●
	ミミコウモリ			●	●	●
	アキタブキ			●		●
	コウゾリナ			●		●
	コウリンタンポポ(帰化)					◎
	アラゲハンゴンソウ(帰化)					◎
	ハンゴンソウ			●	●	●
	ノボロギク(帰化)					◎
	アキノキリンソウ(ミヤマアキノキリンソウ，コガネギクを含む)	●		●	●	●
	オニノゲシ(帰化)					◎
	ハチジョウナ			●		
	セイヨウタンポポ(帰化)			●	●	●
	シカギク					◎
レンプクソウ科	レンプクソウ			●		●
	エゾニワトコ			●		●
	オオカメノキ			●		●
	ミヤマガマズミ			●		●
スイカズラ科	ベニバナヒョウタンボク			●		◎
ウコギ科	ウド			●		●
	タラノキ					◎
	コシアブラ			●		●
	ハリギリ		●	●		●
セリ科	オオバセンキュウ			●	●	●
	エゾニュウ			●		●
	ドクゼリ	●		●		●
	カラフトニンジン			●		
	ノラニンジン(帰化)					◎
	ハマボウフウ			●		
	オオハナウド			●		●
	セリ			●		
	ヤブニンジン					◎
	ウマノミツバ					◎
	ヌマゼリ(トウヌマゼリを含む)			●	●	●
計		30	10	241	140	306

おいてフッキソウが記載されている。また，地域環境計画(2007)は，2004年度と2005年度に稚咲内砂丘林帯で植生調査を行ったが，それによると，ミヤマシケシダ，ホソイノデ，イチイ，チョウセンゴミシ，イトモ，ユキザサ，ミヤマザクラ，ハルニレ，ムカゴイラクサ，ウダイカンバ，タチツボスミレ，シナノキ，オオバタネツケバナ，ミズキ，アオダモ，カラフトニンジンなど67種が記録されている(表II-2-2)。一方で，オシャグジデンダ，エゾチドリ，ホソバオゼヌマスゲ，ネコノメソウ，ナニワズ，ウメガサソウ，タラノキなど108種が本調査で初めて記録され(表II-2-2)，植物相の解明が進んだことになる。本調査後に行われた水田(2011)による植生調査では新たに，ヒンジモ，ホソバノシバナ，ホソバヒルムシロ，イヌイ，ヤチカワズスゲ，ミノゴメ，ミヤマドジョウツナギ，ハイドジョウツナギ，サナエタデ，ヒメナミキ，ヒメタヌキモ，タウコギなど20種が記録された(表II-2-2)。稚咲内砂丘林帯は広大かつ複雑な地形を有することから，今後も新たな種が追加される可能性は高い。

(東　隆行・川床俊夫・冨士田裕子)

2. 砂丘間湿地・湖沼群の植物群落

　稚咲内砂丘林帯は，海岸に平行する複数の砂丘列からなり，そこに成立する植生は砂丘列に対応して帯状に配列している(植生配列の概要は第II部第1章を参照)。この植生の配列は連続する砂丘と砂丘間湿地・湖沼群という地形と共に特異な景観をつくり出し，北海道指定天然記念物や森林管理局指定植物群落保護林に指定され，保全が図られている。しかしいずれの指定もその名称は，「稚咲内海岸砂丘林」という砂丘上の森林に注目したものとなっており，砂丘列間に点在する湖沼・湿原の植生についてはあまり注目されてこなかった。本節では，特異的な景観が目を引くものの，これまであまり知られることのなかった，砂丘間の湖沼・湿原の植物群落とその特徴を紹介する。

2-1. 砂丘間湿地・湖沼群の植物群落

　表II-2-3は，筆者らによる植生調査結果と既存報告書に掲載の植生調査結果を基に，この地域に見られる植生のタイプ(群落)を二元指標種分析法(全体を2分割する作業を繰り返す分析)によって区分したものである。この地域の植生は大きく湿原植生と湖沼植生に区分され，さらに湿原植生は7タイプに，湖沼植生は5タイプに区分された。以下に植生タイプごとの特徴をまとめる。

2-1-1. 湿原植生

　湿原植生は，まず，地表水の見られないことが多い立地，つまり通常水面が地表より下にある立地の植生と，地表水が見られることの多い立地の植生に区分された。さらに水面が地表より下にある立地の群落は，チマキザサ1種が優占しほかの種が少ないチマキザサ群落，ムラサキミズゴケやツルコケモモが優占しタチギボウシ，ヒオウギアヤメ，ホロムイイチゴ，ミカヅキグサなどをともなう高層湿原植生(ツルコケモモ群落)，ヌマガヤとヨシのほか，ときにヒメシダやツルコケモモも優占するヌマガヤ-ヒメシダ群落の3群落が認められた。地表水の見られることが多い立地は，イネ科やスゲ属が優占する低層湿原で，優占種は異なるものの共通して出現する種も多く，ヨシ-イワノガリヤス群落，クサヨシ-エゾイヌゴマ群落，オニナルコスゲ群落，ヨシ-ツルスゲ群落の4群落が認められた。このなかではヨシ-イワノガリヤス群落が，砂丘間湿地の湿原植生として最も広範囲で認められ，かつ広い面積を占めている。

2-1-2. 湖沼植生

　湖沼植生のなかで最も普通に認められるのは，コウホネを優占種とする群落である。なかでも，コウホネとフトイが優占し，タヌキモをともなうコウホネ-フトイ群落が広い範囲で見られる。コウホネが優占あるいはときに優占する群落としてほかには，コウホネとツルアブラガヤが優占しドクゼリやタヌキモをともなうコウホネ-ツルアブラガヤ群落，コウホネ，オオヌマハリイ，ホソバドジョウツナギが優占するオオヌマハリイ-ホソバドジョウツナギ群落，フトイ，トウヌマゼリが優占し，時にコウホネが優占するフトイ-トウヌマゼリ群落が認められる。
　コウホネの優占が認められない群落としては，クロヌマハリイがまばらに生え，それ以外の種が少ないクロヌマハリイ群落が認められる。

表II-2-3 砂丘間湿地・湖沼群の植生。著者らが，2007～2011年にかけて行った植生調査結果に，環境省や北海道森林管理局による調査結果（地域環境計画，2005；EnVision環境保全事務所，2008）を合わせた178個の植生資料を二元指標種分析法（全体を2分割する作業を繰り返す分析）によって群落分類したもの。解析にあたって出現頻度が5%以下の種は除外している。ただし，表中の平均出現種数の計算では，各調査区に出現したすべての種を対象にした。

	群落名	優占種	平均出現種数
湿原植生 通常地表水はない	チマキザサ群落	チマキザサ	6.0
	ツルコケモモ群落	ムラサキミズゴケ，ツルコケモモ	7.1
	ヌマガヤ-ヒメシダ群落	ヌマガヤ，ヨシ，時にヒメシダ，ツルコケモモ，タチギボウシ，ムジナスゲ	12.9
しばしば地表水が存在	ヨシ-イワノガリヤス群落	ヨシ，イワノガリヤス，時にミゾソバ，ムジナスゲ	9.2
	クサヨシ-エゾイヌゴマ群落	クサヨシ，エゾイヌゴマ	7.6
	オニナルコスゲ群落	オニナルコスゲ，時にヨシ	6.0
	ヨシ-ツルスゲ群落	ヨシ，時にツルスゲ	6.2
湖沼植生	フトイ-トウヌマゼリ群落	フトイ，トウヌマゼリ，時にコウホネ，ヒオウギアヤメ	8.3
	コウホネ-フトイ群落	コウホネ，フトイ	5.0
	コウホネ-ツルアブラガヤ群落	コウホネ，ツルアブラガヤ	6.0
	オオヌマハリイ-ホソバドジョウツナギ群落	オオヌマハリイ，ホソバドジョウツナギ，コウホネ，時にドクゼリ，ツルアブラガヤ，ツルスゲ	7.3
	クロヌマハリイ群落	クロヌマハリイ	4.4

2-2. 砂丘間湿地・湖沼群の植生の特徴

この砂丘間湿地・湖沼群で認められる前述した植物群落は，北海道内の湖沼や湿原で広く認められるタイプの群落で特に珍しいものではない。しかし，この稚咲内砂丘林帯という気候，地質，生物相を同じくする狭い地域内に，さまざまな植生の配列が認められることが，この地域の植生を特徴づけているといえよう。第Ⅰ部第5章第4節「高位泥炭地形成モデル（Carexモデル）」で述べたように，泥炭地の微地形形成はまた植生生長に依存している。したがってさまざまな植生配列は，それぞれ異なる植生遷移・微地形形成過程を反映したものと考えられる。湖沼から始まる湿性遷移・微地形形成は，浅い湖岸に抽水植物を中心とする群落が成立し，植物遺体（泥炭）の堆積によってしだいに水深が浅くなるところから始まる。やがて低層湿原，中間湿原へと変化し，泥炭表面が水面よりも高くなり，もっぱら雨水によって涵養される高層湿原が成立する，という典型的な湿性遷移系列が広く知られているが，実際にはそれと異なる系列で遷移が進行している場所も多い。植生がどのように変遷していくかは，地質，気候，生物相，地形，土壌環境，水文環境などさまざまな要因によって異なり，簡単に説明することは難しい。その点で，この稚咲内砂丘林帯という気候，生物相を同じくする狭い地域内に，さまざまなタイプの湿原・湖沼植生が認められることは，湿原・湖沼植生の変遷を理解するうえでも興味深い。

以下に，この地域でよく認められる植生配列や植生遷移の例を紹介する。

2-2-1. 植生に覆われることで開放水面が消失した場所（図II-2-1）

砂丘帯の湖沼のなかには，植生に覆われて開放水面が見られなくなった箇所がある。図II-2-1の湖沼は，1977年時点でおよそ3 haの開放水面が認められたが，2009年の空中写真ではすべて植物に覆われている。開放水面が存在した場所とその周辺は，現在では広い範囲にわたりヨシとイワノガリヤスを優占種とする単調な植生が広がっている。ほかにムジナスゲ，ヒメシダ，ミズオトギリ，チマキザサ，クサレダマ，ヌマガヤなどをともなうことが多い。周囲にはチマキザサが密に生える群落が広がっている。この場所は，湖沼が陸化していく遷移過程の1パターンを示していると考えられる。

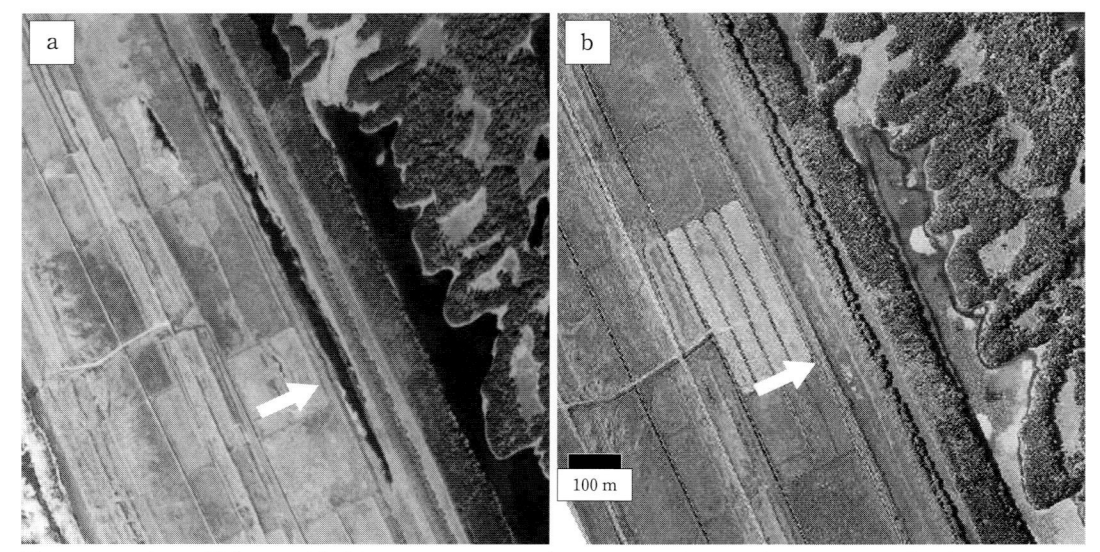

図II-2-1　湖沼から陸化への遷移過程が見られる場所の例（湖沼 No.66）。1977年(a)から2009年(b)にかけて，白矢印で示した湖沼が消失していることがわかる。

2-2-2. 湖沼から低層湿原へと連続的な変化が見られる場所（図II-2-2）

湖沼周辺に低層湿原が見られるのは，この地域で最も普通な植生配列パターンの1つである。湖沼内にはコウホネ，フトイ，タヌキモ（またはオオタヌキモ）が優占する群落が見られる。湖心から湖岸に向かって水深が浅くなるにつれ，ヨシやホソバドジョウツナギが混生する。さらに水位が浅くなると，ヨシ，ムジナスゲ（またはツルスゲ）が優占し，ホソバノヨツバムグラやエゾシロネをともなう低層湿原植生となる。この低層湿原の範囲内をさらに細かく見ると，湖心よりの常に湿った場所ではミズオトギリ，ヒメカイウ，ドクゼリをともない，湖岸よりの場所ではイワノガリヤス，コウヤワラビ，カキツバタ，エゾイヌゴマをともなう群落が認められた。この湖沼は，図II-2-1に示したような1977年と2009年の空中写真の比較からは湖岸線の位置に大きな変化はない。今後，図II-2-1のように低層湿原が広がって湖沼が消失するのか，あるいは別の変化をたどるのかは明らかでない。

図II-2-2　湖沼から低層湿原へと連続的な変化が見られる場所の例（湖沼 No.65）。コウホネやフトイが優占する群落の背後にヨシやスゲ属の優占する低層湿原が見える(a)。湖沼と低層湿原の中間には，コウホネやヨシが共に優占する植生が見られ，湖沼植生から低層湿原への変化は連続的である(b)。

2-2-3. 蛇行流路状の開放水面が認められる場所
（図II-2-3）

　湖沼が植物に覆われていくという点では，図II-2-1と同じであるが，時間の経過と共に蛇行流路のような開放水面が認められるようになった場所である。ここでは，コウホネ，タヌキモ，フトイ，ヒルムシロなどからなる湖沼植生と，クサヨシ，エゾナミキ，ホロムイリンドウ，ヌマガヤ，クサレダマ，ツルコケモモ，イワノガリヤス，ノハナショウブなどからなる低層湿原植生が見られた。低層湿原植生のなかでも流路（開放水面）に近い場所では，ミツガシワ，クロバナロウゲ，ツルスゲ，モウセンゴケ，ヤチスゲ，ミズオトギリが見られることが特徴で，流路から離れた微高地には，チマキザサ，ツタウルシ，ヤマドリゼンマイ，コガネギク，ミミコウモリが見られるのが特徴であった。

2-2-4. 湖沼と湿原の境界が明瞭な場所（図II-2-4）

　湖沼の周辺に湿原があることは図II-2-2と同様であるが，ここには図II-2-2で示したような湖沼と湿原の中間的な植生は認められず，両者の境界は明瞭である。このような場所の場合，湖沼植生はほとんど見られないことが多い。周辺に成立する植生は，ヌマガヤ，ホロムイスゲ，イワノガリヤス，ヨシを優占種とする群落で，ツルコケモモ，ヤナギトラノオ，タチギボウシ，ヒメシダ，コガネギクなどをともなっていた。

2-2-5. 湖沼に浮上湿原が隣接している場所
（図II-2-5）

　湿原の下部に，緩い泥炭の層（体積当たりの固相の割合が少ない層）がある場所は，人が乗ると容易に揺れる，「揺るぎの田代」などとも呼ばれる場所である。湖沼に近い場所では，植物や泥炭同士の絡み合いが弱く，人が乗ると大きく沈み，ともすれば踏み抜いてしまう危険もある場所である。このような場所を浮上湿原と呼ぶことにするが，湖岸の一部に見られる場所を含めると，砂丘間湖沼の多くの場所で認められる。

　図II-2-5に例示した場所の植生は，アオモリミ

図II-2-3　蛇行流路状の開放水面が認められる場所（湖沼 No.14～17）。湖沼の北岸近く（白矢印）が，1977年(a)には全面が植生に覆われつつあったのに対し，2009年(b)には植生に覆われている部分と覆われていない部分の差が明瞭になった。植生に覆われていない部分は蛇行流路状の開放水域になっている(c)。

図II-2-4　湖沼と湿原の境界が明瞭な場所の例(湖沼 No. 124)

ズゴケ，サンカクミズゴケ，オオミズゴケ，コサンカクミズゴケなどが優占する軟弱な浮上湿原となっている。これらのミズゴケ属以外では，場所によってヨシ，カキツバタ，ホロムイイチゴ，タチギボウシ，ヌマガヤ，ホロムイスゲなどが草本層で優占している。湖岸から離れるにつれてヨシ，イワノガリヤス，ヌマガヤなどのイネ科，およびホロムイスゲやムジナスゲなどのスゲ属が優占し，地盤は安定していく。

2-2-6. 砂丘間の小凹地全体が高層湿原となっている場所(図II-2-6)

小凹地全体が高層湿原となっており，湖沼(開放水面)が見られない場所である。ムラサキミズゴケやツルコケモモが優占するほか，コサンカクミズゴケやタチギボウシ，ホロムイイチゴ，ヒオウギアヤメ，ワタスゲなどをともなっている。砂丘間湿地ではミズゴケ属植物が優占する群落が，図II-2-5に示したように湖沼縁に出現するケースがあるが，ここで述べる高層湿原はムラサキミズゴケが優占し，融雪期や大雨時を除いて水位は常に地表下にあるような場所で，湖辺で見られる群落とはミズゴケの種類自体が異なっている。

図II-2-6　小凹地に形成された高層湿原の例

図II-2-5　湖沼に浮上湿原が隣接している場所の例(湖沼 No.39)。湖辺の浮上湿原のうえに立って見る湖沼(a)と同じ場所から見る反対側の様子(b)。見た目には浮いていることはわからないが，人が乗ると容易に揺れる。

ここで紹介したさまざまな植生配列は，地形，土壌環境，水文環境といったローカルな要因によって規定されていると考えられる。その規定要因を明らかにしていくことは，単に地域の多様な自然が生み出された背景への理解を深めるだけではなく，今後生じる湿地植生の変化が，気候変動によるものか，人為的影響によるものであるのかなどを評価する際にも重要な情報を提供することになる。

(藤村善安・水田裕希・冨士田裕子)

第3章
砂丘林帯の水文

1. 砂丘林帯の水文循環

サロベツ湿原西部に位置する稚咲内海岸平野には、沿岸砂丘・砂堤列が海岸線に平行して約30km以上にわたり帯状に分布し、その間に湖沼群および湿地が発達している（図II-3-1）。ここでは、砂丘・砂堤間湿地も含めて砂丘列と記載する。100を超える湖沼が砂丘列帯に点在する地形はわが国では本地域のみであり、またそれぞれの湖沼は地表水の流出・流入がない閉鎖性水域であるのが特徴である。さらに、湖沼の周囲には、低層、中層、高層と発達段階の異なる湿原が分布し、わが国でも稀有な植生環境が形成されている。これまで、この特異な水文環境について、十分な研究はなされてこなかった。本地域における水文環境の解明は、湿地保全の観点から重要である。加えて、閉鎖性水域というある意味で単純な水文環境を解明することが、湖沼から高層湿原への遷移過程の理解につながると考えられる。

本節では、図II-3-2の湖沼（Lake 028, 051, 060, 064, 065, 072, 106, 107, 112の9湖沼）を対象に、放射性同位体ラドン（^{222}Rn）と水素・酸素安定同位体比を用いた各湖沼の水質調査（土原ほか，2011）、砂丘列帯の横断方向の地下水の流れの調査を実施し、それらの調査結果から明らかになった稚咲内砂丘林帯湖沼群の水文特性について解説する。

1-1. 湖沼群への地下水流入の有無

ラドンは帯水層を構成する土粒子に含まれるラジウム（^{226}Ra）のα崩壊により生成される水溶性の放射性ガスである。ただし、半減期が3.8日と非常に短く、また揮発性であることから、供給源のない地表水にはほとんど含まれず、地下水中には地表水よりも10^1〜10^3倍高濃度で存在する。したがって、河川などでラドンが高濃度で検出された場合、地下水の地表水への漏出の指標とすることが可能である（Ellins et al., 1990）。閉鎖性水域と考えられている砂丘林帯の間の湖沼に関しても、このラドン濃度の測

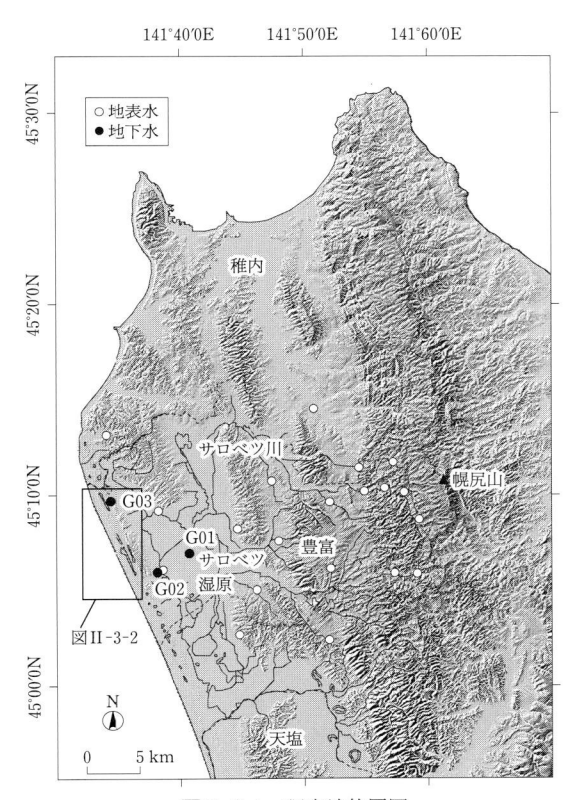

図II-3-1　調査地位置図

定によって，地下水からの水の供給の有無を知ることができる。

豊徳台地，丸山台地近傍に存在する既存の観測孔から採取した沖積堆積物中の地下水のラドン濃度は 2.05, 2.03 Bq/L であり，砂丘帯に存在する既存の観測孔から採取した砂丘砂層中の地下水のラドン濃度は 1.84 Bq/L であった。これに対し，各湖沼のラドン濃度は検出限界以下（ND）であった。また，砂丘列帯を流れる小河川（ワンコの沢）は 0.10 Bq/L と極めて低いラドン濃度を示した。対象とした稚咲内砂丘林帯湖沼群は，地形図および踏査より河川などの地表流出入がないことが確認されている。また，湖水のラドン濃度は検出限界以下であることから，湖沼には地下水の流入はないか，あるいは流入があったとしても分析時にはラドンは放射性崩壊により消失しているため極微量といえる。これより，対象とした湖沼群は降水によって涵養される閉鎖性湖沼であると判断できる。

1-2. 水素・酸素安定同位体比から見た湖沼における蒸発の影響

ここで使用する水素・酸素安定同位体比とは，対象となる同位体D（重水素，^{2}H），^{18}O の存在比が極めて少ないことから，標準物質の安定同位体存在比と分析サンプルの安定同位体存在比がどれくらい隔たっているかを千分率（1/1000：パーミル，‰）で示したものである。標準となる水の ^{1}H，^{16}O に対する D，^{18}O の存在割合と分析するサンプルの水の ^{1}H，^{16}O に対する D，^{18}O の存在割合がどの程度ずれているかを示す値を δD，δ^{18}O という。サンプルの水に D，^{18}O が含まれる割合が大きいほど，δD，δ^{18}O の値も大きくなる。δD，δ^{18}O の値が空間的に異なるという特徴を利用し，水の起源の特定や，起源が異なる水の混合過程を知ることが可能であり，広域的な水循環の研究に多く用いられてきている。さらに，蒸発・凝結時に同位体分別が生じて，同位体比に変化が生じる特徴を利用して，流域における流出過程や植生地の蒸発散過程など，よりローカルな水循環の研究へ適用されつつある。

δD，δ^{18}O の空間的分布の特徴の1つに，標高が高くなるにつれて同位体比が小さくなるという高度効果がある。これは，海洋から蒸発してできた水蒸気が陸域に運ばれ降水となる過程で，先に雨として重い同位体が濃縮して降り，気相には軽い同位体が残っていくためである。湖沼群が存在する沿岸部から後背地の広域の河川水の酸素安定同位体比（δ^{18}O）は $-10.95 \sim -9.46$‰ の範囲にあり，平均値は -10.28‰ である。標高と δ^{18}O は負の相関を示すが，海岸から本流域内で最も標高の高い幌尻山（427 m）までの距離は約 30 km であり，流域は非常に緩勾配な地形となっているため，流域内の高度効果はそれほど明瞭ではない。河川水の δ^{18}O と標高の関係より，標高が 10 m 程度の沿岸部付近の地表水の δ^{18}O は $-10.0 \sim -9.5$‰ 程度と考えられる。これに対し，各湖沼の平均値は -7.71（Lake 107）~ -5.06‰（Lake 051）の範囲にあり，湖水の δ^{18}O は河川水の空間的分布から予測される安定同位体比よりも相対的に高い値を示す。

図II-3-3 に δ^{18}O-δD ダイアグラムを示す。一般的に降水や地表水の δ^{18}O と δD の間には直線の関係が存在し，その関係は天水線（LMWL：Local

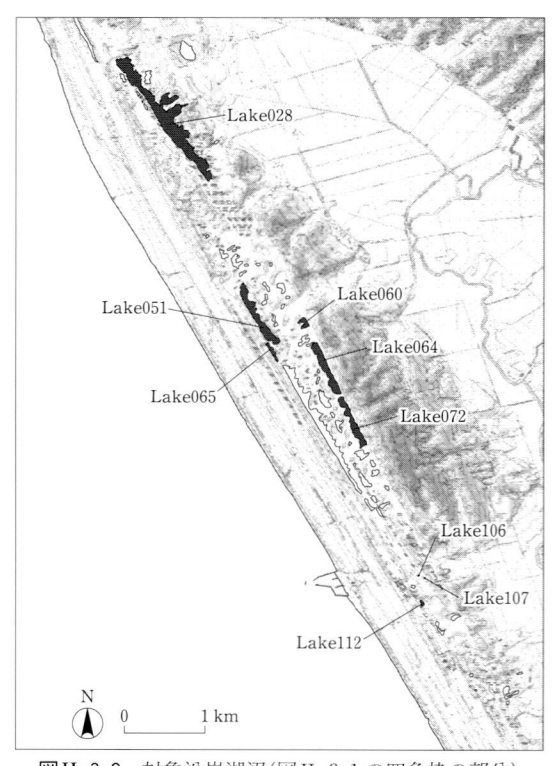

図II-3-2　対象沿岸湖沼（図II-3-1 の四角枠の部分）

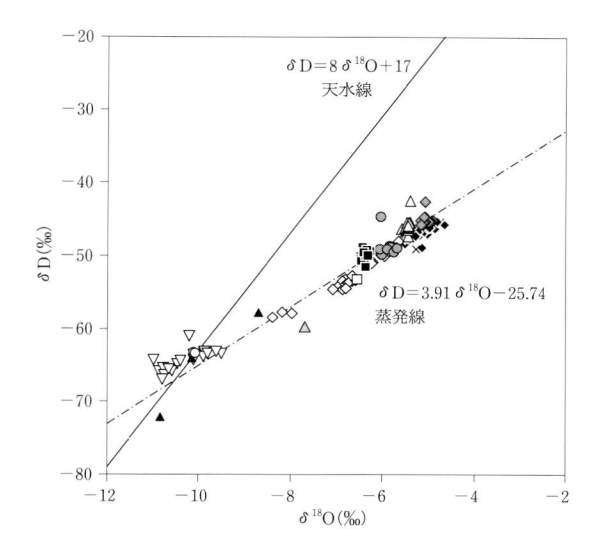

第3章 砂丘林帯の水文

rの平均値は45.1%であった。調査を実施した2009年8月までの過去1年間の本地域の年間実蒸発散量は修正Penman-Monteith式より366 mmと求められた。同期間の降水量879 mmに対する実蒸発散量の割合は41.6%であり、rの平均値45.1%とほぼ同程度といえる。ただし、これはあくまでも平均値での比較であり、各湖沼で蒸発の影響は異なっている。各湖沼のrの差異については次で述べる。

1-3. 湖沼の形状と蒸発の関係

図II-3-4に湖沼の水深、開放水面面積とr(湖沼への流入に対する蒸発の割合)との関係を示す。湖沼の水深に対して開放水面面積が大きい形状の湖沼は、貯留量に対して大気にさらされる水面面積が大きいことから、蒸発が大きくなる傾向にある。図II-3-4が示すように、開放水面面積が小さいLake 106、107はrが小さく、面積が大きい湖沼はrが大きくなる傾向にある。しかし、開放水面面積が増加したとしても、水深が大きい場合はrが小さくなる傾向にあるといえる。例えば、Lake 064と072は隣接した湖沼であり、測深により求めた湖水の体積はそれぞれ102×10^3, $99\times10^3 m^3$とほぼ同じであるが、開放水面面積が小さく水深が大きいLake 072は蒸

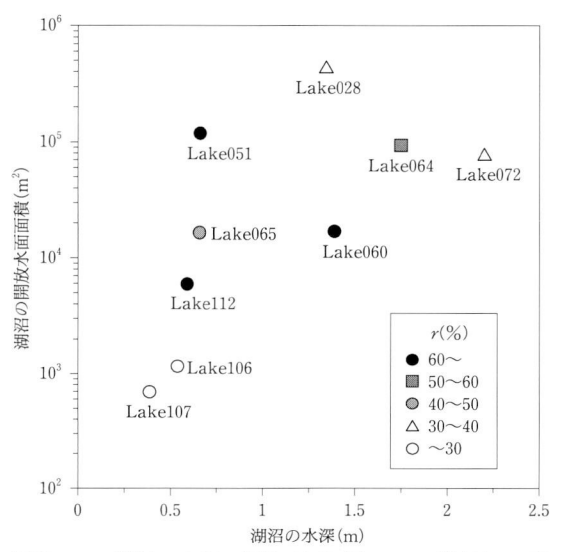

図II-3-3 湖水、地表水、地下水のδ^{18}OとδDの関係(湖沼は図II-3-2のLake 028〜112に対応)(土原ほか、2011)

Meteoric Water Line；Matsubaya et al., 1973) と呼ばれる。一方、湖沼群で採水された湖水は、広域の河川水、ワンコの沢、地下水とは異なり、天水線の傾きからずれた位置に分布する。蒸発の影響を受けた湖水は蒸発の過程で同位体分別が生じるため、蒸発線(LEL：Local Evaporation Line)上に分布し、その傾きは3.91である。蒸発線の決定係数R^2は0.89であり、湖水の安定同位体比分布は蒸発線の回帰式によって説明可能といえる。各湖沼の安定同位体比の分布から、湖水は蒸発の影響を強く受けていることは明らかである。ただし、蒸発の影響は湖沼により異なる。

湖沼において流入、流出、蒸発が平衡している、つまり定常状態にあると仮定し、水収支式および同位体収支式から、湖沼への流入に対する蒸発の割合(r)を求めた(詳細な算出方法は土原ほか(2011))。湖沼には地表水の流入がなく、また放射性同位体ラドン濃度の結果から地下水の供給がないため、湖沼への流入は降水とみなすことが可能である(ただし、周辺地からの微小な集水を含む)。これより、rは各湖沼へ供給される降水のうち蒸発により失われる割合を示しており、各湖沼のrは14.4〜71.9%と推定され、

図II-3-4 湖沼の水深、開放水面面積とrの関係(rは湖沼への流入に対する蒸発の割合)(土原ほか、2011)

発の影響を受けにくく，r は Lake 064 よりも小さい値を示す。また，Lake 028 はジュンサイ沼と呼ばれ，浮葉植物であるジュンサイが湖面を被覆していることが現地で確認された。根からの水の吸収によって同位体分別は生じないが，植物による湖面の被覆面積が増大することで，湖水の蒸発は抑制される。このため，Lake 028 はほかの湖沼より大きい開放水面面積を有するが，ジュンサイによる蒸発の抑制にともない r は小さい値を示していると推測される。Lake 028 以外の湖沼については，目立った浮葉植物の繁茂は確認されず，r は図II-3-4 に示したように，湖沼の水深，開放水面面積の大小関係から概ね説明可能といえる。

1-4. 地下水流動系における湖沼群の位置づけ

砂丘列帯を横断するように設置した観測孔（OW-01～05，図II-3-5）より，地下水は東の豊徳台地側から西の海側へ向けて動水勾配が低下することが示された（図II-3-6）。台地に近い Lake 060 から農地の排水路までの動水勾配は 1/147 であった。これに対し，砂丘列帯の縦断方向の動水勾配は 1/1,392（Lake 060～106），1/1,133（Lake 028～060）であり，地下水流動は砂丘列帯を縦断する方向よりも，横断する方向，つまり砂丘列帯から海側へ向かう方向の流れが卓越している。

砂丘列帯の横断方向の地下水の流れを確認するために別途調査を実施した。その結果，湖水のラドン濃度が極めて低いのに対し，地下水中のラドン濃度は相対的に高く（図II-3-6，表II-3-1），砂丘の砂層中の地下水は湖沼内へ流出していないことが示された。これらは上述した湖沼のラドン濃度の結果と矛盾しない。地下水面の勾配は海岸側へ傾いていることから地下水は海岸側へ流動しており，また地表水にはほとんど含まれないラドンが砂丘列帯の西端に設けられた農地の排水路において観測されることから（1.94 Bq/L），砂丘列における地下水が沿岸農地側へ流動し，流出してきていることが示された。沿岸部で採水した降水（2010 年 4～11 月，平均採取間隔 36 日）の $δ^{18}O$ は -11.97～-8.80‰，降水量加重平均値は -9.91‰ であることから，降水よりも明らかに同位体比が大きい湖水は蒸発による同位体濃縮の影響を受けているといえる。ただし，砂丘列帯中の地下水の $δ^{18}O$ は湖水の $δ^{18}O$ よりも相対的に小さい値を示すことから（図II-3-6），湖水による涵養が砂丘列帯の地下水へ及ぼす影響は小さいと推測される。

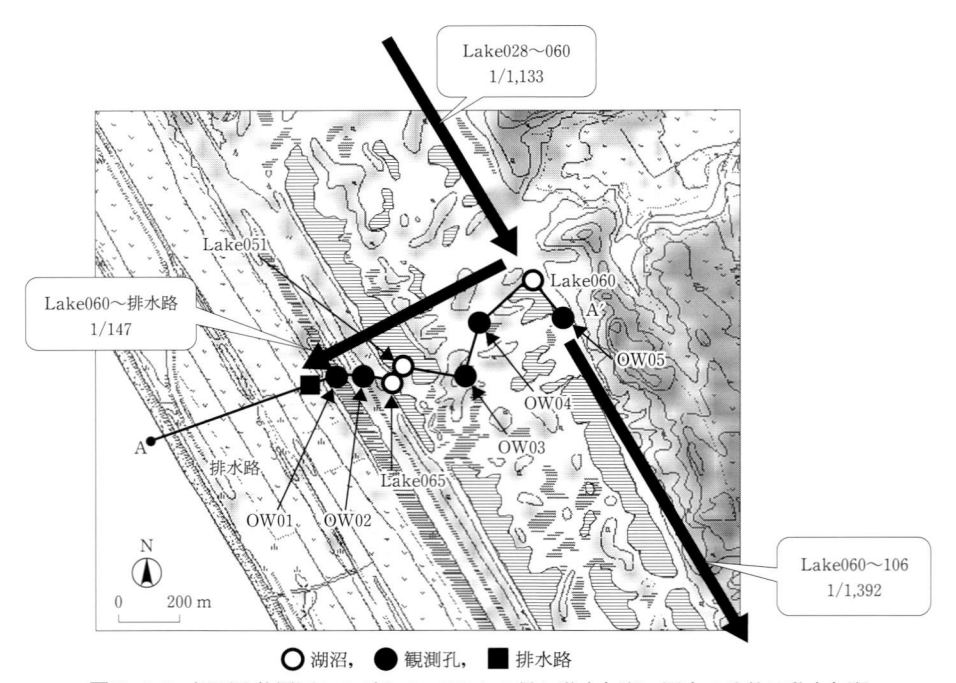

図II-3-5 観測孔位置図および Lake 060 から見た動水勾配。図中の分数は動水勾配

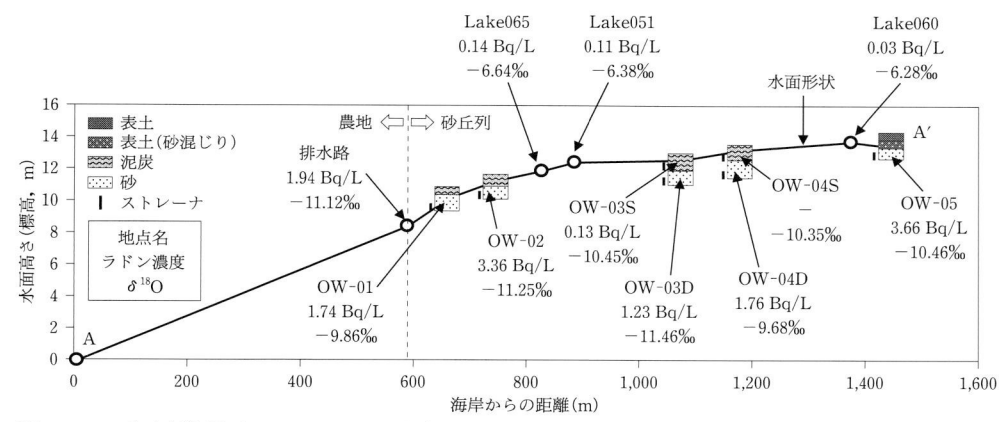

図II-3-6 砂丘列帯断面におけるラドン濃度および $\delta^{18}O$ 分布。砂丘列帯の地下水は内陸の砂丘列側から海側へと流動している(ストレーナは観測孔の壁面の開口部分)。各地点のS, Dはそれぞれ S:浅部，D:深部を示す。

表II-3-1 Lake 060から排水路までの観測孔地下水，湖沼，排水路のラドン濃度および $\delta^{18}O$

観測孔	地層	ラドン濃度(Bq/L)	$\delta^{18}O$ (‰)
排水路	——	1.94	−11.12
OW-01	砂	1.74	− 9.86
OW-02	砂	3.36	−11.25
OW-03 S	泥炭層	0.13	−10.45
OW-03 D	砂	1.23	−11.46
OW-04 S	泥炭層	——	−10.25
OW-04 D	砂	1.76	− 9.68
OW-05	砂	3.66	−10.46
Lake 065	——	0.14	− 6.64
Lake 051	——	0.11	− 6.38
Lake 060	——	0.03	− 6.28

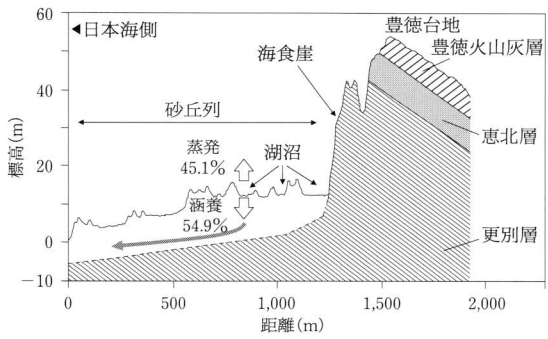

図II-3-7 砂丘列帯における湖沼群の位置および湖沼からの蒸発と帯水層への涵養割合(土原ほか(2011)より作成；断面図は川上ほか(2010)，岡ほか(2006)に加筆)。湖沼群は地下水流動系における涵養域に位置した涵養湖といえる。

表II-3-2 水位回復試験の結果から算定された透水係数

観測孔	地層	透水係数
OW-03 S	泥炭層	2.11×10^{-5} m s^{-1}
OW-03 D	砂層	1.51×10^{-4} m s^{-1}
OW-04 D	砂層	8.77×10^{-5} m s^{-1}

一般的に，湖沼は帯水層との接続状況から，流出湖(discharge lake)，涵養湖(recharge lake)，通過湖(flow-through lake)の3タイプに分類される。ここで対象とした湖沼は，地下水の流入が認められないことと，湖沼群が分布する砂丘列帯は海食崖と接しているため，豊徳台地から西側へ供給される降雨の集水域は狭小であり(図II-3-7)，豊徳台地側からの砂丘列帯への地下水流入は極めて小さいと推測されることから，湖沼群は地下水流動系における涵養域に位置した涵養湖といえる。湖沼群へは地表流出入，地下水流入が存在せず，降雨による供給と蒸発による損失と地下水流出のみにより水収支はバランスしている。

涵養型の湖沼であることは，同じ地点(OW-03およびOW-04)の2つの観測孔で地下水位を観測した結果，上位の泥炭層を対象とした孔(OW-03 S，OW-04 S)の地下水位が下位の砂層を対象とした孔(OW-03 D, OW-04 D)に比べて高く，下方への流動が示唆されたこととも整合する。また，これらの観測孔を対象に実施された水位回復試験によって得られた透水係数は，泥炭層で 10^{-5} m s^{-1} 程度，砂層で 10^{-4} m s^{-1} 程度であり(表II-3-2)，泥炭を主体とする比較的

透水性の低い上位の地層によって湖水が受け皿のように保持されていることが推察される。

Kebede et al.(2009)は，地表流出がない湖沼においては，蒸発以外により失われる割合，つまり1－rを地下水流出の割合と見なしている。閉鎖性湖沼である本研究の対象湖沼も同様であり，湖沼群へ供給される降水に対して，地下水として流出する割合は，各湖沼のrの平均値が45.1%であることから平均54.9%と推定できる。これより，湖沼群は涵養湖として帯水層を涵養する役割を果たしているといえる。湖沼群は地下水流動系における涵養域で帯水層と接続しており，湖水は地下に浸透した後，地形・基盤面の傾斜にそうように西側(日本海側)へ流動・流出しているといえる。このため，湖沼群の水位は，供給源としての降水量・降水パターンの変化，水面からの蒸発量の変化のみならず，下流側に位置する流動・流出域の地下水位変化に左右されるといえる。対象とした湖沼群の水文特性の特異性は，その水文環境が降水量と下流側の地下水位とのバランスにより支配されるという点にあり，湖沼の保全には流動・流出域の地下水管理，特に沿岸部農地における排水事業との調和が重要と考えられる。

(土原健雄・吉本周平)

2. 湖沼群における熱収支と水収支

2-1. 熱収支法による水収支の推定

沼の水収支を考えるうえで大きな要素は，「入り」として降水量Rと，地表水・地下水としての流入量Q_{in}，「出」として蒸発(散)量Eと，地表・地下水としての流出量Q_{out}である。地表水・地下水としての水の出入り量を知りたい場合には，降水量と蒸発量を確定しなければならない。この地域で雨量の観測値はあるが，蒸発量の観測値はない。蒸発量を厳密に観測するには手間と装置が必要となり，装置を設置するために対象地域の自然改変をともなう場合もありうる。一方で計算だけで推定しようとすれば，境界条件の与え方しだいで，実際とまったくかけ離れた結果を算出する可能性があり，精度のうえで大きな問題がある。

そこで「水の蒸発熱(気化熱)は582.8(kcal/kg：25℃)で，すべての物質中最大である」という特性に着目して，沼全体の熱収支を考えることとした。沼全体の熱収支が整合性を保つような境界条件のもとでシミュレーションを行えば，精度のよい(誤差の小さい)蒸発量が推算できるものと考えられる(図Ⅱ-3-8)。

2-2. 熱収支

2-2-1. 水温観測

ジュンサイ沼(#28)とジュンサイ小沼(#39)における深度別水温の変動を2010，2011年と2か年にわたり観測した(図Ⅱ-3-9)。ここではそのうち2010年に観測した結果に基づいて述べる(岡田・佐藤，2012)。

アンカーに綱で結んだフロートからテグスに深度間隔を50 cmで固定した水温データロガーを水中に吊り下げて観測した。あらかじめ計測してあった両沼の水深から，ジュンサイ沼には3個，ジュンサイ小沼には5個のロガーを沈設して測定した。図Ⅱ-3-10にジュンサイ小沼での測定結果を図示した。2つある図のうち左側は午前2時の測定値，右側は午後2時の測定値である。描かれた5本の線は，最も下の深度$D＝2.05$ mの線から，上方へ順に1.55 m，1.05 m，0.55 mで，上端が表面0.05 mの水温

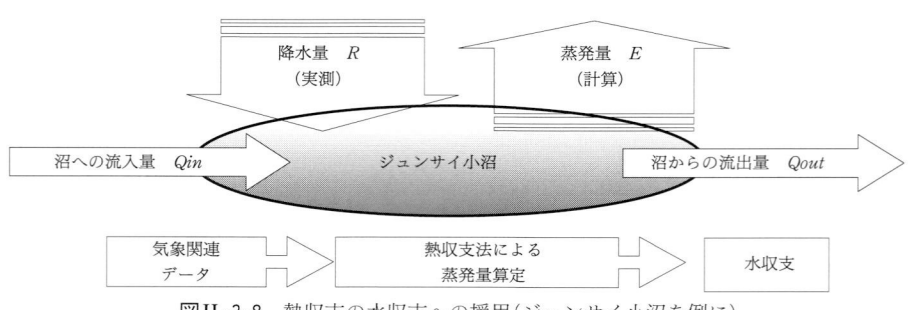

図Ⅱ-3-8 熱収支の水収支への援用(ジュンサイ小沼を例に)

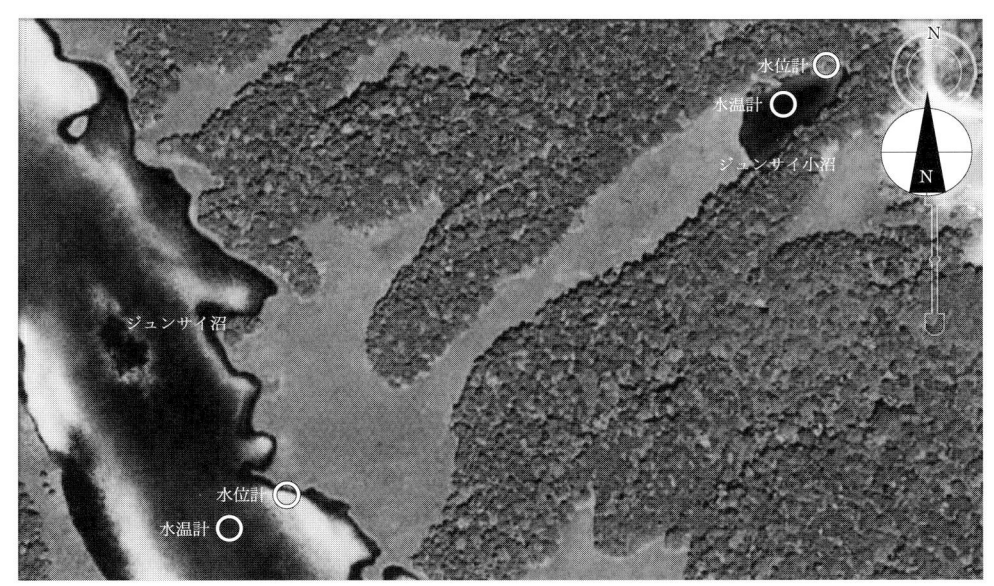

図II-3-9 ジュンサイ沼〜ジュンサイ小沼の観測点位置図（Google Earth より）

の変動である。左右の図を比較すると表層水温の線の相違が顕著である。左の午前2時の図では，ほとんどで表層0.05 m の線と0.55 m の線が重なるほどに近い値で変動している。これに対して，右の午後2時の図では，表面の水温が毎日激しく変動している。つまり，表層水温を示す線は，水面を通して熱が出入りする水域の水温挙動の特徴をよく表している。

暖候期の昼間は輻射熱・顕熱などが水面を通じて伝わり，温まりやすいため，正の水温成層が形成される。この季節には温められた水が表面近くに集まって，表面水温だけが極端に上がる。これが右の図（午後2時）である。ところが暖候期でも夜間になれば放射冷却・顕熱伝達・潜熱（蒸発熱）伝達などで，

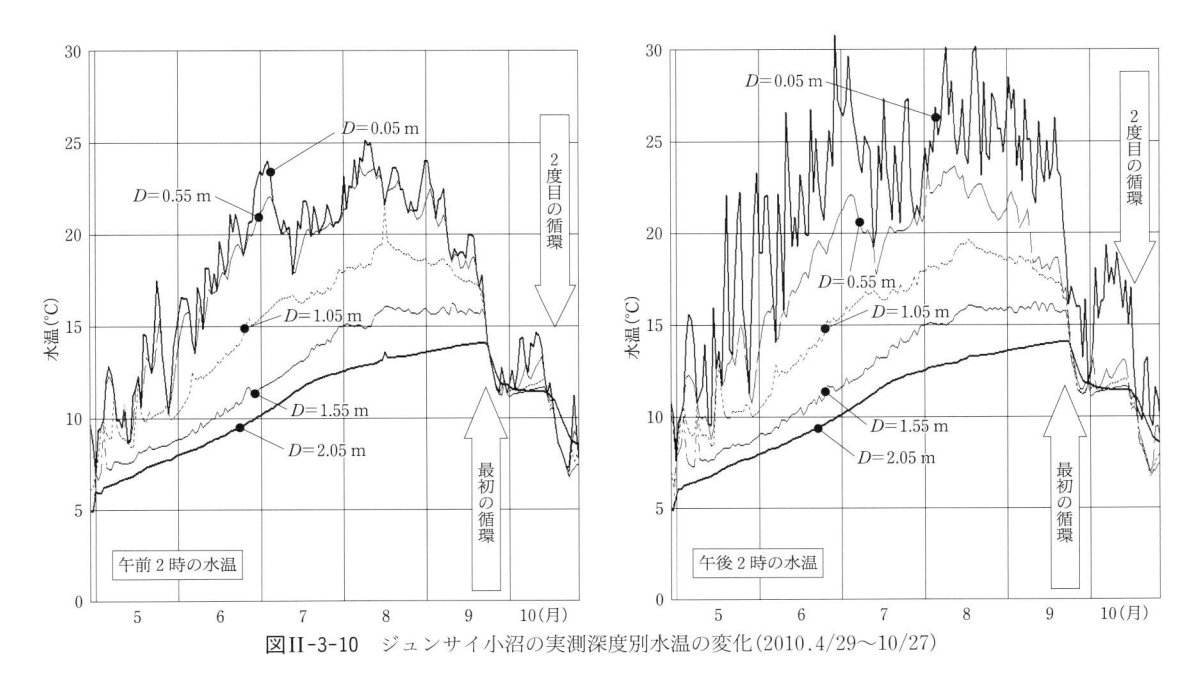

図II-3-10 ジュンサイ小沼の実測深度別水温の変化（2010.4/29〜10/27）

外に向かって出て行く熱が多い。表層の水温が直下の層の水温よりも低くなると密度が逆転するから、表層付近で微小な規模の対流が起こって、両者が混合する。深夜の水温分布の特徴はその結果表層($D=0.05$ m)と直下($D=0.55$ m)の層が混合されて均一に近い水温を示すのである。それでも深度$D=0.55$ mの水温と1.05 mの水温とが異なった値のままで推移していくということは、日ごとの微小対流が及ぶ深度は$D=1$ mに満たないことを示しており、ジュンサイ小沼という小湖沼の特性を表している。もっと規模の大きな湖沼であれば、昼夜の対流や風による混合などにより、表面の混合層の厚さは数mに及ぶことも稀ではない。

季節の経過と共に各深度の水温は徐々に上昇していくが、9月下旬と10月中旬に各層の水温が均一になりその直後に逆転する現象が観察される(図II-3-10中の矢印)。これは温帯地域の湖沼に見られる循環という現象で、表層水が冷却された結果、中間層水よりも低温となり、かつ重くなり下に潜り込んでいく現象である。これにより表層と深層の水が循環して混合する。

図II-3-11は同じ「ジュンサイ小沼」の昼間の鉛直方向の水温分布を、等温線として経時的に表した図である。4月末には全層の水温が1桁で、不安定な状態にあるが日射が強まり、気温も上昇してくると表面から徐々に熱せられ、拡散や伝導によって熱は僅かずつながら、深い方へ伝わっていき表面に近い部分が高温になる。この傾向は4月末から9月半ばまで続く。秋口になると表面が(放射冷却などで)冷やされる機会が増え、そのたびに下層との混合が起こり、極端なときには全層循環が起こる。

2-2-2. 熱収支シミュレーションモデル

この実測した水温データと気象官署から入手した気象データに基づき、シミュレーションモデルを構築した。「熱移動多層モデル」である。

以下にこのモデルの基礎式を示す。

[水温の連続方程式]

$$\frac{\partial T}{\partial t} + u\frac{\partial T}{\partial x} + w\frac{\partial T}{\partial z} = \frac{\partial}{\partial z}\left(K_z \frac{\partial T}{\partial z}\right) + \frac{H}{\rho C_w}$$

(II-3-1)

ここでTは水温(℃)、uは水平x方向の流速成分(m/s)、wは水深z方向の流速成分(m/s)、Hは発生熱量(kcal/s・m³)、ρは水の密度(kg/m³)、C_wは水の比熱(=0.54 kcal/kg・K)、K_z水深方向の渦動拡散係数(m²/s)である。左辺第1項は加速度項、2～3項は移流項、右辺第1項は拡散項、第2項は生成・消滅項である。生成・消滅項の大半は水面近くで起

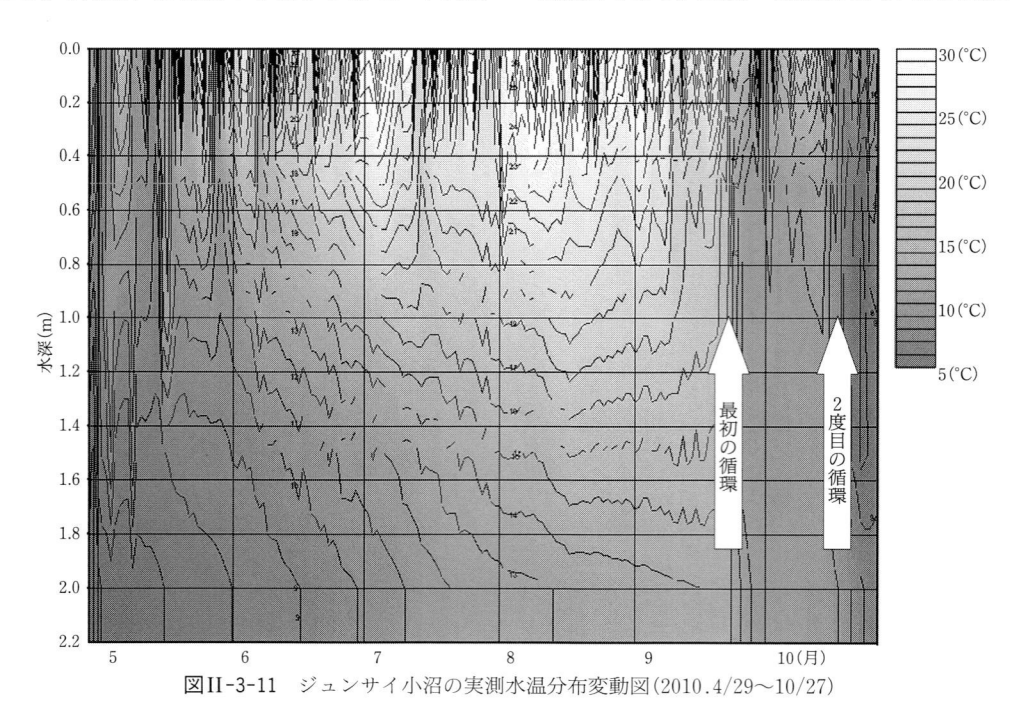

図II-3-11 ジュンサイ小沼の実測水温分布変動図(2010.4/29～10/27)

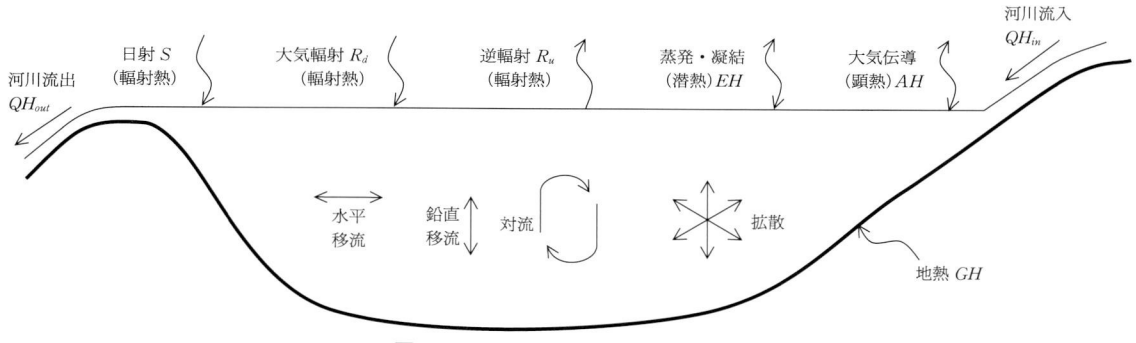

図II-3-12 湖沼の熱の動きの模式図

こる現象であり，次式で表せる（図II-3-12）。
　［生成・消滅項］
$$H = R_0 + R_d - R_u - EH - AH + QH_{in} - QH_{out} + GH$$
（II-3-2）

ここで QH_{in} は河川の流入に，QH_{out} は河川の流出にともなう熱で，GH は地熱として供給される熱である。それ以外の記号は後述する。太陽からの輻射熱 (S) の一部は水面で反射され，水中に入った光エネルギーの多くは水面近くで吸収され，残りは指数関数的に減衰しながら水中を伝わる。水中に入る光エネルギー (R_0) と水深 (z) における光エネルギー (R_z) は次式で表される。
　［輻射熱関係］
$$R_0 = (1-\alpha)S \quad (\text{II-3-3})$$
$$R_z = (1-\beta) \times R_0 \cdot \exp(-\eta \cdot z) \quad (\text{II-3-4})$$

ここで α は水面反射率，β は水面吸収率，η は水中減衰率である。

大気・雲からの輻射熱 R_d と湖水からの輻射熱 R_u は以下の Swinbank の式で求められる。
　［Swinbank の式］
$$R_u - R_d = C_1(T_{wk}^4 - 0.937 \times 10^{-6} \cdot C_2 \cdot T_{ak}^6)$$
（II-3-5）
また
$$C_1 = 0.97 \times \sigma, \quad C_2 = 1.0 + 0.17 \times C^2$$
（II-3-6）

ここで T_{wk} は水温の絶対温度（K），T_{ak} は気温の絶対温度（K），$C_1 \cdot C_2$ は係数，σ は Stefan-Boltzmann 定数（$=1.3543 \times 10^{-11}$ kcal/m²·s·K⁴），C は雲量である。

蒸発・凝結にともなう潜熱 EH と大気との間の伝導顕熱 AH は Rohwer の式で表される。

　［Rohwer の式］
　［潜熱］
$$EH = (0.308 \times 10^{-3} + 0.185 \times 10^{-3} W) \times \sigma \times (e_w - Hum \cdot e_a) \times (L_v - C_w \cdot T_w)$$
（II-3-7）
　［顕熱］
$$AH = (0.308 \times 10^{-3} + 0.185 \times 10^{-3} W) \times \rho \times 269.1 \times (T_w - T_a)$$
（II-3-8）

ここで W は風速（m/s），ρ は水の密度（kg/m³），Hum は湿度，e_w は表面水温に相当する飽和蒸気圧（mmHG），e_a は気温に相当する飽和蒸気圧（mmHG），L_v は蒸発の潜熱（$=595.9$ kcal/kg），C_w は比熱（$=0.54$ kcal/kg·K），T_w は表面水温（℃），T_a は気温（℃）である。飽和蒸気圧 $e_w \cdot e_a$ は次式で求める。
$$e_w = 4.58 + 0.3548 \times T_w + 0.007 \times T_w^2 + 0.0003817 \times T_w^3$$
（II-3-9）
$$e_a = 4.58 + 0.3548 \times T_a + 0.007 \times T_a^2 + 0.0003817 \times T_a^3$$
（II-3-10）

2-2-3．熱収支シミュレーション結果

「熱移動多層モデル」に実測した具体的なデータを与えて，熱収支シミュレーションを行った。使用データは豊富アメダスデータ（降水量 mm（豊富）/気温 ℃（豊富）/風速 m/s（豊富）/日照時間 hr（豊富）），ほかに稚内の地上気象原簿より湿度 ％（稚内）/全天日射量 MJ/m²（稚内）/雲量（稚内）である。シミュレーションを行うためにこれら実測データ群と共に，湖沼が立地する環境の指標である境界条件を与える必要がある。この境界条件を調整しつつ，全体として熱収支的に整合性を保った結果をもたらす組み合わせを探した。熱収支計算の結果を図示した（図II-3-13，図II-3-14）。

このような結果をもたらした境界条件の組み合わ

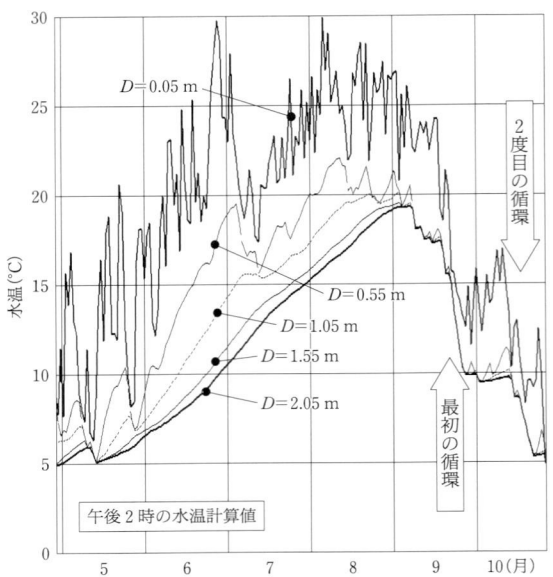

図II-3-13　ジュンサイ小沼の深度別水温変動(計算結果)
(2010.4/29～10/27)

せを表II-3-3に示す。表II-3-3には，筆者がかつて同様に解析した支笏湖で設定した境界条件も合わせて示した。与えた境界条件の値の特徴とその理由を以下にまとめた。

風は水面の上を吹くことにより水の水平流動を起こして鉛直の混合(渦動拡散)を促す。これがより強く働けば，より深くまで混合が及び，均質な層を厚くしていく。ジュンサイ小沼でのシミュレーションでは風の効果が極めて小さな結果となっているが，これは周囲の森林による遮蔽効果が表れた結果だと見なせる。

また湖沼に加わる熱エネルギーの大半は，水面から日射のエネルギーとして入ってくるものである。したがって水面の環境条件は，熱の出入りや移動に大きな影響をもたらす。ジュンサイ沼とジュンサイ小沼はその名が示すように夏期になると，浮葉植物であるジュンサイの葉がその水面を覆い隠してしまう。その結果として，水面に関わる反射率・吸収率共に大きい境界条件となっている。水中に入る光エネルギーの量自体が小さく，入った光も同様の理由で，水面で多く吸収されるためである。光の水中減衰率(η)が極めて大きいのは泥炭地特有のタンニンなどによって茶色く着色された水の色が原因である。また渦動拡散係数(K_z)が分子拡散係数なみに小さい(実質的に渦動拡散が起こっていない)のはやはり繁茂する浮葉のため風のエネルギーが水面から内部に伝達しないためと考えられる。

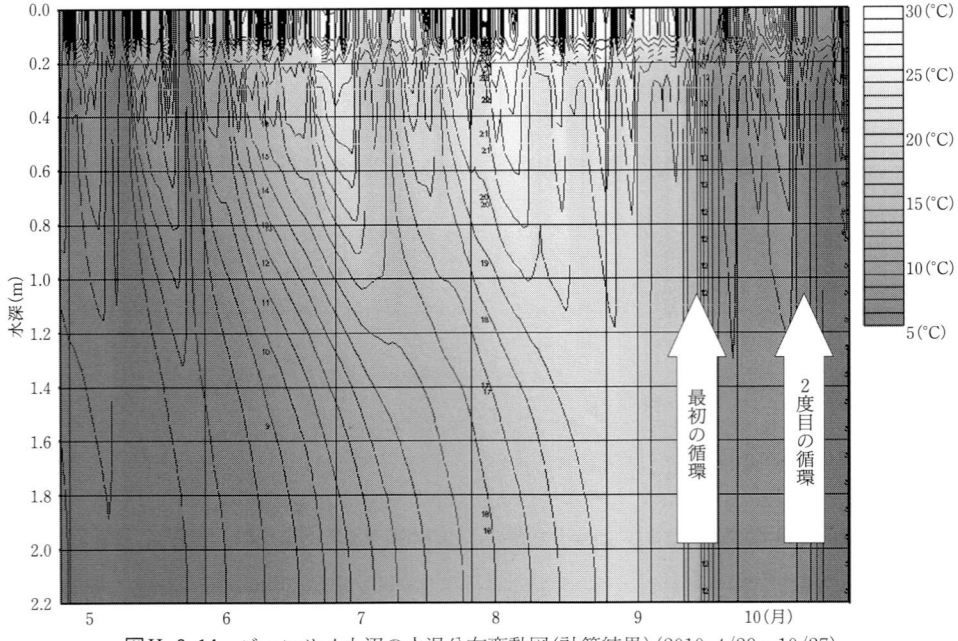

図II-3-14　ジュンサイ小沼の水温分布変動図(計算結果)(2010.4/29～10/27)

表II-3-3　ジュンサイ小沼と支笏湖の設定境界条件の比較

項目	ジュンサイ小沼で用いた最適値		支笏湖で用いた最適値	
風速倍率	0.10	森林による遮蔽	1.20	長い吹送距離
水面反射率(α)	0.30	浮葉植物による反射	0.03	稀にみる透明度
光の水面吸収率(β)	0.90	浮葉植物による吸収	0.63	稀にみる透明度
光の水中減衰率(η)	2.00	タンニンなどの茶色い水	0.17	稀にみる透明度
鉛直渦動拡散係数(K_z)	1×10^{-9}	水面隠蔽	5×10^{-7}	(通常 $10^{-4} \sim 10^{-6}$)

表II-3-4　ジュンサイ小沼と支笏湖の熱収支の比較。単位は(cal/cm²)

項目	(2010.4/29～10/27　6か月間)	参考(支笏湖；1994年同期間)
日射吸収熱量(S) ：	43,267.82	74,623.21
降水熱量 ：	1,183.25	(考慮せず)
逆輻射熱量($R_d - R_u$) ：	$-22,479.84$	$-21,301.06$
蒸発潜熱量(EH) ：	$-18,412.85$	$-34,643.56$
	(蒸発量316 mmに相当)	(蒸発量594 mm)
伝導顕熱量(AH) ：	$-4,092.79$	$-4,018.25$
総熱収支 ：	-510.82	10,205.76

　表II-3-4にはジュンサイ小沼(#39)の計算期間中の熱収支総量を示した。実際のシミュレーションでは30分ごとの各項目の値を計算しているが，ここに示したのはそれらの集計値である。4月末から10月末までの無積雪期間における主たる熱の供給源は，日射(S)である。そのなかで沼の水に吸収される熱量が，1 cm²当たり43 kcal余りある。出て行く熱は逆輻射($R_d - R_u$)，いわゆる放射冷却で22 kcal余り，ほぼ同等18 kcal余りの蒸発熱(EH)となっている。大気との間での直接的な熱のやり取りAHで4 kcalが出て行くが，条件しだいでは入ってくる場合もある。

　ちなみに，表II-3-4には年が異なるが同じ期間の支笏湖の熱収支量を参考値として掲載してある。水面温度を反映する逆輻射熱量$R_d - R_u$は両者共ほとんど同じ値となっており，水面温度と気温との相対関係を反映する伝導顕熱量AHもほぼ等しい。これらに比べると，日射吸収量Sと蒸発潜熱EHは支笏湖よりもジュンサイ小沼のほうが圧倒的に少なく，いずれも支笏湖の半分余りの量しかない。前者は水面反射率αが大きいことの反映である。

　さらに顕著な相違は総熱収支である。4月末から10月末までといういわば暖候期の熱収支の総量が，ジュンサイ小沼ではすでにマイナスとなっているのに対して支笏湖では同期間の全投入熱量の10%を超える10 kcal/cm²もの投入超過となっている。ちなみに支笏湖ではこの蓄熱を小出しにすることで凍結することが稀になり，「最北の不凍湖」の地位を保っている。この現象を含めて水挙動の境界条件の基本的な原因は湖沼の深さ(支笏湖364 m，ジュンサイ小沼2.2 m)であるが，一方で浮葉植物の繁茂や水の透明度に起因する水面反射率(α)，水面吸収率(β)，水中減衰率(η)といった沼の光学的物理特性の相違を反映したものと考えることができる。

2-3. 水収支

　この期間の蒸発熱の総量(1万8,412 cal/cm²)を水の蒸発熱(582.8 cal/g)で除すると，約316(mm)を得る。同じ期間の降水量775 mmに対して，約41%の316 mmが蒸発していくという水収支が現れる。

(1) 水収支の経時変化

　判明した水収支を時系列的に整理し，図II-3-15に図示した。この図には，ジュンサイ小沼の水位と積算降水量(ΣR)・積算蒸発量(ΣE)を合わせて示した。また，水面からだけの水収支として$\Sigma R - \Sigma E$も図示した。積算蒸発量(ΣE)は継続的現象の反映でなだらかに上昇を続けるが，9月末ごろになると蒸発量が減り始めその傾斜角が小さくなる。一方積算降水量(ΣR)は断続的現象のため階段状に上昇している。

　水面で起こる水収支($\Sigma R - \Sigma E$)は，ときおり少雨が降る程度の期間はほぼ水平に推移しているが，「まとまった雨」が降ると一気に上昇する。これは

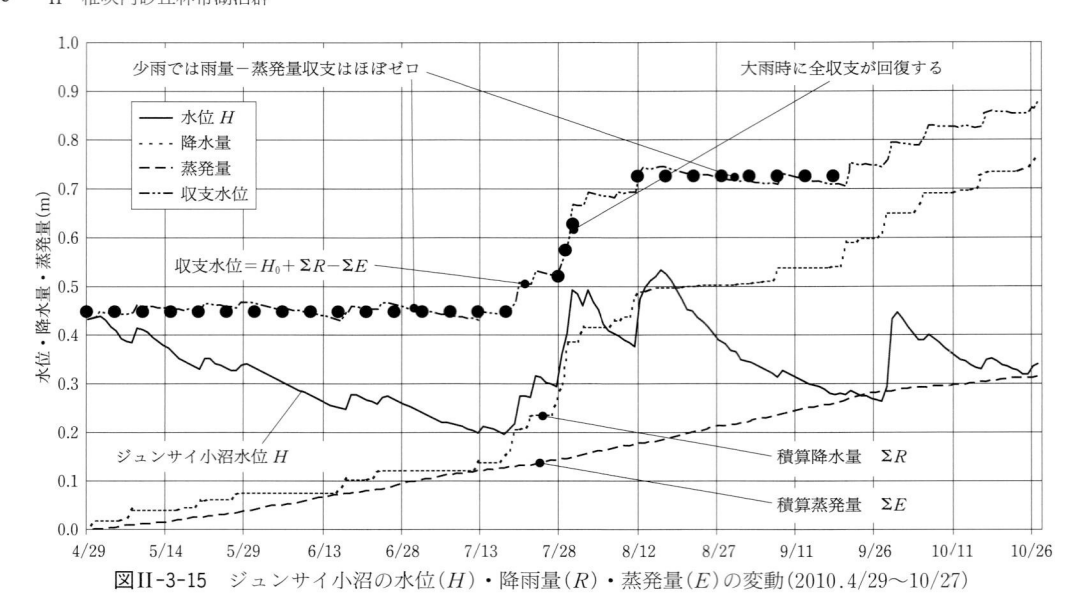

図II-3-15 ジュンサイ小沼の水位(H)・降雨量(R)・蒸発量(E)の変動(2010.4/29〜10/27)

沼の水位と連動しており，$\Sigma R - \Sigma E$ が水平な期間は水位が逓減を続けるが，「まとまった降雨」があって $\Sigma R - \Sigma E$ が上昇するときに一気に沼の水位が回復する。地表水・地下水として沼に出入りする水収支は全体としてマイナスであり，大きな降雨がない期間は蒸発量共相まってジュンサイ小沼水位は下がり続ける。かつて2007，2008年と2か年にわたった少雨傾向の期間には，この「まとまった降雨」による水位回復を見ない期間が長く続き，危機的な状況が生まれた。

図II-3-8で示した水収支で，地表水・地下水としての沼からの流出量(Q_{out})から沼への流入量(Q_{in})を差し引いたものを流失量(Q_{loss})とする。

$$Q_{loss} = Q_{out} - Q_{in} \quad (II\text{-}3\text{-}11)$$

沼の水位の変動を ΔH とすれば流失量は，降水量 R と蒸発量 E を用いて

$$Q_{loss} = R - E - \Delta H \quad (II\text{-}3\text{-}12)$$

と表される。

図II-3-15でジュンサイ小沼(#39)水位の変動に着目すると，高い部分と低い部分とで逓減勾配が異なっている。無降雨期間のジュンサイ小沼の水位変動量(ΔH(mm/d))を(II-3-12)式により水収支を考慮した流失量(Q_{loss}(mm/d))とし，そのときのジュンサイ小沼水位に関連させて整理すると図II-3-16の関係が得られる。

ここに示される水位(H)は，現在設置してある水

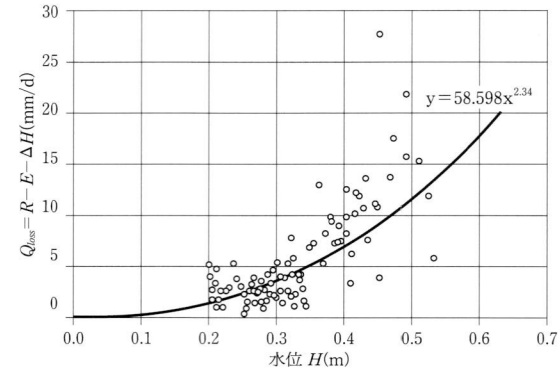

図II-3-16 水位変動にともなう流失量の変化(2010.4/29〜10/27)

位計における値であるが，$H = 0$ の付近で逓減率も0に近い値に収束していくように見られる。またうえに整理した期間中での最高水位は 0.55 m 弱となっているが，低い方から $H = 0.50$ m に近づくと流失量が急激に大きくなっている。この水位周辺で沼からの流出機構が変化していて，この地域の水位の上限となっている可能性が大きい。

2-4. まとめ

水深がもっと大きい湖沼では2mという深度の水は夏期には表層の一部となって，均質で一体的な挙動をする(許ほか，2000；岡田ほか，2001)のである

が，稚咲内砂丘林中の湖沼では特殊な立地と物理的特性の結果として，各層が別々の独立した挙動をしている。支笏湖といういわば大湖沼の代表格と比較することにより，砂丘林帯中の小湖沼という特殊な水系における水温特性，光学的物性などが判明した。

本来熱収支法を適用した際に副産物として得られる蒸発熱であるが，水の蒸発熱の大きさ（582.8 cal/cm²）を考慮すれば，蒸発熱を蒸発量に換算する際に相対的な精度が向上するであろう。この方法でジュンサイ小沼では期間中降水量の40％あまりの水が蒸発で失われていることが定量的にわかった。先に述べたようにこの蒸発量はジュンサイ小沼の立地特性からやや小さめに算出されている。蒸発量を分離できたことにより，地表水・地下水流動による純粋な流失量も分けられることを示した。

（岡田　操）

3. 湖沼群の形状と水位変動

3-1. 空中写真から読み取れる湖沼群の特徴

稚咲内砂丘林帯湖沼群には，大きいものは40 ha以上，小さなものは数m²の開放水面を有する170以上の湖沼が存在する（口絵2）。稚咲内砂丘林は海岸線に平行に砂丘列が数列存在しており，湖沼群はこの砂丘と砂丘の間（砂丘間）に位置している。このため，これらの湖沼は，海岸線に平行に南北に約25 km，内陸側に約1 km程度の範囲に，広く散らばって存在している（図II-3-17）。稚咲内砂丘林は南北に非常に長いため，ここでは「北部」「中部」「南部」地域に分けて記す。北部および中部地域は豊富町に，南部地域は幌延町にそれぞれ属している。

数多くの湖沼が広く分散して配置しているため，現地では周辺のどの位置に湖沼が隣接するかとか，全体の散らばりのなかのどの辺りに位置しているかといったことがわかりづらい。また，「湖沼の水位変動」といっても，局所的な変化なのか，全体ではどのように変化しているのかといったことは，現地ではわかりにくい。水位変動については，具体的には水位計を設置することで定量的な調査が可能であるが，予算や労力の都合上，また，当該地域が特別保護地区であるということからも，すべての湖沼や湿地に水位計を設置するということは現実的に困難

図II-3-17　稚咲内砂丘林および区分

である。こうした場合，上空から湖沼を把握できる空中写真の利用が効果的である。上空から撮影された画像として衛星写真の利用も考えられるが，空中写真は一般的に解像度が高いこと，国有林などではある程度定期的に撮影されることなどが利点である。また，過去に撮影された写真も存在し，例えば稚咲内砂丘林では1947, 1964, 1977, 2005, 2009年などに撮影されており，経年的な変化を観察する際に有用である。多時期の空中写真を用いることで，湖沼の開放水面の変化を把握することができる。空中写真によって撮影された湖沼と，これから読み取った開放水面の例を図II-3-18に示す。

図II-3-18左では，107番の湖沼が2005年から2009年までに開放水面の面積を大きく減少させたことがわかる。一方，右の写真では113番の湖沼は，2005年からの開放水面面積の変化はあまり大きくないということが読み取れる。

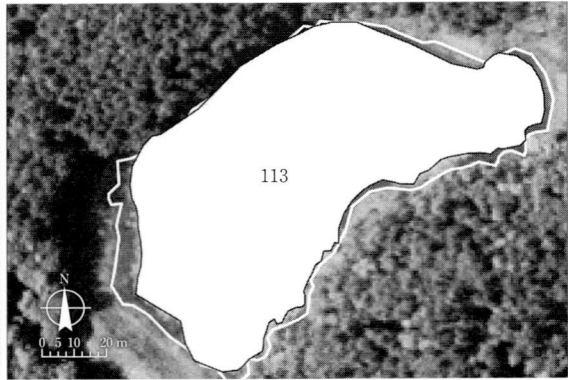

図Ⅱ-3-18 空中写真から読み取れる開放水面の経年変化の例（106，107，113番湖沼の例）
白線：2005年，白色部分：2009年

3-2. 湖岸地形と水位の推測

稚咲内における湖沼の湖岸地形には大きく分けると2種類の地形が存在している。概念図を図Ⅱ-3-19に示す。

図Ⅱ-3-20に，複数の湖沼の湖岸地形の測量結果を示した。図から稚咲内の湖沼群は，湖岸から20m進んでも50cm程度しか落ち込まない「非常に緩やかな湖岸」と湖岸から数mで100cm以上落ち込む「急角度の湖岸」の2種類が混在していることがわかる。調査を行った湖沼では，北部の湖沼のほうが急角度の湖岸を有する湖沼が多かった。こうした湖岸の地形と湿原植生および森林によって，稚咲内砂丘林および湖沼群は，国内でも非常に稀な景観を生み出している。

ところで，空中写真から読み取れる情報は開放水面面積の変化であり，水位の変化は読み取ることができない。空中写真測量の技術のうち，立体視の技術を用いることでZ方向の差を読み取ることが可能ではあるが，この手法ではZ方向の誤差は大きく，稚咲内湖沼群のような数〜数十cmの水位変化を正確に読み取ることは大変難しい。しかし，あら

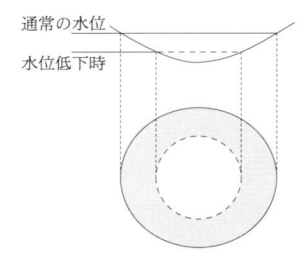

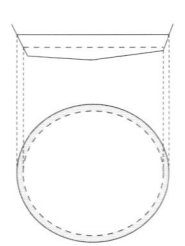

図Ⅱ-3-19 湖岸地形の形状（上）と実際のイメージ（下）。左：非常に緩やかな湖岸，右：急角度の湖岸

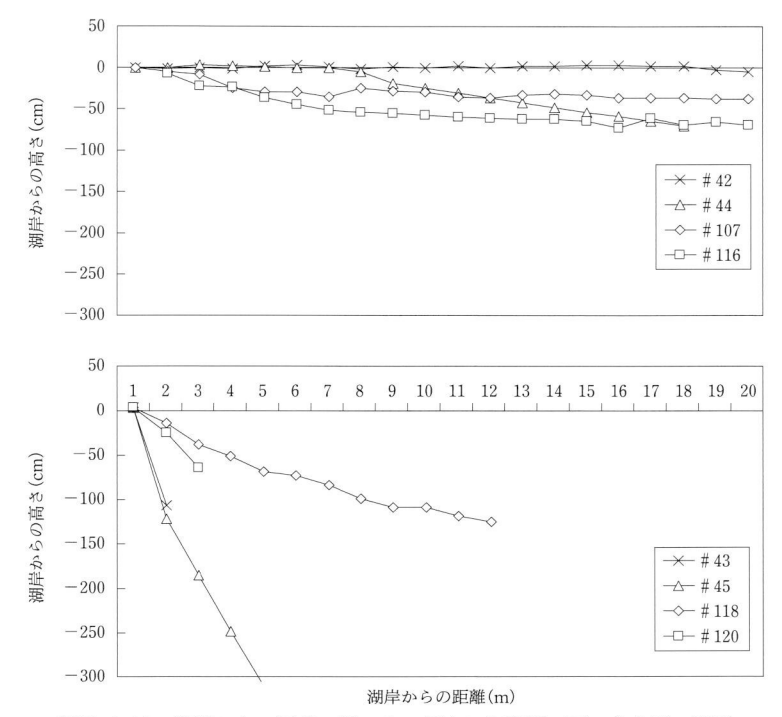

図Ⅱ-3-20 湖岸からの形状の例。上：緩やかな湖岸，下：急角度の湖岸

かじめ湖岸の地形を測量しておくことで，湖岸の位置から水位を推測することが可能である。この概念を図Ⅱ-3-21 に示す。

図Ⅱ-3-21 のグラフでは，113 番湖沼の湖岸地形を示し，2005 年と 2009 年の空中写真から読み取った湖岸の位置を例示している。この図に示す地形測量線上では，2005 年と 2009 年の湖岸には水平距離で 4 m の差があった。地形測量の結果，この差は Z 方向で約 40 cm であった。この方法を応用して，稚咲内砂丘林帯湖沼群の水位変化を推測した例を図Ⅱ-3-22 に示す。なお，当該地域を撮影した空中写真のうち 1947 年のものは解像度が低いため，1964年を基準としての相対的な変化を示している。図Ⅱ-3-22 の結果から，稚咲内砂丘林の北部では水位の変化があまり見られず，中部では水位の低下が大きいものと推測された。ここで示した手法は，空中写真と現場における測量を合わせることで，どこの場所でも応用可能である点が特徴といえる。

3-3. 湖岸地形からわかること

本項では，稚咲内砂丘林帯湖沼群の形状的な特徴と，これを用いて推定された湖沼の水位変化について述べた。実際に湖岸形状の測量を行うと，1 つの湖沼でも，ある場所は急角度の湖岸であり，反対側は非常に緩やかな角度であるものなども見られた。緩やかな湖岸では，抽水性の植物が繁茂する環境が広がっていた。一方，急角度な湖岸を有する湖沼の多くは十分な水深を有することが多く，浮葉性や沈水性の植物の繁茂などが見られた。また，こうした多様な環境を利用し，多くの昆虫類や野生動物が生息している。上空からの観察では森林と多くの湖沼からなる景観を見ることができる。一方，現場レベルの観察では，湖沼群とその周辺の湿原植生および

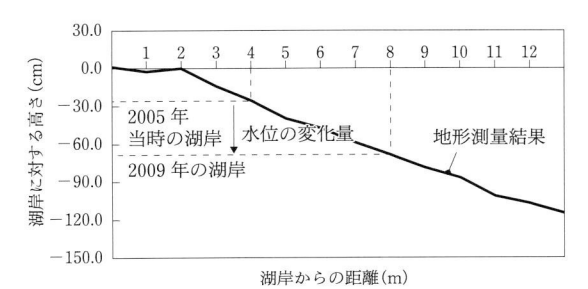

図Ⅱ-3-21 #113 の水位の変化量（2005～2009 年）。図内の実線は湖岸の地形測量結果

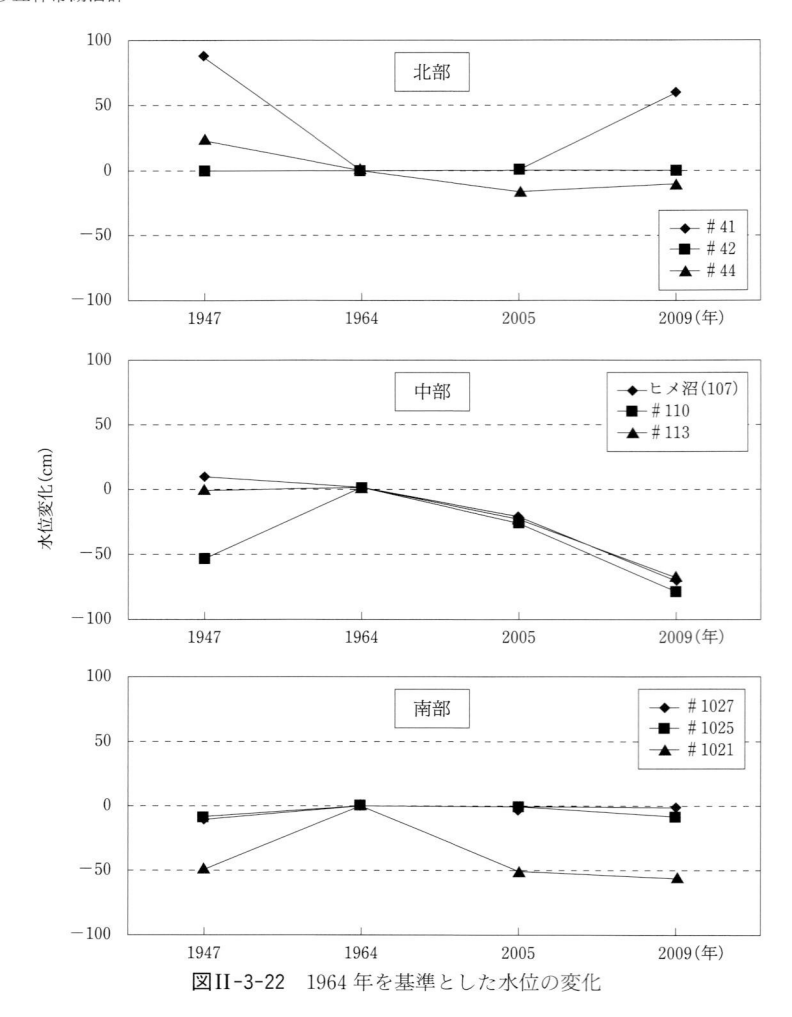

図II-3-22 1964年を基準とした水位の変化

森林の絶妙な組み合わせにより形成されている生態系を見ることができる。湖沼の現状やその変化をとらえるためには，両手法を適切に組み合わせて調査を実施することが肝要である。さらに，本項で示した水位変化の把握手法については，他地域の湖沼でも十分に応用できるものと考える。稚咲内砂丘林帯湖沼群のように，多くの湖沼を対象として，多時期の空中写真を利用して全体の傾向を把握するうえでは有効であると考えられた。

今回の解析から，稚咲内砂丘林帯湖沼群の水位変化は，地域によって異なることが示唆された。北部地域では湖沼の水位がある程度維持されていた。一方，中部地域では解析対象とした湖沼のすべてが，また，南部地域の一部の湖沼で水位が低下しているのが見られた。中部および南部地域は，戦後に大きく土地利用が改変された地域でもある。こうした変化が，湖沼群の水位の変化に何らかの影響を与えているものと考えられ，稚咲内砂丘林と湖沼群の健全性を保つために，今後の変化に注目する必要があろう。砂丘林帯湖沼群の変化に関しては，第III部第1章第6節で，改めて詳しく紹介したい。

（立木靖之）

4. 砂丘林帯の湖沼群と湿原群の水質

4-1. 稚咲内砂丘林帯の湖沼水および湿原地下水の水質と周囲環境

稚咲内砂丘林帯には，人為的影響の非常に少ない多数の湖沼群と湿原群がある。砂丘林帯内の湖沼群

表II-3-5 稚咲内砂丘林帯の湖沼水および湿原表層地下水の水質(平均値，1998年調査)(橘ほか(2002)に調査データ(雨水)を追加)

		湖沼	低層湿原	中間湿原	高層湿原	河川	雨水
n		14	3	1	5	1	4
EC	$\mu S \cdot cm^{-1}$	174.5	171.5	135.0	36.9	348.0	21.8
pH	—	5.7	5.3	5.7	4.1	6.3	4.6
4.3 Bx	$meq \cdot l^{-1}$	0.094	0.293	0.146	0.003	0.973	0.014
DN	$mg \cdot l^{-1}$	0.58	0.60	0.78	0.42	0.45	0.56
$NO_3^- - N$	$mg \cdot l^{-1}$	0.23	0.05	0.02	0.13	0.27	0.26
$NO_2^- - N$	$mg \cdot l^{-1}$	0.00	0.00	0.00	0.00	0.00	0.00
$NH_4^+ - N$	$mg \cdot l^{-1}$	0.02	0.06	0.01	0.02	0.17	0.27
DIN	$mg \cdot l^{-1}$	0.25	0.11	0.03	0.15	0.44	0.53
DON	$mg \cdot l^{-1}$	0.33	0.49	0.75	0.27	0.01	0.04
DP	$mg \cdot l^{-1}$	0.013	0.029	0.015	0.011	0.013	0.002
RP	$mg \cdot l^{-1}$	0.003	0.014	0.004	0.005	0.005	0.002
DOP	$mg \cdot l^{-1}$	0.010	0.014	0.010	0.006	0.008	0.000
Na^+	$mg \cdot l^{-1}$	23.8	20.1	18.3	4.5	51.0	1.8
K^+	$mg \cdot l^{-1}$	1.1	1.7	1.4	0.7	3.4	0.2
Ca^{2+}	$mg \cdot l^{-1}$	3.6	3.3	1.8	1.6	4.8	0.8
Mg^{2+}	$mg \cdot l^{-1}$	3.9	3.9	2.8	0.8	6.2	0.3
Cl^-	$mg \cdot l^{-1}$	45.1	38.9	32.7	6.1	78.2	2.3
SO_4^{2-}	$mg \cdot l^{-1}$	7.0	0.6	0.7	2.0	1.3	2.5
SiO_2	$mg \cdot l^{-1}$	2.0	8.5	3.1	2.6	9.9	1.7
DOC	$mg \cdot l^{-1}$	6.9	15.8	20.3	16.4	5.8	0.8

は，日本海から飛来する海塩粒子の影響を受けているが，雨水涵養性の自然で清澄な湖沼である。

この地域の湖沼水と湿原地下水の水質を，マクロ的にまとめたのが表II-3-5(橘ほか，2002)である。電気伝導度(EC)やNa^+，Ca^{2+}，Mg^{2+}，Cl^-といった水質成分は，湖沼水よりも低層湿原，中間湿原，さらに高層湿原の地下水へと濃度の低くなる傾向が認められた。湖沼では周辺の集水域や湖底からさまざまな物質の流入があり，水質濃度が高かったと見られる。稚咲内砂丘林帯の湖沼は，一般的な湖沼と比較すると，飛来する海塩の影響も受け無機一般成分はかなりの高濃度であるが，栄養塩濃度は低く貧栄養湖のレベルにある(吉村，1976)。一方，浅い湖沼や低層・中間湿原から発達した高層湿原では，周辺からの流入が絶え，水の供給源が主に降水のみとなることから，地下水成分は極めて低濃度となる。

図II-3-23はこの地域での調査結果を基にした採水場所に関する主成分分析結果である(橘ほか，2002)。湖沼や各湿原地下水などは，主成分負荷特性に特徴づけられた各々グループごとにまとまる。

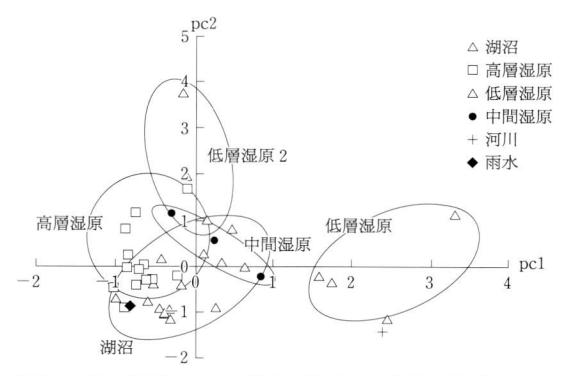

図II-3-23 湖沼水および湿原地下水の水質の主成分分析結果(橘ほか，2002の一部を修正)。主成分得点分布

4-2. 水質から見た稚咲内湖沼の生態的特徴

砂丘林帯内の湿原で採取した地下水の電気伝導度(EC，$\mu S/cm$)と，採取した深さとの関係を図II-3-24(橘ほか，2002)に示した。この図では採取した深さを，地表面からの深さではなく，湿原の表層堆積物(泥炭層)の下にある鉱物層基礎地盤(砂地盤)からの高さで整理してある。採水位置が高くなるほど，すなわち鉱物層から離れるほど電気伝導度は低くなり，下層地下水は湿原の表層までは届かず，また降

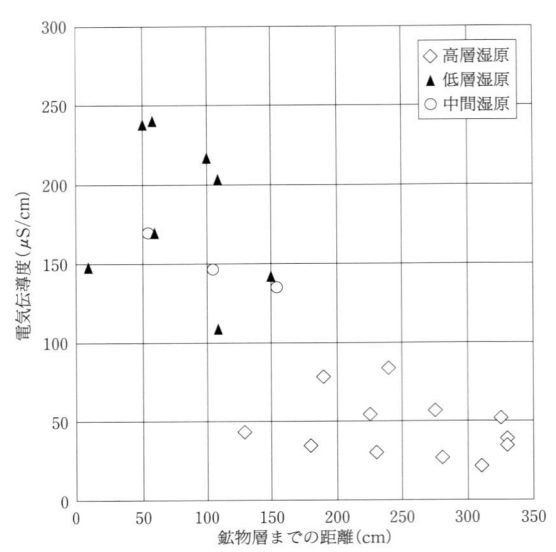

図II-3-24 砂丘林帯内の湿原地下水の電気伝導度と採水深の関係(採水深は鉱物層基礎地盤(砂地盤)からの高さで整理)(橘ほか,2002 の一部を修正)

水に希釈されることがわかる。

図II-3-25 は、湖沼水および湿原地下水の電気伝導度と珪酸塩(溶存性比色珪酸)濃度の関係である。電気伝導度が低い高層湿原で珪酸濃度も低くなる。植物体に珪酸を要求するササやヨシが少ないことと、対応するようである。一方、稚咲内砂丘林帯内の湖沼では、電気伝導度が高くても珪酸濃度が低い。これには湖沼水中の珪藻類の関与が考えられる。図

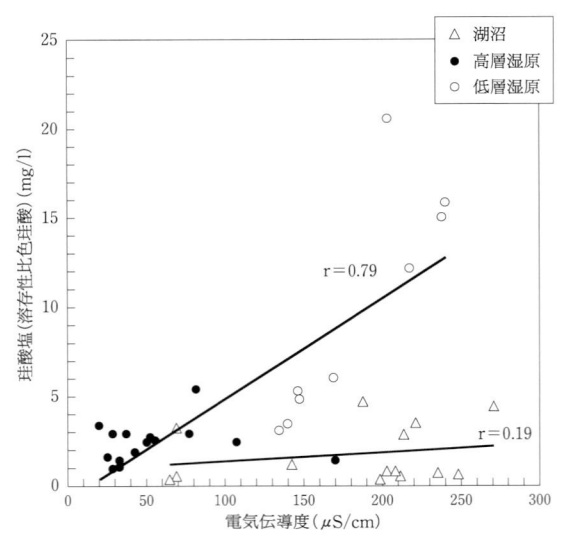

図II-3-25 稚咲内砂丘林帯の湖沼水および湿原の表層地下水の電気伝導度と珪酸塩(溶存性比色珪酸)濃度の関係

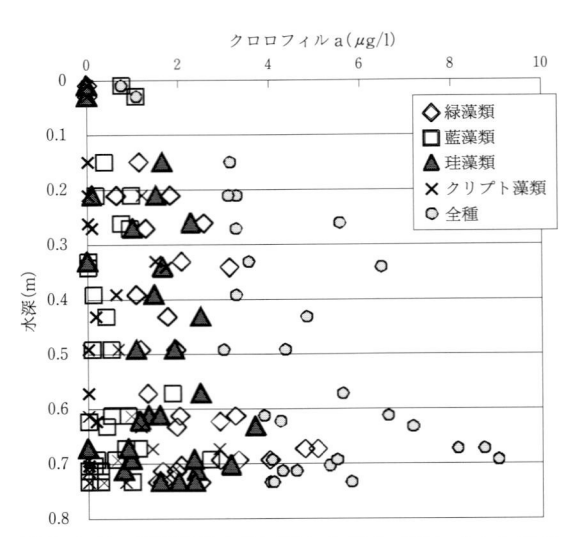

図II-3-26 湖沼57(メガネ沼)におけるプランクトン相のクロロフィルa濃度(水中蛍光光度計によって観測したプランクトン相の組成(bbe フルオロプローブによる))

II-3-26 は、湖沼57(メガネ沼)におけるプランクトン相のクロロフィルa濃度を水中蛍光光度計によって観測した結果であるが、クロロフィルa濃度は低く、プランクトン相では珪藻類や緑藻類の優占度が高いことから、貧栄養湖である。集水域や湖底から流入する水に含まれる珪酸を珪藻類が積極的に利用したものと推測される。珪酸濃度の低さは、高層湿原地下水が湖沼の水源の1つとなっていることも原因といえるが、さらに優占種の珪藻が水中の珪酸を摂取することにもよる。珪酸塩をめぐるこのようなメカニズムが湖沼生態系を貧栄養で特異な姿にしているといえよう。

4-3. 湖沼群への人為的影響

稚咲内湖沼群は砂丘林帯にあり、天然の自然環境にある。しかし道路ぞいや農地開発域などに隣接する湖沼では、人為活動の影響が見られる。農地の排水促進による地下水位の低下、汚水の流入による水質劣化、土地利用変化による流域内の水の動態変化などが、一部の湖沼群の水位を低下させ、水質を悪化させ、富栄養化を進行させている。この原因を明らかにし、今後の湖沼保全対策を考えなければならない。

人為活動の影響を明らかにするために実施した湖沼の水質分析調査結果が表II-3-6 である。また図

第3章 砂丘林帯の水文

表II-3-6 稚咲内砂丘林帯内の湖沼で実施した水質分析調査結果。2009年8月28日採水

湖沼名		57	59	60	67	112	115
						水位大幅減少	農家隣
天候		曇	曇	曇	曇,後雨	時々雨	時々雨
気温	°C	24.1	24.5	23	24.5	21.2	21.1
水温	°C	21.9	22.6	22.1	22.6	21.5	20.8
pH		6.7	5.1	5.3	6.5	6.5	7.5
透視度		≧30	≧30	≧30	≧30	≧30	25
EC	$\mu S \cdot cm^{-1}$	205	293	89	200	136	406
SS	$mg \cdot l^{-1}$	4	3	6	4	7	15
TOC	$mg \cdot l^{-1}$	3.95	1.50	4.40	11.03	5.39	31.01
DOC	$mg \cdot l^{-1}$	3.59	1.04	4.12	9.89	5.16	22.38
TN	$mg \cdot l^{-1}$	0.484	0.236	0.571	1.076	0.629	11.34
DN	$mg \cdot l^{-1}$	0.360	0.106	0.543	0.946	0.531	7.58
TP	$mg \cdot l^{-1}$	0.008	0.007	0.030	0.062	0.240	6.600
DP	$mg \cdot l^{-1}$	0.002	0	0.011	0.033	0.095	5.150
$NH_4^{3+}-N$	$mg \cdot l^{-1}$	0.03	0.02	0.08	0.07	0.02	7.31
NO_2^--N	$mg \cdot l^{-1}$	<0.001	<0.001	<0.001	0.001	<0.001	0.023
NO_3^--N	$mg \cdot l^{-1}$	<0.01	<0.01	<0.01	<0.01	<0.01	0.25
$PO_4^{3-}-P$	$mg \cdot l^{-1}$	0.001	0.002	0.006	0.019	0.122	6.600
Cl^-	$mg \cdot l^{-1}$	46.2	66.9	17.6	50.3	20.7	32.2
SO_4^{2-}	$mg \cdot l^{-1}$	9.6	27.8	2.6	2.6	18.0	13.5
4.3 Bx	$meq \cdot l^{-1}$	0.149	0.004	0.040	0.358	0.213	3.069
SiO_2(比色)	$mg \cdot l^{-1}$	1.1	5.3	0.7	8.1	3.2	11.8
Na^+	$mg \cdot l^{-1}$	27.81	35.87	11.49	28.81	12.00	13.23
K^+	$mg \cdot l^{-1}$	0.71	0.44	0.64	1.59	0.38	63.78
Ca^{2+}	$mg \cdot l^{-1}$	2.77	5.66	1.50	3.47	4.85	21.72
Ma^{2+}	$mg \cdot l^{-1}$	4.51	6.71	1.64	5.13	4.79	9.49
Fe_T(酸可溶性)	$mg \cdot l^{-1}$	0.61	0.74	0.13	2.51	1.94	0.53
Fe_F(酸可溶性)	$mg \cdot l^{-1}$	0.13	0.05	0.07	1.37	0.71	0.35

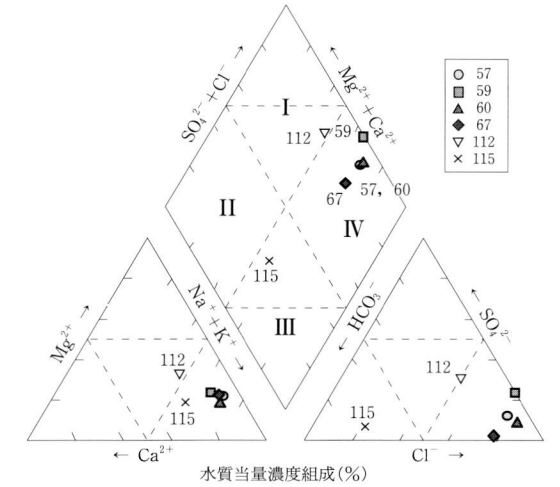

図II-3-27 主要成分に基づく湖沼水の水質キーダイアグラム(図中の数値は湖沼番号)

II-3-27には主要成分に基づく湖沼水の水質キーダイアグラムを示した。

汚濁の進んだ湖沼115はほかの湖沼と離れて位置し、一般的な陸水組成(第IIグループ)に近く、この地域の一般的な海水組成(第IVグループ)には属さない。湖沼115は全窒素濃度(TN)11.3 mg/l、全リン濃度(TP)6.6 mg/lと、栄養塩濃度が高く、明らかに人為的影響を受けた富栄養湖である。農地に近く、農業排水の影響を受けていると推察される。富栄養湖であることは、貯水が少なくなることによる底質からの栄養塩溶出と微生物増殖の影響も大きいといえる。一方、湖沼112も近くに農地が広がるが、キーダイアグラムからはその影響が小さいことがわかる。

湖沼環境保全のために、人間活動をどう制御していくかが今後の課題であろう。

(橘 治国)

第4章
砂丘林帯の動物

1. 大型動物

稚咲内砂丘林帯に生息する主な大型動物はヒグマ（*Ursus arctos*）とエゾシカ（*Cervus nippon yesoensis*）である。

1-1. 稚咲内砂丘林帯を利用するヒグマ

これまでの観察では，夏場を中心にヒグマが稚咲内砂丘林帯を利用していることが確認されている。カメラトラッピング調査によって夏期に撮影記録が得られているほか，林内における痕跡調査では，足跡（親子を含む），食痕，掘り返し跡（アリの巣）などが確認されている（図II-4-1）。

図II-4-1に示すような痕跡を稚咲内砂丘林帯内で発見するのは，おおよそ初夏以降であり，冬期には稚咲内砂丘林帯を冬眠などで利用しているという形跡はこれまでは発見できていない。地元のハンターなどの話では，内陸部と稚咲内砂丘林帯を行き来しているという情報もあるが，これまで，当該地域ではヒグマに関する調査研究がほとんどなされておらず，これを立証できるデータは存在していない。

豊富町は北海道内でも有数の酪農地帯であるため，ヒグマの出没には家畜の安全も含めて地域の関心が高い。ただし，稚咲内砂丘林帯をヒグマが利用しているということは地域住民にはあまり知られておらず，近年に関していうと，ヒグマと周辺住民との軋轢は少ない。

稚咲内砂丘林帯は自然度の高い天然林ではあるが，幅が狭く南北の延長が長い森林である。こうした帯状の森林を，ヒグマがどの季節にどのように利用しているか，という点は学術的にも大変興味深い。

1-2. 稚咲内砂丘林帯におけるエゾシカ

現在，北海道においてはエゾシカの生息密度の過度の上昇が問題となっている。稚咲内砂丘林帯が位置する豊富町も例外ではなく，年々エゾシカと地域との軋轢が顕在化してきている。豊富町は「鳥獣害防止対策協議会」を2007（平成19）年度に設立し，主にエゾシカの対策を実施してきた。このなかで行われてきたライトセンサス調査では，2010年度までは10月期の調査で15〜20頭以下/10 km程度であった町内での発見頭数が，2011年度には一気に37.1頭/10 kmまで上昇したことが確認された。また，2011年度の調査で最も発見頭数が多かったルートでは72.3頭/10 kmとなり，2010年度までの最大30頭前後から一挙に増加している様子が確認された。

2007年度に協議会において実施されたアンケート調査では，エゾシカを目撃する箇所が季節によって移動していることが確認された。そのなかで，特に冬期においては稚咲内砂丘林帯の海岸側において非常に多くのエゾシカの群が見られることがわかり，この地域が，小規模な越冬地となっていると考えられている。2007年度に，豊富町の全戸を対象として実施したアンケート調査の結果の例を図II-4-2に示す。

このアンケート結果の図では，「季節ごとにどこでエゾシカを見ますか？」という問いかけに対する回答件数を示している（注：頭数ではない）。春〜夏の

図II-4-1 稚咲内砂丘林帯内で記録されたヒグマの痕跡など。左上：自動撮影装置で記録されたヒグマ，右上：湖岸に残された足跡，左下：掘り返されたアリの巣，右下：砂丘林内で発見された糞

間は豊富町の全域においてエゾシカが目撃されている。「開源」「徳満」地域では特に夏期の目撃頻度が高いことがわかる。秋期は全体的に目撃頻度が低下するが，これは狩猟期が始まり，日中の出没頻度が低下しているものと推測している。一方，冬期は目撃される場所がかなり限定されており，アンケートの結果では稚咲内砂丘林帯（豊富―幌延町町界付近）において集中的に目撃されていることがわかり，この地域が「越冬地」として利用されていると考えられた（豊富町鳥獣害防止対策協議会，2007）。

3月末ごろから4月上旬ごろに，海岸線では非常に多くのエゾシカの群を見ることができる（図II-4-3）。この数をビデオに3日分録画してカウントすると，2011年4月には豊富町内で平均56.3頭，幌延町内では124.0頭を数えた（豊富町鳥獣害防止対策協議会，2011）。

図II-4-4の2007年度からのライトセンサスの推移を見ると，10月期でも農地コース①および農地コース②では発見頭数が多い。農地コース①は稚咲内砂丘林帯の海側を，農地コース②は稚咲内砂丘林帯の内陸側（豊富町の北西部）に位置する。このことからエゾシカが「夏の生息地」*としてこの地域を利用している可能性が示唆される。稚咲内砂丘林帯は「夏の生息地」としても「越冬地」としてもエゾシカに利用されている。

エゾシカの高密度化による稚咲内砂丘林帯への影響は，主に越冬期の樹皮剥ぎと，夏期の湿原植生の食害または踏み荒らしであると思われる。現在までのところ（2011年夏期までの調査），夏期にはところどころに足跡やシカ道が観察されるが，「踏み荒らし」による顕著な被害は観察できていない。一方，越冬

---

*道東で実施されてきたエゾシカ調査から，多くのエゾシカは4月初旬（場所によっては5月上旬）から11月ごろ（場所によっては12月末）まで利用する「夏の生息地」と，1月ごろから3月末まで利用する「越冬地」の2種類の異なる場所で生活することが知られている。

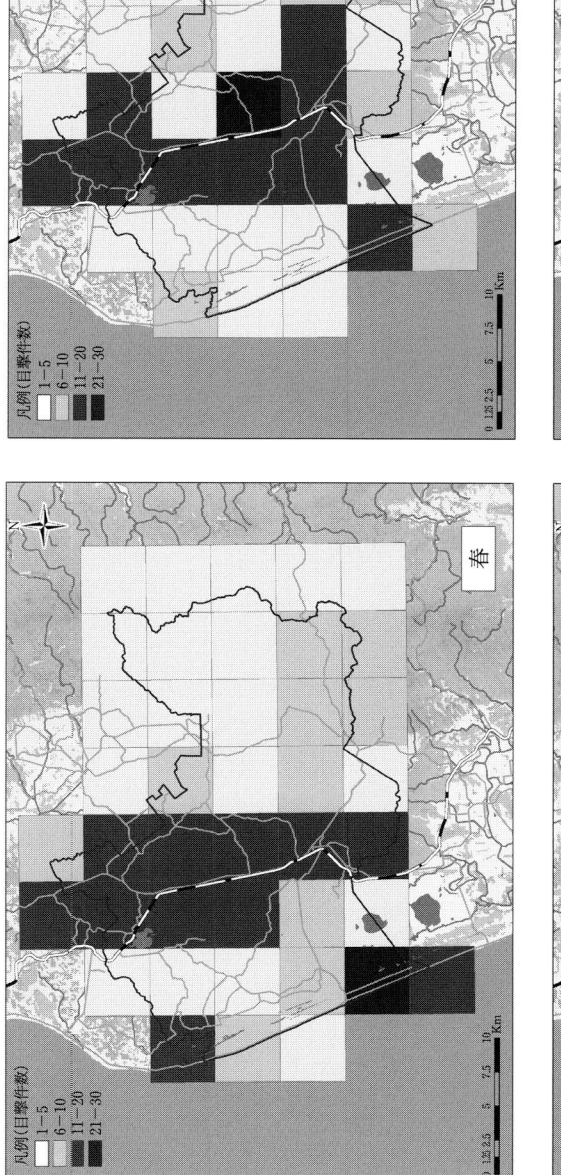

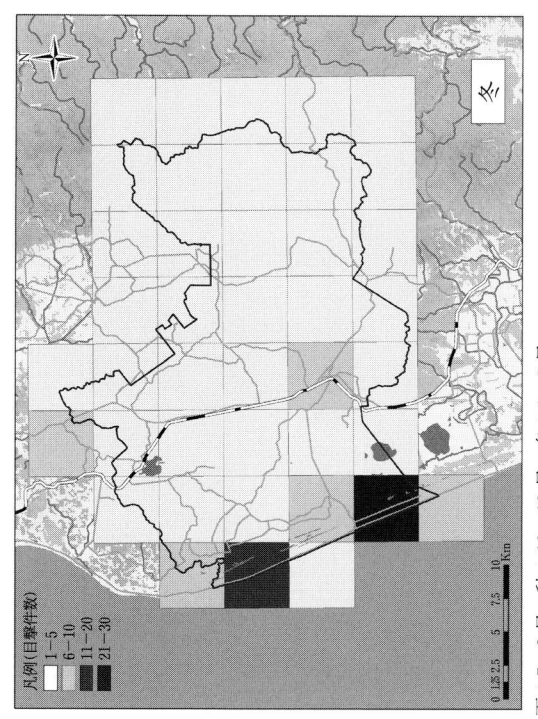

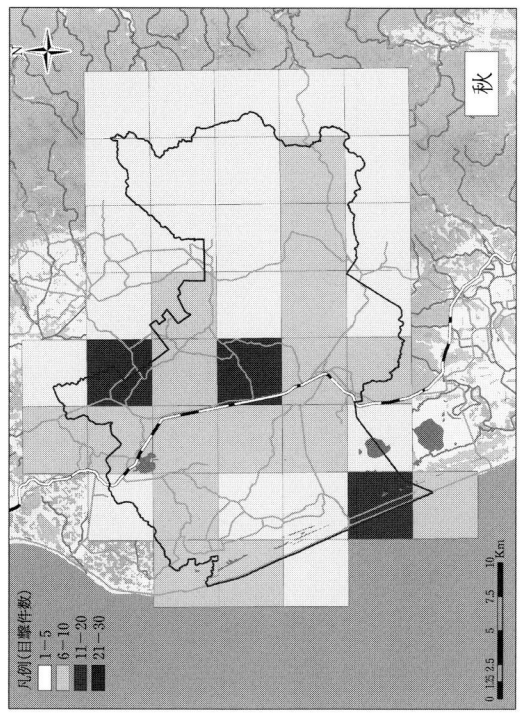

図II-4-2 季節別の目撃件数。春：4～6月，夏：7～9月，秋：10～12月，冬：1～3月

188　II　稚咲内砂丘林帯湖沼群

図II-4-3　2012年4月8日稚咲内砂丘林帯(幌延町内)の海岸側の様子。多くのエゾシカが観察できる。

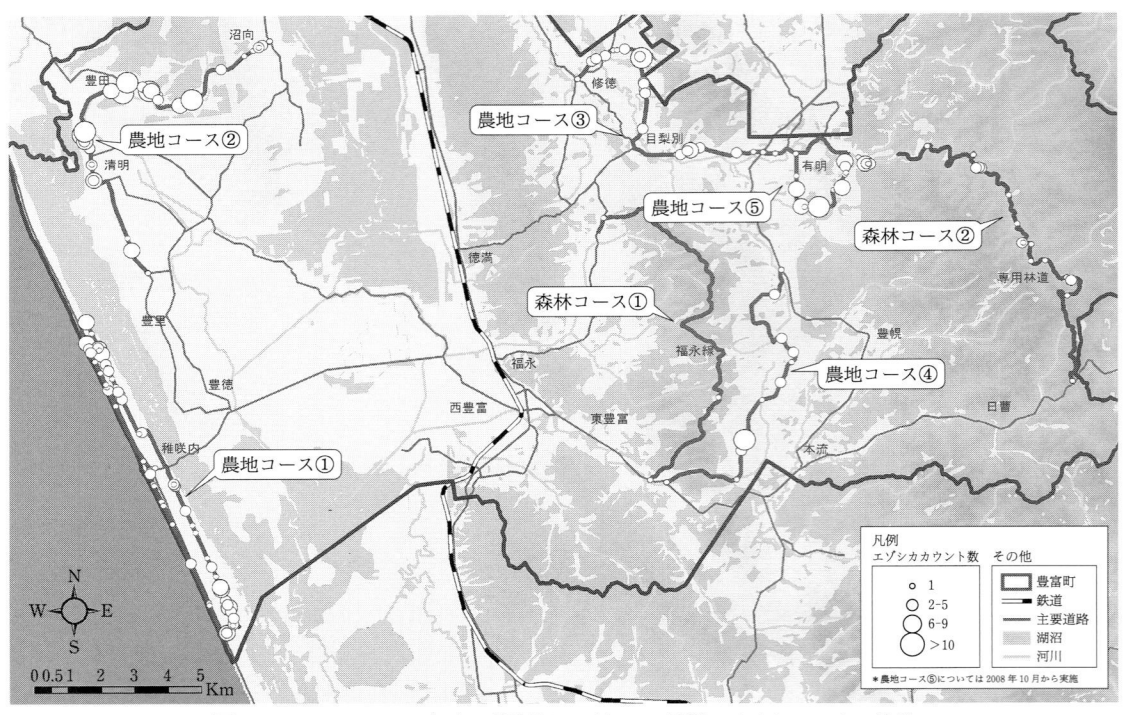

図II-4-4　2007〜2011年度の豊富町における10月期のライトセンサス結果

図II-4-5 冬期に樹皮剝ぎ被害にあった立木。左：ナナカマド，右：ハルニレ

期には，胸高直径20 cm程度の中径木にも樹皮剝ぎの被害が生じ始めている（図II-4-5；豊富町鳥獣害防止対策協議会，2007）。

梶ほか（2006）が取りまとめたところによると，ライトセンサスの結果が10 km当たり20頭以上100頭未満である場合，その地域のエゾシカは「中密度」となる。中密度の地域では，小径木には樹皮剝ぎの影響が見られ始め，国立公園内などの保護区では大径木まで樹皮剝ぎが及ぶことが指摘されている（梶ほか，2006）。実際，冬期の樹皮剝ぎの被害は調査を開始した2007年度当時にはあまり見ることがなかったが，近年の観察では多くの樹皮剝ぎを観察するようになった（図II-4-5）。2011年度の豊富町鳥獣害防止対策協議会では，観察調査などの結果から，町内のエゾシカの生息密度は「明らかに上昇」しており，「中密度。ただし密度が高くなりつつある」と取りまとめている。また，越冬地である稚咲内砂丘林帯では，各種の観察の結果500頭以上のエゾシカが越冬しているものと考えられることから，今後も目標とする捕獲頭数を増加し，対策にあたる予定である。

1-3. 増えすぎたエゾシカの影響と今後の対策

本章では稚咲内砂丘林帯における大型哺乳類について述べた。稚咲内砂丘林帯は海岸にそって南北に延びる細長い森林帯でありながら，ヒグマやエゾシカといった大型野生動物の生息の場として利用されている。しかし，これまでの調査の結果，エゾシカの生息密度が非常に高くなってきており，森林および湖沼の微妙なバランスによって成立している稚咲内砂丘林の生物多様性の健全性に対する影響が懸念され始めてきた。

稚咲内砂丘林帯の森林内は，国立公園における「特別保護地区」に，豊富町内における林縁部は第三種特別地域にそれぞれ指定されており，一般のハンターは狩猟を禁じられている。稚咲内砂丘林帯近くは海風によって雪が吹き飛ばされて積雪が浅いこと，海岸が近く水場が近いこと，という環境条件のほかにも，狩猟圧がかけられないという社会的背景も，現在の当該地域におけるエゾシカの生息密度の上昇につながっているものと思われる。2011年度から，環境省ではサロベツ湿原内における冬期のエゾシカ駆除を試行的に開始した。今後は，稚咲内砂丘林帯内においてもこうした活動が広がるものと考えられるが，関係各機関による積極的な現況把握と，早急の対策が望まれる。

（立木靖之）

III

開発，環境変化と自然再生

第1章
地域の開発と環境変化

サロベツ川流域に発達したサロベツ泥炭地は，かつては1万4,600 haもの面積をもち，北海道の泥炭地の総面積20万642 haのうち，石狩川流域5万5,000 ha，釧路川流域2万2,600 haに次ぐものであった。この3か所で北海道の泥炭地の約半分を占めるほどであった（北海道開発庁，1963）。日本最大の泥炭地であった石狩川流域の泥炭地は，北海道の開拓と共に明治期から盛んに開発されてきた。これに対し，サロベツ地域は，昭和30(1955)年代前半までほとんど未開あるいは低い利用状況にとどまり，わが国で最も発達した高層湿原の1つとして，ほぼ手つかずの状態で残存していた。これには農業を営むには諸条件が悪く経済的に不利であったこと，土木技術が未発達であったことなどの理由が挙げられる。すなわち，費用対効果の低いサロベツ湿原は，早急な開発の対象とならなかったのである。ところが，戦後の経済復興や引き上げ者のための入植地問題の解決などのために，1961年に国営開発プロジェクトが着工され，1966年に湿原内最大の高層湿原ドームをほぼ分断するサロベツ川放水路が完成すると，排水路の整備と共に湿原は次々と姿を消していった。農地への転換が進むなか，1974年に残存湿原の中央部や稚咲内砂丘林と湖沼群が「利尻礼文サロベツ国立公園」に指定された。しかし国立公園区域外の湿原部分の開発は止まることはなかった。また，残存湿原を取り囲む排水路は，農地環境の健全性の保持には欠かせないが，一方で湿原の排水も助長させる。こうして排水路周辺では，湿原の地盤沈下や植生の変化が次第に顕在化し問題となっている。

本章では，サロベツ湿原や稚咲内砂丘林帯とその周辺（流域）の開発の状況と，それにともなう環境変化について述べる。

1. 土地利用の変化

1-1. 湿原面積の減少

開発にともなうサロベツ湿原域の面積の減少に関しては，冨士田(1997)，国土地理院(2007)が国土地理院発行の新旧版地形図を使用し解析・考察している。ここでは冨士田(1997)を基に，湿原面積の変遷を見てみる。表III-1-1は1/5万の旧版地形図および1/2.5万の地形図の解析から計算した湿原の面積変化を示したものである（ここで湿原としているのは，地形図上で湿原記号がふられた部分。したがって，ササが優占する群落などは地形図上で湿原に該当していない）。解析には，1923，1970，1977～80年の1/5万の地形図（解析範囲は抜海，沼川，稚咲内，豊富，天塩，雄信内の6図面）と，1994～95年改測，1995～96年発行の1/2.5万の地形図を使用した。

旧版地形図のなかで最も古いものは1898年製版の地形図だが，完全な実測図ではない。河川はかなり正確に記載されているものの，踏査が困難な湿原

表III-1-1 サロベツ湿原の面積変化（冨士田，1997）。1/5万の旧版地形図および1/2.5万地形図（平成6～7年改測）を利用

図　　歴	1923(大正12)年測図	1970(昭和45)年編集	1977～80(昭和52～55)年修正	1994～95(平成6～7)年改測
湿原面積(ha)	13,249	7,361	6,868	2,773

部分は，湿原とササ薮，荒れ地などの混合状態で示されている。次に発行された1923年測図のものは，かつての湿原の状況を反映していると考えられる。6枚の地形図内の湿原面積の合計は1万3,249 haである。これは北海道農業試験場の特殊土壌調査事業(1918〜28年)の調査結果(飯塚・瀬尾，1955)，サロベツ川流域の泥炭地面積1万4,600 haという値にも近い。

1970年の湿原面積は7,361 haであった。そして1977〜80年の地形図では6,868 haに減少，さらに1994〜95年には2,773 haにまで湿原面積は減少していた。

1923年の地形図から計算した値を100とする湿原の残存率は，1970年には55.6%，1977〜1980年には51.8%，そして1995年は20.9%となる。北海道開発庁(1963)によれば，1950年の北海道庁の要土改良土地の実態調査結果と1960年度の北海道開拓事業着工地区から計算したサロベツ川流域の未開発泥炭地の面積は1万446 haで，1923年の地形図から計算した値と比較すると，約78.8%となることから，昭和30年代までは，湿原の約8割は残存していたと考えられる。サロベツ湿原の開発はサロベツ川放水路の完成(1966年)を境に急ピッチで進行した。そして1974年の国立公園の指定と社会的な自然保護の意識の高まりにも関わらず，湿原の減少は1977年以降も続いた。1977から1994年までの約17年で消滅した湿原の面積は，4,095 haにものぼる。

1-2. 湿原の開発の経緯

次に，湿原面積の減少と開発の関係について，冨士田(1997)および北海道開発局(1972a)を基に見てみよう。

1898年製版の旧版地形図は，前述のように湿原部分は不正確で解析に利用できないが，当時の耕作地や道路，河川などの様子は地形図から読み取ることができる。地形図上には耕地はまったくなく，家屋は天塩川の河口に集落があるのとワッカサカナイに1棟あるのみであった。道路も海岸ぞいの経路が記載されているのみで，サロベツ川は自然の状態のままであった。北海道開発局(1972a)によると，サロベツ地域への和人の定住は，1870年に稚咲内に官設宿所が設けられたのが始まりといわれ，1896年天塩川ぞいの更岸南川口付近に37戸，1899年に幌延付近に15戸，1902年に現在の豊富町にあたる原野北部で入植が始まった。その後明治39(1906)年から昭和3(1928)年にかけて，浜音類，現豊富市街の西および南部，徳満，福永，豊田などにそれぞれ入植しているが，ほとんど土壌条件のよい沖積地で，しかも氾濫を受けないところを選んで入植している。

1923年になると，農地が地形図上に現れ，天塩川ぞいの沖積地，兜沼，豊富，下沼の沖積地が徐々に開発され，上サロベツ原野周辺でも開発が始まった。しかしサロベツ原野とその周辺は未開発のままであった。湿原を横断する道路はなく，この時期の交通手段は海や川を利用していた。以下，北海道開発局(1972a)によると，鉄道が1924年には稚内〜兜沼間に，1926年には幌延まで延長敷設され，幌延〜天塩線は1935年に開通した。また初期の道路は天塩から川をわたり海岸線を北上するものであったが，1900年に天塩川のフラオイ渡船場〜上サロベツ間16 kmが開設され，入植の速度が早められた。1910年から始まった北海道第一期拓殖計画(1910〜26年)ではサロベツ原野も対象となり，大正年間に土地開発に関するさまざまな調査が実施された。続く第二期拓殖計画(1927〜46年)でも，原野開発の前提条件である排水工事として数条の幹線排水路が掘削されたが，一部を除いて機能を発揮することはできなかった。このようにサロベツ原野は当時，地形，気象ならびに土壌条件などの制約を受け，局部的に地味の比較的良好なところ，土地改良の可能なところ，あるいは河川の氾濫の影響の少ないところなどが耕地あるいは採草地として利用され，残りの大部分は未墾地として放置されていた。

サロベツ地域に入植が再開されたのは，1945年以降の戦後緊急開拓時代に入ってからである。戦後まもなく樺太，満州からの引揚者を中心とした緊急開拓事業が進められ，未墾地として残された高地に集団入植が行われた。しかし，一部を除いて泥炭地の開発はほとんど進行しなかった。また，社会経済や立地に恵まれぬところが多く，サロベツ川もほとんど毎年のように氾濫したことから入植者の営農はふるわず離農するものも少なくなかった。

このように昭和20(1945)年代の開発はなかなか進展しなかった。本格的な開発がサロベツ原野で始

まったのは、1951(昭和26)年に北海道開発庁(現,北海道開発局)が新設されてからである。国による大規模な泥炭地帯開発事業の推進が再開され、サロベツ川流域の泥炭地の治水工事が始まってからであった。

北海道開発局(1972a)によると、1953〜56年に作成されたサロベツ地区開発事業計画は、総事業費がかさむこと、広大な地域を一挙に開発することの緊急性が問題となった。そこで、サロベツ川上流部の入植農民の営農継続のための治水工事ということで、上サロベツ原野のうち約3,875 haを対象として、サロベツ地区国営直轄明渠排水事業計画が1958年度に取りまとめられ、1961年に着工に至った。このサロベツ地区国営直轄明渠排水事業計画は、すでに入植ずみの開拓地への対策として緊急度の高い上流部の氾濫抑止を主たる目的としていたが、実はこれにより原野北半分の開発が可能となることが当時のかくれた大きなねらいだった。すなわちサロベツ川を国鉄宗谷本線鉄橋の下流部から切り替えて、モサロベツ川周辺の低湿地帯に導入し、そこを遊水池として洪水調整を行わせる。これによって貯留された洪水をさらに落合から開運橋上流までの間にサロベツ川放水路を掘削し、この間の流路延長を4分の1に短縮して下流に放流するものである(図III-1-1)。また上エベコロベツ川およびそれに接続する排水路は断面の拡幅、床下げを行う。これにより落合をはじめ豊徳・豊田地区を中心とする地域一帯は、大部分が洪水時の氾濫被害を回避し、かつ地下水位の低下が期待されるというものであった。サロベツ川放水路は高位泥炭地の中央部を横断するが、この部分の表土はツルコケモモ、ホロムイスゲなどの植物繊維からなる泥炭であった。地表から1mまでの層をドラグラインで剥ぎ取った後、その下部の分解の進んだ層を浚渫するといった工事を行った。国営直轄明渠排水事業は1961年度に着工し、1968年度に完了した。落合〜豊徳間のサロベツ川放水路が開通したのは1966年であった。

この時期の急速な農地化、道路・水路などの整備は、清明、豊里地域における酪農の定着、集落の再編成を可能にした。沿岸部の草地開発、内陸部の大規模草地開発と相伴って上サロベツ原野とその周辺の農業景観を大きくかえることになった。

1994〜95年改測の1/2.5万の地形図では、サロベツ川放水路北側の旧サロベツ川、清明川、サロベツ川放水路で囲まれた部分に残存していた湿原が、すべて農地にかわっている。国立公園内の湿原面積も、ササなどの繁茂や水位低下にともなう湿原植生の変化で減少した。さらに、農地では排水路の整備と共に、農道の整備や拡幅が一段と進んでいた。また、サロベツ原野の景観という視点で見逃せないのが、パンケ沼西南部から天塩川の河口にかけての海岸砂丘での、海砂の採取である。1/2.5万の地形図上には海砂採取跡の陥没地がたくさん記載されている。このように国立公園の区域外では、公園部に接する部分も含め開発が続いているのが現状である。

1-3. サロベツ地域の土地利用の変遷

表III-1-2は開発プロジェクトが開始する直前の1956年、サロベツ地区国営直轄明渠排水事業が完了し(1968年)国立公園の指定(1974年)がなされた後の1978年、そして現況を表す1998年の土地利用の状況を解析した結果である(国土地理院,2007)。解析範囲は、1/2.5万の地形図10面(図名:沼川,豊富,幌延,振老,兜沼,夕来,豊徳,稚咲内,清明,浜里)で、総面積は約477 km²である。ただし、1956年の地形図は理由は定かではないが、地形図上で湿原が過小評価され、ササ群落などを含む荒地の面積が大きくなっている可能性がある。

以下、国土地理院(2007)の報告からサロベツ地域の土地利用の変遷についてまとめる。サロベツ地区国営直轄明渠排水事業開始直前の1956年には、森

表III-1-2 土地利用項目別面積の変化(国土地理院,2007)。1/2.5万の地形図10面(図名:沼川,豊富,幌延,振老,兜沼,夕来,豊徳,稚咲内,清明,浜里)を解析に使用。総面積は約477 km²。合計面積が調査時期により一致しないのは、それぞれの図の海岸線の変化による。

	面積(km²)		
	1956	1978	1998年
森林	256.4	195.4	179.2
ゴルフ場・大規模リゾート施設など	0	0	0.4
畑地・果樹園・牧草地など	47.4	139.4	175.0
田	0.1	0	0
都市集落および道路・鉄道など	3.7	7.5	12.1
荒地など	86.7	60.5	68.0
湿地	68.7	59.8	27.4
河川・湖沼	13.6	13.3	12.7
その他	0	0.8	2.1
合計	476.6	476.8	476.9

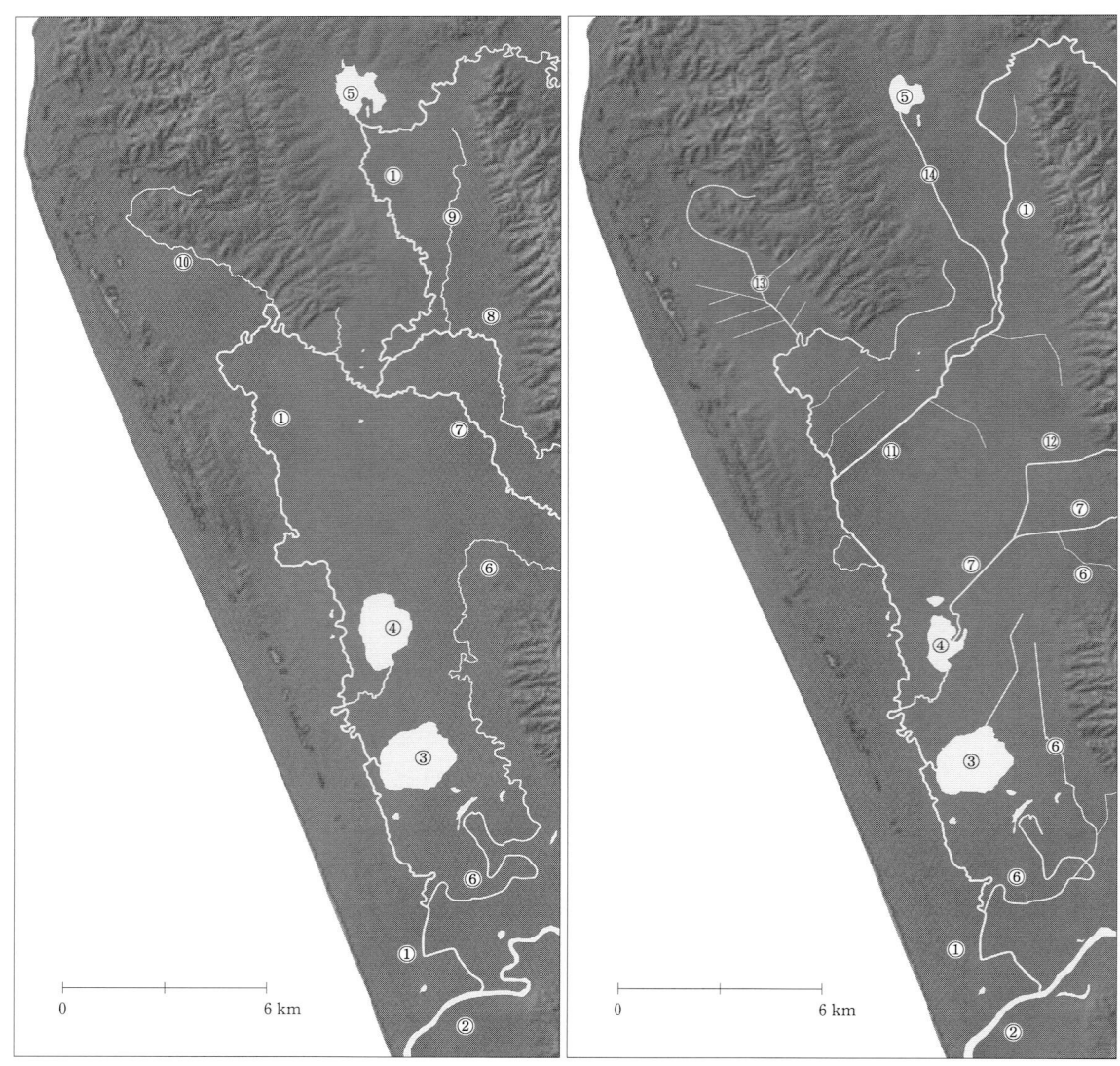

図III-1-1 サロベツ地区の過去と現在の河川水系の状況

左：1920年ごろ，右：1995年ごろ。①サロベツ川，②天塩川，③パンケ沼，④ペンケ沼，⑤兜沼，⑥オンネベツ川，⑦下エベコロベツ川，⑧上エベコロベツ川，⑨モサロベツ川，⑩アチャルベシベ川，⑪サロベツ川放水路，⑫福永川，⑬清明川，⑭兜沼川

林がサロベツ湿原とその周辺の荒地を取り囲むように分布しており，全面積約477 km² の54%（256.4 km²）が森林であった（表III-1-2）。ところが1978年には，森林の22.3%（57.1 km²）が「畑地・果樹園・牧草地など」（以下，牧草地と呼ぶ）にかわった。同様に1978年に荒地などから35.4 km² が牧草地にかわった（国土地理院，2007）。1956～78年の間に，牧草地の面積は47.4 km² から約2.9倍の139.4 km² にもなっている（表III-1-2）。この22年間で森林や湿原周辺部，海岸ぞいの荒地の開墾が急激に進んだことが見てとれる。

1998年になると，湿原は，主にサロベツ北部における牧草地開発や乾燥化で半分ほどに減少している（表III-1-2）。1978年に湿原だったうちの約24%（14.6 km²）が荒地などにかわっており（国土地理院，2007），乾燥化による湿原の劣化が20年間で急速に進んだと考えられる。都市集落および道路・鉄道などは拡大傾向で，特に稚咲内漁港周辺や豊富市街地

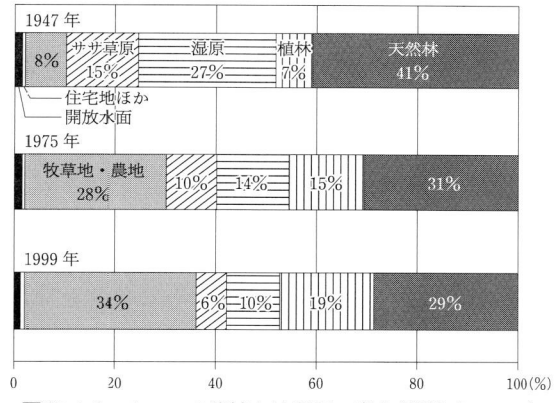

図III-1-2 サロベツ流域土地利用の変化(環境省, 2008)

の拡大が顕著であった。農地の開墾は，サロベツ湿原北部や天塩川周辺で続いているが，1956～78年に見られた大幅な拡大傾向は見られない。「森林」も，1956～78年に見られた大幅な減少傾向は止まり，以後目立たなくなっている。一方，「荒地など」は湿地の乾燥化や沿岸部の農地の放棄などで増加している。

図III-1-2は，前述の国土地理院の解析範囲よりも広いサロベツ湿原の流域全体の土地利用の変遷を，空中写真から判読した結果である(環境省, 2008)。湿原を涵養する流域という大きな単位で見ても，湿原が1999年には1947年の約3分の1に激減し，かわりに農地が4倍以上に増加したことが示されている。国土地理院の解析から湿原周辺部の森林の農地化が顕著であることが示されているが，流域全体で見ると天然林，植林地を合わせたトータルの森林面積は大きく変化していない。農地化されたのは，ほとんどが湿原やササが優占する草原であったことが，この図から読み取れる。

(冨士田裕子)

2. 河川改修と排水路の開削

2-1. 戦前の排水改良

天塩川の支流，サロベツ川は，流路延長81 km，集水面積648 km²で，下流部の勾配は極めて小さく，兜沼付近から上エベコロベツ川との合流点まで約1/6,000，ペンケ沼までが1/50,000，天塩川との合流点までが1/200,000という自然河川であった(橋本, 1968)。このように河川勾配が緩く，海水面との比高も小さいことから，融雪期には例年原野一帯の約1万haが氾濫し，夏の40 mm程度の降雨でも洪水を発生していた。この排水不良の問題が原野の開発を遅らせた最大の原因であった。

佐々木登氏は最も早い時期の入植者(明治40(1907)年入植)のひとりであったが，氏の回顧録である『サロベツ原野　わが開拓の回顧』(1968)には，北海道の開拓は排水と道路が先にあるべきだったとの主張が残されている(p.165)。「蛇のように蛇行する河川をショートカットし，あるいは川を浚渫して流れをよくすることによって，洪水を防ぎ湿地を乾かして，作物の種れる土地とし，収穫した農産物を運搬して販売できる条件をつくっておけば」，おのずと「人は入り開拓は進む」という主張である。実態は入植と開墾を急ぐばかりに排水や道路の整備は後手にまわった。過湿と洪水の害は切実な問題であり，入植者には過酷な苦労があった。

開墾は，肥沃で乾燥した条件のよい高台や川ぞいの自然堤防といったところから始められていった。湿原域での本格的な開発は戦後のことである。それでも川の下流部の入植地は洪水の被害をたびたび受けていた。この当時の水害について，同書では「年に二，三度は必ずあった」(p.59-60)としている。「融雪時の水害は川の下流では全く免れることはできなかった」し，「五日も七日も水の中に閉じ込められ」るような状況であった。「夏の水害は，上流は耕土を流され堤防を欠かれ，下流は泥土が流れてきて肥料にも客土にもなるが，幾日も滞水して流しも便所も一緒になり，目も当てられぬしまつ」と記されている。

このような状況のなかでも，河川の切り替えと排水路の開削が計画され実施されてきた。1910(明治43)年から始まった北海道第一期拓殖計画(15か年)では，サロベツ原野でも種々の調査が実施され，1921(大正10)年には原野の排水計画がたてられた。続く第二期拓殖計画時代(1927～46(昭和2～21)年)には，第1号から第12号までの幹線排水路について系統的に工事が実施された(ただし第4, 6号は中止，第9号も実施されなかった)。しかし開削された排水路は，第7, 8, 12号の3つの幹線排水路(それぞれ現在の下エベコロベツ川，福永川，清明川)を除いて，ほとんど排水機能を発揮しなかった。これは標高が低

く排水口が閉塞したことと，維持管理ができなかったことによる(橋本，1968)。

下エベコロベツ川の切り替え工事は北海道庁の工事として1925(大正14)年に着工され，1926年8月に第7号幹線排水路として完成した。サロベツ川に接続していた下エベコロベツ川を，直接ペンケ沼に流入するようにしたものである。これがサロベツ地域の河川改修の大工事としては最初のものであった(佐々木，1968，p.166)。同書では「この川の切り替えほど効果のあったものは稀であろう」とその成果を讃えている。さらにこの工事により，その後の福永川(当時の上(ペンケ)エベコロベツ川)の切り替えも可能になったとしている。この切り替えは1927年(橋本，1968)と1943年(佐々木，1968)に行われたらしい。ただし当初は効果が不良で，戦後の1951年になって国営土地改良事業西豊富地区として改良に着手し，翌1952年に第8号幹線排水路(現在の福永川)として完成している。

一方，元々大きな流入河川をもっていなかったペンケ沼には，下エベコロベツ川が直接流入するようになったため，急速に湖沼の埋積が進んだ(図III-1-3)。これは上サロベツ自然再生事業のなかで1つの懸案となっている(第III部第1章第3節，第2章参照)。

2-2. 戦後の事業

終戦直後には食糧増産と海外引揚者や復員軍人，戦災者の収容という社会政策的意味合いの濃い緊急開拓事業が実施された。サロベツ湿原周辺でも洪水の被害が比較的少ないと見られる地域を選んで緊急開拓事業が実施された。第12号幹線排水路(現在の清明川)は，戦前の拓殖計画で開削された排水路が国営豊徳豊田地区緊急開拓事業として改修された(1946年)。1953年にはオンネベツ川上流部を南豊富幹線排水路として改修・切り替えをし，現在の下エベコロベツ川(第7号幹線排水路)に合流させる工事が，国営土地改良事業南豊富地区事業として実施された。先述の西豊富地区事業による福永川の改修工事も同じ時期に実施されている。図III-1-4にはこの時期までの地域の排水の状況を示す。

このように散発的な排水改良は行われていたが，総合的な見地からサロベツ地域全体の開発を進め，既入植地の洪水対策を進めるために，二度にわたる開発計画が立案された。1つは1951〜52年に調査が行われた大規模開拓基礎調査「サロベツ川流域開発計画」であり，もう1つはこれを基にした土地改良調査計画「サロベツ地区開発計画」である。いずれの計画でも稚咲内砂丘林帯を横断する放水路を1本ないし2本設け，サロベツ川の洪水を直接日本海に放流する計画としていたが，当時の財政事情などにより着工には至らなかった(橋本，1968)。

次いで立案されたのが国営直轄明渠排水事業サロベツ地区である。この事業は1958年に計画，1959〜60年に全体実施設計，1961年に着工となった。事業の内容は，サロベツ川導水路による上流部の遊水地化，サロベツ川放水路による流路短縮，さらに下流のサロベツ川の拡幅とショートカットにより，洪水を速やかに下サロベツ原野に放流しようというものである。サロベツ川放水路は1966年に完成した。

放水路の効果は次のような事例に見て取れる(北海道開発局，1972b)。

サロベツ川放水路開通前の1962年4月と，開通後の1970年4月にそれぞれ大規模な融雪洪水があった。サロベツ原野最上流部のサロベツ橋(国道40号線)における最大流量から，この2つの洪水は同程度の出水であったと考えられる。しかし，サロベツ川放水路開通後の氾濫湛水面積は完成前に比べ約25%減少しており，放水路により排水能力が向上したことを示している。

また，サロベツ川放水路開通前の最大の湛水は1965年4月の融雪洪水による1万1,000 haで，このときの落合地点の水位は4.8 mであった。サロベツ川放水路開通後の1970年10月下旬には日雨量で200 mmを超える記録的な集中豪雨(ちなみに1976年以降の記録がある気象庁アメダス豊富地点の最大日雨量記録は，2012年9月19日の98.5 mm)で9,900 haの湛水があり，このとき落合地点の最高水位は5 mを少し超えた。しかしもしサロベツ川放水路が未完成であれば，この地点の水位は最大で7.0 mとなり，その状態が4日間続いたと計算されている。

さらにサロベツ川放水路の完成を受けて，1974年から国営総合農地開発事業サロベツ第1地区が始まり，サロベツ川放水路の北側や丸山の北側の湿原が農地化され，併せて農地の排水に必要な付帯明渠(圃場排水路)が縦横に開削された。これら新しく開かれた農地は，ほとんどが1980年代には完成して

第1章　地域の開発と環境変化　199

1947年10月9日撮影

1964年10月15日撮影

1975年7月19日撮影

1984年6月14日撮影

1993年7月3日撮影

2006年7月2日撮影

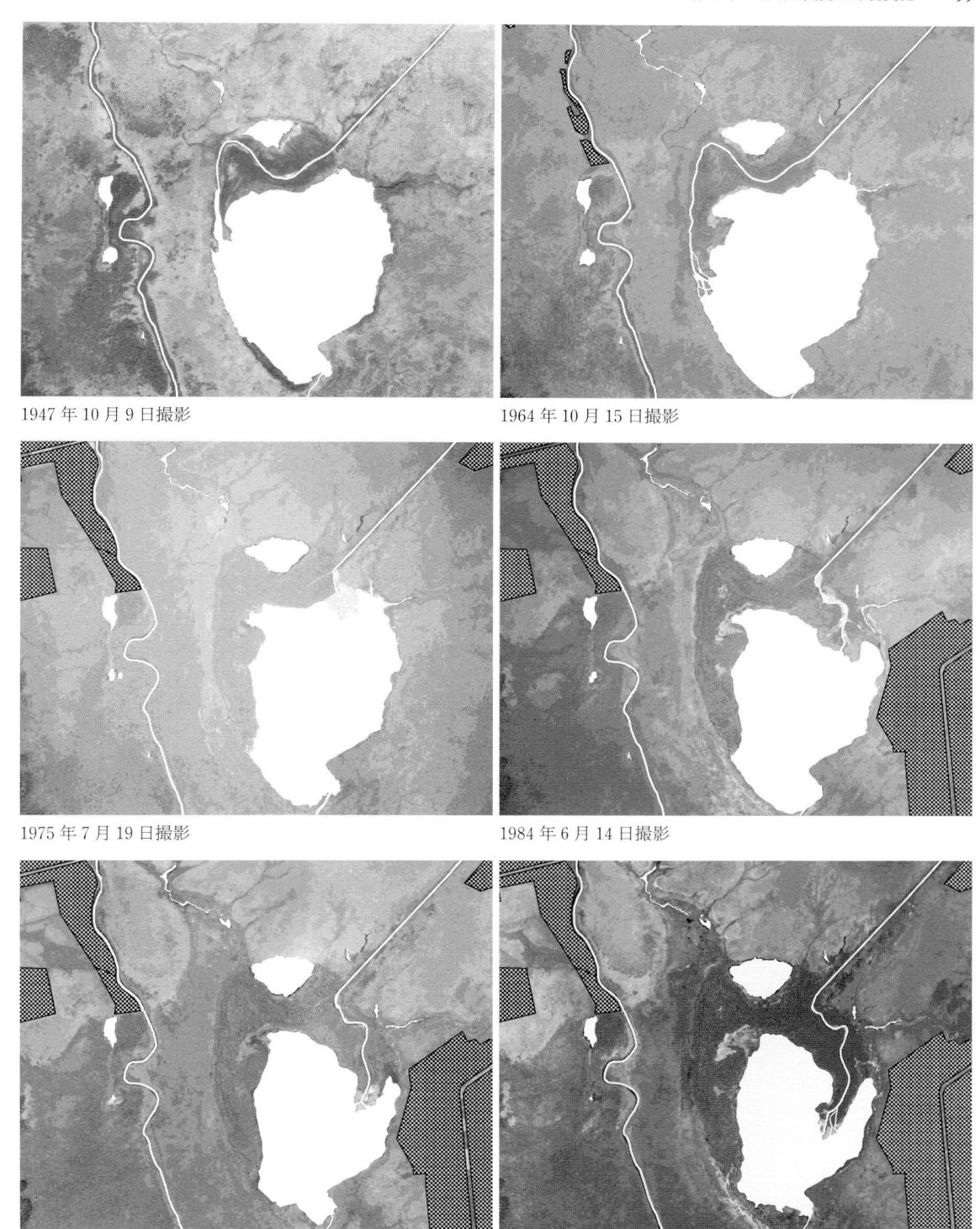

図III-1-3　ペンケ沼の埋積。網がけ部分は農地を示す。(国土地理院ウェブサイト「地理院地図」に収蔵の空中写真を，幾何補正せずにトレースして作成)

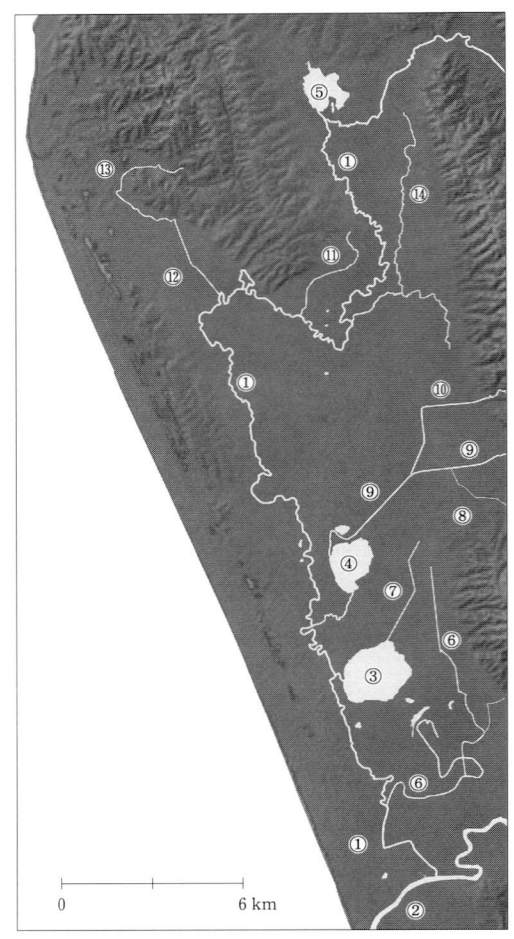

図III-1-4 サロベツ川放水路が建設される前(1956年ごろ)の地域の排水の状況(橋本(1968)を基に作成)。①サロベツ川，②天塩川，③パンケ沼，④ペンケ沼，⑤兜沼，⑥オンネベツ川，⑦第5号幹線排水路(パンケオンネベツ川)，⑧南豊富幹線排水路(オンネベツ川)，⑨第7号幹線排水路(下エベコロベツ川)，⑩第8号幹線排水路(福永川)，⑪第11号幹線排水路，⑫第12号幹線排水路(清明川)，⑬豊田幹線排水路(清明川)，⑭モサロベツ川

いる。

その一方で，サロベツ川放水路の開削とその後の農地造成により，広範囲で地盤沈下が発生している。これについては本章第4節で紹介する。

2-3. 天塩川下流区間の改修

サロベツ川の本流である天塩川では，戦後一貫して国の直轄河川改修事業が続けられてきた。その内容は，捷水路(蛇行する河川のショートカット水路)の開削，堤防整備，浚渫，河道掘削と川幅拡幅である。堤防整備や捷水路工事は主に昭和30(1955)年代から，また浚渫や河道掘削，川幅拡幅は主に昭和50(1975)年代から本格化した。サロベツ川と天塩川の合流点から日本海への河口に至る区間でも，これらの河川改修事業が行われており，本川の河床が低められ，河川流水断面積も拡大された。その結果，天塩川下流部では最小水位が低下し，汽水域についても変化が生じている(北海道開発局留萌開発建設部，2009)。これら下流区間での変化が，上流に位置するサロベツ川やパンケ沼，ペンケ沼，さらに湿原そのものに対し，どのような影響を及ぼしているかということについてはまだ詳らかになっておらず，今後の継続的な調査が必要である。

ここまで，サロベツ地域の河川改修と排水路開削の歴史を振り返ってきた。これらの状況を地図上に表したのが図III-1-1である。河川改修や排水改良事業に着手される前の1920年ごろの状況と，これら事業がほぼ形をなした1995年ごろの状況を対比した。

(井上　京)

3. 瞳沼の形成史

瞳沼はサロベツ湿原のほぼ中央に位置している小さな池沼の1つであり，沼の大きさに比べて相対的に大きい浮島をともなっている点に特徴がある。瞳沼はペンケ沼北方の低地(本節では瞳沼低地帯と呼称する)にあるため周囲から遠望できず，その存在は航空機によって発見されるまで知られることはなかった。したがってこれまで人が瞳沼に入った記録はなく，沼の名称もなかった。本章の「瞳沼」という名称はこの沼の名を最初に記載した辻井・岡田(2003)によった。

ここでは現地調査で計測したデータを始め，過去に撮影された空中写真，レーザープロファイラーで計測されたDEMデータなどに基づき，沼と浮島の形状を定量化する。さらに沼が存在する環境の現状をサロベツ湿原の開拓の歴史と関連させて，得られた知見に推論を加えて沼と浮島の形成過程について考察していく(岡田，2010)。

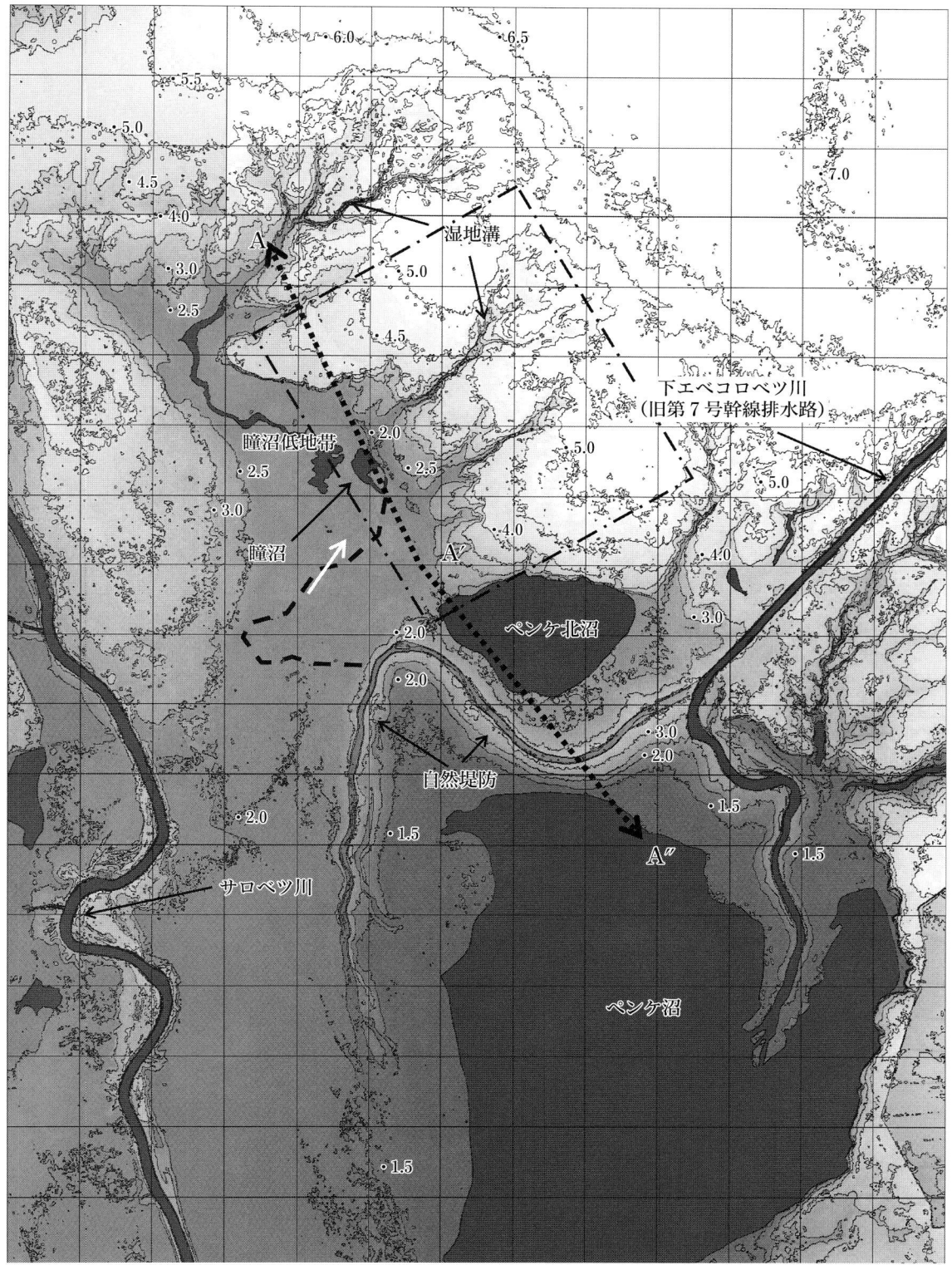

図Ⅲ-1-5 瞳沼と低地帯の位置(2003年4,5月計測DEMデータによる)。格子間隔：200 m,等高線間隔：0.5 m,図中の数値：地表標高,白矢印：図Ⅲ-1-6の撮影方向,鎖線内：図Ⅲ-1-8の範囲,破線：瞳沼から南へ向かう旧流路,A―A′―A″の点線：図Ⅲ-1-7の断面方向(岡田, 2010)

3-1. 地域概要と瞳沼調査

図III-1-5 は DEM データを用いて描いた瞳沼周辺の地形図である。地形を等高線と濃淡で表したもので，水面を黒く表している。これに描かれているとおり瞳沼は平坦な瞳沼低地帯の中央にある。この低地帯の北と東は高位泥炭でできた緩やかなドーム状地形の傾斜地の末端にあたり，付近にはサロベツ湿原特有の微地形である湿地溝(岡田，2009)が数多く分布している。瞳沼低地帯の西側にはサロベツ川との間に比高 1.5～2.0 m 程度の微高地がある。排水計画が立てられた 1921(大正 10)年以前，多くの湿地溝の水を集めた流れが低地帯を蛇行して，南側のペンケ沼の開水面に注いでいた。しかし現在では下エベコロベツ川の送流土砂で形成された標高 3 m を超える自然堤防とそのうえに生えた河畔林によって，低地帯とペンケ沼は隔てられている。現在の下エベコロベツ川は開拓初期の 1925(大正 14)年に排水路として掘削され，1926(昭和元)年に完成したもので，当時は第 7 号幹線排水路と称していた。

瞳沼および浮島の形状を把握するため，瞳沼の現地調査を結氷期と非結氷期に複数回実施した。水深は標尺を水中に挿入して測定した。非結氷期には浮島上や湖岸から，結氷期にはアイスドリルで氷に穴を開けて測定した。測深位置は簡易 GPS で計測した。

また航空機による斜め空中写真(図III-1-6)によって浮島の位置や向きなどを調べた。さらに本節では環境省が 2003 年に計測した DEM データを用いて地形図や断面図を作成し，沼と浮島の面積を計測した。DEM データはレーザーパルスを利用しているため，水面ではレーザーが水に吸収されたり正反射したりしてデータを得ることができない。そこで沼の水域周囲の計測標高を調べ，最小値を水位と判断して使用した。

3-2. 瞳沼と浮島の形状

3-2-1. 瞳沼と浮島の大きさ

瞳沼の大きさは以下のとおりである。
　瞳沼の長軸方向の長さ(北北西↔南南東)：156 m
　瞳沼の短軸方向の長さ(西南西↔東北東)：71 m
浮島は極めて平坦な状態で，沼の水面上に僅かに浮上している。

図III-1-6　瞳沼の斜め空中写真(1998 年 10 月 23 日撮影)。矢印は瞳沼から南へ向かう旧流路

浮島の長軸方向の長さ：74 m
浮島の短軸方向の長さ：54 m

3-2-2. 瞳沼と浮島の面積

DEMデータを基に瞳沼の面積を計測した結果，7,059 m²を得た。これは浮島を含んだ面積である。浮島の面積は同様にして1,965 m²を得た。差し引くと瞳沼の開水面面積は5,094 m²である。これらには計測誤差が含まれるので概略で以下のように見積もられる。

　瞳沼全体の面積：7,000 m²
　浮　島　の　面　積：2,000 m²
　開　水　面　の　面　積：5,000 m²

3-2-3. 瞳沼の水深

瞳沼の水深計測の結果，結氷期・非結氷期を問わず，瞳沼の水深は2.05〜2.25 mの間でほぼ平坦である。湖岸はほぼ垂直に切り立っていて湖岸から直ぐに最深部に連なっている。形態的には高位泥炭地に成立するいわゆる池溏と同様な形である。湖底の性状は破砕された泥炭などが沈降堆積したものと思われ，陸上で堆積した泥炭よりは緩い圧密度となっている。

3-2-4. 浮島と瞳沼湖岸泥炭の厚さ

浮島泥炭の厚さは，最も厚い部分は1.25 m，薄い部分に0.85 mで，平均値は1.02 mであった。浮島の体積は，面積と厚さの積より約2,000 m³，重量は約2,000トンとなる。

また沼周囲の湖岸の泥炭の層厚を計測した結果，一部の泥炭下部にも水塊があることを確認した。その部分の泥炭の厚さは浮島とほぼ等しい1 mか，やや薄いところとがあった。

3-2-5. 瞳沼の水位

図Ⅲ-1-7にDEMデータによって描いた瞳沼低地帯からペンケ沼に至る断面図を示した。断面の位置は図Ⅲ-1-5中にA〜A′〜A″で示した。瞳沼低地帯の北部（図Ⅲ-1-7の左）には2つの湿地溝の谷が横切っている。低地帯は概ね標高2.1〜2.3 m前後で推移しているが，上流側（左）よりも下流側（右）が若干高い標高となっている。瞳沼の水位は周囲の湖岸標高から2.1 m前後であると判断できる。

最下流のペンケ沼の水位は計測時に1.1 m程度であるが，自然堤防で分断された北側の沼（以後，ペンケ北沼と呼称する）は約2.4 mとなっており，瞳沼の水位よりも高い。

3-2-6. 3つの沼の水位

瞳沼の現地調査時の水深測定結果を比較すると，結氷期・非結氷期共2.20 mという値が得られ，結氷期と非結氷期の瞳沼の水位はあまり大きくは変動していない。したがって計測された2.1 mという瞳沼の水位は1年を通してあまり変化していないものと考えられる。

3つの沼の水位のなかでペンケ北沼の水位が2.4 mで最も高いのは，自然堤防が向きをかえつつこの部分を取り囲むように堆積したからである。ペン

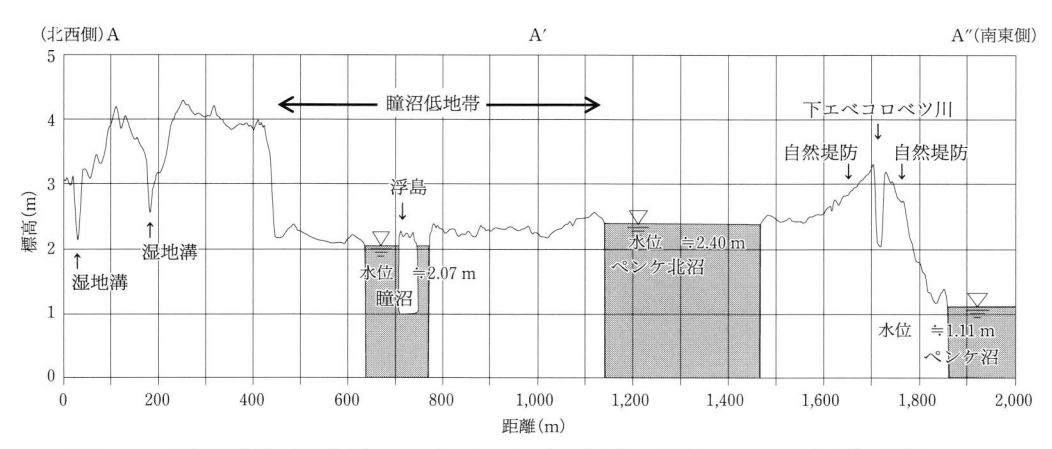

図Ⅲ-1-7　瞳沼低地帯の断面図（DEMデータによる）。水平格子間隔は100 m，垂直格子間隔は1 m

ケ北沼への表流水供給源としては湿地溝が1つあるのみでこの高さの水位を保っているのは，南側に自然堤防が形成されただけでなく，北側の水理地質構造が水を通しにくいものになっているということの反映であろう。

最も下流のペンケ沼周辺にも継続的に水位を観測する施設はない。国土地理院が2005年9月30日から10月11日にかけて実施した調査によって，その期間中のペンケ沼の水位は最高1.83 m(10月9日)，最低0.21 m(10月6日)，平均0.792 mと報告されている(国土地理院，2007)。ペンケ沼は天塩川を通じて日本海からの感潮域にあり，国土地理院が観測した水位は潮汐と調査期間中の降雨(豊富アメダス日雨量は7日に51 mm，8日に11 mmとなっている)により下エベコロベツ川から流入した小規模な出水の反映であると考えられる。これに対してDEMデータから得られたペンケ沼水位1.10 mは融雪出水の末期で無降雨時よりもやや高めに計測された結果だと推測される。

3-2-7. 接続する水路

湿地溝の1つの末端から流路が延び，瞳沼につながっている。さらに瞳沼から南に向かう旧流路が現在でも残っており，DEMデータでは計測されず地形図にも表されていないが，昭和31年版以降の昭和後半の地形図には図示されている。図III-1-6にはこれが不鮮明ではあるが写っている(図III-1-6に矢印で，図III-1-5に破線で示した)。現在この流路の末端は自然堤防によって埋められ機能していないと考えられるが，少なくとも過去には瞳沼の水はこの流路を通ってペンケ沼に直接流入していたものと考えられる。水理環境が変化した結果，流路としての機能が失われ単なる開水面となった。図III-1-8の写真は戦後まもなく1947年に米軍によって撮影された垂直写真(左)と，1998年に撮影された同じ部分の写真(右)を並べたものである。これらの範囲は地形図(図III-1-5)中に鎖線で囲んで示した。1947年当時の開水面の多くは現在では水面上に進出した植物に覆われて水面を見ることはできない状態となっている。

国土地理院では図III-1-8の2枚の写真撮影時の間に7回(1964，70，75，84，89，93，94年)の垂直空中写真を撮影し，画像をホームページ「国土変遷アーカイブ(http://archive.gsi.go.jp/airphoto/)」上で公開している。その画像によれば1984年撮影の写真まではこの流路が判別できる程度に写っているが，1989年以降に撮影された写真では不鮮明となっている。

3-3. 瞳沼と浮島の形成史

サロベツ湿原の緩やかなドーム状をなした高位泥炭地の形成開始は6,400～6,300年前に遡るとされている(紀藤，2009)。一方，サロベツ湿原特有の微地形である湿地溝は上記の泥炭ドームに埋没した旧河川を成因としているため，約2,000年前以降に成立した可能性が指摘されている(岡田，2009)。湿地

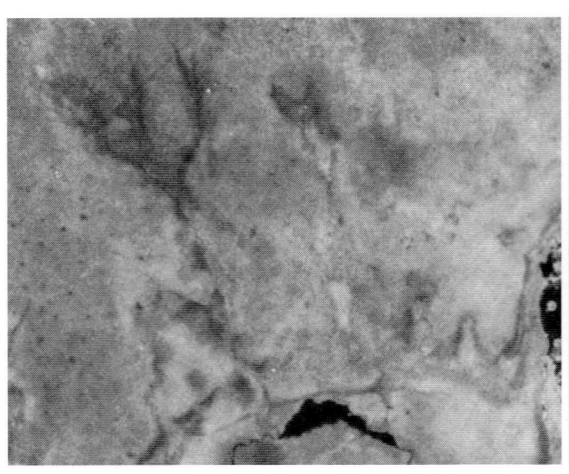

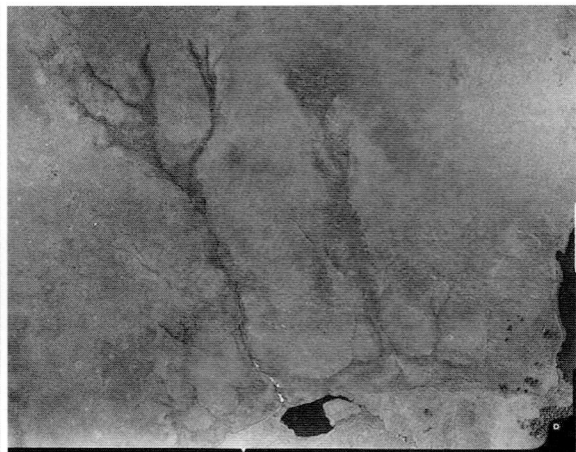

図III-1-8 瞳沼の垂直空中写真。左：1947年10月米軍撮影，右：1998年8月撮影

溝は直角に近い角度で開水面に流入するという性質があり，図Ⅲ-1-5の記号A付近の湿地溝が瞳沼低地帯で急な角度で南東方向へ折れ曲がっている事実から判断すると，湿地溝が形成され始めたころにはペンケ沼を含む瞳沼低地帯は1つのまとまった開水面であった可能性が大きい。その後泥炭の堆積によって徐々に開水面が狭められ，人が入殖する前までにペンケ沼とペンケ北沼の範囲を残すのみとなっていたと考えられる。

3-3-1. 排水路掘削と水流動環境の変化

瞳沼低地帯では排水路掘削がペンケ沼へ土砂を流入させる結果を招き，水の流動環境が急速に変化した。1910(明治43)年に始まる北海道第一期拓殖計画では大正年間に土地開発に関する種々の調査が実施され，続く第二期拓殖計画(1927(昭和2)～46(昭和21)年)を通じ原野開発の前提である排水路工事が行われた。その1つで現在も機能している第7号幹線排水路(全長9,735m，現，下エベコロベツ川)は1925(大正14)～26(昭和元)年の2か年に施工された。排水路といっても下エベコロベツ川の水をペンケ沼に放流する事実上の放水路である。第7号幹線排水路が機能し始めた昭和初期から流水に運ばれる土砂がペンケ沼を埋塞し始めた。排水路通水直後にはペンケ沼に流入した土砂は慣性力で南西に向かって延びるが，埋塞が進むと方向を北西に転じ，やがて対岸に突きあたり流向を南にかえた。この過程でペンケ沼内部では排水路によって運ばれた大量の土砂で自然堤防が形成され，河道が天井川のようになり河床高はペンケ沼の水位よりも高くなっていった(図Ⅲ-1-5，図Ⅲ-1-7)。

3-3-2. 瞳沼低地帯における水位上昇

1926年の第7号幹線排水路の完成により自然堤防が形成された結果，ペンケ沼が2つに分断され，分離されたペンケ北沼とさらに北側につながった瞳沼低地帯の水位と地下水位は上昇した。先に示した断面図(図Ⅲ-1-7)のように現在ではペンケ沼の水位が1.1m程度であるのに対して，元々は同じ湖面であったペンケ北沼の水位は2.4mとなっており，僅か20年たらずの時間で1.3mも水位が上昇したことになる。ペンケ沼は自然堤防形成以前も現在もサロベツ川と天塩川を経由して日本海に注いでおり，感潮域としての環境はほとんどかわっていない。

現在瞳沼から南方に延び，かつてはペンケ沼につながっていた旧流路には，平常時の水源としては湿地溝からにじみ出る水を集めている程度であるから，大雨後などを除いて僅かな流量しか流れていなかったと推定できる。そのような条件下で，自然堤防が形成される前の時代(1926年以前)には瞳沼の水はほとんど落差なしでペンケ沼に注いでいたはずである。DEMデータによる現在の水位状況(瞳沼水位2.1m，ペンケ沼水位1.1m)から判断すると，排水路の通水と自然堤防形成の結果，瞳沼の水位および瞳沼低地帯の地下水位は最大で1m程度上昇したことになる。

3-3-3. 泥炭堆積層の浮上

瞳沼低地帯では泥炭堆積層が広範囲で水に浮いている可能性が大きい。1947年に米軍が撮影した写真(図Ⅲ-1-8左)には瞳沼以外に水面は見られず，周辺は広く植生に覆われていたものと見られる。この写真には植生と湖面との間に特に大きな落差のようなものは写っていない。現在の瞳沼周辺も非常に低湿ではあるが湿原植生に覆われて，湿地溝へ連なる流路以外に開水面を見せるところはない。1947年当時も現在も，泥炭表面は地下水位と同等かそれよりも僅かに高いと見なせる。

一般に泥炭堆積速度の平均は1mm/y前後といわれており，栄養塩の供給が多い水域で堆積速度が速いとしても，20年で堆積する泥炭は2～数cm程度であろう。徐々にしろ20年程度の短期間で上昇する水位と共に地表の泥炭の堆積層厚が1mも増加したとは考えにくい。また瞳沼低地帯の標高は現在大半が2.1～2.3mの範囲にあるが，ほとんど平坦なこの標高にそろって，水位が2.1mに達するのを待ち受けていたということも考えにくい。現に浮いている浮島の泥炭表面標高は約2.2mと計測されている。

水域であったところに泥炭が堆積していく場合，底部に湖底堆積物の層を挟むことになる。この層は粉砕された泥炭片やプランクトンの遺骸などが堆積したもので，植物繊維を多く含む泥炭の堆積層に比べ固着力が弱いと考えられる。これらのことを踏まえると，瞳沼低地帯では地下水位の上昇に起因する浮力の増大にともなって泥炭堆積層中の固着力の弱

いところで切り離された泥炭堆積物が水に浮いた状態となっている可能性が大きい。湖岸の泥炭層の下にも水塊が挟まれている部分があるという観測結果も沼周囲の泥炭地が浮いていることの有力な証拠である。

3-3-4. 浮島の分離

瞳沼の浮島は戦後まで存在しておらず，その後それまでにすでに浮いていた泥炭堆積物の一部が岸から切り離されてできたと考えられる。図III-1-8の左の写真によると，1947年当時には水に浮いてはいるが周囲とつながった泥炭の塊があり，その一部分が，何らかのイベントを契機に岸から切り離されて浮島になった。

国土地理院の「国土変遷アーカイブ」の画像によると1970年の写真では沼の輪郭は1947年米軍撮影写真と同様な形であり，浮島は写っていないのに対して，1975年以降撮影の写真には湖岸から切り離された浮島が写っている。この関係から瞳沼の湖岸の一部が分離して浮島になった時期は，1970年6月6日から1975年7月19日の間ということになる。

しかし浮島分離の原因，およびその過程の特定は難しい。当時は瞳沼に人はまったく入ったことがなく，エゾシカなどの大型動物も近づくことがなかった。分離の原因としての可能性が大きい事項は気象現象と考え，過去の記録を調査した。当時の最も近い気象官署は稚内地方気象台で，瞳沼からは30 kmあまり離れているが，観測記録は1938年から整っている。上記の期間に生起した観測史上第1位の記録を抽出すると次の2項目があり，いずれも平年値の2倍を超える。

年最大日雨量(稚内)：155.5 mm(1970年10月25日，平年値は65.7 mm(1938〜2012/75年間))

月最深積雪(稚内)：199 cm(1970年2月9日，平年値は87 cm(1938〜2012/75年間))

この2つの現象に直接的な関連性は薄いが，同じ年に生起しているという事実から，これまでの調査で得られた知見を加えて浮島分離の過程として以下のようなシナリオを考えた。

浮島として分離することになる部分の泥炭は約1 mの厚さで湖底との間に1 mの隙間があり，湿地溝から流入する水の上に浮いた状態であった。第I部第5章第6節の浮島の浮沈のところで述べたように，2010〜11年に浮島で起きたプロセスがそれまでも毎年のように繰り返されていたと考えると，浮島として分離していた訳ではないが，浮いた泥炭は大きくたわみ，度重なる変形を受けていた。1970年の冬は雪が多く，平年の2倍を超える積雪があり，泥炭層に付加的荷重が加わった。1970年1月末で瞳沼と低地帯が完全凍結したとし，そこまでの累加降雪量394 cm(稚内観測値)の20%分の荷重が加わったものとする。この荷重のため浮いた部分の泥炭は80 cm程度沈下し，部分によっては着底したかもしれない。沈下量は例年を上回り，大きく変形して厚さ1 mほどの泥炭層に亀裂が生じた可能性が大きい。しかしこの段階では泥炭は切断分離されておらず，6月6日の空中写真には分離した浮島としては写っていない。

暖候期に至り泥炭中の微生物の活動が活発になり，泥炭中にメタンなどのガスが蓄積され泥炭の浮力は回復していく。10月25日に観測史上最大の日雨量が記録され，周囲のドーム状の高位泥炭地に降った雨が湿地溝を通じて瞳沼低地帯に流れ込んで，水位が上がった。浮いた泥炭の部分は冬季間に大量降雪の荷重によって沈下し，亀裂が入った浮揚泥炭が，今度は急激な水位上昇にともなって切り離された。浮いていた泥炭がこのようなプロセスで切り離されたものとすれば，浮島分離の時期は早ければ1970年10月末という可能性が大きい。降雪による泥炭の沈没・浮揚という過程をもう一度経て，翌年の融雪時期1971年4月初めくらいという可能性も考えられる。

従来，浮島の成因として以下のような報告がある。北海道雨竜沼湿原で佐々木(2002)が報告しているように「湖岸の泥炭塊が切り離されるか崩落することによってできる場合(A)」，羽田(1937)が北海道霧多布湿原で報告した「湖底堆積物が有機物分解で生じたガスにより浮上してできる場合(B)」，大竹(1970)が福島県蓋沼で報告した「既に陸上で堆積していた泥炭が地滑りなどによる周囲の水位上昇の結果浮上した場合(C)」などである。瞳沼の浮島はCのプロセス(本節第3項参照)の後にAのプロセスが続いた結果，形成されたものと考えられる。

瞳沼の浮島は浮いて漂う浮島として国内最大級の大きさを誇るだけでなく，その起源についても類を見ない特異な存在である。この浮島は複合的な成因

によってできたと考えられる点，形成のきっかけが泥炭地開拓のための排水路掘削という人為的なものであった点，最近になって比較的短い期間に形成された点など，ほかの地域に見られる浮島とは異なった特異な形成過程をもつ例として特筆すべきものである．

3-4. 形成史のまとめ

現在の瞳沼とそこに浮かぶ浮島は昭和初期に掘削された第7号幹線排水路(現，下エベコロベツ川)によって引き起こされた水の流動環境の変化が原因となって形成された．排水路が開削され通水されると，上流から土砂が運ばれてペンケ沼湖面の北部に自然堤防が形成された．自然堤防は瞳沼低地帯からペンケ沼に向かう地表・地下水の流れを遮断し，ペンケ北沼と低地帯の水位を上昇させた．開拓以前にはこの地域一帯の水位を支配していたペンケ沼では現在，水位が標高1.1 m前後であるのに対して，自然堤防に隔てられたペンケ北沼は2.4 m，瞳沼は2.1 mと，これより高くなっている．水位上昇にともない低地帯に堆積していた泥炭の一部は浮力を受けて剥離・浮上した．浮上した泥炭は互いにつながって存在していたが，一部が切断されて浮島になった．その時期は国土地理院「国土変遷アーカイブ」の画像を根拠に1970年6月～1975年7月の間であったと考えられる．

以下に瞳沼とその浮島の形成過程について整理し，図III-1-9に模式的に図示した．

① サロベツ地域の低位泥炭地と高位泥炭地の形成(6,400年前～；紀藤，2009)
② 傾動運動による瞳沼低地帯の湖沼化(～2,000年前)
③ 湿地溝の形成と瞳沼低地帯の泥炭堆積(2,000年前以降～；岡田，2009)
④ 第7号幹線排水路(現，下エベコロベツ川)開削・通水とペンケ沼の埋積開始(1930年ごろ～)
⑤ ペンケ沼北岸を取り囲む自然堤防形成とペンケ北沼の分離(1930年ごろ～1947年以前)
⑥ 瞳沼低地帯の水位上昇と低地帯泥炭の浮上(⑤と同時進行)
⑦ 浮上泥炭の切断と浮島の分離(1970年6月6日～1975年7月19日)

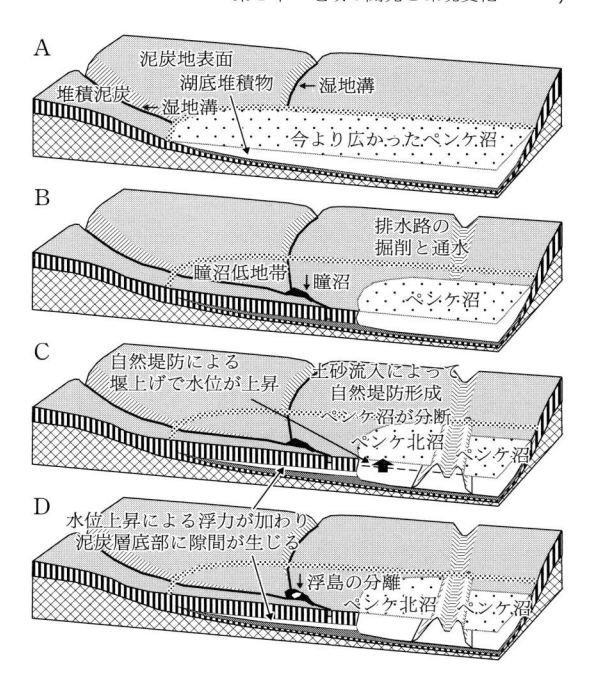

図III-1-9 瞳沼と浮島の形成模式図
A：2000 BP.，B：1928年，C：1930～47年，D：1970～75年

(岡田 操)

4. 泥炭地盤沈下

4-1. 地下水位と地盤高の相互作用

泥炭地湿原は特異な水文環境によってその環境が維持されているが，排水などによって地下水位が低下すると，泥炭の間隙に空気が入り込み，微生物の活動によって泥炭の有機物が分解しやすい環境となる．微生物分解によって有機物は二酸化炭素やメタンなどの形で大気に放出され，泥炭の体積を減少させることになる．

また泥炭の乾燥によって泥炭そのものが収縮したり，泥炭の間隙から水分が抜けること(この現象を地盤工学的には「圧密」と呼んでいる)によっても，泥炭の体積は減少する．

これら微生物分解，乾燥収縮，圧密の結果，排水の影響を受けた泥炭地では地盤沈下が生じることになる．石狩泥炭地などでは，残存泥炭湿地と農地化された泥炭地との間に数十cm以上もの段差が生じている光景を目にすることがあるが，この段差も排

水に起因する泥炭の地盤沈下による。サロベツ湿原でも，泥炭地の農地化や湿原周縁部に敷設された排水路による地下水位低下にともなって，地盤沈下が生じている。本節では地盤沈下の程度と分布を広域的に把握し，さらに現地の地盤標高と地下水位との関係についても紹介する。

4-2. 広域的な地盤沈下の状況

自然公園地区として1970年代より保全対象となっている丸山道路南側の湿原域と，サロベツ川放水路の北側などで牧草地化された区域，そしてその間に位置し2003年に新たに国立公園に編入された区域を対象に，これらの範囲の広域の地盤沈下量を推定した（図III-1-10；井上ほか，2005）。

地盤の標高に関する資料は，北海道開発局が1956年に調査し50 cm間隔の等高線で作成した1/10,000サロベツ地域平面図（全4葉のうち第3号）と，2003年に環境省および朝日航洋（株）が航空機から得たレーザプロファイラ（航空レーザ測量）データを基に作成した1 mメッシュの標高データ（標高分解能0.1 m，撮影日2003年4月27日〜5月3日）である。この2つの資料をGIS上で比較し標高の差を求めることで，1956年から2003年までの約50年間の地盤沈下量が算出できる。

広域地盤沈下の状況を図III-1-11に示した。この図から次の特徴が明らかである。①北東部の旧サロベツ川にそった自然堤防付近では地盤沈下は生じていない。自然堤防の後背地にあたる泥炭分布域の農地化された場所では，全域的に1〜2 mにわたる大きな沈下が生じている。排水路が密に配置された農地で特に沈下量が大きい。②埋没河川（河川跡）がある場所（図の左上部の農地内で黒く大きく蛇行する線）で沈下量が極めて大きく，2 m以上の沈下も発生している。③サロベツ川放水路や丸山道路（道道444号稚咲内豊富停車場線）にそっても沈下が生じている。④旧ビジターセンターのあった上サロベツ原生花園地

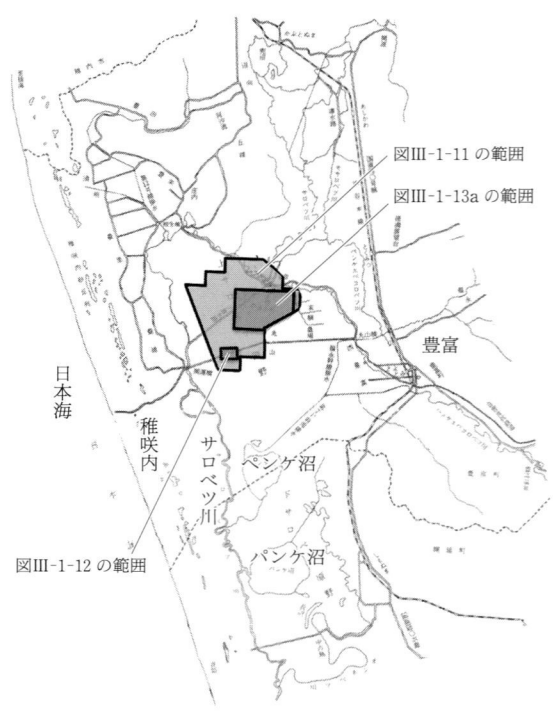

図III-1-10 広域地盤沈下の解析範囲

図III-1-11 広域地盤沈下の状況

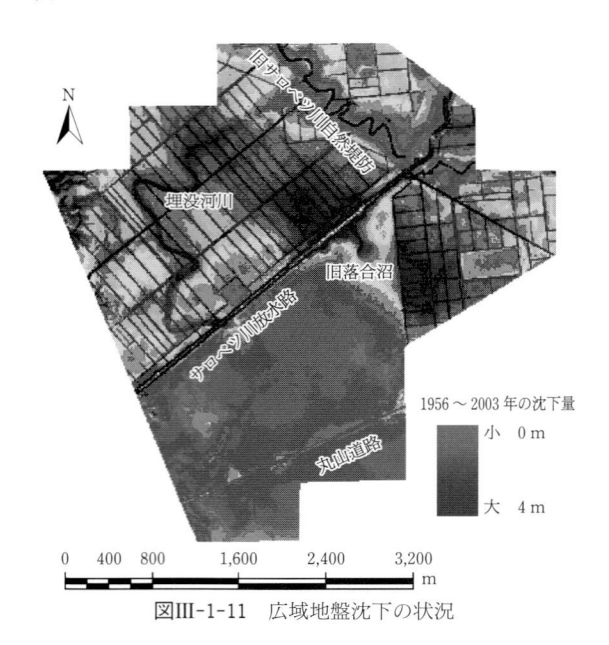

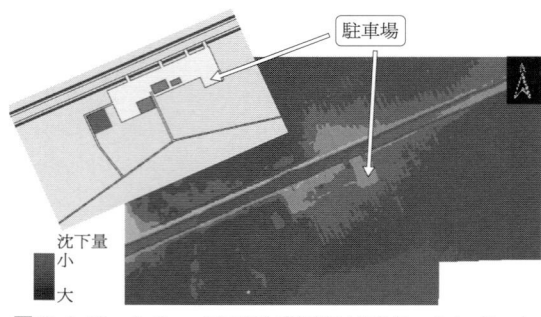

図III-1-12 上サロベツ原生花園旧ビジターセンターと駐車場のあった地区。道路にそった沈下も確認できる。

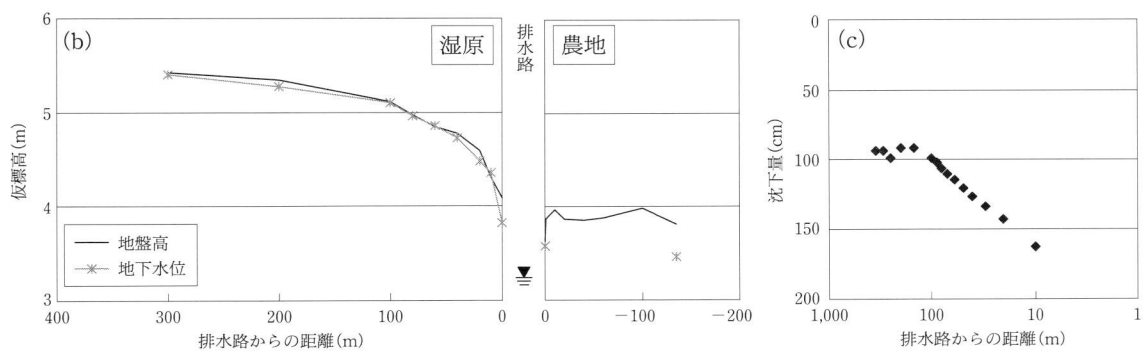

図III-1-13 落合地区における湿原域から農地にかけての地盤沈下状況
(a)落合地区における地盤沈下量の分布。濃い色ほど沈下量が大きい。(b)観測線の断面。湿原側では排水路に向かって勾配が生じている。(c)排水路からの距離と地盤沈下量の関係。横軸は逆向きの対数表記。

区では道路側溝や駐車場付近で沈下が発生している（図III-1-12）。⑤新たに2003年に国立公園に編入された区域では沈下はほとんど認められないものの、かつて落合沼があった北東部の区域で1m程度の沈下が生じている。

落合地区（図III-1-13a）で湿原から排水路、農地に至る観測線の断面を見ると、湿原域から農地との境界にある排水路に向かって沈下による明らかな勾配ができている（図III-1-13b）。排水路からの距離と沈下量の関係から、湿原への排水路の直接的影響は100m程度と推察される（図III-1-13c）。また、図III-1-13aからは、かつて存在した落合沼が放水路の開削時に排水されたことにより、この付近一帯が広く沈下した様子もはっきりと確認できる。

4-3. 地盤沈下と地下水位の関係

湿原域内の旧ビジターセンターのあった上サロベツ原生花園地区の湿原域内と、湿原域と農地が隣接する落合地区で、それぞれの水文環境を把握するために地下水位の連続計測を行い、地盤沈下との関係について調べてみた。原生花園地区では、E地点（ミズゴケ）とW地点（ミズゴケ-ササ）で、落合地区では農地から湿原域にかけて観測線を設置し、複数点で地下水位の連続観測を行った。

その結果、落合地区湿原域の水位変動幅は、排水路に近づくほど大きくなる傾向が認められた。また、地下水位変動幅と地表面勾配との関係を見ると、勾配の増加と共に地下水位変動が大きくなる傾向が認められ、また地盤沈下量との関係でも同様の結果が見られた（図III-1-14）。ただしこの図で沈下量が0cmと100cmとでは地下水位変動幅にさほどの差

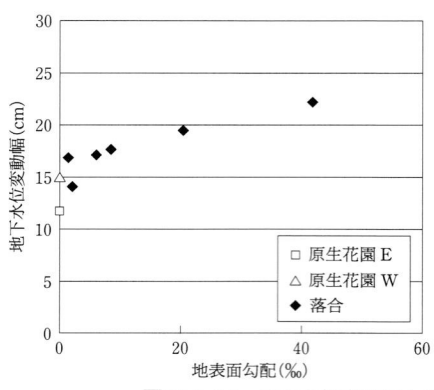

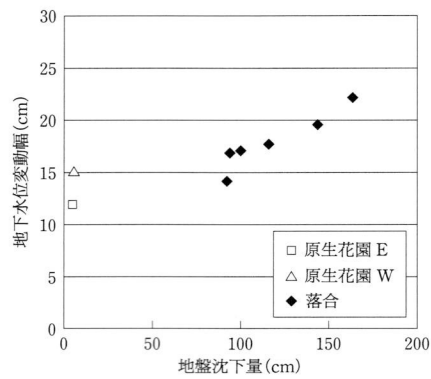

図III-1-14 地下水位変動幅と地表面勾配および地盤沈下量との関係

がないことが読み取れるように，100 cm 程度までの沈下は，地下水位変動にまだ大きな影響を及ぼしていないと判断される。地下水位変動幅は湿原が乾燥すると共に大きくなることがこれまでの水文調査から確かめられており（第Ⅰ部第5章第3節参照），排水にともなう乾燥化と地盤沈下が併せて起こっていることが確かめられた。

これらより，湿原では排水条件の改変と地盤沈下の発生は密接な関係にあり，相互に影響しあいながら湿原の環境を変化させていくことが明らかとなった。これまでのところ，落合地区の湿原域で発生している地盤沈下の状況は，湿原域の水文環境に大きな影響を及ぼしてはいないものの，地下水位変動幅はやや拡大していることがわかった。このことは表層泥炭が好気的条件にさらされ，分解が徐々に進行することを意味し，泥炭の水分保持能の低下と，さらなる沈下の進行，ひいては湿原の乾燥化につながることが懸念される。

以上，これらの実測による成果と，2時期の測量データを用いた広域的な地盤沈下傾向の把握は，農地と湿原の間に設けられた緩衝帯や旧落合沼の復元などの自然再生の検討に活かすことができ（第Ⅲ部第2章参照），今後もさまざまな保全の場で利用が期待される。

（井上　京・髙田雅之）

5. 湿原におけるササ群落の拡大

サロベツ湿原では，ササ群落が拡大し，高層湿原植生域が減少していることが指摘されている（第Ⅰ部第2章第3節参照）。ササが拡大した要因はなんだろうか？　ササの分布は湿原の水文環境と関係が深いことが知られている。そこで，ササの拡大要因を検討するため，湿原内で顕著にササが増加した場所と，湿原の水文環境に大きな影響を与えている排水路の位置を図III-1-15 に示した。ササの拡大が目立つのは，排水路 D の南端付近から排水路 E（道路側溝）の東端付近にかけての部分，直線化されたサロベツ川（図III-1-15 の排水路 B サロベツ川放水路の西寄りと排水路 C）に接する部分，下エベコロベツ川（図III-1-15 の A）にそって分布するササの境界付近である。ササは水位が低いほうが生育がよく（環境庁自然保護局ほか，1993），排水路付近は水位が低下することから，大まかな傾向としてササの拡大は水位低下が原因ととらえられそうである。しかし，図III-1-15 の星印で示した上サロベツ原生花園の旧ビジターセンター付近は，排水路に近いが顕著なササの拡大は認められず，逆に白矢印で示した部分は排水路から遠いが顕著な拡大が認められる。これも湿原の水位低下で説明できるのだろうか？ここではそれらの場所も含めてササの拡大要因について考えてみる。まず，地下水位の連続観測結果を基に検討し，次に広域的・面的な解析を行って検討してみた。

5-1. 地下水位の連続測定による解析

ササを含む湿原の植生分布は，地下水の影響を強く受けていることから，顕著なササの拡大が認められるエリア（拡大域とする）と，顕著なササの拡大が認められないエリア（停滞域とする）の特徴を明らかにするために，それぞれ5地点で地下水位を1時間に1回連続測定した。また比較対照のため，ササ植

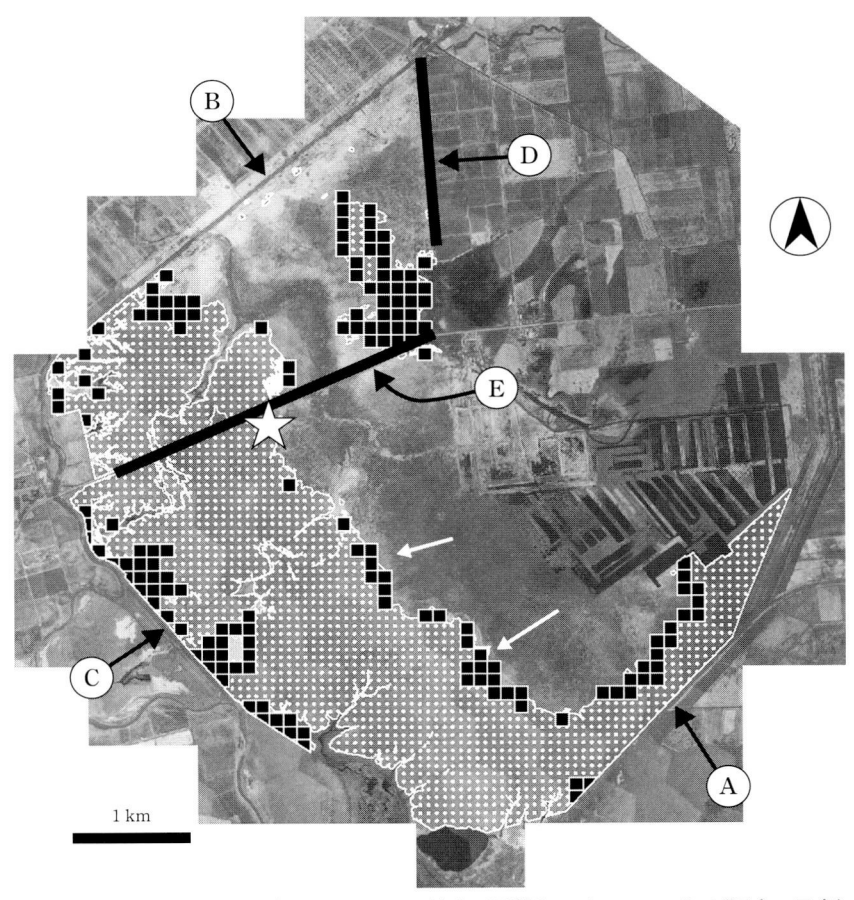

図III-1-15 上サロベツ湿原におけるササの拡大が顕著なエリア。1エリア(図中の四角)は100 m×100 m。白矢印が指す場所のように、排水路などから遠くてもササが拡大している場所があることがわかる
☆：上サロベツ原生花園旧ビジターセンター；網がけ：2003年のササの分布域；■：1977年から2003年にかけてのササ拡大面積が0.25 ha以上の区画；A：1925～26年に開削された流路。下エベコロベツ川を切り替えてペンケ沼(図最下部中央)に接続したもの；B：1961～66年に開削された流路。より北側に迂回して流れていたサロベツ川をショートカットしたものでサロベツ川放水路と呼ばれている；C：1965～67年に開削された流路。サロベツ川をショートカットしたもの；D：黒線にそって排水路が設けられている。湿原に隣接する農地の排水促進のために開削された；E：黒線にそって排水路が設けられている。湿原を横断する道路(道道稚咲内豊富停車場線)の両側に側溝として設けられたもの。

生域(9地点)と高層湿原植生域(11地点)でも同様の測定を行った。表III-1-3はその結果をまとめたもので、拡大域と停滞域とで平均水位や水位が−15 cm以下の期間(ササのおおよその根圏より水位が低い期間)には有意な違いが見られなかった。このことは、拡大域と停滞域の違いは、単に水位の高低では説明できないことを示している。一方で、拡大域は停滞域に比べて、最低水位が低く、水位変動幅と降雨後の水位上昇幅が大きい傾向が認められた。最低水位は立地の排水のしやすさを、降雨後の水位上昇幅の違いは間隙率が同等であれば集水量の違いを反映していると考えられることから、拡大域は、停滞域に比べて多くの水が通過する場所なのかもしれない。

このような拡大域と停滞域の特徴は、今後のササ動態予測にとって有用である。例えば、高層湿原植生域の計測地点のなかで、図III-1-15の排水路Aに近い地点は、現在の植生は高層湿原であるが、水位計測結果は拡大域に類似していた。このことは、

表III-1-3　湿原の地下水位測定結果。測定期間：2007年6〜9月

	高層湿原植生域	停滞域	拡大域	ササ植生域
測定地点数	11	5	5	9
平均水位(cm)	−18.6	−20.7	−21.1	−26
	(−24.6, −14.4)	(−22.7, −19.7)	(−24.7, −19.9)	(−46.9, −18.3)
最高水位(cm)	−10.2	−9.6	−9.5	−6.6
	(−14.1, 0.1)	(−12.5, −6.0)	(−12.7, −8.2)	(−16.3, −2.7)
最低水位(cm)*	−27.2	−29.1	−34.2	−40.8
	(−36.2, −18.1)	(−31.1, −27.3)	(−38.0, −31.8)	(−72.2, −28.4)
水位変動幅(cm)*	18.2	19.9	24.7	37.7
	(6.6, 27.6)	(17.7, 23.0)	(23.6, 26.6)	(23.8, 55.9)
水位が−15cm以下の期間(%)	79.0	91.1	82.8	89.4
	(43.5, 99.6)	(87.7, 97.5)	(76.8, 94.7)	(73.1, 100.0)
降雨後の水位上昇幅(cm)*	17.9	19.4	23.3	36.2
	(5.9, 26.9)	(17, 20.5)	(22.1, 26.0)	(22.3, 55.7)

表中の数字は，中央値(最小値，最大値)を示す。水位が−15cm以下の期間とは，水位がササの根圏(およそ−15cmまで)より低い期間が，全測定期間に占める割合。降雨後の水位上昇幅は，測定期間中の最大降雨イベント(降雨量82.5mm)時の水位の，降雨直前の値と降雨後の極大値の差。
＊印は，停滞域と拡大域で有意な違いの見られた項目(詳細はFujimura et al., 2012を参照)

排水路A付近では今後もササの拡大傾向が続き，高層湿原植生にササが侵入していく可能性が高いことを示している。この予測の当否を確認するには，ササの分布のモニタリングと地下水位の観測の継続が必要となる。

5-2. 広域的視点からの拡大要因推定

次に，広域的視点からササの分布変化をとらえ，どのような地理的要因がササの拡大に関わっている可能性が高いか検討した(Takada et al., 2012)。

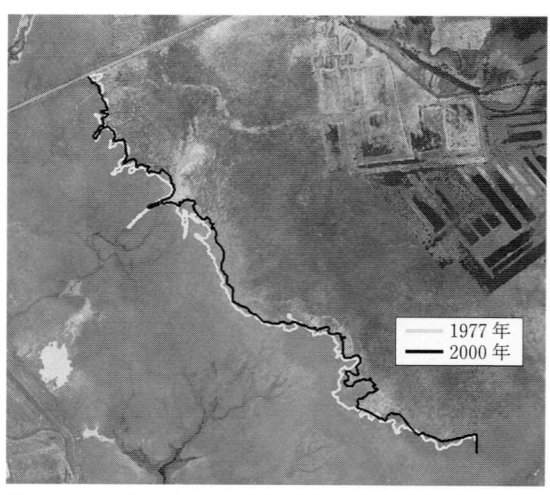

図III-1-16　空中写真から判読したササ前線(1977年と2000年)

ササの分布と拡大に関するデータは，冨士田ほか(2003)が1977年と2000年の空中写真から判読抽出したササの拡大情報をGIS化したデータを使用した(図III-1-16)。ササの拡大に関連すると考えられる地理的要因としては，主に地形的要因と水文的要因が考えられる。そこで，標高・傾斜・地盤沈下量といった地形を表すもの，集水量(集水面積)ならびに排水に効いていると考えられる湿地溝および埋没河川までの距離といった水の動きを表すもの，そのほか間接的にこれらに影響すると考えられる表層泥炭の理化学的性質(乾燥密度，炭素体積含有量，有機物含有率)，そして植生の高さを取り上げ，第I部第6章で紹介したリモートセンシングデータおよびGISデータから作成された広域情報を解析に使用した。

5-2-1. ササ前線にそった環境の変化

まずササ前線にそって，標高と湿地溝までの距離がどのように変化しているかについて概観した。ササ前線の北を起点として，2000年のササ前線の10mごとに，標高値と湿地溝までの距離をプロットし両者の関係を見た(図III-1-17)。

その結果，起点から1,500〜2,000mのところは，湿地溝が湿原中心部のササ前線付近まで入り込んでおり，それに合わせて標高も低下していた。また起点から3,500m以降の上サロベツ南部域は北部域に比べて全体的に標高の分布幅が小さい傾向が見られた。全体的に見て，0〜14mの標高分布をもつ上

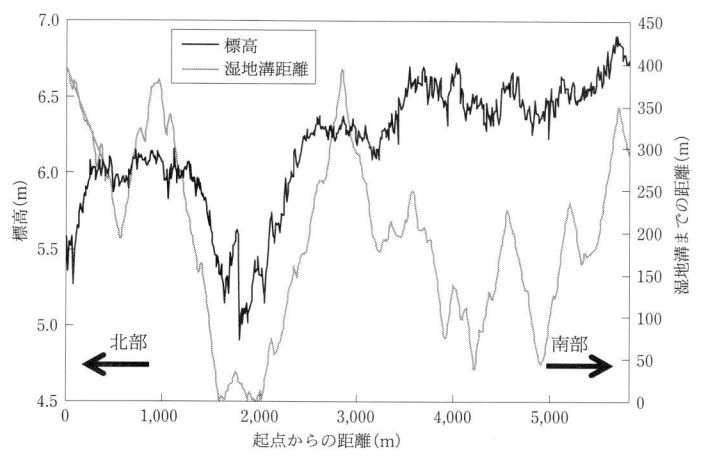

図III-1-17　ササ前線上にそった標高および湿地溝までの距離の変化

サロベツ地域のなかで，ササ前線の標高分布は5.0〜7.0 mで，標高の変動幅は大きくなかった。なお，起点から250 mまでの変動は道路および建物による地盤沈下の影響を強く受けていることを示していた。

5-2-2．ササの拡大に及ぼす地理的要因の推定

次に2時期のササ前線から，場所によって異なるササの拡大量をどのように数値化するかについて検討した。1つの試みとして，1977年のササ前線の起点と終点を結ぶ方向に対して垂直となるよう，100 m間隔のスライスゾーンを設け，各スライスゾーン内のササ拡大面積を数値化し解析時の目的変数とした。さらに2時期のササ前線の中間線を引き，各スライスゾーン内に100 m×100 mの正方形をその中間線上に発生させた。そして先述した各地理的要因について，その正方形内の値の平均値と変動量（標準偏差）を求め，湿地溝および埋没河川については正方形の中心からの最近距離を求め，解析時の説明変数とした。これらのデータから重回帰分析を行い，どの環境要因がどれくらいササの拡大に寄与しているかについて分析した。

図III-1-18はすべての変数組み合わせで重回帰分析を行い，有意性の高い組み合わせの上位20ケースについて，選択された説明変数の頻度を図示したものであり，選択された頻度が高いほど，ササの拡大に効いているものと推定される。この結果を見ると，湿地溝までの距離，傾斜（標準偏差），標高（標準偏差），土壌の炭素体積含有量が，広域的な視点か

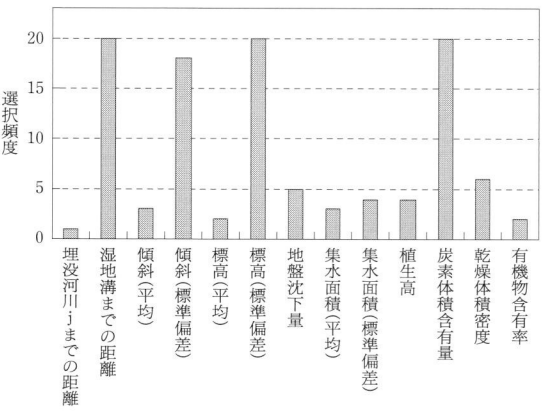

図III-1-18　選択された説明変数の頻度（p値上位20ケース）

ら見てササの拡大に最も寄与している地理的要因であることが示された。湿地溝までの距離は直接的に排水効果と関わるものであり，傾斜と標高は地形を介してやはり水の動きと関連しているといえ，特に変化の大きいところで効いていると思われる。また土壌の炭素体積含有量は土壌の分解を示すものであり，これらのことから，排水により地下水位が低下しやすく，それにともなう酸素の供給によって土壌が分解されやすいところでササの繁殖が促され，ササ前線の拡大につながっているものと推定される。

なお，分析から得られた重相関係数は0.78（0.777〜0.781）で，寄与率にして60〜61％となった。このことは今回使用した地理的要因のデータから，ササの拡大要因の約60％が説明できることを意味する。

以上のことから，広域的な環境因子がササの拡大

に関連していることが示され，なかでも水文因子がササの拡大に最も寄与し，拡大の速度を決定している可能性を明らかにすることができた。

ここで紹介した2つの異なるアプローチによる研究で，ササ群落の拡大に湿原内の水の動きが重要であることが示された。しかし，湿原内での地下水流動は定性的な理解にとどまっており，詳細な検討は今後の課題である。

（高田雅之・藤村善安）

6. 稚咲内砂丘林帯湖沼群の変化

稚咲内地域は，戦後の引き揚げ時期から主に開発が行われてきたとされ，それ以前はほとんど開発の手が入らなかった地域であった。こうしたことから，開発前から現在までの変遷が，空中写真などに記録されていることが特徴である。現存して一般に手に入りやすい最も古い年代の空中写真は，1947年に米軍によって撮影されたものである。この米軍写真は，全国で統一的に撮影されていることで，さまざまな調査や研究で「基準」として利用されることが多く，大変有用である。一方，撮影高度が高い点，白黒写真である点，解像度が低い点などが欠点として挙げられる。次に1964年に撮影された空中写真（白黒）が存在するが，これは1947年のものと比較して解像度が高く，詳細な判読が可能である。その後，1977，2005，2009年とカラー写真が撮影されているが，近年のものでは解像度が高いものが存在している。稚咲内地域における代表的な空中写真の撮影年代を表III-1-4に示す。

実は，稚咲内砂丘林帯湖沼群に関する学術研究は極めて少なく，中尾(1964)によるジュンサイ沼の水収支に関する研究があるのみであった。そして空中写真が湖沼の消長を解析するのに有効であることに着眼した川鍋・高橋(2003)が，空中写真と湖沼水位実測を組み合わせた解析を行うまで，40年にわたり学術研究はなされなかった。本節では，川鍋・高橋(2003)の研究手法を踏襲しつつ，解析にGISといった新しい技術を用い，より精度を高め，湖沼群の消長について研究した結果を述べる。ここでは，空中写真が撮影された年代をおおよその基準として，稚咲内周辺の土地利用の変遷と，これまで空中写真で判読した湖沼群の個数や面積と合わせて解説する。

6-1. 各撮影年代から読み取れる湖沼の特徴

6-1-1. 1947年ごろまで

1947年の空中写真のうち，現在の稚咲内集落周辺を例として図III-1-19に示す。現在の稚咲内集落は存在せず，現地はほぼ手つかずの原野が広がっていた。空中写真を観察すると，海岸線には小規模な道路が見られるが，集落も牧草地や放牧地などの耕作地も見られない。現在，牧草地などになっている箇所には，海岸線にそって数列の砂丘が発達していることが写真から読み取れる。米軍撮影の空中写真から読み取れる砂丘林帯全体(豊富から幌延町を含む全域)の開放水面を有する湖沼の数は241個で，開放水面の合計面積は239.6 haであった。

6-1-2. 1964年ごろまで

稚咲内に集落が形成され，周辺の土地を活発に利用している状況がうかがえる。すでに現在とほぼ同じ範囲に農地(牧草地)が形成されているが，市街地はまだ小規模である。この年代の空中写真から読み取れる開放水面を有する湖沼の数は277個，開放水面の合計面積は222.2 haであった。1947年の判読結果と比較して湖沼の数が増加した一方，総面積が小さくなったが，分裂し，面積が小さくなった湖沼があったためと考えられる。なお，1964年の空中写真は白黒写真ではあるものの解像度が高く，判読が容易な最も古い年代のものとなるため，本項の解析では「基準」として使用した。1964年撮影の写

表III-1-4 主な空中写真の撮影年代と特徴

撮影年代	撮影者	特徴
1947年	米軍	全国で整備されている。白黒で低解像度
1964年	国土地理院	白黒。1947年撮影のものよりも高解像度
1977年	国土地理院	カラー
2005年	民間企業	カラー。高解像度
2009年	平成21〜23年度環境研究総合推進費	カラー。高解像度。デジタルオルソ

真のうち，図Ⅲ-1-19 と同じ範囲を図Ⅲ-1-20 に示す。

6-1-3. 2005 年ごろまで

稚咲内砂丘林周辺には集落や牧草地がさらに発達した。かつてに比べると，集落に近い箇所の湖沼の開放水面面積が減少している（図Ⅲ-1-21）。また，この年代に環境省による自然再生事業がサロベツ湿原周辺で開始されたが，自然再生事業では「稚咲内砂丘林の一部でトドマツの立ち枯れが発生している」「湖沼群の水位が原因不明であるが低下している」ということが課題として挙げられ，早急な対策が望まれると指摘された。その後の調査で，トドマツの立ち枯れは，最も海岸線に近い防風林の一部を切り開いた結果，海風が直接トドマツにあたるようになって発生したものと推定されている。

この年代の空中写真は自然再生事業の推進に資することを目的に撮影された高解像度カラー写真である。この年代の空中写真から読み取れる開放水面を有する湖沼の数は 177 個，開放水面の合計面積は 194.1 ha であった。

6-1-4. 2009 年ごろまで

2009 年撮影の空中写真は，環境省の平成 21～23 年度環境研究総合推進費「サロベツ湿原と稚咲内湖沼群をモデルにした湿原・湖沼生態系総合監視システムの構築」の推進のために撮影された高解像度デジタル写真である（図Ⅲ-1-22）。この写真から読み取れる開放水面を有する湖沼は，砂丘林帯全体で 178 個，合計 173.9 ha の開放水面を判読した。

2005 年の判読結果と比較すると，湖沼の開放水面面積の減少がさらに進行し，いくつかの湖沼では水位低下が著しく，開放水面が消滅したものも観察された。

6-2. 水位変化の地域的特徴

南北に長い稚咲内砂丘林帯湖沼群を，土地利用の観点から以下のように 3 地域に区分する。すなわち，稚内・豊富町界～道道稚咲内豊富停車場線以北を「北部」，これより以南で豊富・幌延町界以北を「中部」，幌延町に含まれる砂丘林全体を「南部」とする。

図Ⅲ-1-23 には，1964 年と比較して開放水面面積が減少した 2009 年の湖沼のうち，減少率上位 50 位の位置を示す。この図から，開放水面面積の減少率上位の湖沼は，「中部」および「南部」地域に多いことがわかる。湖沼によっては，すでに農地などに変化して消滅したものもあるが，「中部」地域では，砂丘林内の湖沼も多くが面積を減少させている。

次に，第Ⅱ部第 3 章第 3 節で示した，湖沼周辺の微地形を利用した水位推定結果を図Ⅲ-1-24 に改めて示す。このグラフでは，1964 年を基準年とした，各地域の湖沼の水位変化を示している。「北部」地域の湖沼は，1964 年と比較してもあまり水位に変化が見られない。一方，「中部」の湖沼は明らかに水位が低下していることがわかる。「南部」については，水位が安定しているものと低下しているものがあり，湖沼による差があると思われる。

調査対象とした湖沼がすべて水位低下していた「中部」地域は，「北部」地域と比較すると，戦後の土地利用の変化が大きい地域である。「南部」地域も大規模な砂採取場が建設されるなど大きな変化が見られた。北部，中部，南部において，土地利用が明らかに異なり，中・南部の地域で，湖沼の水位が低下しているということから，周辺の土地利用の変化が湖沼群の水位に影響を及ぼしている可能性が示唆される。

6-3. 湖沼の形状の特徴

湖沼の形状の複雑さを以下の式で求めた。これを「P/A 値」と呼ぶこととする。

P/A＝周囲長/面積

この値をすべての湖沼に対して求めた。なお，P/A 値は数値が大きくなればなるほど湖沼の形状が複雑になるということを示している。

そのうえで 1964～2009 年の開放水面面積変化率（2009 年開放水面面積/1964 年開放水面面積）を求めた。この開放水面面積変化率については，値が 1.0 以下であると 2009 年の開放水面面積が過去に比べて小さくなっていることを示し，1.0 以上であれば面積が増加していることを示す。P/A 値と開放水面面積変化率の関係を図Ⅲ-1-25 に示す。

図Ⅲ-1-25 の散布図は，全体に右下がりの傾向を示している。1964 年と 2009 年の開放水面面積にあ

図III-1-19　1947年撮影の空中写真。稚咲内集落付近。白く示す箇所は開放水面

図III-1-20　1964年撮影の空中写真。稚咲内集落付近。白く示す箇所は開放水面

図III-1-21　2005年撮影の空中写真。稚咲内集落付近。白く示す箇所は開放水面

図III-1-22　2009年撮影の空中写真。稚咲内集落付近。白く示す箇所は開放水面

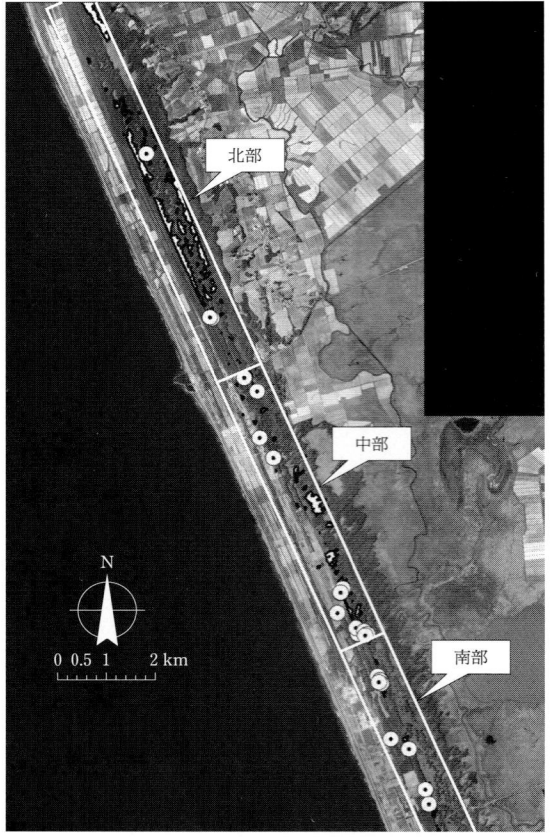

218　III　開発，環境変化と自然再生

図III-1-23　面積減少率上位50位の湖沼。図中⊙で示す地点

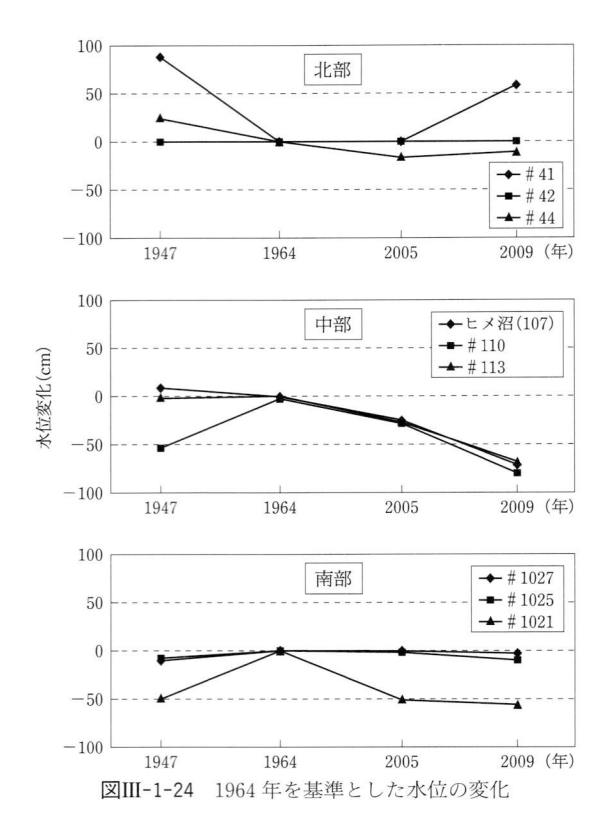

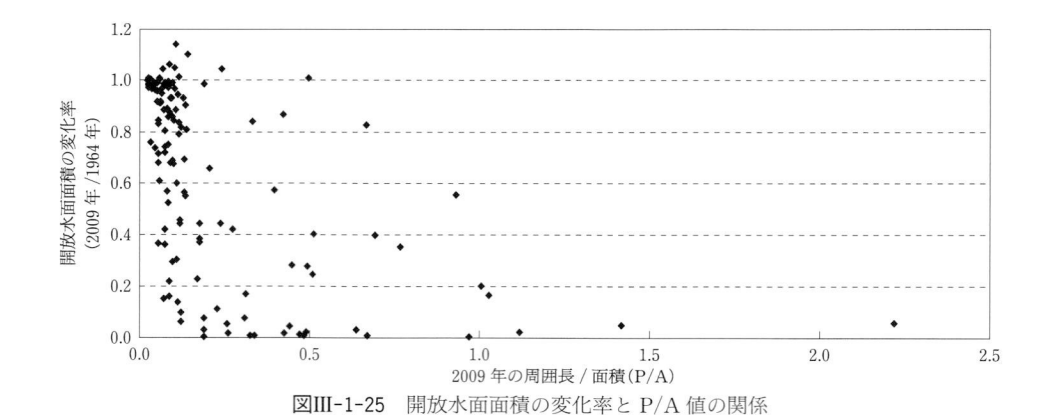

図III-1-24　1964年を基準とした水位の変化

図III-1-25　開放水面面積の変化率とP/A値の関係

まり変化がない(1.0に近い値)湖沼は，P/A値が小さいものが多い。一方，P/A値が1.00以上では，2009年の開放水面面積は1964年の20%以下(開放水面面積変化率0.2以下)となっている。こうしたことから，湖沼の形状が複雑であるほど，開放水面面積が小さくなる傾向にあると考えられた。これを踏まえて，図III-1-26にP/A値の大きい上位30位の位置を示した。この図からわかるように，P/A値が大きい(形状が複雑な)湖沼は，「中部」から「南部」地域に集中して位置していた。

6-4. 湖沼群の経年変化から考えられること

湖沼周辺の微地形を利用した水位推定(第II部第3章第3節参照)で実施した湖沼周辺の地形測量と多時期の空中写真を判読した結果，「中部」地域や「南部」地域では，「北部」地域に比較して水位が1964年よりも低下している湖沼が多く見られた。また，地形の複雑さを検証した結果，形状が複雑な湖沼が「中部」「南部」地域に多いことがわかった。

「中部」「南部」地域は，戦後に大きな土地改変が行われ，住宅地や農地などとして利用されてきた。その結果，すぐ後背に位置する稚咲内砂丘林や湖沼群に何らかの影響を与えていることが示唆される。

2005年の空中写真を撮影した時点と比較しても，現在は水位の低下が観察されている。2006年ごろから観察してきた湖沼のなかでも，農地に近く水位が元々低かった湖沼のいくつかでは，すでに草原化してしまったのが観察されている。P/A値やそのほかの情報を基に，優先的に注意して観察する湖沼やモニタリング箇所を抽出し，稚咲内砂丘林や湖沼群の保全に努めることが望まれる。

（立木靖之・高橋英紀）

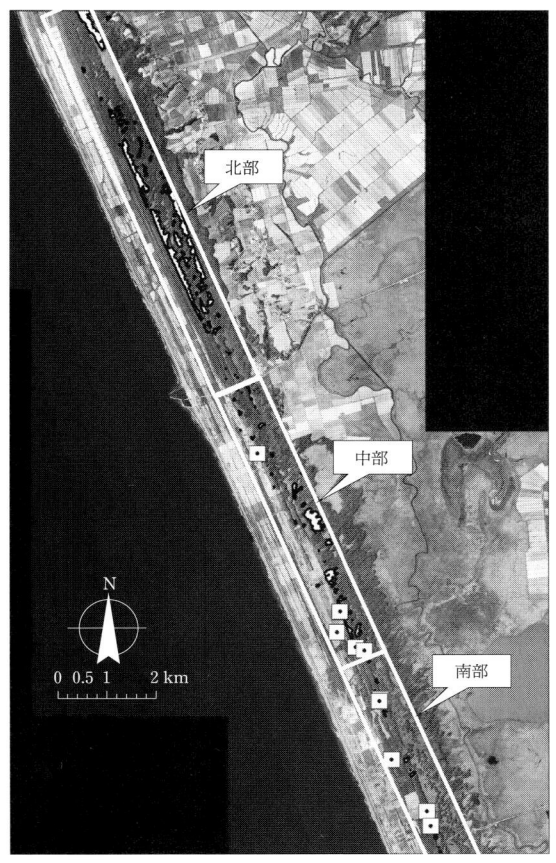

図III-1-26　P/A値上位30位の湖沼の位置。図中・で示す湖沼

第2章
上サロベツ自然再生事業

前章までで，サロベツ湿原が，昭和30年代からの国家プロジェクトにより，面積約1万5,000 haの約55%が主に農地として開発され(環境省北海道地方環境事務所，2009)，残存する湿原は開発の影響で湿原本来の健全性が損なわれ，高層湿原や中間湿原植生内へのササの侵入や，排水の影響による湿原植生の退行が顕在化していることなどについて述べてきた。そのほかにも，口絵8で示したように，サロベツ湿原と稚咲内砂丘林帯湖沼群では，さまざまな環境保全に関する課題が山積している。

本章では，上サロベツ湿原域で実施されている自然再生事業について，事業の経緯，サロベツ特有の地域環境や住民の生活基盤である農業を考慮した事業目標の設定，そして事業の具体的な内容と実施状況について概説する。

1. 自然再生事業の経緯

1-1. 自然再生推進法の施行

自然環境や植生が人為や自然の攪乱などによって，著しく損なわれたときに，その復元(restoration)や回復(rehabilitation)を目指すという考え方は，決して新しいものではない。一方，「自然再生」とは，わが国の法律の1つである「自然再生推進法」のなかで次にように述べられている。「過去に損なわれた自然環境を取り戻すことを目的として，関係行政機関，地方公共団体，地域住民，NPO，自然環境に関し専門的知識を有する者等の地域の多様な主体が参加して，自然環境の保全，再生，創出等をすること」。なお，自然再生事業とは，「自然再生を目的として実施される事業」と定義されている(環境省HP; http://www.env.go.jp/nature/saisei/law-saisei/)。したがって，自然再生とは，地域の多様な主体が参加して行う，自然環境の修復事業を指す。

環境省(http://www.env.go.jp/nature/saisei/law-saisei/)によると，自然再生推進法は，2003年1月1日より施行された。河川，湿原，干潟，藻場，里山，里地，森林，サンゴ礁などの自然環境を，地域の多様な主体の参加により保全，再生，創出または維持管理することを求める，わが国の生物多様性の保全にとって重要な役割を担うものである。自然再生に関する施策を総合的に推進するための「自然再生基本方針」が2003年4月1日に政府によって決定され，自然再生推進法の運用が本格的に開始された。環境省，農林水産省，国土交通省の出先機関などに相談窓口が設置され，三省および関係行政機関からなる自然再生推進会議が設けられ，自然再生の推進に努めている。また，各地のさまざまな生態系を対象に自然再生事業の全体構想や実施計画が策定されると，それらの内容について自然再生専門家会議で議論がなされ，委員からの意見等が実施計画に反映される仕組みになっている。

自然再生推進法の基本理念は，「自然再生は，地域における自然環境の特性，自然の復元力および生態系の微妙な均衡を踏まえて，科学的知見に基づいて実施する。事業の着手後においても自然再生の状況を監視し，その結果に科学的な評価を加え，これを事業に反映する」とされる。

自然再生法にのっとった自然再生を実施するには，自然再生事業の実施者(環境省や国土交通省などの行政機関)と共に，地域住民，実施対象地の自然環境保

全に関する活動を行う地元のNPO，専門家，関係行政機関(実施者に加え，地域の市町村や県など)などが，全体構想や実施計画を作成するための協議と事業実施後の事後経過を評価する協議会を組織することとなる。このような多様な組織や個人からなる協議会が発足し，広く意見を収集し議論をすることによって，地域住民の理解を深め，地元のNPOの支援，関係省庁の連携という，縦割りの事業にならないための工夫がなされている。また，基本理念にもあるように，事業は着手後も再生の状況を監視して，再生目標が達成されているかどうかを検証・評価し，場合によっては，実施方法の見直しも行う順応的手法をとることとなる。

2013年9月の時点では，環境省所管では釧路湿原，荒川太郎右衛門地区，霞ヶ浦田村・沖宿・戸崎地区，広島県の八幡湿原，阿蘇の草原，石垣島と西表島の間のサンゴ礁域の石西礁湖など全国で24か所から自然再生全体構想や実施計画が提案され，自然再生事業が始まっている地区も多い。

1-2. 上サロベツ自然再生協議会の発足

サロベツ湿原の開発は，昭和30年代より本格化した。短期間で湿原の農地化が進み，僅か40年余りで面積が激減したばかりではなく，残った湿原や砂丘林帯湖沼群の生態系劣化が進んでしまった。しかし残存する湿原域には，多彩な植物群落が広がり，湿原特有の生き物が生息する。国立公園のみならず，ラムサール条約登録湿地にも指定され，砂丘林帯の湖沼は数が減っても未だに原始的で，ほかに類を見ない景観を保っている。サロベツ地域で，湿原環境の保全と地域の持続的な発展を求めるためには，自然再生を実施することは当然の流れでもあった。2005年1月，上サロベツ自然再生協議会が発足した。協議会には地域住民や専門家など31名のほか，サロベツ・エコネットワーク，利尻礼文サロベツ国立公園パークボランティアの会など14団体，環境省北海道地方環境事務所，国土交通省北海道開発局，林野庁北海道森林管理局，北海道，豊富町など9の行政機関，農業協同組合，漁業協同組合，観光協会，商工会など関係機関5団体がメンバーとなった(2006年2月時点)。また，協議会には再生技術部会と再生普及部会が設置され，関係課題について協議されている。

一方で残念なこともある。サロベツ地域は，ペンケ沼より北側の地域を上サロベツ，南側を下サロベツと呼んでいるが，下サロベツ地域は，現時点では自然再生の対象となっていない。これは，関係機関の熱心な呼びかけにも関わらず，下サロベツのある幌延町での自然再生の気運が高まらなかったことが原因である。しかし，湿原は一体であり，劣化を抑えるには，下サロベツ地域での取り組みも不可欠で，今後の参画を期待したい。

自然再生全体構想，自然再生事業実施計画書の作成には，昭和30年代からの大規模開発開始時の総合調査に始まり，その後，現在に至るサロベツをフィールドにした研究者による，約50年間にわたって蓄積されてきた知見・研究成果が利活用された。

〔冨士田裕子〕

2. 事業の目標

上サロベツ地域では，湿原に隣接する地域で営まれている酪農が地域の生活基盤で，この地方の基幹産業にもなっている。これらの農地の多くは，湿原を開発してつくられたものではあるが，農業なくして地域発展はなく，地域の産業を守らなくては自然環境再生の達成は難しい。一方的な自然環境の再生だけでは，湿原隣接地で農業を営む地域住民の理解は得られない。2006年2月に発表された「上サロベツ自然再生全体構想」では，湿原とその周辺地域の時空間変化を検討し，自然環境に関する4つの課題(上サロベツ湿原の乾燥化，ペンケ沼への土砂流入と河川水質汚濁，泥炭採取跡地の再生，砂丘林内湖沼群の水位低下)に加え，地域社会の課題として湿原と共生する農業の振興，自然・観光資源の有効活用を中心とした地域の振興が3つの柱とされた。これは，ほかの自然再生実施地域ではあまり見られない，酪農を中心とした地域の特徴を活かした新しいスタイルである。自然再生は，人が実施するものであり，行政のみならず地域住民やNPOとの合意形成が必要である。サロベツ地域の特殊性，つまり，湿原に隣接する農地での酪農が地域を支えているという事実を踏まえた全体構想は，合意形成には不可欠のものであった。図III-2-1は上サロベツ自然再生全体構想

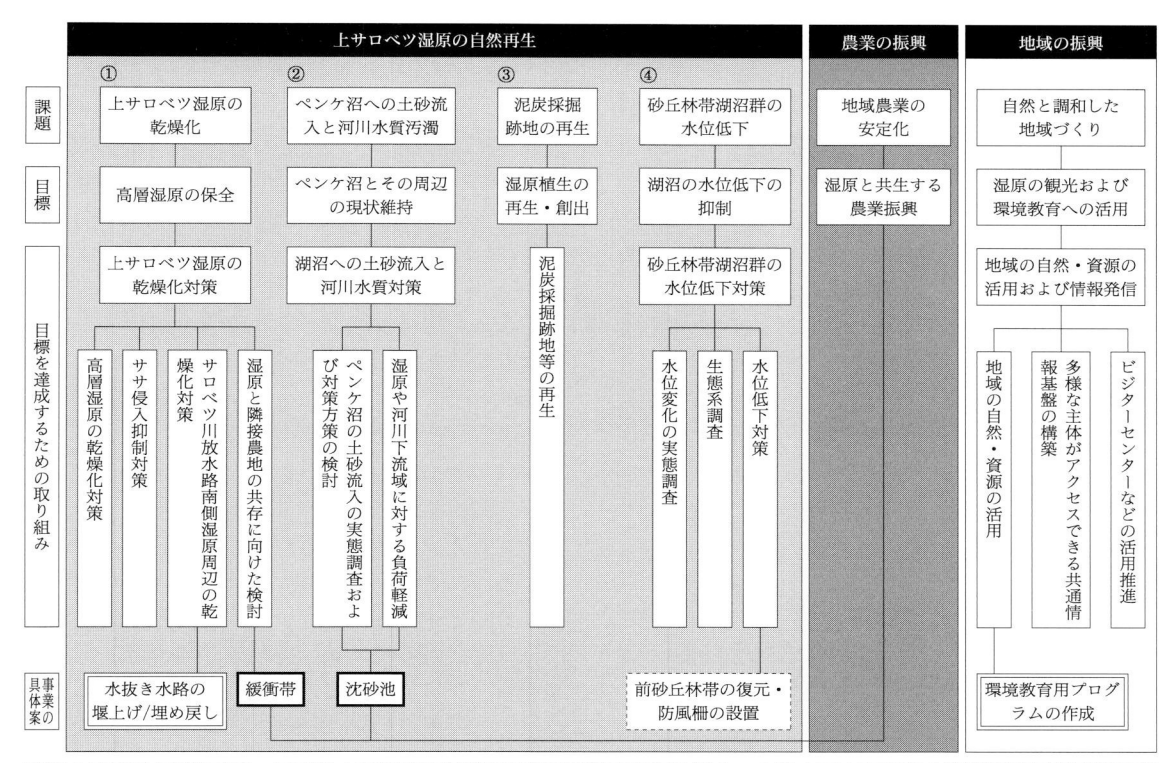

図III-2-1 上サロベツ自然再生全体構想

事業の具体案の担当省庁　二重線：環境省北海道地方環境事務所の取り組み，太線：国土交通省北海道開発局稚内開発建設部の取り組み，点線：林野庁北海道森林管理局の取り組み

を図化したもので，本章の第3節で説明する実際の事業内容も，図の一番下の部分に明記した。

以下，図III-2-1をご覧いただきながら，上サロベツ自然再生協議会が作成した「上サロベツ自然再生全体構想(2006)」の骨子を説明しよう。

2-1. 上サロベツ湿原の自然再生の課題と目標

上サロベツ湿原の自然再生の課題として，①上サロベツ湿原の乾燥化，②ペンケ沼への土砂流入と河川水質汚濁，③泥炭採掘跡地の再生，④砂丘林帯湖沼群の水位低下が挙げられている。

①に対して挙げられた目標は，サロベツ湿原を代表する重要な生態系である高層湿原の保全である。国立公園指定当時の良好な状況を残している上サロベツ湿原の高層湿原中心部を健全な姿とし，これを具体的な保全目標とする。現存する湿原植生などの保全を図ることを最優先とし，近年明らかに劣化・変化した範囲に対し対策を講じるとされている。目標を達成するために，4つの取り組みが具体的に明記されている（図III-2-1）。このうち，高層湿原の乾燥化，ササの侵入，サロベツ川放水路南側の湿原周辺の乾燥化については，本書でもさまざまな研究成果からその実態について述べてきた。そして4つ目の取り組みである「湿原と隣接農地の共存に向けた検討」が，農業と湿原保全の両方の立場に立った新しい視点といえよう。

ペンケ沼への土砂流入に関しては，現状からの復帰は現実的には困難であることから，ペンケ沼とその周辺の環境を維持することが目標とされた。そのためには，河川を通じて，これ以上，土砂が流入しないこと，汚濁物質や過剰な栄養塩類を含んだ水にしないことが取り組みの柱とされた。

泥炭採掘跡地(174.9 ha)では，泥炭を掘った場所に水が溜まり，沼のようになっている(53.1 ha，2000年空中写真より算出)（図III-2-2上段）。掘った年代が古く，条件が整った場所では，水面が閉塞しながら植生の回復が進んでいる（図III-2-2下段）。しかし

図Ⅲ-2-2 泥炭採掘跡地の様子（環境省提供）。植生の復元状況がそれぞれ異なる

多くの採掘跡地は，開水面の存在する沼のままで，一部はオオヒシクイなどの水鳥に利用されている。ここでは，湿原植生の再生あるいは創出が目標とされる。

砂丘林帯湖沼群では，第Ⅲ部第1章第6節で述べたように水位低下が顕著な湖沼が存在し，水位低下の抑制が目標とされた。しかし，全体構想策定時には，その原因は明らかになっておらず，なおかつ砂丘林帯湖沼群の生態系の構造自体が不明であった。まずは，実態を解明することが取り組みとして挙げられた。本書で紹介したさまざまな科学的なアプローチは，自然再生の目標を達成するための取り組みそのものであったともいえる。

2-2. 農業と地域振興に係る目標と課題

農業振興という2つ目の柱に関しては，農業の安定化が課題とされた。地域の基幹産業である酪農の発展には，地域の土地資源を有効活用し，農地で生産する草を家畜の飼料の主体とする循環型の農業を継続することが重要である。そのためには，地域の農地の過半を占める泥炭農地（開発以前は湿原）について，泥炭地の特性を考慮した農地や排水路の再整備を湿原と共生しながら進めることが目標となった。事業としては，図Ⅲ-2-1における自然再生の①の課題の4番目の取り組みとのコラボレーションが実現している（本章第3節で説明）。

地域振興としては，自然と調和した地域づくりが課題とされ，具体的には，観光や環境教育への湿原の活用が目標とされた。自然再生は行政が行う事業ではあるが，事業が実施される地元民の理解なしには進められない。地域が自然再生の必要性を理解しなければ，息の長い自然の再生はなしえない。そのためには，自分たちの住む場所で実施される再生事業を理解し，湿原を中心とした地域の自然環境の特性や仕組みについて学び体験する場が必要となる。

また，開拓の歴史や農業と自然との関わりを知り，地域に誇りをもつことが重要である。地域の自然・資源を活かした環境教育，観光への活用，安全・安心な農産物のブランド化などが挙げられている。また，多様な主体がアクセスできる情報基盤の構築，ビジターセンターなどの活用推進も取り組みとして挙げられている。

(冨士田裕子)

3. 事業の内容と実施状況

自然再生全体構想に従い，環境省北海道地方環境事務所，国土交通省北海道開発局稚内開発建設部，林野庁北海道森林管理局がそれぞれ実施計画書を作成した(詳細は(http://www.town.toyotomi.hokkaido.jp/web/PD_Cont.nsf/0/29CF809869F4D4D249256F88002F608D?OpenDocument のページから閲覧・ダウンロード可能)。それぞれの省庁の担当部分は，課題と目標，対象の場所によって図Ⅲ-2-1のように振り分けられている。取り組みによっては，複数の行政機関で協力するものもある。これらのなかからここでは，開発局が実施している農地と湿原の間に緩衝帯を設ける事業，サロベツ川放水路付近に多数掘られた水抜き水路の堰上げによって，一度枯れてしまった落合沼を復活させた環境省の事業を紹介しよう。

3-1. 緩衝帯の設置

農用地と湿原の隣接箇所において，農用地の地下水位を下げるために掘削された排水路の影響で湿原の地下水位が低下，地盤沈下と植生変化が起きていることは，第Ⅲ部第1章第4節で述べたとおりである。一方，泥炭農地側では，均平に造成しても年月が経つと，地表面の沈下と共に，凹凸の発生や暗渠排水機能の低下が起こり，地下水位が高く過湿な場所が発生し，牧草収量の低下や農作業効率の低下を招いている(中瀬ほか，2006)。農地側での問題の発生は，泥炭地の形成履歴としての河川跡や湿地溝の存在(梅田・清水，2003)，泥炭層の形成状況や不均一性によると考えられる。そこで，残存湿原の乾燥化をこれ以上誘発せずに，農地の暗渠排水の再整備，附帯明渠排水路の切深不足解消の床下げを行うために，農地と湿原の間に緩衝帯を設置する案が浮上した(中瀬ほか，2006)。この案は，サロベツ湿原が戦後，大規模に開発される時期から長年にわたり，研究者によって観測された地下水位の変化や湿原と泥炭農地の変化に関する調査結果が基になった発想であった。

まず，自然再生事業に向けて，2006年に現地に緩衝帯を実際に設置する実験が行われた。図Ⅲ-2-3は緩衝帯のイメージ図である。実験場所は，上サロベツ湿原の北東部で，湿原に隣接する農地の一部を借地し，幅25mの緩衝帯(地下水位調査結果，景観的観点から農業者との総意で緩衝帯幅を決定)を農地側に設け，新たに農地側に排水路を掘削し，湿原に接する旧排水路は新設排水路の掘削泥炭で堰上げした。堰上げによって旧境界の排水路を水で満たし，湿原からの水の流出をくい止めるのが目標である。

図Ⅲ-2-4は緩衝帯設置直後の様子である。緩衝帯の設置によって，湿原側の水位は高く保たれ，農地は新排水路によって水が除去され，緩衝帯のなかで水位勾配が発生していた。数年にわたる経過の検討を経て，自然再生事業として，現在ではこのような緩衝帯が湿原の周辺に順次設置されている。

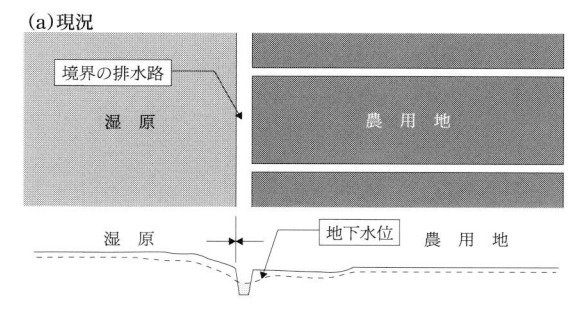

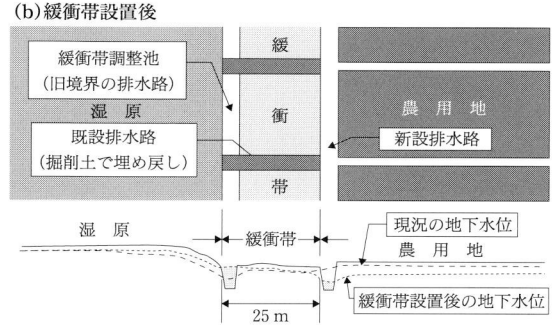

図Ⅲ-2-3 緩衝帯のイメージ図
(国土交通省北海道開発局稚内開発建設部提供)

図III-2-4　湿原と草地の間に設けた緩衝帯の様子

3-2. 落合沼の再生

　落合沼の再生について，環境省による 2009～2012 年度の自然再生事業の業務報告などを参考にまとめてみる。サロベツ川放水路の南側一帯では，開削時に浚渫船で積み上げた浚渫土の水分を抜くために水抜き水路が一定間隔で設けられた。また，開削前に落合沼の窪地から北西方向に延びる水路（自然の溢水路）が存在したが，この周辺で放水路開削後地盤面に無数の亀裂が入り，放水路法面に地すべり崩壊が生じた。この崩壊に対処するため，落合沼から放水路に至る人工水路（落合沼水抜き水路）が設置され，地盤の不安定要因となる沼の水を抜き，崩壊が生じた区間については放水路に直交する短い水路を多数開削し，泥炭層の地下水・地表水の排出を促した（図III-2-5）。

　落合沼は放水路工事にともなう水抜き水路の開削によって 1965 年ごろに水面が消失し，ヨシの生い茂る窪地となった。1964 年撮影の空中写真では，沼と溢水路が明瞭に読み取れる。沼の平均水深は約 70 cm で，沼岸の一部にはミツガシワやコウホネが生育していたとされる。また放水路ぞいの高層湿原では，放水路開削後，地下水位の低下と地盤沈下によって，放水路から約 200 m までヌマガヤが優占する植生への変化が顕著で，影響はさらに 500 m 付近まで見られる。

　水抜き水路の堰上げは，堰を設置して落合沼跡の窪地に湛水面を復活させて，周囲の地下水位低下を抑制し，背後の高層湿原植生を維持することを目的として行われた（図III-2-6）。

　2005 年 11 月に仮の堰上げを行い，安定的に地下水位を上昇させる効果があることをさまざまな調査・観測データから確認し，堰の設置場所，堰の構造とその効果についてシミュレートと検討がなされた。堰の建設や埋め戻しに利用したのは，落合沼に約 45 年間で堆積した有機質土壌と下層の有機質粘土層である。2010 年に落合沼の出口付近に堰を設置し，水路の埋め戻しが実施された（図III-2-7）。

　事業後は地下水位の自動計測，植生調査，堰の破損など状況確認調査によるモニタリングが継続されている。落合沼水抜き水路の堰止めにより，後背の

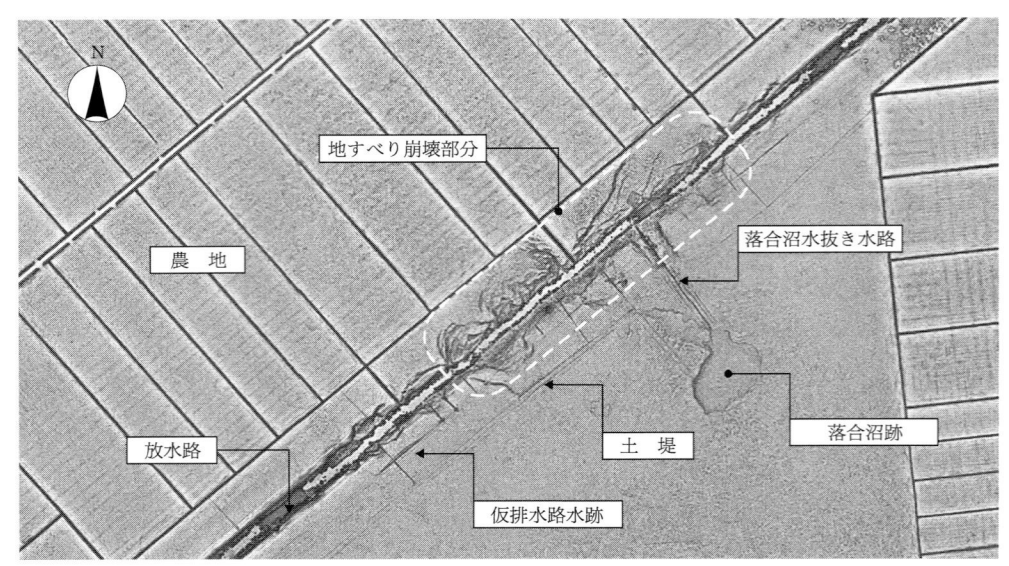

図III-2-5　サロベツ川放水路周辺の赤色立体図 2000 年（環境省北海道地方環境事務所，2009）

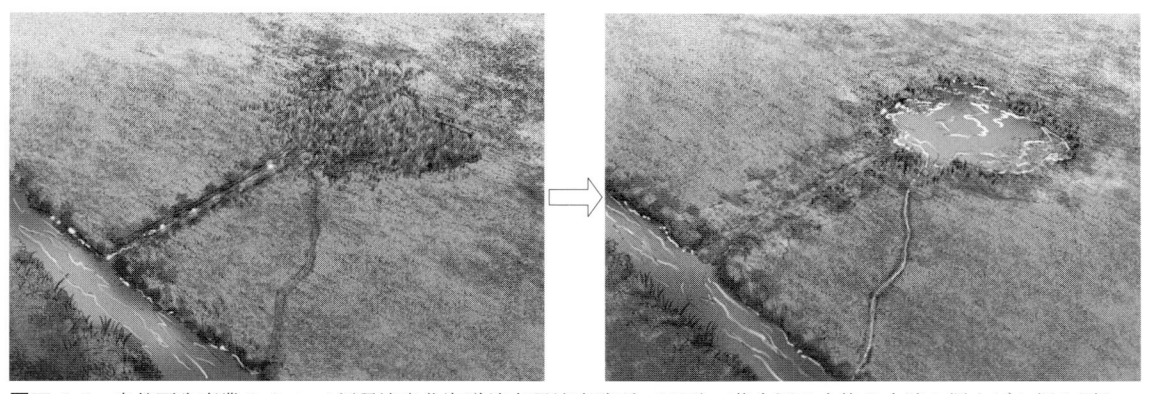

図III-2-6　自然再生事業のイメージ(環境省北海道地方環境事務所，2009)。落合沼の水抜き水路の堰上げと埋め戻し。左：施工前，右：施工後

図III-2-7　落合沼の水抜き水路に関する自然再生事業の様子。左：設置された堰の様子(2010年9月井上京撮影)，右：水抜き水路埋め戻しの様子(2010年5月，環境省北海道地方事務所・アジア航測(株)提供)

高層湿原植生域の地下水位は，地表面から8 cm以内で推移する高い状態が維持され，夏期の地下水位低下が小さくなり，年間を通して地下水位は安定している。落合沼跡においては，堰止め竣工後の2010年8月以降，冬期を除き標高4.8～5.0 m程度の間で水位が安定して湛水域が形成された。現在のところ，目標がほぼ達成された形が持続している。今後もモニタリングを続け，専門家や自然再生協議会の技術部会での検討を長期的に続けることが重要であろう。

(冨士田裕子)

第3章 モニタリング

1. モニタリングの重要性

1-1. モニタリングとは

モニタリング(Monitoring)とは，元々は監視する，観察し記録すること，といった意味であるが，環境用語としては，EICネット環境用語集(http://www.eic.or.jp/ecoterm/?gmenu=1)によれば，大気質や水質の継続観測や植生の経年的調査などのように，監視・追跡のために行う観測や調査を指し，継続監視ともいわれる。気候変動などによる生物構成種の推移，人間活動による生物への影響などを長期間にわたり調査することや，環境変化を受けやすい代表的な生物など特定の生物種(指標種)を，毎回同じ手法で，長期にわたり調査して，その変化を把握するのもモニタリングの1つである。各種事業の環境影響についても，環境アセスメントの予測評価を検証する意味も含めて，継続観測・調査が行われるが，これらもモニタリングの1つである。

第Ⅲ部第2章で述べた自然再生事業にも，事業後にその結果や成果が，事業の目標にそったものになっているかを評価するためのモニタリングが必要である。また，事業モニタリングは単に監視することが目的ではなく，監視結果を解析・評価して，事業の方向性が間違っていないかを判断し，予想通りの成果が得られていない場合には解析・評価結果を根拠に軌道修正を行うところに意味がある。一方で，効果的なモニタリング項目の絞り込みとその方法，効果的な結果の評価手法を決めるのは容易ではない。

1-2. モニタリングのあり方

モニタリングを考えるにあたって，以下の4点を重要ポイントとして挙げることができる。

1-2-1. 生態系変化のプロセスに着目

湿原を例に考えてみると，湿原生態系は自然状態でも，毎年，植物遺体が堆積し泥炭が形成され，泥炭の形成により水収支や微地形，植生がゆっくりではあるが徐々に変化(遷移)している。つまり，生態系は移り変わっているのである。もし，人為が加わり，この変化を加速する，あるいは劇的に変容させてしまった場合，可視的に把握できる変化をとらえるだけではなく，水文-土壌-地形-植生-動物といった一連のつながりのなかで相互に関連・連鎖しながら，ときとして不可逆的に変化するその過程，つまりプロセスを十分に認識しておくことが重要である。

1-2-2. 異なった空間スケールでの調査手法の組み合わせの重要性

例えば，サロベツ湿原のような広大な面積をもつ生態系の変化をとらえる場合，スポット的な植生や地下水位の現地調査から，広域的な衛星画像活用まで，さまざまな空間スケールをとらえる手法が存在し，その多くが実用レベルに達している。これらをどのように効果的に組み合わせて，相互の利点を活かし，欠点を補完し合って評価していくかが重要である。ササ植生の拡大を例にすると，現地コドラート調査による密度やバイオマス変化，GPSを用いた現地でのササ前線位置計測，カメラやラジコンヘリなどによる近～中距離の観測，空中写真による境

界線判読，衛星画像解析による面的な植生変化の定量的評価といった方法が挙げられる。限られた人的・予算的資源でこれらをどう組み合わせ，理解しやすい指標とするかが，モニタリングの良否を決めるといっても過言ではない。

1-2-3. 時間スケールの視点

　時間という視点で考えてみると，モニタリングの項目には，フェノロジーや地下水位の変動パターンのように数か月スケールでとらえるべき季節変化から，気温や降水量のように季節変化のみならず，年スケール，さらには数十年スケールでとらえた評価が必要なものなどさまざまなものが挙げられる。モニタリング手法という点から見ると，どのような変化を短期的あるいは中・長期的に監視したいのかによって，毎時の連続観測（自動観測可能であることが望ましい），毎月の観測，毎年の観測，数年に1度の観測をどう組み合わせるかが求められる。このような最適な組み合わせを導き出す視点は，コストや労力に限界があるなかで，持続的で効果的なモニタリングを実現するためには欠かせない。

1-2-4. コントロールとの比較

　モニタリング結果の評価においては，常に現状とコントロール（対照）を比較する視点をもち，その相違を認識することが重要である。劣化した生態系を復元することを目的とする事業の場合には，生態系の成立や変化の過程は共通しているが，復元する場所とは異なり劣化していない，あるいは劣化が小さい場所をコントロールに選ぶ。一方，再生事業効果を検証するケースでは，変化の過程や現状が共通で，かつ劣化状態が同様で，事業効果の及ばない場所にコントロールを設定する。このようにコントロールは生態系の成立過程・変化の過程が共通していることを要件とし，そのなかで目的に応じて具体的設定を行うことになる。

（冨士田裕子・高田雅之・藤村善安）

2. サロベツでの今後のモニタリング

2-1. サロベツにおけるモニタリングの重要性

　湿原生態系は，さまざまな環境要素が複合的に関係しあい，水文土壌特性や植生などが連続・不連続の空間変動特性を有することが，これまでの研究あるいは本書からご理解いただけたと思う。さらに人為的な影響は，即座に変化として現れる場合もあるが，多くは時間の経過と共に徐々に顕在化する。したがって，湿原の変化の予兆をとらえ，保全のタイミングを確実なものとするには，このゆっくりとした変化を着実に追跡することが肝要である。科学的で適切なモニタリングをするためには，フィールドでの調査計測に加えて，空間変動を考慮した広域的な視点で生態系構成要素の特性と現状を把握するアプローチが必要である。さらに，中長期的な視座から，年変動や季節変動（フェノロジーなど）のパターン変化を定量的に追跡していく取り組みも求められる。

　一方，実用的で持続的な手法であるためには，モニタリング項目を絞り込み，効率的に湿原環境の状態を把握することが求められる。サロベツ湿原におけるこれまでの研究を通して，モニタリングすべき項目は「水文」と「植生（または植物指標）」であることが導かれたと考える。すなわち人為的攪乱や気候変動に対して，まず水文環境が応答する。すると，地下水位の低下や変動パターンの変化が生じ，例えば地盤沈下の進行や泥炭の分解促進といった形で土壌や地形も次第に変わっていき，水文環境の変化はさらに進行する。これらの変化に対する生物応答として，植生も移り変わっていくのである。「水文」と「植生」は，時間的・空間的に相互に関連づけやすく，かつ低コストで観測でき，兆候や変動の方向が検知しやすいことから，モニタリング項目として最適である。

　図III-3-1は，これまでのサロベツ湿原での研究成果から提案するサロベツ湿原の具体的なモニタリング案である。図内に示した四角は，1haエリア内で1977〜2003年にかけてササが優占する面積が大きく増加した場所を示す。また，二重丸は，地下水位の変動の詳細分析から抽出された，高層湿原へのササの侵入が今後懸念されるポイントである。囲み文字の部分は，現在，環境省や開発局が自然再生事業としてサロベツ湿原内で取り組んでいる事業を示す。

　これらの事業や研究成果から，今後サロベツ湿原で変化の予兆をとらえるためには，この図に示した位置での，地下水位や土壌水分，流量観測が有効で

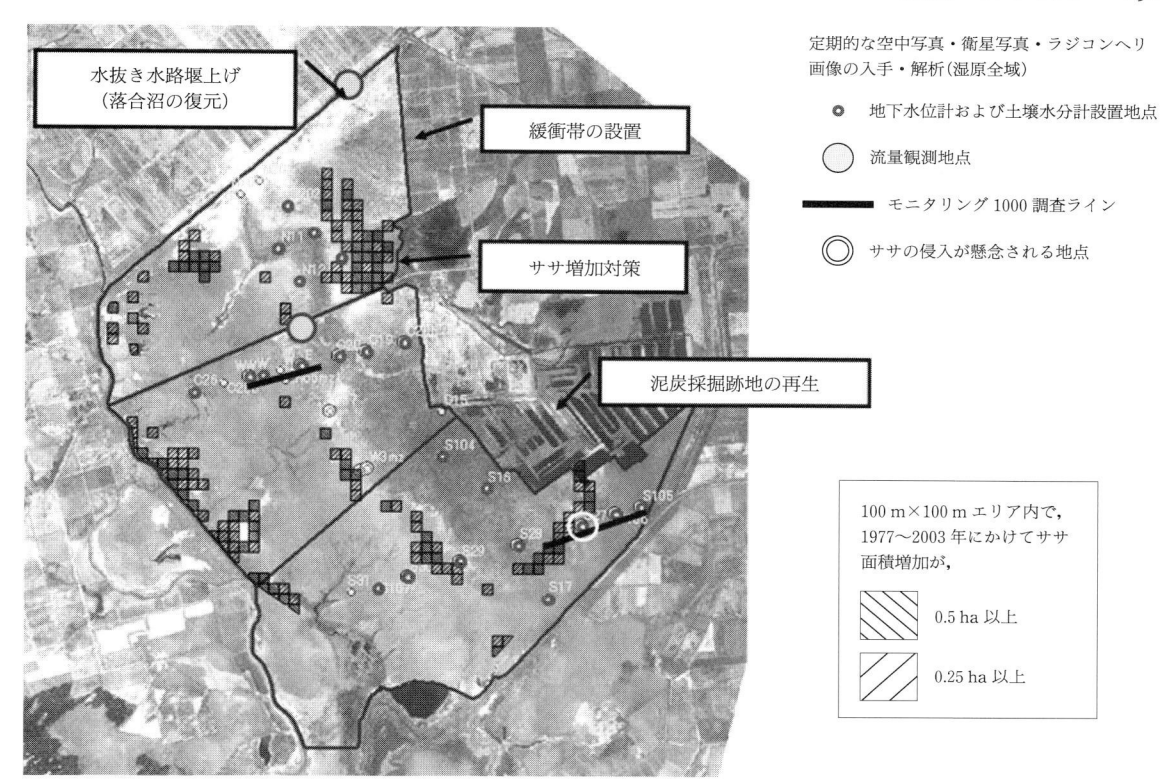

図III-3-1 サロベツ湿原のモニタリング案。囲み文字は，現在取り組まれている自然再生事業

ある。また，定期的な空中写真や衛星写真，ラジコンヘリ画像などの入手と解析も不可欠である。さらに，植生の変化はリモートセンシングデータによる変化の把握に加え，現地調査，例えば環境省のモニタリング1000の調査とのコラボレーションも効果的であろう。

このような問題意識を踏まえ，これまで述べてきた，デジタルカメラによる植生フェノロジーの把握（第I部第6章第4節参照）や，ササ前線の動態モニタリング（第III部第1章第5節参照）に加え，本節では，現地観測による地下水位の年変動および広域評価，高分解能衛星画像を用いた植生変化の推定について研究中の一端を例示し，今後のモニタリングのあり方に寄与する手法として提起する。

2-2. 地下水位の変動評価

湿原の場合には，その性状を支配する最も重要な因子である地下水位を監視することが必要である。サロベツ湿原で蓄積されてきた地下水位観測データを一般的な方法（平均値など）で解析すると，排水路近傍などといった明らかな人為的影響のある場合を除いて，湿原が乾燥化していることを直接的に裏づけることは難しい。湿原の水位は降水に依存するため，雨が多い年は湿原の水位は高く，雨の少ない年は水位が低く相対的に乾燥する。つまり，水位観測データから経年的なトレンドを検出し，湿原の性状変化を評価することは簡単なことではない。

そこで，長期にわたって観測している石狩泥炭地でのデータを用いて，低下傾向の有無を検知する複数の手法を比較検討した（高田・井上，2011）。その結果，地下水位変動（平均・最高・最低・変動幅・変動量）よりも，降水量変動を考慮した補正貯水量，地下水位変動から算出される土壌間隙率といった評価指標が有効であり，さらに湿原中心部の最も人為的影響の及びにくい地点との差分を取り，相対変化を追跡する手法が，変動のばらつきが最も少なく，実用的である傾向が示された。

この結果を受け，サロベツ湿原への適用を試みた。図III-3-2にサロベツ湿原において，中心部のミズ

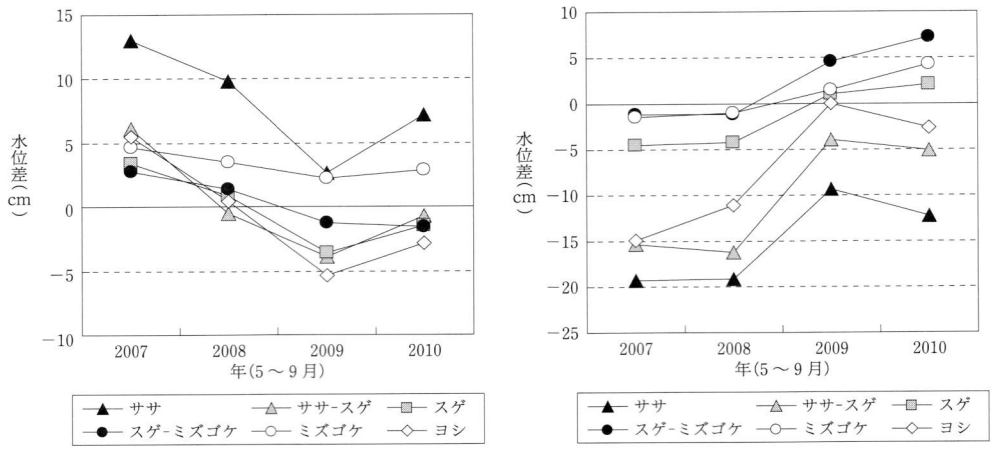

図III-3-2 2地点間の地下水位差の経年変化。中心部のミズゴケ植生域の地点との差をとり，植生クラス別の平均値を算出。左：平均地下水位，右：地下水位変動量

ゴケ植生域の地点と各地点との差を求め，植生クラス別に平均を取った結果を示した。これを見ると，植生に応じた差違が見られると共に，この手法が降水量の多寡の影響を受けにくい形で経年的な変化傾向を把握する指標として有効であるということが示唆された。

この手法のみによることなく，土壌の間隙との関連，雨量の多寡の考慮など，それぞれの特性を活かした多角的視点から中期的な環境変動を評価することが重要と考えられる。

2-3. 高分解能衛星画像による植生変化追跡

衛星画像の高分解能化や水文・気象観測機器の性能向上が，湿原の研究に大きく貢献してきたことはいうまでもない。

最新の高分解能衛星画像(WorldView-2：分解能2 m，可視〜近赤外の8バンド)を用いて，ササ前線の検出を試みた。使用した画像は，2010年5月30日に撮影された画像で，デジタルオルソ空中写真を参照し幾何補正を行った後，分光放射輝度値に変換している(WorldView-2画像は，米国DigitalGlobe社および日立ソリューションズより提供を受けたものであり，成果にはDigitalGlobe社の著作権が含まれている)。

2006〜08年に129地点で実施した現地植生相観調査のデータを用いて，判別分析を行い，得られた判別式を用いて植生区分を行った。植生区分は6クラス(ミズゴケ植生，スゲ植生，ササ植生，ヨシ-イワノガリヤス植生，ミズゴケ-スゲの混合植生，スゲ-ササの混合植生)とした。ササ前線域の一部において植生区分し，空中写真(2003.5.20撮影)から判読したササ前線(Fujimura et al., 2013)との比較を行った結果，常緑であるササの特性が活かされササ前線が明瞭に示された。空中写真判読によるササ前線と比較して，ほぼ重なると共に，2003年以降ササ植生が拡大している箇所も見い出された。このことは，衛星画像を用いることで，空中写真と同じ精度で，ササ前線が抽出できることを示し，植生変化モニタリングへの適用可能性が高いことを表すものといえる。加えて，Pixel単位で植生判別することにより，ササの密度やほかの植生とのモザイク状態に関する情報も得られ，植生動態や変化ポテンシャル評価への応用も期待される。

2-4. モニタリングシステムのあり方

生態系は，地形，土壌，水文，植生などが複雑に影響しあって成り立っている。またそれらが影響しあう時間・空間スケールもさまざまであることから，効果的なモニタリングシステムの構築には，対象に応じて複数の時間・空間スケールに基づいて観測技術を整理し，観測対象相互の関係性(可能であれば因果関係)を把握することが必要である。本書で紹介してきたさまざまな観測手法を時間・空間スケールによって整理したうえで，モニタリングによってどのような現象をとらえたいかという目的設定を行う

ことで，採用されるべきシステムは自ずと絞り込まれると考えられる。その際，モニタリングでとらえたい現象を設定するためには，どういった状態を目指して保全管理を行っていくのかについて，定性的であっても関係者が認識を共有しながら進めていくことが不可欠である。サロベツ湿原の場合，その最大の特徴である高層湿原の人為的要因による縮小を極力防ぐことと，さまざまな植生タイプがバランスよく存在すること，特筆すべき優れた景観とそこに生息する特異な動物相を保全すること，などが挙げられるだろう。だが，このような目標像もモニタリング結果を受けて，随時修正されていくべきものである。今後とも新たな知見を得ながら，より望ましい方向に保全管理されることに向け，行政，科学者，地域住民，NPO活動団体といった関係者が，緊密に連携し，湿原生態系モニタリングシステムが運用されることが期待される。

（高田雅之・冨士田裕子・藤村善安）

参考・引用文献

[口　絵]
貝塚爽平(1987). 将来予測と第四紀研究. 日本第四紀学会編「百年・千年・万年後の日本の自然と人類」, 古今書院, 東京. pp.1-19.

[はじめに]
冨士田裕子(1997). サロベツ湿原の変遷と現状. 北海道の湿原の変遷と現状の解析　自然保護助成基金 1994・1995 年度研究助成報告書　湿原の保護を進めるために(北海道湿原研究グループ編), 自然保護助成基金, 東京. pp.59-71.
北海道開発庁(1963). 北海道未開発泥炭地調査報告. 北海道開発庁, 札幌. 315pp.
北海道開発局 (1972). サロベツ総合調査報告書　泥炭地の生態　I序説II総括. 北海道開発局, 札幌. pp.6.
宮地直道・神山和則(1997). 石狩泥炭地における湿原の消滅過程と土地利用の変遷. 北海道の湿原の変遷と現状の解析　自然保護助成基金 1994・1995 年度研究助成報告書　湿原の保護を進めるために(北海道湿原研究グループ編), 自然保護助成基金, 東京. pp.49-57.
大平明夫(1995). 完新世に置けるサロベツ原野の泥炭地の形成と古環境変化. 地理学評論, 68(A-10)：695-712.
阪口　豊(1955). 天塩山地北部の地形学的研究. 地理学評論, 28：499-511.
阪口　豊(1958). サロベツ原野とその周辺の沖積世の古地理. 第四紀研究, 1：76-91.
滝田謙譲(2001). 北海道植物図譜. 自費出版, 釧路. 1457pp.

[I 　サロベツ湿原]
[第1章　湿原の地形と湿原形成]
福田正巳・佐久間敏雄(1994). 湿原と丘陵　サロベツと天北. 日本の自然地域編1　北海道(小疇尚・福田正巳・石城謙吉・酒井彰・佐久間敏雄・菊地勝弘編), 岩波書店, 東京. pp.99-111.
秦　光男・植田芳郎・松田武雄・杉山友紀(1968). 20万分の1地質図「天塩」. 工業技術院地質調査所.
北海道開発庁(1963). 北海道未開発泥炭地調査報告. 北海道開発庁, 札幌. 315pp.
門村　浩(1981). 微地形. 地形学辞典(町田　貞・井口正男・貝塚爽平・佐藤　正・榧根　勇・小野有五編). 二宮書店, 東京. pp.510.
海津正倫(1994). 沖積低地の古環境学. 古今書院, 東京. 270pp.
小疇　尚・野上道男・小野有五・平川一臣(2003). 日本の地形2　北海道. 東京大学出版会, 東京. 359pp.
三橋　順・若浜　洋・五十嵐敏文・石島洋二(2005). 下サロベツ湿原周辺の珪藻・花粉化石群集に基づく湿原形成過程と陸域古気候変遷. 幌延ライズ研究紀要, 1：47-51.
岡田　操(2009). サロベツ湿原における湿地溝の形成　カレックスモデルを用いた検証. 地形, 30：95-111.
岡田　操(2010a). サロベツ湿原の瞳沼とその形成過程. 湿地研究, 1：55-66.
岡田　操(2010b). 泥炭湿地におけるケルミ・シュレンケ複合体の形成過程：カレックスモデルを用いた検証. 地形, 31：17-32.
大平明夫(1995). 完新世に置けるサロベツ原野の泥炭地の形成と古環境変化. 地理学評論, 68(A-10)：695-712.
岡　孝雄・五十嵐八枝子・林　正彦(2006). ボーリングデータ解析および花粉分析による天塩平野の沖積層の研究. 北海道立地質研究所報告, 77：17-75.
阪口　豊(1955). 天塩山地北部の地形学的研究. 地理学評論, 28：499-511.
阪口　豊(1974). 泥炭地の地学. 東京大学出版会, 東京. 329pp.
阪口　豊(1989). 尾瀬ヶ原の自然史. 中央公論社, 東京. 229pp.
産業技術総合研究所(2006). サロベツ断層帯の活動性および活動履歴調査「基盤的調査観測対象断層帯の追加・補完調査」成果報告書, No. H 17-1：1-48.
橘　ヒサ子・伊藤浩司(1980). サロベツ湿原の植物生態学的研究. 環境科学　北海道大学大学院環境科学研究科紀要, 3：73-134.
梅田安治・清水雅男(1985). サロベツ泥炭地湿地溝の形態　泥炭地の形態的研究(I). 北海道大学農学部邦文紀要, 14：281-293.
梅田安治・清水雅男(2003). サロベツ泥炭地形成図説明書. 北海道土地改良設計技術協会, 札幌. 16pp.
Walker, D. (1970). Direction and rate in some British post-glacial hydroseres. Studies in the vegetational history of the British Isles (Walker, D. and West, R. G. eds), Cambridge University Press, Cambridge. pp.117-139.

参考・引用文献

[第 2 章　湿原植生]

赤岩孝志・村上泰啓・山下彰司(2009)．地下水位コントロールによるササ地下茎の活性度への影響実験．第 52 回北海道開発技術研究発表会, 2009 年 2 月　札幌.

地域環境計画(2007)．平成 18 年度サロベツ自然再生事業自然環境調査等の総合的とりまとめ報告書．地域環境計画, 札幌. 319pp.

藤村善安・冨士田裕子・水田裕希(2010)．サロベツ湿原におけるチマキザサおよびミズゴケのフェノロジー観察結果．北大植物園研究紀要, 10：1-7.

Fujimura, Y., Takada, M., Fujita, H. and Inoue, T. (2013). Changes in distribution of the vascular plant *Sasa palmata* in Sarobetsu Mire between 1977 and 2003. Landscape and Ecological Engineering, 9: 305-309.

冨士田裕子(1997)．サロベツ湿原の変遷と現状．北海道の湿原の変遷と現状の解析　自然保護助成基金 1994・1995 年度研究助成報告書　湿原の保護を進めるために(北海道湿原研究グループ編), 自然保護助成基金, 東京. pp.59-71.

冨士田裕子・加納左俊・今井秀幸(2003)．上サロベツ湿原時系列ササ分布図の作成とササの面積変化．北大植物園研究紀要, 3：43-50.

深草祐二(2008)．上サロベツ落合東部地区の維管束植物相．北海道大学農学部生物資源科学科植物体系学分野卒業論文. 33pp.

北海道開発局(1972)．サロベツ総合調査報告書　泥炭地の生態　Ⅶ生物部門 6. 植物．北海道開発局, 札幌. pp.61-75.

北海道開発局(1978)．サロベツ総合調査報告書(1975-1977) 泥炭地の変遷．北海道開発局, 札幌. 146pp.

北海道開発局(1997)．泥炭地の環境　環境変化追跡調査サロベツ地区報告書(1988-1992)．北海道開発局, 札幌. 158pp.

北海道開発局(1999)．サロベツ川流域自然環境調査総合報告書〈概要版〉．北海道開発局, 札幌. 56pp.

北海道開発局稚内開発建設部・北海道開発コンサルタント株式会社(1990)．平成 2 年度サロベツ川調査の内植生調査解析業務報告書．北海道開発局稚内開発建設部・北海道開発コンサルタント株式会社, 稚内市. 66pp.

北海道環境生活部環境室自然環境課(2001)．北海道の希少野生生物　北海道レッドデータブック 2001．北海道環境生活部環境室自然環境課, 札幌. 309pp.

北海道自然保護協会(1986)．豊富地区における植生変化の原因究明及び保全対策調査報告書(昭和 58-60 年度環境庁委託調査)．北海道自然保護協会, 札幌. 119pp.

伊藤浩司・遠山三樹夫(1968)．上サロベツ原野の植物社会．一次生産の場となる植物群集の比較研究　文部省科学研究費特定研究「生物圏の動態」, 昭和 42 年度報告：61-74.

Ito, K., Tohyama, M., Ishizuka, K. and Tujii, T. (1969). The mire vegetation of Sarobetsu. Annual report of JIBP-CT(P) for the fiscal year of 1968 Types and Conservation of Terrestrial Plant Communities in Japan. (ed. JIBP-CT(P), Sendai): 1-5.

伊藤浩司・梅沢　彰(1970)．浮島湿原の植物群落学的研究(1)北海道高地湿原の研究(Ⅰ)．北海道大学農学部邦文紀要, 7：147-180.

環境省(2012)．生物多様性情報システム. http://www.biodic.go.jp/rdb/rdb_f.html. 2012 年 10 月 15 日閲覧.

環境庁自然保護局・北海道地区国立公園管理事務所・利尻礼文サロベツ国立公園利尻管理官事務所(1993)．環境庁サロベツ原野保全対策事業　サロベツ湿原の保全．環境庁自然保護局　北海道地区国立公園管理事務所　利尻礼文サロベツ国立公園利尻管理事務所, 稚内市. 95pp.

川床俊夫(2006)．サロベツ湿原西部海岸域の砂丘林・砂丘間湿地における維管束植物相．北海道大学農学部生物資源科学科植物体系学分野卒業論文. 43pp.

川角法子(2007)．サロベツ湿原南部地域の維管束植物相．北海道大学農学部生物資源科学科植物体系学分野卒業論文. 62pp.

前田一歩園財団(1993)．釧路湿原の高等植物目録．湿原生態系保全のためのモニタリング手法の確立に関する研究, 前田一歩園財団, 阿寒町. pp.64-131.

蒔田明史・鈴木準一郎・陶山佳久(2010). Bamboo　その不思議な生活史. 日本生態学会誌, 60：45-50.

宮脇　昭・奥田重俊・藤原一絵・井上香世子(1977)．サロベツ原野の植生．環境資源保護財団, 東京. 47pp.

宮崎祐子・大西尚樹・日野貴文・日浦　勉(2008)．クマイザサのクローン構造と開花様式．日本生態学会大会講演要旨集, 55：141.

邑田　仁・米倉浩司(2013)．維管束植物分類表．北隆館, 東京. 214pp.

笈田一子(2002)．北海道汐見・フイハップ湿地の植物．水草研究会会報, 76：1-22.

斉藤智之・清和研二(2007)．クローナル植物の生理的統合：チマキザサの資源獲得戦略．日本生態学会誌, 57：229-237.

橘ヒサ子(1993)．北海道の湿原植生．北海道の自然と生物, 8：6-18.

橘ヒサ子(1997)．北海道の湿原植生概説．北海道の湿原の変遷と現状の解析　自然保護助成基金 1994・1995 年度研究助成報告書　湿原の保護を進めるために(北海道湿原研究グループ編), 自然保護助成基金, 東京. pp.15-27.

橘ヒサ子(2002)．第 8 章 5. 北海道の湿原植生とその保全．前田一歩園財団創立 20 周年記念論文集　北海道の湿原(辻井達一・橘ヒサ子編著), 前田一歩園財団, 阿寒町. pp.285-301.

橘ヒサ子(2006)．知床半島羅臼湖周辺湿原の植生．北海道教育大学大雪山自然教育研究施設研究報告, 40：1-26.

橘ヒサ子・冨士田裕子・佐藤雅俊・松原光利・周　進(2013)．サロベツ湿原の 1970 年代以降約 30 年間の植生変化．北海道大学植物園研究紀要, 13：1-33.

橘ヒサ子・伊藤浩司(1980)．サロベツ湿原の植物生態学的研究．環境科学　北海道大学大学院環境科学研究科紀要，3：73-134.

Takada, M., Inoue, T., Mishima, Y., Fujita, H., Hirano, T. and Fujimura, Y. (2012). Geographical assessment of factors for Sasa expansion in the Sarobetsu mire, Japan. Journal of Landscape Ecology, 5: 58-71.

高橋英樹・岩崎　健(2007)．羅臼湖周辺の植物相調査．平成18年度知床世界自然遺産地域生態系モニタリング調査業務報告書，知床財団，斜里町．pp.139-176.

高橋英樹・佐々木純一(2002)．第7章6.雨竜沼湿原のフロラと絶滅危惧植物．前田一歩園財団創立20周年記念論文集　北海道の湿原(辻井達一・橘ヒサ子編著)，前田一歩園財団，阿寒町．pp.205-216.

高橋英樹・高嶋八千代・滝田謙譲(2002)．第2章2.別寒辺牛湿原とその周辺地域のフロラと絶滅危惧植物の現状．前田一歩園財団創立20周年記念論文集　北海道の湿原(辻井達一・橘ヒサ子編著)，前田一歩園財団，阿寒町．pp.51-64.

高桑　純・伊藤浩司(1986)．湿原におけるササの生態的動向．北海道大学大学院環境科学研究科邦文紀要，2：47-65.

滝田謙譲(2001)．北海道植物図譜．自費出版，釧路．1457pp.

Tatewaki, M. (1924). An Oecological Study of the Shizukari-moor. 北海道帝国大学農学部卒業論文．134pp.

舘脇　操(1931)．石狩向原野植物目録．札幌農林学会報，23：60-83, 103-134.

辻井達一(1963)．第4章　サロベツ泥炭地　第5節　植生．北海道未開発泥炭地調査報告，北海道開発庁，札幌．pp.202-224.

辻井達一・伊藤浩司・矢守謙一(1972)．サロベツ総合調査報告書　泥炭地の生態　Ⅶ生物部門6.植物．北海道開発局，札幌．pp.61-75.

辻井達一・高畑　滋・紺野康夫・板垣恒夫(1986)．第Ⅱ章　植生4.ササの生育と地下水位．豊富地区における植生変化の原因究明及び保全対策調査報告書(昭和58-60年度環境庁委託調査)，北海道自然保護協会，札幌．pp.19-48.

梅田安治・清水雅男(1985)．サロベツ泥炭地湿地溝の形態　泥炭地の形態的研究(Ⅰ)．北海道大学農学部邦文紀要，14：281-293.

梅田安治・辻井達一・井上　京・清水雅男・紺野康夫(1988)．サロベツ泥炭地の地下水位とササ　泥炭地の形態的研究(Ⅲ)．北海道大学農学部邦文紀要，16：70-81.

米倉浩司・梶田　忠(2003)．BG Plants 和名学名インデックス(YList)．http://bean.bio.chiba-u.jp/bgplants/ylist_main.html　2013年6月17日閲覧．

[第3章　湿原の水文]

土木学会水理委員会(1999)．水理公式集　平成11年度版．土木学会，東京．713pp.

北海道開発局(1972)．サロベツ総合調査報告書　泥炭地の生態　Ⅰ序説Ⅱ総括．北海道開発局，札幌．pp.5.

Ingram, H. A. P. (1983). Chapter 3 Hydrology. Ecosystems of the world 4A Mires: swamp, bog, fen and moor, General studies (Ed. A. J. P. Gore), Elsevier Scientific Publishing Company, Amsterdam. pp.67-158.

井上　京・武地遼平・高田雅之(2013)．サロベツ泥炭地の流路流出と炭素収支．日本湿地学会第5回大会講演要旨．講演No. 14.

Iqbal, R., Hotes, S. and Tachibana, H. (2005). Water quality restoration after damming and its relevance to vegetation succession in a degraded mire. Doboku Gakkai Ronbunshu, 790: 59-69.

Iqbal, R., Tachibana, H. (2007). Water chemistry in Sarobetsu mire and their relations to vegetation composition. Archives of Agronomy and Soil Science, 53: 13-31.

環境庁自然保護局・北海道地区国立公園管理事務所・利尻礼文サロベツ国立公園利尻管理官事務所(1993)．7.深層地下水試験．環境庁サロベツ原野保全対策事業　サロベツ湿原の保全．環境庁自然保護局　北海道地区国立公園管理事務所　利尻礼文サロベツ国立公園利尻管理官事務所，稚内市．pp.67-78.

三浦健志・奥野林太郎(1993)．ペンマン式による蒸発散位計算方法の詳細．農業土木学会論文集，164：157-163.

岡田　操・井上　京(2010)．泥炭の水理特性を反映した地下水流動モデル．湿地研究，1：3-15.

橘　治国・南出美奈子・堀田暁子・斉藤寛朗・堀内　晃・中村信哉・米谷英朗・行木美弥・川村哲司(2002)．第5章2.サロベツ湿原の水質および土壌環境と植生．前田一歩園財団創立20周年記念論文集　北海道の湿原(辻井達一・橘ヒサ子編著)，前田一歩園財団，阿寒町．pp.131-140.

橘　治国・堀田暁子・南出美奈子・斉藤寛朗・川村哲司(1996)．高層湿原およびその周辺水域の水質環境．水環境学会誌，19：910-921.

橘　治国・辰巳健一(2007)．泥炭地環境保全と地下水質．土壌の物理性，105：97-107.

Tachibana, H., Narumi, K., Kuchinachi, S., Saito, M., Tatsumi, K. and Nagare, H. (2009). Influence of the surrounding water environment on mire vegetation. Journal of Water and Environment Technology, 7: 103-108.

高田雅之・平野高司・井上　京(2009)．泥炭地湿原における水文変動による蒸発散量の推定．水文・水資源学会2009年度研究発表会要旨集：50-51.

高田雅之・高橋英紀・井上　京(2004)．北海道石狩低平地に残存するミズゴケ湿原の水収支における雪の役割．平成16年度農業土木学会大会講演会講演要旨集：614-615.

梅田安治(1981)．泥炭地の地下水．地下水と井戸とポンプ，23：21-27.

梅田安治・清水雅男(1985)．サロベツ泥炭地湿地溝の形態　泥炭地の形態的研究(Ⅰ)．北海道大学農学部邦文紀要，14：

281-293.

梅田安治・清水雅男(2003). サロベツ泥炭地形成図説明書. 北海道土地改良設計技術協会, 札幌. 16pp.

梅田安治・清水雅男・出村昌史(1986). サロベツ泥炭地の形成過程 泥炭地の形態的研究(II). 北海道大学農学部邦文紀要, 15：28-35.

梅田安治・辻井達一・井上 京・清水雅男・紺野康夫(1988). サロベツ泥炭地の地下水位とササ 泥炭地の形態的研究(III). 北海道大学農学部邦文紀要, 16：70-81.

梅田安治・矢挽尚貴・井上 京(1992). 泥炭地の地盤変動と地下水位変動 泥炭地の地盤沈下に関する研究(I). 農業土木学会論文集, 160：27-33.

Umeda, Y. and Inoue, T. (1984). The influence of evapotranspiration on the groundwater table in peatland. Journal of the Faculty of Agriculture, Hokkaido University, 62: 167-181.

山田浩之・田中祥人・平野高司(2009). サロベツ湿原のドームドボッグにおける地下水のリバース現象. 日本陸水学会大会講演要旨集, 74：186.

Yamamoto, K., Tachibana, H., Kamiya, M., Saito, M., Kuchimachi, S. and Takahashi, H. (2009). Vertical 2-D analysis on the groundwater flow and water quality change in the Sarobetsu Mire, Japan and the draft plan of the application to the peat swamp in the Sebangau River basin, Indonesia. Proceedings of International Workshop on Wild Fire and Carbon Management in Peat-Forest in Indonesia: 84-89.

［第4章 湿原の微気象とフラックス］

Chen, E., L. H. Allen Jr., J. F. Bartholic, R. G. Bill Jr. and R. A. Sutherland. (1979). Satellite-sensed winter nocturnal temperature patterns of the Everglades agricultural area. Journal of Applied Meteorology, 18: 992-1002.

Denman, K. L., Brasseur, G., Chidthaisong, A., Ciais, P., Cox, P. M., Dickinson, R. E., Hauglustaine, D., Heinze, C., Holland, E., Jacob, D., Lohmann, U., Ramachandran, S. da Silva, Dias, P. L., Wofsy, S. C., Zhang, X. (2007). Couplings between changes in the climate system and biogeochemistry. In: Climate Change 2007: The Physical Science Basis. Contribution of Working Group I to the Fourth Assessment Report of the Intergovernmental Panel on Climate Change. Cambridge University Press, Cambridge. pp.499-587.

フラックス観測マニュアル編集委員会編, フラックス観測マニュアル. http://www2.ffpri.affrc.go.jp/labs/flux/manual_j.html（自由にダウンロードできる）

北海道開発局(1972a). サロベツ総合調査報告書 泥炭地の生態 IV気象部門. 北海道開発局, 札幌. 90pp.

北海道開発局(1972b). サロベツ総合調査報告書 泥炭地の生態 VI水部門. 北海道開発局, 札幌. 44pp.

Jones, H. G. (2000). Radiation, In. Plants and microclimate, 2nd Ed., Cambridge University Press, Cambridge. pp.9-45.

Koehler, A. K., Sottocornola, M. and Kiely, G. (2011). How strong is the current carbon sequestration of an Atlantic blanket bog?. Global Change Biology, 17: 309-319.

近藤純正(2000). 地表面に近い大気の科学, 東京大学出版会, 東京. 336pp.

Kujala, K., Seppälä, M. and Holappa, T. (2007). Physical properties of peat and palsa formation, Cold Regions Science and Technology, 52: 408-414.

前田一歩園財団(1993). 湿原生態系保全のためのモニタリング手法の確立に関する研究. 前田一歩園財団, 阿寒町. 439pp.

Melling, L., Hatano, R. and Goh, K. J. (2005). Methane fluxes from three ecosystems in tropical peatland of Sarawak, Malaysia. Soil Biology and Biochemistry, 37: 1445-1453.

宮坂啓樹・高橋英紀(1997). インドネシア・カリマンタンにおける熱帯泥炭の熱的特性. 北海道の農業気象, 49：7-14.

Moore, T. R. (2009). Dissolved organic carbon production and transport in Canadian peatlands. Carbon Cycling in Northern Peatlands, Geophysical. Monograph Series, vol. 184 (edited by A. J. Baird et al.), American Geophysical Union, Washington, D.C., pp.229-236.

Roulet, N. T., Lafleur, P. M., Richard, P. J. H., Moore, T. R., Humphreys, E. R. and Bubier, J. (2007). Contemporary carbon balance and late Holocene carbon accumulation in a northern peatland. Global Change Biology, 13: 397-411.

Takagi, K., Tsuboya, T. and Takahashi, H. (1999). Effect of the invasion of vascular plants on heat and water balance in the Sarobetsu Mire, Northern Japan. Wetlands, 19: 246-254.

高橋英紀(1980). フロリダ半島エバーグレイズの農業開発と自然保護. 北海道自然保護協会誌, 9：1-3.

高橋英紀(2009). ササ群落の拡大にともなう湿原植物の水文・微気象環境の変化に関する研究. 平成18年度～平成20年度環境技術開発推進費研究成果報告書「サロベツ湿原の保全再生にむけた泥炭地構造の解明と湿原変遷モデルの構築」（研究代表者 北海道大学北方生物圏フィールド科学センター冨士田裕子）, pp.69-85.

梅田安治(1977). 咲かなかったサロベツの花. 北海道自然保護協会誌, 10：10-12.

Waddington, J. M., Roulet, N. T. (1997). Groundwater flow and dissolved carbon in a boreal peatland. Journal of Hydrology, 191: 122-138.

Whiting, G. J., Chanton, J. P. (2001). Greenhouse carbon balance of wetlands: methane emission versus carbon sequestration. Tellus, 53B: 521-528.

参考・引用文献　239

Yamada, M., Sato, T. and Takahashi, H. (2009). A numerical simulation of the effect of water table levels on nocturnal air temperature and frost damage in mire, Japan. Wetlands, 29: 176-186.
Yamada, M. and Takahashi, H. (2004). Frost damage to *Hemerocallis esculenta* in a mire: relationship between flower bud height and air temperature profile during calm, clear nights. Canadian Journal of Botany, 82(3): 409-419.

[第5章　泥　　炭]
Boast, C. W. and Kirkham, D. (1971). Auger Hole Seepage Theory. Soil Science Society of America, 35: 365-373.
Clymo, R. S. (1983). Chapter 4 Peat. Ecosystems of the world 4A Mires: swamp, bog, fen and moor, General studies (Ed. A.J.P. Gore), Elsevier Scientific Publishing Company, Amsterdam. pp.160.
Couwenberg, J. and Joosten, H. (2005). Self-organization in raised bog patterning: the origin of microtope zonation and mesotope diversity. Journal of Ecology, 93: 1238-1248.
北海道開発庁(1963a). 北海道未開発泥炭地調査報告, 北海道開発庁, 札幌. pp.187-202, 224-249.
北海道開発庁(1963b). 北海道未開発泥炭地調査報告　附図II-(4)　サロベツ泥炭地泥炭層等高線図. 北海道開発庁, 札幌.
宝月欣二・市村俊英・堀　正一・大島康行・笠永博美・小野　和・高田和男(1954). 尾瀬ヶ原湿原の植物生態学的研究. 尾瀬ヶ原総合学術調査団研究報告「尾瀬ヶ原」, 日本学術振興会, 東京. pp.313-400.
小谷　昌(1954). 尾瀬ヶ原中田代の微地形. 尾瀬ヶ原総合学術調査団研究報告「尾瀬ヶ原」, 日本学術振興会, 東京. pp.30-39.
Lindsay, R. (2010). Peatbogs and Carbon: A Critical Synthesis to Inform Policy Development in Oceanic Peat Bog Conservation and Restoration in the Context of Climate Change. RSPB, Scotland. 304pp.
深泥池七人会編集部会(2008). 深泥池の自然と暮らし　生態系管理を目指して. サンライズ出版, 彦根市. 247pp.
中野政詩・宮崎　毅・塩沢　昌・西村　拓(1995). 土壌物理環境測定法. 東京大学出版会, 東京. 236pp.
岡田　操(2008). カレックスモデル　植生生長関数を介した高層湿原の微地形形成モデルの提案. 地形, 29：281-300.
岡田　操(2009). サロベツ湿原における湿地溝の形成　カレックスモデルを用いた検証. 地形, 30：95-111.
岡田　操(2010). サロベツ湿原の瞳沼とその形成過程. 湿地研究, 1：55-66.
尾瀬ヶ原総合学術調査団(1954). 尾瀬ヶ原総合学術調査団研究報告「尾瀬ヶ原」. 日本学術振興会, 東京. 841pp.
Reynolds, W. D. and Elrick, D. E. (1987). A laboratory and numerical assessment of the Guelph permeameter method. Soil Science, 144: 282-299.
酒匂純俊・土井繁雄・太田昌秀(1960). 5万分の1地質図幅説明書　サンル. 北海道開発庁, 札幌. 33pp.
鈴村大地・井上　京・高田雅之(2007). 排水にともなう表層泥炭の有効間隙率の変化. 農業農村工学会大会講演会講演要旨集, 2007：640-641.
Swanson, D. K. and Grigal, D. F. (1988). A simulation model of mire patterning. Oikos, 53: 309-314.
橘　治国・南出美奈子・堀田暁子・斎藤寛明・堀内　晃・中村信哉・米谷英朗・行木美弥・川村哲司(2002). 第5章 2. サロベツ湿原の水質および土壌環境と植生. 前田一歩園財団20周年記念論文集　北海道の湿原(辻井達一・橘ヒサ子編著), 前田一歩園財団, 阿寒町. pp.131-140.
高田雅之(2009). 泥炭地湿原の水文土壌変動特性と空間構造評価. 北海道大学農学院博士論文. 157pp.
高田雅之・井上　京・平野高司(2011). サロベツ湿原における泥炭中の炭素蓄積量とその空間分布推定. 農業農村工学会大会講演会講演要旨集, 2011：706-707.
辻井達一・橘ヒサ子・梅沢　俊・岡田　操・冨士田裕子(2003). 北海道の湿原と植物. 北海道大学図書刊行会, 札幌. 266pp.
梅田安治(1978). サロベツ総合調査報告書(1975-1977)泥炭地の変遷. 北海道開発局, pp.109.
梅田安治・清水雅男(1985). サロベツ泥炭地湿地溝の形態　泥炭地の形態的研究(I). 北海道大学農学部邦文紀要, 14：281-293.
梅田安治・清水雅男(2003). サロベツ泥炭地形成図説明書. 北海道土地改良設計技術協会, 札幌. 16pp.
山本　茂(1970). 土壌, とくに泥炭土の透水に関する研究. 北海道大学農学部邦文紀要, 7：307-411.
吉井義次・林　信夫(1935). 八甲田山湿原の成因と"田"の研究. 生態学研究, 1：1-13.

[第6章　湿原の広域特性]
Boast, C. W. and Kirkham, D. (1971). Auger Hole Seepage Theory. Soil Science Society of America, 35: 365-373.
北海道開発庁(1963). 北海道未開発泥炭地調査報告　附図II-(4)　サロベツ泥炭地泥炭層等高線図. 北海道開発庁, 札幌.
井上　京・西村鈴華・高田雅之(2005). サロベツ泥炭地の地盤沈下の実態と水文環境. 農業土木学会大会講演会講演要旨集, 2005：226-227.
IPCC (2000). IPCC Special Report, Land Use, Land-Use Change, and Forestry. Cambridge University Press, Cambridge. 375pp.
村上和隆・奈佐原顕郎・秋津朋子・本岡　毅・永井　信(2011). 衛星センサの分光仕様が草原の植生指数観測に与える影響. 筑波大学陸域環境研究センター報告, 12：13-19.
中野政詩・宮崎　毅・塩沢　昌・西村　拓(1995). 土壌物理環境測定法. 東京大学出版会, 東京. 236pp.

Page, S., Rieley, J. and Banks, C. (2011). Global and regional importance of the tropical peatland carbon pool. Global Change Biology, 17: 798-818.

Reynolds, W. D. and Elrick, D. E. (1987). A laboratory and numerical assessment of the Guelph permeameter method. Soil Science, 144: 282-299.

Richardson, A. D., Jenkins, J. P., Braswell, B. H., Hollinger, D. Y., Ollinger, S. V. and Smith, M. L. (2007). Use of digital webcam images to track spring green-up in a deciduous broadleaf forest. Oecologia, 152: 323-334.

高田雅之・小熊宏之・井手玲子・丹羽　忍(2011a). デジタルカメラによる湿原環境のモニタリング. 第3回日本湿地学会大会学術報告会要旨.

高田雅之・井上　京・平野高司(2011b). サロベツ湿原における泥炭中の炭素蓄積量とその空間分布推定, 農業農村工学会大会講演会要旨集, 2011：706-707

Takada, M., Mishima, Y. and Natsume, S. (2009). Estimation of surface soil properties in peatland using ALOS/PALSAR. Landscape and Ecological Engineering, 5: 45-58.

山本　茂. (1970). 土壌, とくに泥炭土の透水に関する研究. 北海道大学農学部邦文紀要, 7：307-411.

［第7章　湿原のエゾシカ］
冨士田裕子・高田雅之・村松弘規・橋田金重(2012). 釧路湿原　釧路湿原大島川周辺におけるエゾシカ生息痕跡の分布特性と系列変化および植生への影響. 日本生態学会誌, 62：143-153.

細川吉晴(2010). 三陸町夏虫山放牧場におけるシカ道の特徴. 宮崎大学農学部研究報告, 56：63-71.

環境省自然環境局生物多様性センター(2010). 日本の動物分布図集. 平凡社, 東京. 1070pp.

木村勝彦・吉田和樹(2010). 尾瀬大江湿原のニッコウキスゲへのシカ食害の影響. 尾瀬の保護と復元, 29：69-79.

村松弘規・冨士田裕子(2015). エゾシカが釧路湿原植生に及ぼす影響. 植生学会誌.(印刷中)

内藤俊彦・木村吉幸・濱口絵夢(2007). ニホンジカによる植生撹乱とその回復. 尾瀬の保護と復元, 特別号：205-233.

尾関雅章・岸元良輔(2009). 霧ヶ峰におけるニホンジカによる植生への影響：ニッコウキスゲ・ユウスゲの被食圧. 長野県環境保全研究所研究報告, 5：21-25.

豊富町鳥獣害防止対策協議会(2011). 平成23年度豊富エゾシカ等生息状況調査報告書. 豊富町鳥獣害防止対策協議会, 豊富町. 15pp.

Yamamura, K., Matsuda, H., Yokomizo, H., Kaji, K., Uno, H., Tamada, K., Kurumada, T., Saitoh, T. and Hirakawa, H. (2008). Harvest-based Bayesian estimation of sika deer populations using state-space models. Population Ecology, 50: 131-144.

［II　稚咲内砂丘林帯湖沼群］
［第1章　砂丘林帯の地形と形成］
成瀬敏郎・瀬川秀良・福本　紘・中西弘樹・村上良典・林　正久(1984). 北海道北部海岸における砂丘発達の特性. 大矢雅彦編　寒冷地における平野の特性と形成機構に関する研究報告：オホーツク海沿岸を中心として　昭和56〜58年度科学研究費補助金研究成果報告書：51-61.

大平明夫(1995). 完新世に置けるサロベツ原野の泥炭地の形成と古環境変化. 地理学評論, 68(A-10)：695-712.

阪口　豊(1974). 泥炭地の地学. 東京大学出版会, 東京. 329pp.

産業技術総合研究所(2006). サロベツ断層帯の活動性および活動履歴調査.「基盤的調査観測対象断層帯の追加・補完調査」成果報告書, No. H 17-1：1-48.

辻井達一・岡田　操・高田雅之(2007). 北海道の湿原. 北海道新聞社, 札幌. 213pp.

［第2章　砂丘林帯の植物］
地域環境計画(2005). 平成16年度サロベツ自然再生事業自然環境調査業務　報告書. 地域環境計画, 札幌. 121pp＋資料編.

地域環境計画(2007). 平成18年度サロベツ自然再生事業自然環境調査等の総合的とりまとめ報告書. 地域環境計画, 札幌. 319pp.

EnVision環境保全事務所(2008). 平成19年度上サロベツ自然再生調査業務　業務報告書. EnVision環境保全事務所, 札幌. 46pp.

北海道開発局(1972). サロベツ総合調査報告書　泥炭地の生態　Ⅶ生物部門6. 植物. 北海道開発局, 札幌. pp.61-75.

北海道環境生活部環境室自然環境課(2001). 北海道の希少野生生物　北海道レッドデータブック2001. 北海道環境生活部環境室自然環境課, 札幌. 309pp.

環境省(2012). 生物多様性情報システム. http://www.biodic.go.jp/rdb/rdb_f.html. 2012年10月15日閲覧.

宮脇　昭・奥田重俊・藤原一絵・井上香世子(1977). サロベツ原野の植生. 環境資源保護財団, 東京. 47pp.

水田裕希(2011). サロベツ稚咲内砂丘林帯湖沼群における植生について. 北海道大学農学院環境資源学専攻修士論文. 80pp.

邑田　仁・米倉浩司(2013). 維管束植物分類表. 北隆館, 東京. 214pp.

米倉浩司・梶田　忠(2003). BG Plants　和名　学名インデックス(YList). http://bean.bio.chiba-u.jp/bgplants/ylist_

main.html　2013 年 6 月 17 日閲覧.

[第 3 章　砂丘林帯の水文]
Ellins, K. K., Roman-Mas, A. and Lee, R. (1990). Using ^{222}Rn to Examine Groundwater/Surface Discharge Interaction in the rio Grande De Manati, Puerto Rico. Journal of Hydrology, 115: 319-341.
許　成基・相山忠男・板谷利久・岡田　操(2000)．支笏湖の水質と水循環．地下水環境研究会 '99 論文集：13-22.
川上源太郎・大津　直・仁科健二・田村　慎(2010)．北海道北部，天塩平野沿岸に発達する浜堤列の地形と地質　サロベツ断層帯の完新世の活動に関連して．北海道立地質研究所報告，81：65-78.
Matsubaya, O., Sakai, H., Kusachi, I. and Sakae, H. (1973). Hydrogen and oxygen isotopic ratios and major element chemistry of Japanese thermal water system. Geochemical Journal, 7: 123-151.
Kebede, S., Travia, Y. and Rozanski, K. (2009). The δ^{18}O and δ^{2}H enrichment of Ethiopian lakes. Journal of Hydrology, 365: 173-182.
岡田　操・相山忠男・波松章勝・板谷利久・酒井健司・許　成基(2001)．支笏湖の水循環．第 9 回世界湖沼会議発表文集・第 5 分科会：84-87.
岡田　操・佐藤大介(2012)．稚咲内湖沼群における熱収支と水収支．第 15 回日本陸水学会北海道支部大会予稿集：6.
岡　孝雄・五十嵐八枝子・林　正彦(2006)．ボーリングデータ解析および花粉分析による天塩平野の沖積層の研究．北海道立地質研究所報告，77：17-75.
橘　治国・堀内　晃・Rofiq Iqbal・大野浩一(2002)．地下水水質からみた湿原の涵養機構と保全　湖沼から高層湿原への遷移．水環境学会誌，25：641-646.
土原健雄・吉本周平・石田　聡・今泉眞之(2011)．環境同位体からみた沿岸湖沼群の閉鎖性の検討とその水文特性．農業農村工学会論文集，275：23-32.
吉村信吉(1976)．湖沼学(増補版)．生産技術センター，東京．533pp.

[第 4 章　砂丘林帯の動物]
梶　光一・宮木雅美・宇野裕之(2006)．エゾシカの保全と管理 2006．北海道大学出版会，札幌．pp.206-207.
豊富町鳥獣害防止対策協議会(2007)．平成 19 年度豊富町エゾシカ生息状況調査報告書．豊富町鳥獣害防止対策協議会，豊富町．27pp.
豊富町鳥獣害防止対策協議会(2011)．平成 23 年度豊富エゾシカ等生息状況調査報告書．豊富町鳥獣害防止対策協議会，豊富町．15pp.

[III　開発,環境変化と自然再生]
[第 1 章　地域の開発と環境変化]
Fujimura, Y., Fujita, H., Takada, M. and Inoue, T. (2012). Relationship between hydrology and vegetation change from *Sphagnum* lawns to vascular plant *Sasa* communities. Landscape and Ecological Engineering, 8: 215-221.
冨士田裕子(1997)．サロベツ湿原の変遷と現状．北海道の湿原の変遷と現状の解析　自然保護助成基金 1994・1995 年度研究助成報告書　湿原の保護を進めるために(北海道湿原研究グループ編)，自然保護助成基金，東京．pp.59-71.
冨士田裕子・加納佐俊・今井秀幸(2003)．上サロベツ湿原時系列ササ分布図の作成とササの面積変化．北大植物園研究紀要，3：43-50.
羽田良禾(1937)．泥炭地沼の研究　II 擬底による浮島の生成．陸水学雑誌，7：64-67.
橋本　亨(1968)．サロベツ原野の開発の歴史と総合調査．農業土木学会誌，36：79-84.
北海道開発庁(1963)．北海道未開発泥炭地調査報告．北海道開発庁，札幌．315pp.
北海道開発局(1972a)．サロベツ総合調査報告書　泥炭地の生態　I 序説 II 総括．北海道開発局，札幌．42pp.
北海道開発局(1972b)．サロベツ総合調査報告書　泥炭地の生態　VI 水部門．北海道開発局，札幌．pp.3-9.
北海道開発局留萌開発建設部(2009)．天塩川下流汽水環境整備計画，天塩川下流汽水環境検討会資料．北海道開発局留萌開発建設部，留萌市．31pp.
飯塚仁四郎・瀬尾春雄(1955)．北海道農業試験場土性調査報告　第五編　天塩国泥炭地土性調査報告　その一　サロベツ原野を主体とする天塩国北部．北海道農業試験場，札幌．49pp.
井上　京・西村鈴華・高田雅之(2005)．サロベツ泥炭地の地盤沈下の実態と水文環境．農業土木学会大会講演会講演要旨集，2005：226-227.
環境省(2008)．図と写真で見るサロベツ湿原．環境省北海道地方環境事務所，札幌．18pp.
環境庁自然保護局・北海道地区国立公園管理事務所・利尻礼文サロベツ国立公園利尻管理官事務所(1993)．環境庁サロベツ原野保全対策事業　サロベツ湿原の保全．環境庁自然保護局　北海道地区国立公園管理事務所　利尻礼文サロベツ国立公園利尻管理事務所，稚内市．95pp.
紀藤典夫(2009)．花粉分析によるサロベツ湿原の形成過程と環境・植生変動の解明．環境技術開発等推進費研究成果報告書　サロベツ湿原の保全再生にむけた泥炭地構造の解明と湿原変遷モデルの構築，北海道大学北方生物圏フィールド科学センター，札幌．pp.23-52.
川鍋怜子・高橋英紀(2003)．北海道北部稚咲内砂丘帯周辺の土地利用変化と湖沼群の消長．北海道の農業気象，55：29-41.

国土地理院(2007). 湖沼湿原調査報告書(サロベツ地区) 国土地理院技術資料D・1-No.457. 国土地理院, つくば市. 48pp.
中尾欣四郎(1964). サロベツ原野の水文学的研究(その2)蕚菜沼の水収支. 北海道大学地球物理研究報告, 13：19-35.
岡田　操(2009). サロベツ湿原における湿地溝の形成　カレックスモデルを用いた検証. 地形, 30：95-111.
岡田　操(2010). サロベツ湿原の瞳沼とその形成過程. 湿地研究, 1：55-66.
大竹亮作(1970). 福島県「蓋沼の浮島」の絶対年代—日本の第四紀層の ^{14}C 年代(51)—, 地球科学, 24：41-42.
佐々木純一(2002). 第7章5.雨竜沼湿原の池塘地図, 前田一歩園財団創立20周年記念論文集　北海道の湿原(辻井達一・橘ヒサ子編著), 前田一歩園財団, 阿寒町. pp.189-203.
佐々木登(1968). サロベツ原野　わが開拓の回顧.「サロベツ原野」刊行会, 豊富町. 268pp.
Takada, M., Inoue, T., Mishima, Y., Fujita, H., Hirano, T. and Fujimura, Y. (2012). Geographical assessment of factors for Sasa expansion in the Sarobetsu Mire, Japan. Journal of Landscape Ecology, 5: 58-71.
辻井達一・岡田　操(2003). 写真集「北海道の湿原」. 北海道大学出版会, 札幌. 252pp.

[第2章　上サロベツ自然再生事業]
環境省北海道地方環境事務所(2009). 上サロベツ自然再生事業実施計画書. 環境省北海道地方環境事務所, 札幌. 47pp＋資料編50pp.
中瀬洋志・園生光義・中島和宏・会沢義徳(2006). サロベツ泥炭地の農地と湿原の再生. 農業土木学会誌, 74：699-702.
梅田安治・清水雅男(2003). サロベツ泥炭地形成図説明書. 北海道土地改良設計技術協会, 札幌. 16pp.

[第3章　モニタリング]
Fujimura, Y., Takada, M., Fujita, H. and Inoue, T. (2013). Changes in distribution of the vascular plant *Sasa palmata* in Sarobetsu Mire between 1977 and 2003. Landscape and Ecological Engineering, 9: 305-309.
高田雅之・井上　京(2011). 高層湿原における地下水位低下の評価方法. 水文・水資源学会2011年度研究発表会要旨.

おわりに

　サロベツ湿原と稚咲内砂丘林帯湖沼群は国立公園に指定されているとはいえ，これら自然度の極めて高い生態系をめぐる情勢は決して安泰ではないこと，本書を通じて読者の皆さまにご理解いただけたかと思う。一方，2005 年に立ち上がった「上サロベツ自然再生協議会」は，協議期間を経て，翌年「上サロベツ自然再生全体構想」を公表した。さらに事業前の実験・検証期を経て，農地と湿原の間に緩衝帯が建設され，その距離が少しずつ長くなるなど，自然再生は着実に進行している。NPO 法人サロベツ・エコ・ネットワークは 2004 年に成立し，2011 年からは新しいビジターセンターの管理運営という任務も加わり，その活動は向上進化期に向かっている。地域住民の皆さまの湿原や砂丘林帯に対するご理解も，ゆっくりではあるが確実に静かに進んでいることを実感する。昭和 30 年代からの大規模開発期を耐えて残った湿原に対する人々の気持ちは，開発しきれなかった「役に立たない原野」ではなく，多様な生き物をはぐくむ郷土が誇る生態系へと価値観が変化し，共生の道を模索している。

　一方で，周辺の開発や排水路による水位低下，近年急増しているエゾシカによる植生への負荷，稚咲内砂丘林内に生息する外来動物のアライグマ個体数の急増，周辺に乱立する風力発電の鉄塔による国立公園の景観の悪化など，新たな問題や脅威が多発している。

　湿原や砂丘林帯湖沼群は，淡々と数千年の歳を重ねているが，周辺を取り巻く環境や社会情勢，そして人々の接し方や考え方は，めまぐるしく変化している。このギャップに，人気のない湿原のなかで不思議な気持ちになることがある。私たちには，価値観が変わる社会情勢のなかで，数千年の歴史をもつこれらの生態系の構造を真摯に解明し，守っていく使命があるのではないだろうか。

　現地調査を中心とした地味な我々の研究に，6 年もの間，環境研究・技術開発推進費，環境研究総合推進費のご助成いただいた環境省の皆さまに心より御礼申し上げる。また，プログラムオフィサーとして現地に 2 度もお越しいただき，さまざまなアドバイスを頂戴した原口紘炁先生にも御礼申し上げる。さらに，本書の出版に当たりお世話になった北海道大学出版会の成田和男・添田之美両氏にも，著者を代表して御礼申し上げる。

　助成が終わり，サロベツ湿原や稚咲内砂丘林に調査に出かける回数がめっきり減った。しかし，我々の成果は，湿原生態系のモニタリングや地元も含めた今後の保全・再生に向け活かされている。今後，10 年後，20 年後にまた大きなプロジェクトが立ち上がり，さらなる研究の発展と貴重な生態系の継続がなされることを祈ってやまない。

2014 年 8 月 11 日

執筆者を代表して　冨士田裕子

事項索引

*群集名・群落名は植物名・群集名・群落名索引を参照。

[ア]
圧密　99, 207
アメダス　59, 80, 198
アルベド　76

[イ]
溢水路　226

[ウ]
浮島　11, 12, 111〜114, 200, 202, 203, 207
浮島分離　206
渦相関法　63, 64, 75, 86
運動方程式　68

[エ]
衛星画像　119〜121, 231, 232
栄養塩濃度　181, 183
エゾシカ　129, 130, 132, 185
越冬地　186, 191
エネルギー収支　75, 76
エネルギー収支式　75
円弧状湿地溝　11, 55
塩性湿地　12

[オ]
落合沼水抜き水路　226
温暖化　83, 87

[カ]
海岸段丘　141
海食崖　138, 169
海成堆積物　141
海跡湖　4, 5
解像度　177
海退　5
海退期　141
骸泥　140
回復　221
開放水面　161, 177, 214, 215
開放水面面積　167, 177, 215
河跡湖　58
河川跡　55〜58, 208
河川改修　198, 200
活性層　68, 109
活断層　4, 141
渦動拡散係数　174
花粉分析　7, 141, 143
上サロベツ原野　195
上サロベツ自然再生協議会　222, 223

上サロベツ自然再生全体構想　222, 223
カメラトラッピング調査　185
カレックスモデル　101, 104, 109
環境教育　224, 225
雁行池溏　11
緩衝帯　225
完新世　5, 141
含水率　82
乾燥化　12, 53, 79, 80, 210
乾燥密度　93〜95, 121, 122, 126, 212
感潮域　205
涵養湖　169

[キ]
帰化・逸出種　16, 145
気化熱　170
幾何補正　120
気孔開度　78
希少種 (R)　18, 146
キーダイアグラム　71, 73, 183
旧版地形図　193, 194
強熱減量　93, 121
緊急開拓事業　194

[ク]
空間スケール　229
空中写真　56, 57, 129, 130, 132, 161, 163, 177, 200, 214, 215, 219
クロロフィル a　182

[ケ]
珪酸塩　182
珪藻類　182
恵北層　3
ケルミ　11, 46
ケルミ・クリュー複合体　10
ケルミ・シュレンケ複合体　10, 11
顕熱　75, 173
顕熱フラックス　76

[コ]
高位泥炭地　10, 57, 58, 64, 91, 97, 100
高位泥炭地形成モデル　101
降雨　59, 61, 62, 98
航空レーザ測量　117, 118, 121, 122, 208
光合成　85
光合成有効放射　88
洪水　57〜60, 197, 198
降水涵養性　59, 63

降水量　59, 79
合成開口レーダ　121
高層湿原　15, 16, 164
高層湿原植生　44, 45, 160, 226
高層湿原ドーム　193
高層湿原要素　46
高度効果　166
後背湿地　58
後方散乱　121
声間層　3
湖岸地形　178, 179
呼吸　85
国営直轄明渠排水事業計画　195, 198
黒体放射　88
古サロベツ湖　7
湖沼植生　160, 163
湖沼堆積物　140, 141
湖底堆積物　205
混合層　172
痕跡調査　185

[サ]
最終間氷期　141
最終氷期最寒冷期　4, 5
再生技術部会　222
再生普及部会　222
最低水位　53
最適地下水位　101
砂丘間湿地　15, 145, 160, 161
砂丘堆積物　138
砂丘列　165
ササ　53, 55, 61, 64, 71, 75, 76, 78, 79, 83, 85～87, 89, 94, 209, 210
ササ前線　55, 212, 213
砂層　138, 169
更別層　3
サロベツ泥炭地　193
サロベツ湾　5, 141
酸素安定同位体比($\delta^{18}O$)　166

[シ]
シカ道　129, 130, 132
地すべり崩壊　226
自然再生事業　215, 221, 225
自然再生事業実施計画書　222
自然再生推進法　221
自然再生全体構想　222
自然再生専門家会議　221
自然堤防　47, 56, 57～59, 91, 109, 197, 202～205, 208
湿原植生　44, 160
湿性遷移　161
湿地溝　10, 12, 45, 53, 55, 58, 60, 71, 91, 106～110, 112, 117, 120, 122, 202, 204, 205, 212, 213, 225
湿地裂　11
地盤沈下　57, 98, 207～210, 213, 225
地盤沈下量　117, 119, 212
シミュレーション　100

褶曲　4
収縮　99, 207
周氷河地形　3
樹枝状湿地溝　55, 58
樹皮剝ぎ　186, 189
シュレンケ　11, 45～47, 52
シュレンケ植生　45, 46
循環　172
純生態系生産量　88
準絶滅危惧（NT）　18, 146
純放射　75
蒸散　76
捷水路　200
蒸発　167
蒸発散　59～64, 78, 79
蒸発散速度　75
蒸発線　167
蒸発熱　170
蒸発量　170
正味生態系（CO_2）交換　85
縄文海進期　5, 7, 141
縄文海進期最盛期　5, 9
植生　57, 58, 100
植生図　119
植生生長関数　101, 104
植生遷移　7, 161
植生配列　161, 162, 164
植生変遷　8, 9
植物遺体　93, 97, 98, 125
植物相　15, 16, 145
食痕　132, 185
針広混交林　160

[ス]
水位低下　53
水位変動　177
水位変動幅　53
水温成層　171
水質　71, 72, 181
水生植物　16, 145
水素安定同位体比(δD)　166
垂直葉　89
水平葉　89
水文　55, 60, 63, 75, 118, 165
スゲ　85, 94, 95
スゲ類　76, 87

[セ]
生態系光合成　85
生態系呼吸　85
生物季節　124
堰上げ　226
積算降水量　175
積算蒸発量　175
接地境界層　83
絶滅危急種（Vu）　18, 146
絶滅危惧Ⅰa類（CR）　146

事項索引　247

絶滅危惧Ⅰb類(EN)　18
絶滅危惧Ⅱ類(VU)　18,146
絶滅危惧種(En)　18
全層循環　172
潜熱　75,173
潜熱フラックス　75,76

[ソ]

霜害　82
粗度係数　69

[タ]

大気飽差　78,86
堆積速度　140
第四紀　3,4
第四紀層　3,141
ダルシー則　65,68,69
タンクモデル法　65
炭素含有率　93,121,126
炭素体積含有量　93,95,121,122,212,213
炭素蓄積量　125
短波放射　88

[チ]

地温　84
地下水位　60〜64,79,82,97,207〜209,230
地下水位上昇率　66
地下水位深度　101,104,105
地下水位変動　61,63,64,98,209,210
地下水浸透流量　87
地下水溶存有機物　84
地形図　193,194
窒素含有率　93,121
窒素体積含有量　93,95,121,122
池溏　10,102,103,203
池溏堤　46
地熱　173
地表水　60
中間湿原　16,46
中間湿原植生　44,46,52
中間湿原要素　52
長寿命1回繁殖型　53
潮汐溝　12
長波放射　88
貯留　61
貯留量　59,60

[テ]

低温障害　81
堤間湿地堆積物　140
低層湿原　10,162
低層湿原植生　44,46,52,163
低層湿原要素　46,47,52
泥炭　57,58,60,91,93,95,97,98,122,207
泥炭採掘跡地　91,223
泥炭層　5,7,169
泥炭層厚　91

泥炭地　56,58,59,207
デュピュイ・フォルヒハイマーの仮定　65,68,70
電気伝導度　181,182
天水線　166,167

[ト]

透水係数　68,69,87,93〜95,109,121,122,169
動水勾配　71,168
透水性　62,68
透水層厚　69
透水量係数　70
特殊土壌調査事業　194
土壌含水率　84
土壌水分　63,64
土壌有機物　85
土地改良事業　198
土地利用　180,195,197
豊富撓曲　9

[ニ]

二元指標種分析法　160
二酸化炭素　83,207
二次元地下水流動モデル　66

[ネ]

熱移動多層モデル　172,173
熱収支　170
熱収支式　75
熱伝導率　81,82
熱容量　81
粘土層　60,91,93,95,97

[ノ]

野火　52

[ハ]

排水路　53,58,59,98〜100,130,168,197,198,200,205,207〜209
パターン　10
ハンノキ林　7〜9,71
ハンモック　45
氾濫　59,60,95,97,197,198

[ヒ]

被圧地下水　60
ピエゾ水頭　71
光環境　90
微気象　80
微気象学的方法　75,85
ヒグマ　185
微小対流　172
微地形　9,45,100
非定常二次元数値モデル　83
表層水　60
表面コンダクタンス　78,79
貧栄養湖　181,182
浜堤列　141

［フ］
不圧地下水　60
富栄養化　74, 182
富栄養湖　183
フェノロジー　124, 125, 230, 231
不活性層　68
復元　221
輻射熱　173
浮上湿原　164
浮沈　61
浮沈量　61, 114
プランクトン相　182
ブルテ　45, 46, 52
ブルテ・シュレンケ複合体　10
フローティング・マット　57
分解　99, 207, 210, 213
分子拡散係数　174

［ヘ］
米軍写真　214
閉鎖性湖沼　166, 170
閉鎖性水域　147, 165

［ホ］
放射性崩壊　166
放射冷却　82, 175
ボーエン比　76
北海道第一期拓殖計画　194, 197, 205
北海道第二期拓殖計画　194, 197, 205
掘り返し跡　185
ホロー　45

［マ］
埋没河川　55, 56, 58, 91, 107～109, 208, 212, 213

［ミ］
未開発泥炭地　194
三日月湖　58
ミズゴケ　61, 64, 71, 75, 76, 78, 83, 85～87, 89, 93～95, 97, 99, 209
ミズゴケ泥炭　91
水収支　59～61, 63, 175
水抜き水路　60, 226
水流動モデル　64, 69

［ム］
無機態炭素(DIC)　87

［メ］
メタン　83, 207

［モ］
モニタリング　100, 226, 229～233
モニタリング項目　229

［ヤ］
ヤチボウズ　10
ヤチマナコ　10

［ユ］
有機態炭素(DOC)　87
有機炭素　83
有機物含有率　93, 94, 121, 122, 212
有機物含有量　93
有効間隙率　63, 68, 70, 98～100
融雪洪水　80, 81, 198
勇知層　3
ユッチャ　140
揺るぎの田代　57, 163

［ヨ］
溶存態炭素　87
葉面積指数　76, 78, 79, 89

［ラ］
ライトセンサス　185, 186, 188, 189
ラグ　46, 52
ラジコンヘリ　229
ラドン　165, 166, 168
ラムサール条約登録湿地　222
乱流拡散　82

［リ］
利尻礼文サロベツ国立公園　193
リモートセンシング　120, 212
流失量　176
流出率　61, 62
リュレ　45, 52
緑藻類　182
リン濃度　74

［ル］
累加雨量　66
累加降雪量　114, 115

［レ］
レイズドミニマム現象　82
レーザプロファイラ　66, 117, 208
レッドデータ　19, 21, 23, 25, 27, 29, 146～152
レッドデータブック　16, 145

［ロ］
ローン　45～47, 52
ローン植生　44, 45
露頭　138

［ワ］
稚内層　3
割れ目池溏　11

［記号］
δD　166

$\delta^{18}O$ 166,168	[K]
2G-RB 124	kermi 46
[A]	[L]
acrotelm 68	lagg 46
	lawn 44
[C]	
C/N 比 84,93,95,121	[M]
catotelm 68	monitoring 229
CH_4 83	
CH_4 フラックス 84	[N]
CO_2 83	NDVI 121,124
CO_2 シンク 86	NEE 85,86
CO_2 フラックス 86	NEP 88
CR 146,148	NT 18,146
[D]	[P]
DEM データ 66,200,201,203,204	P/A 値 215,219
DIC 87	
DOC 87	[R]
DOC 流出量 88	R 18,146
DSM 117	RE 85,86
	rehabilitation 221
[E]	restoration 221
EN 18,27	Rülle 45
En 18,27	
	[V]
[G]	VPD 86
GIS 91,117,129,208,212	VU 18,146
GPP 85,86	Vu 18,146
GRVI 124	

地名索引

[ウ]
雨竜沼湿原　102

[オ]
尾瀬ヶ原　101,106,132
落合　15〜17,195,198
落合沼　59,61,209,226
音類道路　47
オンネベツ川　56,58,198

[カ]
開運橋　195
開源　186
兜沼　56,57,194,197,200
上エベコロベツ川　56,57,195,197,198
上サロベツ原生花園　65,71,208〜210
上サロベツ湿原　15,16,44〜46,52,61,129,145,223
川口　138,139

[サ]
サロベツ川　4,5,46,52,55〜59,91,194,197,198,202,205,208
サロベツ川導水路　198
サロベツ川放水路　47,57,59,60,81,130,194,195,198,200,208,210,226
サロベツ長沼群　137

[シ]
支笏湖　175
下エベコロベツ川　56,57,74,197,198,202,207,210
下サロベツ湿原　15,44〜47,52,145
下沼　194
ジュンサイ小沼　139,170,172,174〜176
ジュンサイ沼　137,170,174

[セ]
清明　139,195
清明川　58,59,197,198

[タ]
第7号幹線排水路　44,47,197,198,200,202,207

[テ]
天塩　137
天塩川　4,5,56,58,194,197,200,204,205

[ト]
徳満　57,186,194
豊里　195
豊田　194,195
豊富　194

豊富町　194

[ナ]
長沼　44,47,58

[ハ]
浜里　138,139
浜音類　194
パンケ沼　15〜17,44,47,52,58,200

[ヒ]
瞳沼　111〜114,200〜204,206,207
瞳沼低地帯　200,202,203,205〜207

[フ]
福永　194
福永川　197,198,200

[ヘ]
ペンケエベコロベツ川　198
ペンケ北沼　203,205,207
ペンケ沼　15,16,44,45,47,58,129,197〜200,204,205,207,223

[ホ]
豊徳台地　5,9,80,137,141,166,168,169
豊徳　138,139,195
幌尻山　3,168

[マ]
松山湿原　103
丸山　8,16,17,57,74,106,130,145,166,198
丸山道路　61,208

[モ]
モサロベツ川　195

[ユ]
夕来　5,137〜139

[リ]
利尻島　3

[ワ]
稚咲内　15,138,139,165,214
稚咲内海岸砂丘林　160
稚咲内砂丘林帯　80,129,137,160,161,180,185,186,189
稚咲内砂丘林帯湖沼群　165,166,177,179,180,214,215,223
ワンコの沢　166

植物名・群集名・群落名索引

[ア]
アオモリミズゴケ　163
アカエゾマツ　47,103
アカエゾマツ低木群落　47
アキカラマツ　47

[イ]
イネ科　8,89,137,160,164
イボミズゴケ　44〜47,81
イワノガリヤス　44,46,47,52,138,161〜164
イワノガリヤス-ヨシ群集　46,52

[エ]
エゾイヌゴマ　162
エゾイラクサ　47
エゾシロネ　162
エゾナミキ　163
エゾニュウ　47
エゾノキヌヤナギ-オノエヤナギ群落　47
エゾヒツジグサ群集　45

[オ]
オオイタドリ　47,52
オオカサスゲ群落　46,52
大形多年生草本群落　47
オオヌマハリイ　160
オオヌマハリイ-ホソバドジョウツナギ群落　160
オオバセンキュウ　47
オオミズゴケ　46,164
オオヨモギ　47
オニシモツケ　47
オニシモツケ-オオヨモギ群落　47
オニナルコスゲ　47
オニナルコスゲ群落　160

[カ]
カキツバタ　162,164
カヤツリグサ科　8,10,137,143
カラフトイソツツジ　46
カラフトイソツツジ-チャミズゴケ群集　46,52
ガンコウラン　46

[ク]
クサヨシ　163
クサヨシ-エゾイヌゴマ群落　160
クサレダマ　46,162,163
クマイザサ　47,53
クマイザサ群落　46,52
クマイザサ-ヌマガヤ群落　52
クロヌマハリイ　161
クロヌマハリイ群落　161

クロバナロウゲ　163

[コ]
コウホネ　160,162,163,226
コウホネ群落　45
コウホネ-ツルアブラガヤ群落　160
コウホネ-フトイ群落　160
コウヤワラビ　162
コガネギク　46,163
コサンカクミズゴケ　164
コナラ属　141〜143
コバイケイソウ　52

[サ]
ササ群落　44,46,52
サワギキョウ　132
サンカクミズゴケ　46,164

[シ]
ジュンサイ群落　45,47
シロネ　47
シロバナカモメヅル　47
シロミノハリイ　46

[ス]
水生植物群落　45
スゲ属　10,160,164

[セ]
ゼンテイカ　44,46,81,82,132
ゼンマイ科　143

[タ]
タチギボウシ　46,132,160,163,164
タヌキモ　160,162,163

[チ]
チシマアザミ　132
チマキザサ　46,47,52,53,106,137,138,161,163
チマキザサ群落　46,52,160
チマキザサ節　53
チャミズゴケ　45,46

[ツ]
ツタウルシ　163
ツツジ科　7
ツルアブラガヤ　160
ツルコケモモ　46,97,126,160,163,164
ツルコケモモ群落　160
ツルコケモモ-ホロムイスゲ群集　46,52
ツルスゲ　163

植物名・群集名・群落名索引

[テ]
挺水植物群落　45

[ト]
トウヌマゼリ　160
トウヒ属　143
ドクゼリ　160,162
ドクゼリ群落　46,52
トドマツ　138,142

[ナ]
ナガバノモウセンゴケ　17,46
ナガボノシロワレモコウ　132

[ヌ]
ヌマガヤ　44,46,47,52,160,162〜164,226
ヌマガヤ-イボミズゴケ群集　46,47
ヌマガヤ-ヒメシダ群落　160

[ネ]
ネムロコウホネ群落　45,47

[ノ]
ノハナショウブ　163
ノリウツギ　132

[ハ]
ハイイヌツゲ　46
ハイドジョウツナギ　17
ハンゴウソウ　47
ハンノキ　47,74
ハンノキ群落　47,52
ハンノキ属　7

[ヒ]
ヒオウギアヤメ　46,160,164
ヒシ群集　45
ヒツジグサ属　7
ヒメカイウ　162
ヒメカイウ-ミツガシワ群集　45,47
ヒメシダ　47,160,161,163
ヒメシロネ　47
ヒルムシロ　163

[フ]
フトイ　160,162,163
フトイ-トウヌマゼリ群落　161
フトヒルムシロ群集　45,47

[ホ]
ホソバドジョウツナギ　160,162
ホソバノヨツムグラ　162
ホロムイイチゴ　46,160,164
ホロムイスゲ　44,46,47,101,163,164
ホロムイソウ　46
ホロムイリンドウ　46,163

ホロムイスゲ-ヌマガヤ群集　46
ホロムイソウ-ミカヅキグサ群集(北方型)　46,47

[マ]
マコモ-ヨシ群集　45

[ミ]
ミカヅキグサ　46,47,160
ミクリ属　143
ミズオトギリ　161,162
ミズゴケ属　8,143,164
ミズナラ　138
ミズバショウ属　7
ミゾソバ　47
ミツガシワ　163,226
ミツガシワ-クロバナロウゲ群落　45,47
ミミコウモリ　163

[ム]
ムジナスゲ　46,161,164
ムジナスゲ-ヌマガヤ群落　46
ムラサキミズゴケ　44〜47,160,164

[モ]
モウセンゴケ　163
モチノキ属　7,143
モミ属　142,143

[ヤ]
ヤチスゲ　163
ヤチスゲ群集　47
ヤチダモ　47
ヤチダモ群落　47
ヤチツツジ　46
ヤチヤナギ　46,52
ヤチヤナギ属　7,143
ヤナギトラノオ　163
ヤマドリゼンマイ　46,163
ヤマドリゼンマイ群落　46,52

[ヨ]
ヨシ　44,46,47,52,94,97,126,132,138,160〜164
ヨシ-イワノガリヤス群落　160
ヨシ-ツルスゲ群落　160

[ワ]
ワタスゲ　44,164

[H]
Hemerocallis dumortieri var. *esculenta*　81,132

[P]
Picea glehnii　103

[S]
Sasa palmata　106

執筆者一覧（五十音順）

東　　隆行
　　北海道大学北方生物圏フィールド科学センター助教
井上　　京
　　北海道大学大学院農学研究院教授
岡田　　操
　　株式会社水工リサーチ取締役
川角　法子
　　愛知県新城設楽農林水産事務所
川床　俊夫
　　新潟西蒲メディカルセンター病院
紀藤　典夫
　　北海道教育大学教授
佐藤　雅俊
　　帯広畜産大学畜産生命科学研究部門助教
高田　雅之
　　法政大学人間環境学部教授
高橋　英紀
　　特定非営利活動法人北海道水文気候研究所理事長
立木　靖之
　　特定非営利活動法人 EnVision 環境保全事務所
橘　　治国
　　特定非営利活動法人水圏環境科学研究所理事長
橘　ヒサ子
　　北海道教育大学名誉教授
土原　健雄
　　独立行政法人農業・食品産業技術総合研究機構　農村工学研究所
中畑　研哉
　　青森市立古川中学校教諭
波多野　隆介
　　北海道大学大学院農学研究院教授
平野　高司
　　北海道大学大学院農学研究院教授
深草　祐二
　　農林水産省植物防疫所
冨士田　裕子
　　北海道大学北方生物圏フィールド科学センター教授
藤村　善安
　　日本工営株式会社中央研究所
ホーテス・シュテファン（HOTES, Stefan）
　　Professor, Department of Ecology, Philipps-University Marburg
水田　裕希
　　名寄市立智恵文中学校教諭
村松　弘規
　　国土交通省国土地理院測地観測センター
山田　浩之
　　北海道大学大学院農学研究院講師
吉本　周平
　　独立行政法人農業・食品産業技術総合研究機構　農村工学研究所

冨士田 裕子（ふじた ひろこ）
　1986 年　東北大学大学院理学研究科博士後期課程修了
　2010 年　第 13 回尾瀬賞（財団法人尾瀬保護財団）。北海道の湿原
　　　　　目録の作成と湿原生態系の解明および保全に関する研究
　2014 年　植生学会賞 2014 年 10 月
　現　在　北海道大学北方生物圏フィールド科学センター教授
　　　　　理学博士（東北大学）

サロベツ湿原と稚咲内砂丘林帯湖沼群
——その構造と変化
Sarobetsu Mire and the Wakasakanai Coastal Dune Lakes
and Forests: Their structure and transformation

2014 年 11 月 25 日　第 1 刷発行

　　　　編 著 者　　冨 士 田 裕 子
　　　　発 行 者　　櫻 井 義 秀

発行所　北海道大学出版会
札幌市北区北 9 条西 8 丁目 北海道大学構内（〒 060-0809）
Tel. 011(747)2308・Fax. 011(736)8605・http://www.hup.gr.jp

㈱アイワード　　　　　　　　　　　　　　　Ⓒ 2014　冨士田裕子
ISBN 978-4-8329-8214-7

サロベツ湿原と稚咲内砂丘林帯湖沼群―その構造と変化	冨士田裕子編著	B5・264頁 価格4200円
栽培植物の自然史 ―野生植物と人類の共進化―	山口裕文 島本義也 編著	A5・256頁 価格3000円
雑穀の自然史 ―その起源と文化を求めて―	山口裕文 河瀨真琴 編著	A5・262頁 価格3000円
野生イネの自然史 ―実りの進化生態学―	森島啓子編著	A5・228頁 価格3000円
麦の自然史 ―人と自然が育んだムギ農耕―	佐藤洋一郎 加藤 鎌司 編著	A5・416頁 価格3000円
雑草の自然史 ―たくましさの生態学―	山口裕文編著	A5・248頁 価格3000円
帰化植物の自然史 ―侵略と攪乱の生態学―	森田竜義編著	A5・304頁 価格3000円
攪乱と遷移の自然史 ―「空き地」の植物生態学―	重定南奈子 露崎 史朗 編著	A5・270頁 価格3000円
植物地理の自然史 ―進化のダイナミクスにアプローチする―	植田邦彦編著	A5・216頁 価格2600円
植物の自然史 ―多様性の進化学―	岡田 博 植田邦彦 角野康郎 編著	A5・280頁 価格3000円
高山植物の自然史 ―お花畑の生態学―	工藤 岳編著	A5・238頁 価格3000円
花の自然史 ―美しさの進化学―	大原 雅編著	A5・278頁 価格3000円
森の自然史 ―複雑系の生態学―	菊沢喜八郎 甲山 隆司 編	A5・250頁 価格3000円
北海道高山植生誌	佐藤 謙著	B5・708頁 価格20000円
日本産花粉図鑑	三好 教夫 藤木 利之 木村 裕子 著	B5・852頁 価格18000円
植物生活史図鑑Ⅰ 春の植物No.1	河野昭一監修	A4・122頁 価格3000円
植物生活史図鑑Ⅱ 春の植物No.2	河野昭一監修	A4・120頁 価格3000円
植物生活史図鑑Ⅲ 夏の植物No.1	河野昭一監修	A4・124頁 価格3000円

────北海道大学出版会────

価格は税別